物联网
与无线传感器网络

刘伟荣　何云　编著

電子工業出版社
Publishing House of Electronics Industry
北京·BEIJING

内 容 简 介

本书是依托中南大学国家级特色专业（物联网工程）的建设，结合国内物联网工程专业的教学情况编写的。本书主要介绍物联网中核心技术之一的无线传感器网络（WSN）的知识，在简要介绍 WSN 的基础上，详细地叙述 WSN 的物理层、数据链路层和网络层的设计要点及其路由协议；然后介绍 WSN 中的主要技术，如通信标准、时间同步技术、节点定位技术、服务质量保障和网络管理，并给出 WSN 的仿真技术；接着介绍 WSN 中硬件开发、操作系统和软件开发的内容；最后给出 WSN 的应用案例。

本书可作为普通高等学校物联网工程专业的教材，也可供从事物联网及其相关专业的人士阅读。

本书配有教学用的 PPT 课件，读者可登录华信教育资源网（www.hxedu.com.cn）免费注册后下载。

图书在版编目（CIP）数据

物联网与无线传感器网络/刘伟荣，何云编著. —北京：电子工业出版社，2013.1
国家级特色专业（物联网工程）规划教材
ISBN 978-7-121-19118-3

Ⅰ. ①物… Ⅱ. ①刘… ②何… Ⅲ. ①互联网络－应用－高等学校－教材 ②智能技术－应用－高等学校－教材 ③无线电通信－传感器－高等学校－教材 Ⅳ. ①TP393.4 ②TP18 ③TP212

中国版本图书馆 CIP 数据核字（2012）第 286701 号

责任编辑：田宏峰　　特约编辑：牛雪峰
印　　刷：北京盛通商印快线网络科技有限公司
装　　订：北京盛通商印快线网络科技有限公司
出版发行：电子工业出版社
　　　　　北京市海淀区万寿路 173 信箱　邮编　100036
开　　本：787×980　1/16　印张：19.25　字数：428 千字
版　　次：2013 年 1 月第 1 版
印　　次：2021 年 7 月第 11 次印刷
定　　价：45.00 元

凡所购买电子工业出版社图书有缺损问题，请向购买书店调换。若书店售缺，请与本社发行部联系，联系及邮购电话：（010）88254888。

质量投诉请发邮件至 zlts@phei.com.cn，盗版侵权举报请发邮件至 dbqq@phei.com.cn。

本书咨询联系方式：tianhf@phei.com.cn。

出版说明

物联网是通过射频识别（RFID）、红外感应器、全球定位系统、激光扫描器等信息传感设备，按约定的协议，把任何物品与互联网相连接，进行信息交换和通信，以实现智能化识别、定位、跟踪、监控和管理的一种网络概念。物联网是继计算机、互联网和移动通信之后的又一次信息产业的革命性发展。物联网产业具有产业链长、涉及多个产业群的特点，其应用范围几乎覆盖了各行各业。

2009 年 8 月，物联网被正式列为国家五大新兴战略性产业之一，写入“政府工作报告”，物联网在中国受到了全社会极大的关注。

2010 年年初，教育部下发了高校设置物联网专业申报通知，截至目前，我国已经有 100 多所高校开设了物联网工程专业，其中有包括中南大学在内的 9 所高校的物联网工程专业于 2011 年被批准为国家级特色专业建设点。

从 2010 年起，部分学校的物联网工程专业已经开始招生，目前已经进入专业课程的学习阶段，因此物联网工程专业的专业课教材建设迫在眉睫。

由于物联网所涉及的领域非常广泛，很多专业课涉及其他专业，但是原有的专业课的教材无法满足物联网工程专业的教学需求，又由于不同院校的物联网专业的特色有较大的差异，因此很有必要出版一套适用于不同院校的物联网专业的教材。

为此，电子工业出版社依托国内高校物联网工程专业的建设情况，策划出版了“国家级特色专业（物联网工程）规划教材”，以满足国内高校物联网工程的专业课教学的需求。

本套教材紧密结合物联网专业的教学大纲，以满足教学需求为目的，以充分体现物联网工程的专业特点为原则来进行编写。今后，我们将继续和国内高校物联网专业的一线教师合作，以完善我国物联网工程专业的专业课程教材的建设。

电子工业出版社

教材编委会

前　言

PREFACE

传感器网络是物联网的基本组成部分，是物联网用来感知和识别周围环境的信息生成和采集系统，传感器网络对信息处理来说如同人体的感觉实触一样重要。为了方便感知和部署并提高网络的可扩展性，传感器网络一般采用无线通信方式，从而形成了节点之间可自组织拓扑结构的无线传感器网络。无线传感器网络技术集成了传感器技术、嵌入式计算技术、计算机网络和无线通信技术等重要信息技术，目前已经逐渐走向成熟，在各个领域的应用不断扩大，被认为21世纪最有影响力的技术之一。

本书比较系统地介绍无线传感器网络的理论、技术和若干应用。全书从结构上可以分为三个部分：无线传感器网络的基础理论，主要介绍无线传感器网络从物理层到网络层的各层通信协议，给出了目前常用的针对无线传感器网络特点的网络协议设计思想和若干典型协议，这些理论和技术为无线传感器网络的部署和通信提供了基本的支持；无线传感器的若干关键技术，包括无线传感器网络的时间同步、节点定位、容错设计、质量保证和网络管理等技术，这些技术为无线传感器网络的各种应用提供了有力的支撑；无线传感器网络的网络仿真、无线传感器网络的硬件开发、操作系统、无线传感器网络应用开发等，并给出了部署和应用开发实例。

本书主要有以下特点：

（1）基础性。本书注重无线传感器网络的基本理论和关键技术，包括无线传感器的基本概念、基本原理、基本架构、基本协议和典型基础应用。力求展示出无线传感器网络重要和基础的内容，并介绍了当前主流的无线传感器网络节点和开发平台，适合于初学者对无线传感器网络有清楚的认识和理解，并做到通俗易懂。

（2）系统性。本书涉及无线传感器网络的各个方面，注重内容的系统性，以无线传感器网络的体系为内容框架，涵盖了无线传感器网络的从物理层到网络层的各种协议、时间同步技术、节点定位技术、容错设计技术、网络管理技术、硬件设计技术、操作系统平台、应用开发技术等，内容全面，体系完整。

（3）新颖性。为适应无线传感器网络理论和技术发展迅速、知识更新快的特点，本书紧跟学科发展前沿，针对当前新出现的各种应用，及时将无线传感器网络的新技术、新手段和新工具融入内容体系，及时对无线传感器网络的技术框架进行扩充和完善，并给出了新的应用和实例。

（4）逻辑性。无线传感器网络牵涉的技术众多，应用领域宽广，本书注重介绍时的逻辑性，面向无线传感器网络应用这一关键问题，由无线传感器网络的基本架构和协议引入，再介绍无线传感器网络的关键支撑技术和建立在基本架构与关键技术上的应用开发，以此为主线介绍若干仿真环境、系统平台和开发环境。层层深入，由浅入深，层次分明，有利于对无线传感器网络理论和技术的掌握和实践。

本书可作为高等院校物联网工程专业以及电气信息类专业的高年级本科生、研究生教材和教学参考用书，也可供从事相关行业的工程技术人员与研究人员参考。

本书的写作受到国家自然科学基金（61003233、61071096）和高等学校博士点科研基金（20100162110012、20110162110042）资助，在此表示感谢。

由于时间仓促，本书的错误和不足在所难免，敬请广大读者批评指正。

目录

CONTENTS

第 1 章

无线传感器网络概述

计算机及相关技术的发展，使得将计算、通信、网络与传感等功能都集成在一个设备成为了可能，无线传感器网络正是这些技术的紧密结合。无线传感器网络是一种由传感器节点构成的网络，能够实时地监测、感知和采集节点部署区的环境或观察者感兴趣的感知对象的各种信息（如光强、温度、湿度、噪声和有害气体浓度等物理现象），并对这些信息进行处理后以无线的方式发送出去。无线传感器网络使普通物体具有了感知能力和通信能力，在军事侦察、环境监测、医疗护理、智能家居、工业生产控制以及商业等领域有着广阔的应用前景。

1.1 无线传感器网络介绍

1.1.1 无线传感器网络的概念

随着社会的发展，通信技术发展得越来越快，无线通信技术的应用也越来越广泛。作为无线通信中一个新兴领域——无线传感器网络，也得到了迅速的发展，并渐渐走向集成化、规模化发展。

与此同时，传感器节点变得越来越微型化，功能却变得越来越强大，在进行无线通信的同时，还可以进行简单的信息处理。这类传感器除了监测环境中我们所需要的一些数据外，还能够对收集到的有用数据进行处理，直接将处理后的数据发送到网关，有的传感器节点甚至还具备数据融合的功能。现在无线传感器节点已能够实现信息处理和无线通信，无线传感器网络就是在这样的背景下诞生的。

无线传感器网络是对上一代传感器网络进行的技术上的革命[1]。早在 1999 年，一篇名为“传感器走向无线时代”的文章就已拉开了无线传感器网络的序幕，之后在美国的移动计算和网络国际会议中也提出了无线传感器网络的概念，并预测 WSN 将是 21 世纪难得的发展领域。美国的一家杂志在 2003 年在谈到未来新兴十大技术时，排在第一位的是无线传感器网络技术；同年，美国的另外一家杂志《商业周刊》在论述四大新兴网络技术时，无线传感器网络也列在其中；甚至《今日防务》杂志给出评论说，WSN 的出现和大规模发展将会带来一场跨时代的战争革新，这不仅体现在信息网络领域，军事领域和未来战争也必将发生翻天覆地的变化。从上面我们可以看出，WSN 的快速发展和大规模应用，将会推动社会和科技发展，引领时代潮流。

无线传感器网络（Wireless Sensor Networks，WSN）是一种特殊的无线通信网络[4]，它是由许多个传感器节点通过无线自组织的方式构成的，应用在一些人们力不能及的领域，如战场、环境监控等地方；通过无线的形式将传感器感知到的数据进行简单的处理之后，传送给网关或者外部网络；因为它具有自组网形式和抗击毁的特点，已经引起了各个国家的积极关注。

无线传感器网络由多个无线传感器节点和少数几个汇聚（Sink）节点构成，一般来说，无线传感器网络工作流程如下：首先使用飞机或其他设备在被关注地点撒播大量微型且具有一定数据处理能力的无线传感器节点，节点激活之后通过无线方式来搜集它附近的传感器节点，并与这些节点建立连接，从而形成多节点分布式网络，这些节点通过传感器感知功能采集这些区域的信息，经过本身处理之后，采用节点间相互通信最终传给外部网络。

如图 1.1 所示，无线传感器网络由传感区域内大量的无线节点、Sink 节点、外部网络构成，其中无线传感器节点随机地分布在被检测区域内，通过协作感知的形式实现区域内节点间的通信。由于通信范围或者出于能量节省考虑，节点只能与固定范围内的节点交换数据，因此要访问邻居节点以外的节点或者要将数据送到外部网络，必须采用多跳传输。Sink 节点的能量值和通信距离比传感器节点稍强，负责整个无线通信网络和外部网络之间的信息交换，从而实现外部网关与传感区域内节点的相互通信。例如，其中节点 A 感知到数据之后，通过节点B、C、D、E 多跳传送给 Sink 节点，再由 Sink 节点传送给外部网络（如 Internet）。

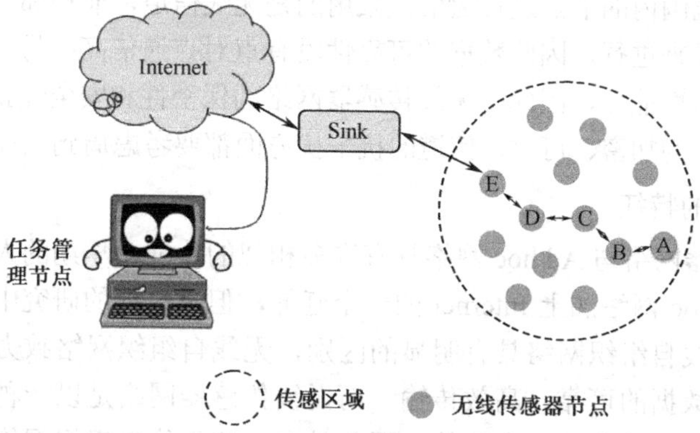

图 1.1 无线传感器网络

1.1.2 无线传感器网络的特点及优势

1. WSN 与 Ad hoc 共有的特征

无线通信作为通信行业一个单独的分支，已经取得了非常不错的成果。而其中取得较好成果的有无线自组织网络（Ad hoc），这种网络不需要固定的通信设备作为支撑，各个终端节点能够自己构建自己的网络域，动态地实现网络的互联，而作为一种特殊的无线自组织网络（Ad hoc），无线传感器网络与无线自组织网络一样，具有以下特征。

（1）自组织。无线传感器网络和无线自组织网络一样，都是应用在地理条件比较恶劣或者人不能到达的地方，因此减少了人为的干扰，增加了许多大自然的不确定因素，比如节点的分布是随机的，突然的泥石流或者人为破坏致使部分节点失效，新增加一些节点等。为了达到网络所要求的可靠性，节点本身必须具有自组织成网络的能力。在节点位置确定之后，节点能够自己寻找其邻居节点，实现相邻节点之间的通信，通过多跳传输的方式搭建整个网络，并且能够根据节点的加入和退出来重新组织网络，使网络能够稳定正常的运行。

（2）分布式。对于飞机随机撒播的节点来说，每一个节点都具有同等的硬件条件，每一个节点的通信距离都是非常有限的，甚至在任意一个节点消亡之后网络能够立即重组，没有哪个节点严格地控制网络的运行，因此每个节点的地位都是同等重要的。任意一个节点加入或者退出网络都不会影响网络的运行，抗击毁能力特别强。

（3）节点平等。除了 Sink 节点之外，无线传感器节点的分布都是随机的，在网络中以自己为中心，只负责自己通信范围内的数据交换；每个节点都是平等的，没有先后优先级之间的差别，每个节点既可以发送数据也可以接收数据，具有相同的数据处理能力和通信范围。

（4）安全性差。对于自组织网络来说，由于每一个节点的通信范围是非常有限的，因此它只能跟自己通信范围内的节点进行通信，采用的是无线信道，非相邻节点之间的通信需要通过多跳路由的形式来进行，因此数据的可靠性没有点对点通信高；另外由于信道容易受到干扰、窃听等，保密性能差，因此，无线传感器网络的保密性和安全性就显得非常重要。无线传感器网络对信道的加密、可靠、信道的抗干扰方面都要考虑周到，保证网络的安全。

2．WSN 特有的特征

尽管无线传感器网络与 Ad hoc 网络具有许多相似的特征，早期的人们甚至认为无线传感器网络就是 Ad hoc 网络加上 Internet 的一个延伸，但是后续的研究中所使用的无线传感器网络的技术与无线自组织网络具有明显的区别，无线自组织网络致力于不依赖于任何通信基础设备来实现数据的可靠、高效传输，而无线传感器网络是以一种以数据为中心的无线网络，同时还要考虑节点的自身条件，因此具有一些无线自组织网络所没有的特征，正是因为这些特征的存在决定了无线传感器网络不能与无线自组网使用同样的协议。

（1）计算能力不高。为了能够更加精确地获得被检测区域内人们感兴趣的一些信息，无线传感器网络在应用中采用大量撒播的形式来确定无线传感器网络，因此无线传感器节点分布非常密集。从成本上来考虑，大量的节点决定了每个节点的成本不高，在限定的成本下采用的处理器处理速度就比较低，只能够处理相对简单的数据，并且节点的队列缓存存储长度也非常有限，不适用于特别复杂的计算和存储，在传感器网络中就必须考虑到节点的拥塞控制，传统的 TCP/IP 协议由于其运算的复杂性和对地址的要求，不能运用于无线传感器网络中，WSN 必须重新提出自己的协议。

（2）能量供应不可替代。无线传感器网络中节点是随机撒播的，应用于一些环境恶劣或者人所力不能及的区域，加上节点的廉价限制，因此决定了无线传感器节点电池不可替代，每一个节点都有自己的生命周期，因此如何在现有的条件下最大限度地节省传感器节点的能量，延长节点的寿命成了协议要重点考虑的因素。节点的能量消耗主要集中在节点数据的收发和处理上，而数据的发送和接收占据了主要部分。例如，节点发送 1 B 的数据给

10 m 之外的另外一个节点所消耗的能量相当于节点执行 300 跳计算指令所消耗的能量。因此，在能量节省与信息处理之间找到平衡点能够最大限度地节省能量，许多节点甚至采用睡眠来最大限度地减少节点的运行时间，以此来延长节点的生命周期。

（3）节点变化性强。无线传感器节点的特殊应用决定了无线传感器节点有可能会因为自然或者人为的因素而发生变化，如拥塞导致的负载发生变化、节点的消亡等，无线传感器网络必须根据节点的这些变化来调整整个网络的工作状态，提高网络的性能；另外在网络中还存在一些自由移动的节点，怎样利用这些移动节点来进行通信对网络也提出了挑战，网络的自组织和分布式等特点也决定了网络必须能够快速重新构造网络，能够动态地适应网络的变化。

（4）大规模。无线传感器网络的安全系数不高导致数据可能会出现大量的丢失，为了保证数据的可靠、高效传输，无线传感器网络通过采用大量的具有相同硬件设施的节点来采集数据，有许多节点甚至采集的数据是一样的，因此这样就能够实现数据的冗余，保证数据最终能够传输到目的节点。由于节点的撒播是大规模、随机、无规律的，这也同时对无线传感器网络中的协议提出了一些新的要求，要求协议能够处理好节点之间的通信问题，保证数据不拥塞，必要时还需要考虑数据融合等问题。

总的来说，无线传感器网络作为一个新兴的无线通信网络，具有传统网络无可比拟的优势。

1.1.3　无线传感器网络的应用

由于无线传感器网络节点的处理成本下降和嵌入式等技术的飞速发展，最近两年来，已经有越来越多的无线传感器网络投入使用，这些无线传感器网络主要应用在以下几个方面。

1. 环境的预测和保护

随着全球变暖，环境破坏变得越来越严重，环境的检测就显得越来越重要了。通过无线传感器网络能够感知环境中的微小变化，如在城市中尘埃的含量、空气的质量等，通过传感器网络在第一时间通知相关专家制定相应的措施，减少环境的污染，洁化人们的生活。

在室内环境监测中举一个广泛应用的例子，即配电房的环境安全监测。配电房的环境安全监控包括电力设备的防盗、防护及配电房温度、湿度、烟雾、水浸等环境参数的监测。目前，配电房的监控存在极大的安全隐患，特别是在无人值守的情况下，配电房内出现水浸、由设备温度过高而引起火灾等问题无法及时处理；配电房空调、排气扇常年打开，造成运营费用过高等。为了解决这个问题，在配电房中各个角落装置无线传感器节点，各个节点负责收集室内各项环境指标，如温度、湿度等，其中设置一个中心节点，负责收集各个节点的数据。各个节点之间通过自组织方式连接起来，形成一个无线传感器网络，中心节点将各个节点的数据收集处理之后发送给外部网络，从而在发生异常时及时通知管理人员前来维护。

相对于传统的安全监控系统而言，基于 WSN 的智能环境安全监控系统具有其独特的优势：

- WSN 中的节点高度集成了数据采集、数据处理和通信等功能，从而简化了设施；
- 由于节点采用无线通信模式，不需要布线，使得 WSN 更适合于在现有网络上扩展功能，以及偏远、环境比较恶劣的地区；
- WSN 的自组织性和大规模性，使得无线传感器适于分布式处理；
- WSN 具有自组织性、动态性，因此可以实现保护平台的迅速构建而不需要添加更多的设施。

另外一个方面就是对生态的监控，如野生动物、候鸟群等，通过无线传感器网络能够研究它们的习性，适时地进行人为的控制，防止它们进一步地灭绝。美国加州大学伯克利分校 Intel 实验室和大西洋学院联合在大鸭岛上部署了一个多层次的传感器网络系统，用来监测岛上海燕的生活习性，目前已经取得了比较好的效果。

2．医疗护理

近年来，随着社会的不断发展和人们生活水平的不断提高，人们对医疗服务在实时性、灵活性、智能化、人性化等方面提出了新的要求，社会需要更加完善的医疗系统提供服务，因此以信息技术、网络技术和电子技术为基础的各种医疗系统的发展方兴未艾。无线传感器网络作为一个新兴出现的领域，在时间和空间上具有其他医疗系统不可比拟的优势，远程医疗系统、社区医疗系统应运而生，它正改变着传统的医疗模式，使医院与医院、医生与病人直接通过远程医疗合作，建立一种全新的关系，达到提高医疗效果的目的。21 世纪，移动通信技术和传感器技术日趋成熟，又为医疗系统的发展注入了新的活力，人们开始关注以无线传感器网络技术为基础的各种医疗系统的研究。例如，对于重症病人的监护不再需要人工护理，采用微尘等先进的科学方式实时监控病人的血压等身体状况，当出现异常时自动通知，从而达到实时护理的效果。

3．军事领域

军事领域是无线传感器网络最原始的应用，无线传感器网络可以协助实现有效的战场态势感知，满足作战力量“知己知彼”的要求。典型设想是用飞行器将大量微传感器节点散布在战场的广阔地域，这些节点自组成网，将战场信息边收集、边传输、边融合，为各参战单位提供“各取所需”的情报服务。

无线传感器网络在军事应用的巨大作用，引起了世界许多国家的军事部门、工业界和学术界的极大关注。美国自然科学基金委员会于 2003 年制定了传感器网络研究计划，投资 3 400 万美元，支持相关基础理论的研究。美国国防部和各军事部门都对传感器网络给予了高度重视，在 C4ISR 的基础上提出了 C4KISR 计划，强调战场情报的感知能力、信息的综合能力和信息的利用能力，把传感器网络作为一个重要研究领域，设立了一系列的军事传感器网络研究项目。美国英特尔公司、微软公司等信息产业界巨头也开始了传感器网络方面的工作，纷纷设立或启动相应的行动计划。日本、英国、意大利、巴西等国家也对传感器网络表现出了极大的兴趣，纷纷展开了该领域的研究工作。

4. 智能家居

随着时代的发展，人们下班前就通知家里电饭煲自动煮饭、洗衣机自动洗衣服的梦想已经慢慢变成了现实，这就是智能家居的使用，人们只需要通过手机或者其他的一些应用，便能够实现对家居的控制，节省人们大量的时间和精力。智能家居以无线传感器网络应用为基础，所有的家居都被做成了一个智能节点，在无线传感器网络中通过对家居的控制来实现智能家居的梦想。

无线传感器网络还有许多其他的应用，如在工业控制中流水线的监控、室内环境的保持等，将来无线传感器网络将会运用得越来越广泛。

1.2　无线传感器网络的体系结构

1.2.1　传感器的节点结构

无线传感器节点作为网络的最小单元，在不同的应用领域中其组成结构也不尽相同[5-6]，例如，环境监测主要专注于延长其生命周期，而在战场上主要专注于消息的及时处理和传输，但是整体来说传感器节点的基本组成结构是大同小异的。

传感器节点通常用于部署在现场，其成本低廉、重量轻，同时支持一些基本的功能，如事件检测、分类、追踪以及汇报。每个节点包含一个或多个传感器，嵌入式处理器、低功率雷达，以及供电电池。传感器节点在绝大多数时间保持“沉默”，但一旦监测到数据则立即进入活动状态，所有节点共同合作完成一个共同的任务。传感器节点硬件通信架构的设计必须充分考虑电池方面的限制。在一般情况下，节点支持以下功能：

- 动态配置，以支持多种网络功能；
- 节点可以动态配置成网关、普通节点等；
- 远程可编程，以便增加新的功能，如支持新的信号处理算法；
- 定位功能，以便确定自己的绝对或者相对位置，如利用全球定位系统（Global Position System，GPS）；
- 支持低功耗的网络传输；
- 支持长距离通信，以便数据传输，如网关之间的通信。

无线传感器节点的通用结构必须以共享硬件资源为前提，能够分离一般数据链路和无线数据链路，并且能兼容多种通信协议。如图 1.2 所示，WSN 节点主要由一个传感器、处理器、电源、信号收发等模块构成，传感器用于感知、获取监测区域内感兴趣的一些数据，在传感器感知到数据以后，通过信号调制电路转化为模拟信号，因为处理器只能够处理简单的数字信号，加上数字信号能够更好地进行传输，因此需要通过 A/D 转换电路将模拟信号转换为数字信号，然后将数字信号送到处理模块进行处理。处理模块一般来说包括一个微处理器和一个存储器等。经过处理器简单处理之后，数据被传输到射频模块，通过发射机将数据发送给目的节点；电源模块提供所有模块的能量来源，一般采用的是微型电池，因为电源是不可替换的，所以在无线传感器网络中如何节省能量就显得非常重要。图 1.2 描述了通用节点的体系结构，该结构的核心是一个中央微处理器，用于分时处理操作请求和通信协议。

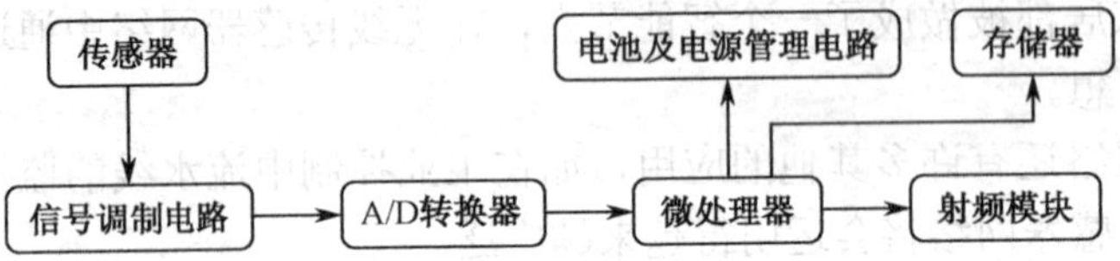

图 1.2　WSN 节点结构

在无线传感器节点所包含的这几个主要部分之外，还包含有几个辅助的模块，如移动管理单元、节点定位单元等。传感器节点需要一个嵌入式操作系统来管理各种资源和支持各种应用，操作系统可以选择现有的各种商用嵌入式操作系统，如在 WINS NG 中就采用微软的 Windows CE 操作系统；也可以自己开发特定的操作系统，如 UC Berkeley 为此专门开发了 TinyOS 操作系统。现在成型的无线传感器节点，如 Berkeley 的 Motes、英特尔公司的 iMote 等，它们的主要原理结构式大同小异，不同的是它们使用的处理器等硬件设备和通信协议。

节点的能量成为无线传感器网络发挥效能的瓶颈。当前的研究主要集中在节点硬件设计和路由算法上，节省能量以延长网络传感器的生命周期。因此，在一般情况下，为了节省能耗，微处理器一般有两种运行模式：运行模式和睡眠模式。在睡眠模式中，节点能量的消耗要远远小于运行模式。

1.2.2　无线传感器网络架构

我们知道 OSI 模型采用的是分层体系结构，一共分为 7 层。与 OSI 模型相对应，WSN 也具有自己的层次结构模型，但是与 OSI 模型稍有不同，WSN 分为 5 层。OSI 和 WSN 的物理层、数据链路层、网络层和传输层的基本机构相同，但是在传输层以上的上层结构中，WSN 只有一个应用层，两种模型同层次的功能也基本上相同。为了使 WSN 能够更好地协同工作，WSN 模型中还设置了三个平台用来管理 WSN 系统。下面将详细介绍各层的功能。

1. 各层协议的功能

1）物理层

无线传感器网络的传输介质可以是无线、红外或者光介质，如在微尘项目中就使用了光介质进行通信。还有使用红外技术的传感器网络，它们都需要在收发双方之间存在视距传输通路。而大量的传感器网络节点基于射频电路。无线传感器网络推荐使用免许可证频段（ISM）。在物理层技术选择方面，环境的信号传播特性、物理层技术的能耗是设计的关键问题。传感器网络的典型信道属于近地面信道，其传播损耗因子较大，并且天线高度距离地面越近，其损耗因子就越大，这是传感器网络物理层设计的不利因素，然而无线传感器网络的某些内在特征也有利于设计的方面。例如，高密度部署的无线传感器网络具有分集特性，可以用来克服阴影效应和路径损耗。目前低功率传感器网络物理层的设计仍然有许多未知领域需要深入探讨。

2）数据链路层

数据链路层负责数据流的多路复用、数据帧检测、媒体接入和差错控制，数据链路层保证了传感器网络内点到点和点到多点的连接。

（1）媒体访问控制。在无线多跳 Ad hoc 网络中，媒体访问控制（MAC）层协议主要负责两个职能：其一是网络结构的建立，因为成千上万个传感器节点高密度地分布于待测地域，MAC 层机制需要为数据传输提供有效的通信链路，并为无线通信的多跳传输和网络的自组织特性提供网络组织结构；其二是为传感器节点有效、合理地分配资源。

（2）差错控制。数据链路层的另一个重要功能是传输数据的差错控制。在通信网中有两种重要的差错控制模式，分别是前向差错控制（FEC）和自动重传请求（ARQ）。在多跳网络中，ARQ 由于重传的附加能耗和开销而很少使用，即使使用 FEC 方式，也只考虑低复杂度的循环码，而其他的适合传感器网络的差错控制方案仍处在探索阶段。

3）网络层

传感器网络节点高密度地分布于待测环境内或周围。在传感器网络节点和接收器节点之间需要特殊的多跳无线路由协议。传统的 Ad hoc 网络大多基于点对点的通信，而为增加路由可达度，并考虑到传感器网络的节点并非很稳定，在传感器节点大多使用广播式通信，路由算法也基于广播方式进行优化。

此外，与传统的 Ad hoc 网络路由技术相比，无线传感器网络的路由算法在设计时需要特别考虑能耗的问题。基于节能的路由有若干种，如最大有效功率（PA）路由算法，即选择总有效功率最大的路由，总有效功率可以通过累加路由上的有效功率得到；最小能量路由算法，该算法选择从传感器节点到接收器传输数据消耗最小能量的路由；基于最小跳数路由算法，在传感器节点和接收机之间选择最小跳数的节点；以及基于最大最小有效功率节点路由算法，即算法选择所有路由中最小有效功率最大的路由[29]。

传感器网络的网络层设计的设计特色还体现在以数据为中心，在传感器网络中人们只关心某个区域的某个观测指标的值，而不会去关心具体某个节点的观测数据，而传统网络传送的数据是和节点的物理地址联系起来的。以数据为中心的特点要求传感器网络能够脱离传统网络的寻址过程，快速有效地组织起各个节点的信息并融合提取出有用信息直接传送给用户[23, 24]。

4）传输层

无线传感器网络的计算资源和存储资源都十分有限，早期无线传感器网络数据传输量并不是很大，而且互联网的传输控制协议（TCP）并不适应无线传感器网络环境，因此早先的传感器网络一般没有专门的传输层，而是把传输层的一些重要功能分解到其下各层实现。随着无线传感器网络的应用范围的增加，无线传感器网络上也出现了较大的数据流量，并开始传输包括音/视频数据的媒体数据流。因此目前面向无线传感器网络的传输层研究也在展开，在多种类型数据传输任务的前提下保障各种数据的端到端的传输质量。

5）应用层

应用层包括一系列基于监测任务的应用层软件。与传输层类似，应用层研究也相对较少。应用层的传感器管理协议、任务分配和数据广播管理协议，以及传感器查询和数据传播管理协议是传感器网络应用层需要解决的三个潜在问题。

网络协议结构是网络的协议分层以及网络协议的集合，是对网络及其部件所应完成功能的定义和描述。对无线传感器网络来说，其网络协议结构不同于传统的计算机网络和通信网络。相对已有的有线网络协议栈和自组织网络协议栈，需要更为精巧和灵活的结构，用于支持节点的低功耗、高密度，提高网络的自组织能力、自动配置能力、可扩展能力和保证传感器数据的实时性。

传感器网络的体系结构受应用驱动。传统的传感器的应用方向主要在军事等领域。现在越来越多的研究表明，无线传感器网络在民用领域也存在着广阔的应用前景。例如，多种类型的传感器网络可以为移动中的人们提供对周围环境的感知，并通过与移动网络的协同工作来触发状态感知的新业务，从而使人们能够获得更高的效率。这种多传感环境以及与其他无线网络的协同工作将对未来无线传感器网络与其他网络的互通体系结构产生影响。总的说来，灵活性、容错性、高密度以及快速部署等传感器网络的特征为其带来了许多新的应用。

未来，有许多广阔的应用领域可以使传感器网络成为人们生活中一个不可缺少的组成部分。实现这些和其他一些传感器网络的应用需要自组织网络技术，然而，传统 Ad hoc 网络的技术并不能够完全适应于传感器网络的应用。因此，充分认识和研究传感器网络自组织方式及传感器网络的体系结构，为网络协议和算法的标准化提供理论依据，为设备制造商的实现提供参考，已成为目前的紧迫任务。也只有从网络体系结构的研究入手，带动传感器组织方式及通信技术的研究，才能更有力地推动这一具有战略意义的新技术的研究和发展。

2. 各管理平台的功能

1）能量管理平台

在无线传感器网络中，传感器节点大多由能量十分有限的电池供电，并长期在无人值守的状态下工作。由于传感器网络中节点个数多、分布区域广、所处环境复杂，通过更换电解酶方式来补充能量是不现实的，必须对 WSN 进行能量管理，采用有效的节能策略降低节点的能耗，延长网络的生存期。

传感器节点中传感模块的能耗比计算模块和通信模块的能耗低得多，因此，通常只对计算模块和通信模块的能耗进行讨论。最常用的节能策略是采用睡眠机制，即把没有传感任务的传感器节点的计算模块和通信模块关闭，或者调节到更低能耗的状态，从而达到节省能量的目的。此外，动态电压调节和动态功率管理、数据融合、减少控制报文、减小通信范围和短距离多跳通信等方法也能降低节点的能耗。

2）移动管理平台

在无线传感器网络中，由于节点能量耗尽或者通信中断等原因，节点暂时或永久退出网络，节点的数量逐渐减少，因此有必要增加无线传感器网络节点。另外在一些特殊的应用中，要求有些节点能够自由移动采集数据，对于传感器节点的加入、退出或者移动，网络需要有一个专门的平台来管理这些节点的通信，移动管理平台就是在这样的背景下诞生的。

在无线传感器网络中，移动管理平台的任务主要是维护或者重建节点间的正常路由，保证网络稳定正常地运行和数据的可靠传输，从而实现资源的最大限度的利用。

3）任务管理平台

任务管理平台主要用来调度区域内的任务完成顺序，使网络达到最优。

1.3　无线传感器网络研究及发展现状

20 世纪 70 年代，第一代传感器网络诞生，第一代传感器网络特别简单，传感器只能获取简单信号，数据传输采用点对点模式，传感器节点与传感控制器相连就构成了这样一个传感器网络。第二代传感器网络比第一代传感器网络在功能上稍有增强，它能够读取多种信号，硬件上采用串/并接口来连接传感控制器，是一种能够综合多种信息的传感器网络。传感器网络更新的速度越来越快，在 20 世纪 90 年代后期，第三代传感器网络问世，它更加智能化，综合处理能力更强，能够智能地获取各种信息，网络采用局域网形式，通过一根总线实现传感器控制器的连接，是一种智能化的传感器网络。到现在为止，第四代传感器网络还在开发之中，虽然实验室的无线传感器网络已经能够运行，但限于节点成本、电池生命周期等原因，大规模使用的产品出现得还很少，这一代网络结构采用无线通信模式，大规模地撒播具有简单数据处理和融合能力的传感器节点，无线自组织地实现网络间节点的相互通信，这就构成了第四代传感器网络，也就是我们所说的无线传感器网络。

考虑到 WSN 的巨大发展前景和应用价值[2-3]，许多国家极度关注无线传感器网络的发展状况，学术界也开始把无线传感器网络作为一个研究的重点。美国的一家基金会于 2003 年发布了一个无线传感器网络开发项目，投入大量资金来研究 WSN 的通信基础理论；美国国防部也把无线传感器网络列入了重点安防对象，提出了一个 WSN 感知计划，这个计划重点强调战争中敌方情报的搜集感知能力以及信息的处理传输能力，因此无线传感器网络成为了一个重要的军事领域，美国国防部还特意开设了许多针对于军事的无线传感器网络研究项目；世界各国的通信、IT 等知名企业也积极备战无线传感器网络可能带来的机遇，积极组织团队研发无线传感器网络，争取早日实现无线传感器网络的商业化。

在无线传感器网络领域，我国也表现出极大的热情，现代无线传感器网络的研发积极跟上世界潮流。我国关于无线传感器网络概念的提出要追溯到1999年中国科学院发布的"信息与自动化领域研究报告"，该报告指出，无线传感器已经被列为信息与自动化五个最有影响力的项目之一。另外许多国内高校对无线传感器网络的研究也在如火如荼地进行着。例如，中国科学院上海微系统研究所从 1998 年开始就一直在跟踪和研究无线传感器网络；另外国内的一些高校如清华大学、国防科技大学、北京邮电大学、西安电子科技大学、哈尔滨工业大学、复旦大学、中南大学等在无线传感器网络方面也都在深入研究，有的学校甚至已经做出了一定的成果。

无线传感器网络目前是国内外的一个热点话题，许多国家都在研究无线传感器网络，而无线传感器网络的传输层作为无线传感器网络的重要一层，担负着网络间节点的数据传输和可靠性保证的任务，因此对无线传感器网络传输层协议的研究是非常有意义的。

针对无线传感器网络高可靠性和低延迟特性，目前国内外已经提出了相当成熟的协议，针对传输层协议的三个性能指标：拥塞控制、可靠性保证和能量效率，主要有 PFSQ（快取慢存）、CODE（拥塞发现和避免）、RMST（可靠多分段传输）等协议，这些协议能够达到一定的可靠性，但是由于协议本身存在的缺陷，只能适用于某一种或者某一类应用，不具有普遍性。

从总体上来说，目前无线传感器网络正处在一个快速成长的时期，不论是国内还是国外，无线传感器网络都是一个重点研究的课题，但是无线传感器网络由于成本以及技术等原因，一直还没有商业化，随着时间的推移和科技的发展，相信在几年之内无线传感器网络必定会取得大的突破。

1.4 无线传感器网络所面临的挑战

无线传感器网络具有不同于传统数据网络的特点，这对无线传感器网络的设计与实现提出了新的挑战，无线传感器网络的发展在基础理论和实现技术两个层面提出了大量的富有挑战性的研究课题，主要体现在 5 个方面：低能耗、实时性、低成本、安全和抗干扰、协作。

1. 低能耗

无线传感器网络节点的电源极为有限，又因为它通常工作在危险或人们无法到达的环境中，所以在大多数情况下无法补充能量，网络中的传感器节点会由于电源能量耗尽而失效或废弃，这就要求在无线传感器网络运行的过程中，每个节点都要最小化自身的能量消耗，以获得最长的工作时间，因而无线传感器网络中的各项技术和协议的使用一般都是以节能为前提的。

2. 实时性

无线传感器网络的应用大多要求有较好的实时性。例如，目标在进入监测区域之后，传感器网络需要在一个很短的时间内对这一事件做出响应，若其反应的时间过长，则目标可能已离开监测区域，从而使得到的数据失效；又如，车载监控系统需要在很短的时间内读一次加速度仪的测量值，否则将无法正确估计速度，导致交通事故，这些应用都对无线传感器网络的实时性设计提出了很大的挑战。

3. 低成本

无线传感器网络是由大量的传感器节点组成的，单个传感器节点的价格会极大程度地影响系统的成本。为了达到降低单个节点成本的目的，需要设计出对计算、通信和存储能力均要求较低的简单网络系统和通信协议。此外，还可以通过减少系统管理与维护的开销来降低系统的成本，这需要无线传感器网络系统具有自配置和自修复的能力。

4. 安全和抗干扰

无线传感器网络系统具有严格的资源限制，需要设置低开销的通信协议，但同时也会带来严重的安全问题。由于有些传感器节点会设置在屋内，也有许多会设置在户外，会在各种环境下部署节点，所以节点必须具备良好的抗干扰能力，现场环境可能极寒冷、极炎热、极干或极湿等恶劣条件，这些都不能对节点的感知产生影响，也不能对节点内的电路运行产生影响，同时也不能对节点间的信息传递产生影响。关于这些就相当考验节点的设计，不仅要考虑节点的外壳设计，还要考虑内部电路的设计。因此，如何使用较少的能量完成数据加密、身份认证、入侵检测及在破坏或受干扰的情况下可靠地完成任务，也是无线传感器网络研究与设计面临的一个重要挑战。

5. 协作

由于单个传感器节点的能力有限，往往不能单独完成对目标的测量、跟踪和识别工作，从而需要多个传感器节点采用一定的算法通过交换信息，对所获得的数据进行加工、汇总和过滤，并以事件的形式得到最终结果。数据的协作传递过程中涉及网络协议的设计和节点的能量消耗问题，也是目前研究的热点之一。

1.5 本章小结

本章对无线传感器网络做了一个概要性的介绍，1.1 节解释了无线传感器网络的一些基本概念、特点以及优势，接下来围绕无线传感器网络的体系结构和网络架构详细地阐述了无线传感器网络的基本构成，最后给出了无线传感器网络发展可能会遇到的一些问题，并为以后的章节提供了依据。

参考文献

[1] 马祖长，孙怡宁．无线传感器网络综述[J]．通信学报，2004,3(25): 1-5.

[2] Akyildiz I, Su W, Sankarasubramaniam Y, et al.. Wireless sensor networks: a survey[J]. Computer networks, 2002,38(4):393-422.

[3] 孙亭，杨永田，李立宏．无线传感器网络技术发展现状[J]．电子技术应用，2006,5(6): 1-5.

[4] Yick J, Mukherjee B, Ghosal D. Wireless sensor network survey[J].Computer networks, 2008,52(2):2292-2330.

[5] 何云珍，孙增友．无线自组传感器网络研究与应用[J]．东北电力大学学报，2006，6(5):2-3.

[6] 郑相全．无线自组网技术实用教程．北京：清华大学出版社，2004.

[7] Arici T, Altunbasak Y. Adaptive Sensing for Environment Monitoring Using Wireless Sensor Networks[C]. In Proceeding of the IEEE Wireless Communications and Networking Conference(WCNC),2004,5(1):2350-2355.

[8] Noury N, Herve T, Rialle V, et al.. Monitoring Behavior in Home Using a Smart Fall Sensor[C].In Proceeding of the IEEE-EMBS Special Topic Conference on Microtechnologies in Medicine and Biology. Lyon:IEEE Computer Society,2000,607-610.

[9] Hewish M. Little Brother is Watching you: Unattended Groud Sensors[J].Defense Review,2001,34(6):46-52.

[10] Meyer S, Cheung S Y, Varaiya P. Sensor Networks for Monitoring Traffic[C]. Workshop on Wearable, Invisible, Context-aware, Ambient, Pervasive and Ubiquitous Computing,2003,21:159-168.

[11] 刘辉宇．无线传感器网络传输协议研究进展[J]．计算机科学，2009, 36(5):7-59.

[12] 姜连祥，汪小燕．无线传感器网络硬件设计综述[J]．单片机与嵌入式系统应用，2006(11).

[13] TinyOS[OL]. http://sensorwebs.jpl.nasa.gov/.

[14] Venkata A. Kottapalli, Anne S. Kiremidjian, Jerome P. Lynch , Ed Carryer , Thomas W. Kenny, Kincho H. Law, Ying Lei. Two-tiered wireless sensor network architecture for structural health monitoring SPIE. 10th Internationgal Symporium on Smart Structures and Materials, San Diego, March 2-6,2003.

[15] 于海滨，曾鹏，王中锋，等．分布式无线传感器网络通信协议研究[J].通信学报，2004,25(10):102-110.

[16] Shafiq Hashmi. A New Transport Layer Sensor Network Protocol[J]. IJCNC, 2010, 2(5):92-103.

[17] 卜长清．无线传感器网络实时传输协议的研究和实现[D]重庆：重庆大学硕士学位论文，2009.

第 2 章

无线传感器网络物理层设计

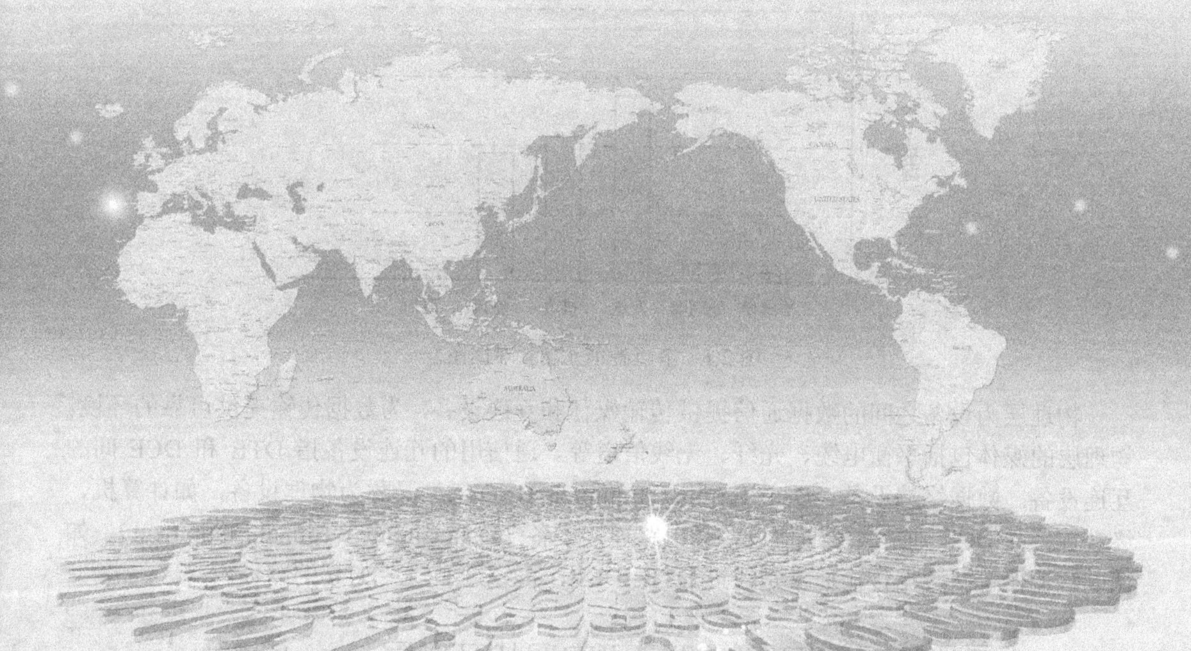

2.1 无线传感器网络物理层概述

Lan F. Akyildiz[1] 等人提出了 WSN 协议栈的五层模型，分别对应 OSI 参考模型的物理层、数据链路层、网络层、传输层和应用层。ISO（International Orgnazation for Standarization）对开放系统互联（Open System Interconnection，OSI）参考模型中物理层的定义为：物理层为建立、维护和释放数据链路实体之间的二进制比特传输的物理连接，提供机械的、电气的、功能的和规程性的特性。从定义可以看出，物理层的特点是负责在物理连接上传输二进制比特流，并提供为建立、维护和释放物理连接所需要的机械、电气、功能和规程的特性[2-3]。

物理层是无线传感器网络（WSN）协议的重要组成部分，它位于最低层，是整个开放系统的基础，向下直接与物理传输介质相连接，主要负责数据的调制、发送与接收，是决定 WSN 的节点体积、成本以及能耗的关键环节，也是 WSN 的研究重点之一。其主要功能包括[3]：为数据终端设备提供传送数据的通路；传输数据；其他管理工作，如信道状态评估、能量检测等。随着集成电路工艺的发展，处理器和传感器模块的功耗变得越来越小，通信模块能量消耗占的比重却越来越大。节点各单元的功能对比如图 2.1 所示。

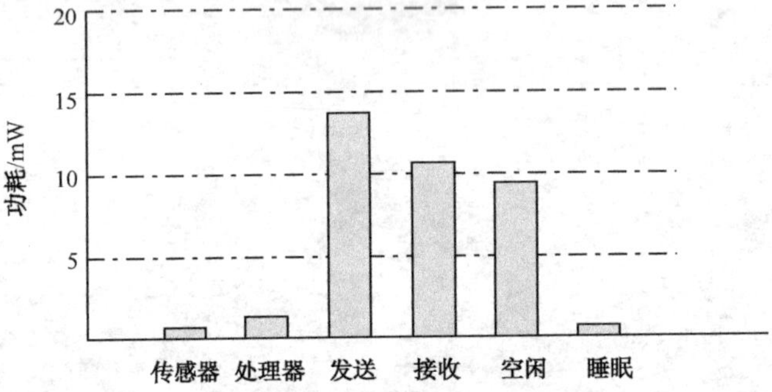

图 2.1　节点各单元功耗对比图

物理层为设备之间的数据通信提供传输媒体和互连设备，为数据传输提供可靠的环境。物理层的媒体包括平衡电缆、光纤、无线信道等。通信用的互连设备指 DTE 和 DCE 间的互连设备。数据终端设备（Data Terminal Equipment，DTE）又称为物理设备，如计算机、终端等；而 DCE 则是数据通信设备或电路连接设备（Data Circuit Terminal Equipment），如调制解调器等。数据传输通常是经过 DTE—DCE，再经过 DCE—DTE 的路径。

2.2 无线传感器网络物理层研究现状及发展

作为一种无线网络，无线传感器网络物理层协议涉及传输介质以及频段的选择、调制、扩频技术方式。目前的无线传感器网络中物理层的研究也主要集中在传输介质、频率选择和调制机制三个方面[2-3]。

1．传输介质

物理层的传输介质主要包括无线电波、光纤、红外线和光波等。目前 WSN 的主流传输方式是无线电波。因为无线电波易于产生，传播距离远，且容易穿透建筑物，在通信方面没有特殊的限制，比较适合 WSN 在未知环境中的自主通信需求。红外线作为 WSN 的可选传输方式，其最大的优点是传输方式不受无线电波干扰，且红外线的使用不受国家无线电管理委员会的限制；但是红外线的缺点是对非透明物体的透过性极差，只能在一些特殊的 WSN 应用中使用。与无线电波传输相比，光波传输不需要复杂的调制/解调机制，接收器的电路简单，单位数据传输功耗较小。光波与红外线相似，通信双方可能被非透明物体阻挡，因此只能在一些特殊的 WSN 应用中使用。

无线传感器网络一些不同寻常的应用要求使得传输介质的选择更加具有挑战性。例如，舰船应用可能要求使用水性传输介质（Aqueous Transmission Medium），如能穿透水面的长波；复杂地形和战场应用会遇到信道不可靠和严重干扰等问题；此外，一些传感器节点的天线可能在高度和发射功率方面不如周围其他的无线设备，这就要求所选择的传输介质支持健壮的编码和解调机制。

2．频率选择

在频率选择方面，目前一般选用工业、科学和医疗（ISM）频段。表 2.1 列出了 ISM 应用中可用频段，其中一些频率已经用于无绳电话系统和无线局域网的通信。选用 ISM 频段的主要优点是 ISM 频段是无须注册的公用频段、具有大范围的可选频段、没有特定的标准可以灵活使用。面对传感器节点小型化、低成本、低功耗的特点，A.Porret 等人提出在欧洲使用 433 MHz 的 ISM 频段，在美国使用 915 MHz 的 ISM 频段[4]，文献[2-3]给出了基于这两个频段的无线收发器设计方法。

表 2.1　ISM 应用中可用频段

频　段	中心频率	频　段	中心频率
6 765～6 795 kHz	6 780 kHz	2 400～2 500 MHz	2 450 MHz
13 553～13 567 kHz	13 560 kHz	5 725～5 875 MHz	5 800 MHz
26 957～27 283 kHz	27 120 kHz	24～24.25 GHz	24.125 GHz
40.66～40.70 MHz	40.68 MHz	61～61.5 GHz	61.25 GHz
433.05～434.79 MHz	433.92 MHz	122～123 GHz	122.5 GHz
902～928 MHz	915 MHz	244～246 GHz	245 GHz

当然，选择 ISM 频段也存在一些问题，如功率限制以及与现有无线电应用之间的有害干扰等。目前主流的传感器节点硬件是基于 RF 射频电路设计的。μAMPS 无线传感器节点利用的是带有集成频率合成器的 2.4 GHz 蓝牙兼容（Bluetooth Compatible）的无线电收发机。WSN 结构采用的也是无线射频通信。

3．调制机制

在调制解调方面，传统的无线通信系统需要考虑的重要指标包括频谱效率、误码率、环境适应性，以及实现的难度和成本。在 WSN 中，由于传感器节点能量受限，需要设计以节能和成本为主要指标的调制机制。

为了满足 WSN 最小化符号率和最大化数据传输率的指标，M-ary 调制机制被应用于 WSN[4]。然而，简单的多相位 M-ary 信号将降低检测的敏感度，为了恢复连接，则需要增加发射功率，因此将导致额外的能量浪费。为了避免该问题，准正交的差分编码位置解调方案[4]采用四位二进制符号，每个符号被扩展为 32 位伪噪声 CHIP，采用半正弦脉冲波形的偏移四相移键控（O-QPSK）调制机制，仿真实验表明该方案的节能性比较好。M-ary 调制机制通过单个符号发送多位数据的方法减少了发射的时间，降低了发射功耗，但是所采用的电路很复杂，无线发射器的功耗比较大。如果以无线收发器的启动时间为主要条件，则 Binary 调制机制适用于启动时间较短的系统。文献[5]给出了一种基于直序扩频-码分多路访问（DS-CDMA）的数据编码与调制方法，该方法通过使用最小能量编码算法来降低多路访问冲突，可减少能量消耗。

此外，超宽带技术由于采用基带传输，无须载波，因此具有较低的传输功率和简单的收发电路，这些都使得超宽带技术成为无线传感器网络中研究的一个热点。未来 WSN 物理层研究工作应在低功耗的无线电设备方面进行创新，研发超带宽技术并用于通信、开发出减少同步和能量消耗调制机制、确定最佳的传输功率、建立更加节能的协议和算法[6]。

2.3 无线传感器网络物理层关键技术

物理层的设计目标是以尽可能少的能量损耗获得较大的链路容量。为了确保网络的平滑性能，该层一般需与媒体访问控制（MAC）子层进行密切交互，物理层需要考虑编码调制方式、通信速率和通信频段等问题。

2.3.1 编码调制方式的选择

E. Shih 等人对二进制和 M-ary 调制方式进行了研究比较，其分析指出，在相同码元速率的情况下，M-ary 调制方式传输的信息量是二进制调制方式的 $\log_2 M$ 倍，因此更节省了传输时间，但是其同时指出 M-ary 调制相对于二进制调制方式在实现上更为复杂而且抗干扰能力较差，尤其对于功率受限的无线传感器网络节点，M 越大误码性能就会越严重。CDMA 调制方式虽然可以提高系统容量，但是每个节点要都存储所有通信节点的 PN 码显然是不现实的。

2.3.2 频率的选择

频率的选择是影响无线传感器网络性能、体积、成本的一个重要参数。

（1）从节点功耗的角度考虑自身能耗、传播损耗与工作频率的关系。在传输相同的有效距离时，载波频率越高则消耗能量越多，这是因为载波频率越高对频率合成器的要求也就越高。射频前端收发机中频率合成器可以说是其主要的功耗模块，并且根据自由空间无线传输损耗理论也可知，波长越短其传播损耗越大，这意味着高频率需要更大的发射功率来保证一定的传输距离。

（2）从节点物理层集成化程度、成本的角度来考虑。虽然当前的 CMOS 工艺已经成为主流，但是对大电感的集成化还是一个非常大的挑战，随着深亚微米工艺的进展，更高的频率更易于电感的集成化设计，这对于未来节点的完全 SoC 设计是有利的，所以频段的选择是一个非常重要的问题。由于无线传感器网络是一种面向应用的网络，所以针对不同的实际应用应该在综合成本、功耗、体积的条件下进行一个最优的选择。FCC 组织给出了 2.4 GHz 是当前工艺条件下，将功耗、成本、体积等折中较好的一个频段，并且是全球 ISM 频段。但是这个频段是现阶段不同应用设备可能造成相互干扰最严重的频段，因为蓝牙、WLAN、微波炉设备以及无绳电话等都采用该频段的频率。

在无线传感器网络物理层设计中，当前仍面临着以下两个方面的挑战。

1）成本

低成本是无线传感器网络节点的基本要求，只有低成本，才能将节点大量地布置在目标区域内，表现出无线传感器网络的各种优点。物理层的设计直接影响到整个网络的硬件成本，节点最大限度的集成化设计，减少分立元件是降低成本的主要手段。天线和电源的集成化设计在目前仍是非常有挑战性的工作。不过随着 CMOS 工艺技术的发展，数字单元部分已完全可以基于 CMOS 工艺实现，并且体积也越来越小，但是模拟部分尤其是射频单元的集成化设计仍需占用很大的芯片面积，所以尽量靠近天线的数字化射频收发机研究是降低当前通信前端电路成本的主要途径。

另外，由于无线传感器网络中大规模的节点布置以及时间同步的要求，使得整个网络对物理层频率稳定度的要求非常高，一般低于 5 p/m，所以晶体振荡器是物理层设计中必须考虑的一个部件。尽管随着 MEMS 技术的发展，MEMS 谐振器已经取得很大的进展，但是仍然无法满足当前频率稳定度的要求。晶体振荡器仍是影响当前物理层成本的一个重要因素。

2）功耗

低功耗是无线传感器网络物理层设计的另一重要指标。要使得无线传感器网络节点寿命达到 2～7 年，这就要求节点的平均功耗在几个 μW，虽然可以采用 duty-cycle 的工作机制来降低平均功耗，但是当前商业化通信芯片的功耗仍在几十 mW，这对于能源受限的无线传感器网络节点来说，仍是难以接受的。由于当前射频出去的能量远远小于收发机电路自身的能量消耗，所以如何有效地降低收发机电路自身的功耗是当前无线传感器网络物理层设计需要解决的主要问题之一。

物理层调制解调方式的选择直接影响了收发机的结构，也就决定了通信前端电路的固定功耗。超带宽技术是一种无须载波的调制技术，其超低的功耗和易于集成的特点非常适合短距离通信的 WSN 应用。PicoRadio 的 Rabacy 等人开展了以超宽带技术为物理层的研究。但是由于超宽带需要较长的捕获时间，即需要较长的前导码，这将降低信号的隐蔽性，所以需要 MAC 层更好的协作。

2.4 物理层调制/解调方式与编码方式

2.4.1 M-ary 调制机制

M-ary 调制，即多进制调制，与二进制数字调制不同的是，多进制调制利用多进制数字基带信号调制载波信号的振幅、频率或相位，由此相应地有多进制振幅调制、多进制频率调制和多进制相位调制三种基本方式。

多进制振幅调制又称为多电平调制，其基本原理是开关键控（OOK）方式的推广。在相同码元传输速率的条件下，多进制振幅调制与二进制调制具有相同的带宽，并且有更高的信息传输速率。目前多电平调制的实用形式有多电平残留边带调制、多电平相关编码单边带调制以及多电平正交调幅调制，它们与二电平调制的主要区别在于：发送端输入的二进制数字基带信号需要经过电平转换器转换为 M 电平的基带脉冲才能调制，而在接收端则需要经过电平转换器将解调得到的 M 电平基带脉冲转换为二进制基带信号。需要指出的是，多进制振幅调制虽然传输速率高，但其抗噪声能力以及抗衰落能力较差，一般适合恒参或接近恒参的信道。

多进制频率调制的原理基本上可以看成二进制频率键控方式的推广。原则上，多进制频率调制具有多进制调制的一切特点，不过它要占据较宽的频带，因此信道频率利用率不高，一般适合调制速率较低的应用场合。

多进制相位调制（简称多相制）利用载波的多种不同相位（或相位差）来表示数字信息。与二相调制一样，多相制也可以分成绝对移相和相对（差分）移相两种方式，实际通信中多采用相对移相。多相制的波形可以看成对两个正交的载波进行多电平双带调制所得信号之和，这就说明多相调制信号的带宽与多电平双边带调制是相同的。

与二进制相比，多进制调制在性能上有以下特点。

（1）在相同的码元传输速率条件下，M-ary 调制系统的信息传输速率是二进制调制系统的 $\log_2 M$ 倍，即与二进制调制相比，M-ary 调制能够通过单个符号发送多位数据来减少发射时间。

（2）M-ary 调制需要在输入端增加 2-M 转换器，相应地，在接收端需要增加 M-2 转换器，因此与二进制调制相比，M-ary 调制的电路更为复杂。

（3）M-ary 调制需要更高的发射功率来发送多元信号。

（4）在启动能量消耗较大的系统中，二进制调制机制更加有效，多进制调制机制仅仅对启动能量消耗较低的系统适用。

（5）M-ary 调制的误码率通常大于二进制的误码率。

2.4.2　差分脉冲位置调制机制

Edgar H. Callaway 提出了一种差分脉冲位置调制机制，它采用两个 32-chip PN 码，I、Q 通道各一个，并采用 OQPSK 调制，每个 32-chip 采用半正弦脉冲波形。调制结果波形具有恒定包络，从而适合低廉的非线性功率放大器。PN 码使用最大长度序列（m-序列），I 通道采用的 PN 码的特征多项式为 45（八进制），Q 通道采用的 PN 码的特征多项式为 75（八进制），符号速率为 31.25 kSymbols/s。如图 2.2 所示，通过周期性移动 PN 码（共 16 个移位值），将信息以差分方式放置在每个通道的符号内，即信息是当前符号与前一个符号的移位值的差。在一个符号传输时间内，*M* 为 16 个移位值之一（每位包含 4 位信息），放置在 I 和 Q 通道中，每个符号传输 1 B。因为 PN 码采用的是 32-chip，理论上可以设置 *M*=32，每个符号发送 5 位，但是实现较为复杂。更为简单的做法是，将 8 位分为 4 位而不是 5 位，这样较小数目的移位值也能简化接收器的实现。由于分组的长度较短（小于 100 B），因此符号的同步可以通过 PHY 分组的包头实现。

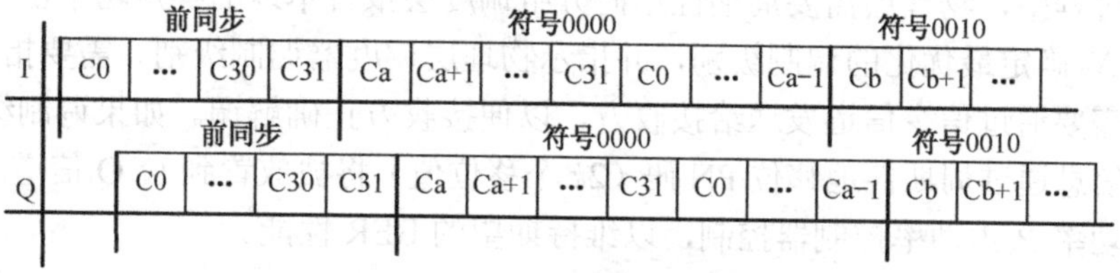

图 2.2　编码位置调制示意图

2.4.3　自适应编码位置调制机制

Yong Yuan 等人提出了一种自适应编码位置调制（Adaptive Code Position Modulation，ACPM）机制，其体系结构如图 2.3 所示。

每个节点访问两个信道，一个传输数据，另一个传输信令。发送方的数据经过 CPM 调制（Code Position Modulation）后，由 AWGN（Additive White Gaussian Noise）信道传输给接收方；在接收方，数据按相反的顺序处理。接收方计算数据的误码率（Bit Error Rate，BER），将其通过信令信道回送给发送方，并根据 BER 估计噪声功率密度以及调整发射功率。分组调度层（Packet Scheduling Layer）和物理层通过协作来保证针对动态的端到端的发送 QoS 需求和时变的本地环境的自适应性。在分组调度层，局部的 QoS 参数（如延迟、分组丢失率）由具体的应用需求确定，然后从物理层获得能量消耗模型信息，并确定将由物理层使用的最优化的调制级别，以达到在保证端到端的 QoS 需求的同时最小化能量消耗。能量消耗的模型表示为 $E_{ba}(k,\mathrm{BERd},N_0)$，其中 E_{ba} 是传输一个比特所消耗的总能量，k 是调制级别，BERd 是 BER 的期望值，N_0 是信道噪声的功率密度。模型的具体表达式依赖于物理层的具体实现。

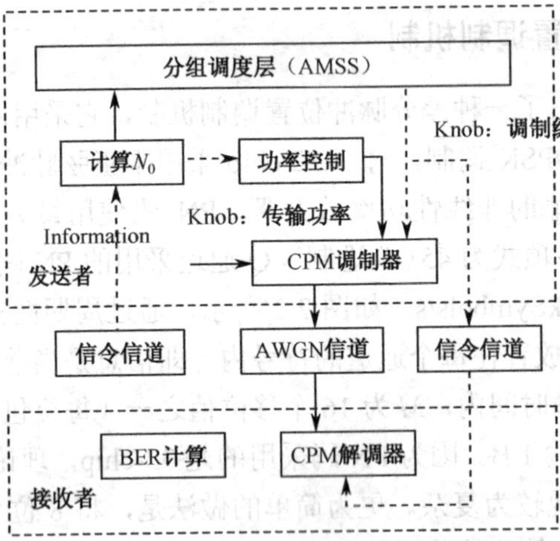

图 2.3　自适应编码位置调制体系结构

在传输过程中，物理层需要周期性地向分组调度层报告本地的噪声功率密度 N_0，分组调度层根据 N_0 确定最优化的调制级别，并指示物理层调度器调制级别。需要指出的是，调制级别信息需要通过信令信道发送给接收方，以便接收方正确解调。如果调制级别设为 k，每 k 个比特信息通过周期性地移位 PN 码（$2k$ 个移位值）将被放置到 I、Q 信道。CPM 调制器中的发射功率 P_t 由功率控制器控制，以维持期望的 BER 性能。

2.5　无线传感器网络物理层设计

2.5.1　频率分配

对于一个无线通信系统来说，频率波段的选择是非常重要的。由于在 6 GHz 以下频段的波形可以进行很好的整形处理，很容易滤除不期望的干扰信号，所以当前大多数射频系统都是采用这个范围内的频段。

无线电频谱是一种不可再生的资源，无线通信特有的空间独占性决定了在其实际应用中必须符合一定的规范。为了有效地利用无线频谱资源，各个国家和地区都对无线电设备使用的频段、特定应用环境下的发射功率等做了严格的规定，我国无线电管理机构对频段的划分如表 2.2 所示[7]。

表 2.2　频段划分及其主要用途

名称	甚低频	低频	中频	高频	甚高频	超高频	特高频	极高频
符号	VLF	LF	MF	HF	VHF	UHF	SHF	EHF
频率	3～30 kHz	30～300 kHz	0.3～3 MHz	3～30 MHz	30～300 MHz	0.3～3 GHz	3～30 GHz	30～300 GHz
波段	超长波	长波	中波	短波	米波	分米波	厘米波	毫米波
波长	1 000～100 km	10～1 km	1 km～100 m	100～10 m	10～1 m	1～0.1 m	10～1 cm	10～1 mm
传播特性	空间波为主	地波为主	地波与天波	天波与地波	空间波	空间波	空间波	空间波
主要用途	海岸潜艇通信，远距离通信，超远距离导航	越洋通信，中距离通信，地下岩层通信，远距离导航	船用通信，业余无线电通信，移动通信，中距离导航	远距离短波通信，国际定点通信	电离层散射流星余迹通信，人造电离层通信，对空间飞行体通信，移动通信	小容量微波中继通信，对流层散射通信，中容量微波通信	大容量微波中继通信，数字通信，卫星通信，国际海事卫星通信	在进入大气层时的通信，波导通信

所以在无线传感器网络频段的选择上也必须按照相关的规定来使用。目前，已报道的单信道无线传感器网络节点基本上都采用 ISM（工业、科学、医学）波段，ISM 频段是对所有无线电系统都开放的频段，发射功率要求在 1 W 以下，无须任何许可证。表 2.3 给出了一些常用的 ISM 波段频率。

表 2.3　ISM 波段一些频率及说明

频　率	说　明	频　率	说　明
13.553～13.567 MHz	—	26.957～27.283 MHz	—
40.66～40.70 MHz	—	433～464 MHz	欧洲标准
902～928 MHz	美国标准	2.4～2.5 GHz	全球 WPAN/WLAN
5.725～5.875 GHz	全球 WPAN/WLAN	24～24.25 GHz	—

频段的选择是由很多的因素决定的，但是对于无线传感器网络来说，则必须根据实际的应用场合来选择。因为频率的选择直接决定了无线传感器网络节点的天线尺寸、电感的集成度以及节点的功耗等。

2.5.2　通信信道

通信信道是数据传输的通路，在计算机网络中信道可分为物理信道和逻辑信道。物理信道指用于传输数据信号的物理通路，它由传输介质与有关通信设备组成；逻辑信道指在物理信道的基础上，发送与接收数据信号的双方通过中间节点所实现的逻辑通路，由此为传输数据信号形成的逻辑通路。逻辑信道可以是有连接的，也可以是无连接的。

物理信道根据传输介质的不同可分为有线信道和无线信道，本节主要讨论无线信道（本节所述信道均为无线信道）。通信信号被发射源发出后，以电磁波的形式在空间传播，最终被接收端接收。无线通信发送方和接收方之间不存在有形的连接，而是一个看不见的连接。

1. 无线通信信道的传播特性

无线传播环境是影响无线通信系统的基本因素。发射机与接收机之间的无线传播路径非常复杂，从简单的视距传播，到遭遇各种复杂的物体（如建筑物、山脉和树叶等）所引起的反射、绕射和散射传播等。无线信道不像有线信道那样固定并可预见，它具有极大的随机性。而且，无线台相对于发射台无线的方向和速度，甚至收发双方附近的无线物体也对接收信号有很大的影响。因此，可以认为无线的传播环境是一种随时间、环境和其他外部因素而变化的传播环境。

在无线通信系统中，有三种影响信号传播的基本机制：反射、绕射和散射。反射发生在当电磁波遇到比波长大得多的物体时，常发生于地球表面、建筑物和墙壁表面。电磁波在不同性质的介质交界处，会有一部分发生反射，一部分通过。反射波和传输波的电场强度取决于菲涅尔（Fresnel）反射系数 Γ，反射系数是材料的函数，并与入射波的极性、入射角和频率有关。

绕射发生在当接收机和发射机之间的无线路径被尖锐的边缘阻挡时，阻挡物表面产生的二次波散布于空间，包括阻挡物的背面。在高频波段，绕射与反射一样，依赖于物体的形状，以及绕射点处入射波的振幅、相位以及极化情况。绕射使得无线电信号绕着地球表面传播，能够传播到阻挡物的后面。尽管接收机移动到阻挡物的阴影区时，接收场强衰减得非常迅速，但绕射场依然存在并常常有足够的强度。

散射发生在当波穿行的介质中存在小于波长的物体并且单位体积内阻挡物的个数非常巨大时，散射波产生于粗糙表面、小物体或其他不规则物体。在实际通信系统中，树叶、街道标志和灯柱等会发生散射。

无线通信信道中的电波传播如图 2.4 所示。

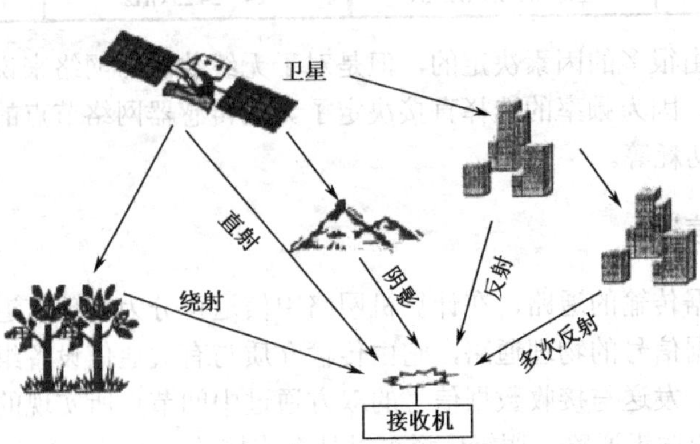

图 2.4 无线通信信道中电波传播示意图

2．自由空间信道

自由空间信道是一种理想的无线信道，它是无阻挡、无衰落、非时变的自由空间传播信道。如图 2.5 所示，假定信号发射源是一个点（点 a），天线辐射功率为 P_t，传播空间是自由空间，则与点 a 相距的任一点上（相当于面积为 $4\pi d^2$ 的球面上单位面积）的功率（通量）密度为

$$P_0 = \frac{P_t}{4\pi d^2}\ (\text{W/m}^2)$$

式中，$P_t / P_0 = 4\pi d^2$ 称为传播因子。

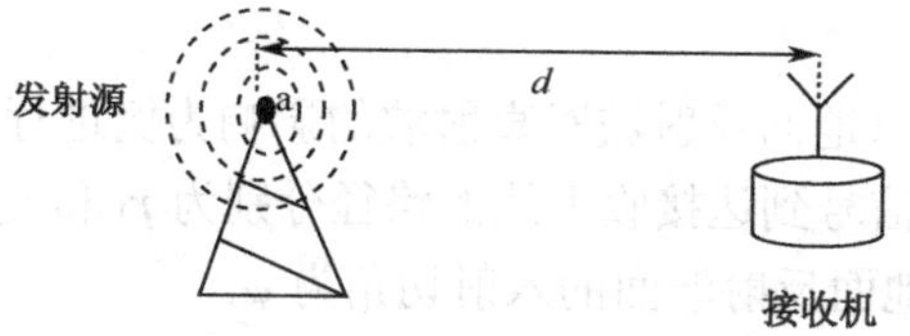

图 2.5　无线信道传输

在实际的无线通信系统中，真正的全向型天线是不存在的，实际天线都是存在方向性的，一般用天线增益来表示。如发射天线在某方向的增益为 G_1，则在该方向的功率密度增加为 G_1 倍，那么相距为 d 处的点上单位面积接收功率为 $P_t / G_1 = 4\pi d^2 (\text{W/m}^2)$。

对于接收天线而言，增益可以理解为天线接收定向电波功率的能力。根据电磁场理论，接收天线的增益 G_2 与有效面积 A_e 和工作的电磁波长有关，接收天线增益与天线有效面积 A_e 的关系为[21]

$$A_e = \frac{\lambda^2 G^2}{4\pi} \tag{2.1}$$

则与发射机相距 d 的接收机接收到的信号载波功率为

$$P_r = \frac{P_t G_1 A_e}{4\pi d^2}\ (\text{W}) \tag{2.2}$$

将式（2.1）代入式（2.2）可得

$$P_r = \frac{P_t G_1 G_2 \lambda^2}{4\pi d^2\, 4\pi} = \frac{P_t G_1 G_2}{(4\pi d/\lambda)^2}\ (\text{W}) = \frac{P_t G_1 G_2}{L_{fs}}\ (\text{W}) \tag{2.3}$$

这就是著名的弗利斯（Friis）传输公式，它表明了接收天线的接收功率和发射天线的发射功率之间的关系。其中，L_{fs} 称为自由空间传播损耗（Path Loss），只与 λ、d 有关。考虑到电磁波在空间传播时，空间并不是理想的（如气候因素），假设由气候影响带来的损耗为 L_s，则接收天线接收功率可表示为

$$P_r = \frac{P_t G_1 G_2}{L_{fs} L_s}\ (\text{W}) \tag{2.4}$$

则收发天线之间总的损耗可以表示为

$$L=\frac{P_t}{P_r}=\frac{L_s L_{fs}}{G_1 G_2} \tag{2.5}$$

3. 多径信道

在超短波、微波波段，电波在传播过程中还会遇到障碍物，如楼房、高大建筑物或山丘等，它们会使电波产生反射、折射或衍射等。因此，到达接收天线的信号可能存在多种反射波（广义地说，地面反射波也应包括在内），这种现象称为多径传播。

对于无线传感器网络而言，其通信大都是节点间短距离、低功率传输，且一般离地面较近，所以对于一般的场景（如走廊），可以认为它主要存在三条路径，即障碍物反射、直射以及地面反射。

为了分析方便，下面以地面反射波对直射波的影响为例进行简述，如图 2.6 所示，设直射波信号和地面反射波信号到达接收天线的路径分别为 r_1 和 r_2，高度分别为 h_t 和 h_r，二者之间的水平距离为 d，地面反射波面的入射切角为 ψ。

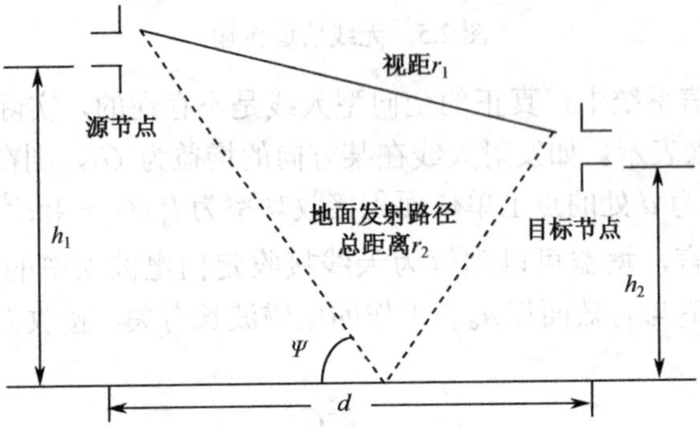

图 2.6 地面反射波对直射波的影响

接收信号场强可表示两径场的矢量和，即

$$E_r\angle\theta=E_1\angle\theta_1+\Gamma E_2\angle\theta_2$$

式中，Γ 为反射系数，它取决于表面特性、入射切角、射频频率、极化方向（水平或垂直）；θ、θ_1、θ_2 分别是各自场强的角度。如果入射切角很小，不管水平极化还是垂直极化，$|\Gamma|=1$，则直射波与地面反射波的路径差为

$$\Delta l=\sqrt{d^2+(h_t+h_r)^2}-\sqrt{d^2+(h_t-h_r)^2}=d\{[1+\frac{(h_t+h_r)^2}{d^2}]^{\frac{1}{2}}-[1+\frac{(h_t+h_r)^2}{d^2}]^{\frac{1}{2}}\} \tag{2.6}$$

如果 $d\gg h_t$，$d\gg h_r$，则式（2.6）可表示为

$$\Delta l=d\{1+\frac{1}{2}\frac{(h_t+h_r)^2}{d^2}-1-\frac{1}{2}\frac{(h_t-h_r)^2}{d^2}\}=\frac{2h_t h_r}{d} \tag{2.7}$$

路径相位差为 $\Delta\varphi=\frac{2\pi\Delta l}{\lambda}=\frac{2\pi}{\lambda}\frac{2h_t h_r}{d}$。若反射信号与直射信号幅度相等，即 $E_1=E_2=E_3=E$，则接收信号幅度为

$$E_r = \sqrt{E^2 + E^2 + 2E^2\cos(\Delta\varphi + \pi)} = 2E\sin(\Delta\varphi/2) = 2E\sin\frac{2\pi h_t h_r}{\lambda d} \tag{2.8}$$

式中，E_r变化范围为$0 \sim 2E$，取决于$\Delta\varphi$。若$d \gg h_t$，$d \gg h_r$（如有时节点布置在较低的位置，1 m 左右），则$h_t h_r \ll d$，$\sin\frac{2\pi h_t h_r}{\lambda d} \approx \frac{2\pi h_t h_r}{\lambda d}$，此时接收信号幅度可表示为

$$E_r = 2E\frac{2\pi h_t h_r}{\lambda d} \tag{2.9}$$

4．加性噪声信道

对于噪声通信信道，最简单的数学模型是加性噪声信道，如图 2.7 所示。图中，传输信号 $s(t)$被一个附加的随机噪声 $n(t)$所污染。加性噪声可能来自电子元件和系统接收端的放大器，或传输中受到的干扰，无线传输主要采用这种模型。

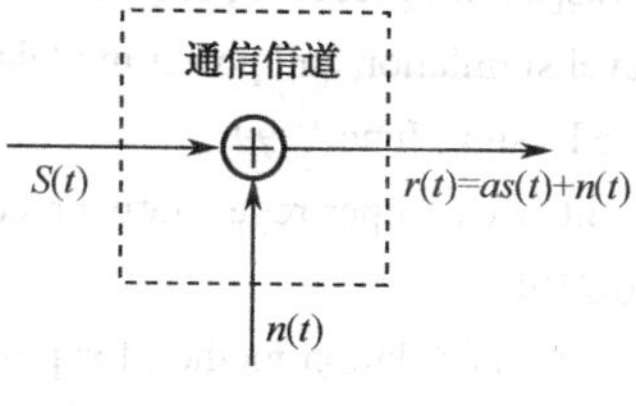

图 2.7　加性噪声信道

如果噪声主要是由电子元件和接收放大器引入的，则称为热噪声，在统计学上表征为高斯噪声。因此，该数学模型称为加性高斯白噪声信道（Additive White Gaussian Noise Channel，AWGN）模型。由于该模型可以广泛地应用于许多通信信道，又由于它在数学上易处理，所以这是目前通信系统分析和设计中的主要应用信道模型。信道衰减很容易结合进这个模型，当信号遇到衰减时，则接收到的信号为

$$r(t) = as(t) + n(t) \tag{2.10}$$

式中，a表示衰减因子。

2.6　本章小结

本章详细地介绍了无线传感器网络物理层的基本概念，描述了无线传感器网络物理层的现状和特点，结合无线传感器网络物理层两大关键技术：编码调制和频率选择，对物理层协议的设计提出了一个大概的框架，从物理层设计的几个方面出发对未来无线传感器网络物理层的发展做了一个简单的介绍，但是无线传感器网络物理层协议的设计存在着许多不足，在今后的无线传感器网络物理层设计中应深入探究。

参考文献

[1] Lan F. Akyildiz, Weilian Su, Sankarasubramaniam,Erdal Cayirci. Wireless sensor networks:a survey. Computer Network,2002,38:393-422.

[2] Tanenbaum A.S．计算机网络（第 4 版）．潘爱明译．北京：清华大学出版社，2004.

[3] 邓相全．无线自组网技术使实用教程[M]．北京：清华大学出版社，2004.

[4] Porret A, Melly T, Enz CC, et al.. A Low-Power Low-Voltage Transceiver Architecture Suitable for Wireless Distributed Sensors Network[C].IEEE International Symposium on Circuits and Systems'00, Geneva, 2000,1:56-59.

[5] Shih E, Cho S, Ickes n, et al.. Physical Layer Driven Protocol and Algorithm Design for Energy-Efficient Wireless Distributed Sensors Networks[C].In Proceeding of ACM MobiCom'01,July 2001:272-286.

[6] P.Wambacq, G.Vanderstcen. High-level simulation and power modeling of mixed-signal front-ends for digital telecommunications. IEEE Electronic Design, June 1999.

[7] Favre P, et al.. A 2V,600 μA,1 GHz BiCMOS super regenerative receiver for ISM applications.IEEE Journal of Solid State Circuits,1998,33:2186-2196.

[8] Liu Ch，Asada H. A source coding and modulation method for power saving and interference reduction in DS-CDMA sensor network systems.Proceeding of the American Control Conference,Anchorage,2002,8-10.

[9] Jennifer Yick，Biswanath Mukherjee，Dipak Ghosal.Wireless sensor network survey[J].Computer Networks,2008(SUPPL.):2292-2230.

[10] Melly T, et al.. A 1.2V,430 MHz,4dBm power amplifier and a 250μW Front end using a standard digital CMOS process.IEEE International Symposium on LOW Power Electronics and design Conference,San Diego,August 1999,233-237.

[11] Edgar H.Callaway.Wireless sensor network:Architecture and protocols. CRC Press LLC,2004,41-62.

[12] Callway E H. A Communication Protocol for Wireless Sensor Networks[G].Phd. Dissertation, Dept. of Engineer, Florida Atlantic Univ, Boca Roton, Florida,2002.

[13] Yuan Yong, Yang Zongkai, He Jianhua, et al.. An Adaptive Code Position Modulation Scheme for Wireless Sensor Networks[J]. IEEE Communications letters, June 2005,9(6):481-483.

[14] 孙利民，李建中，陈渝，等．无线传感器网络[M]．北京：清华大学出版社，2005.

第 3 章

无线传感器网络的数据链路层设计

3.1 无线传感器网络数据链路层概述

在 TCP/IP 的 OSI 七层模型中，数据链路层是位于物理层之上的第二层，物理层只提供物理的数据传输，不保证数据的可靠性，而数据链路层就是利用物理层提供的数据传输功能，将物理层的物理连接链路转换成逻辑连接链路，从而形成一条没有差错的链路，保证链路的可靠性。同时数据链路层也向它的上层——网络层提供透明的数据传送服务，主要负责数据流多路复用、数据帧监测、媒体访问和差错控制，保证无线传感器网络内点到点以及点到多点的连接。在无线传感器网络中，由于传感器网络自身硬件条件的限制，因此具有数据吞吐量较低、节点共享信道等特点。无线传感器网络的数据链路层研究的主要内容就是 MAC 和差错控制。

怎样实现无线传感器网络中无线信道的共享，即媒体控制协议（MAC）的实现是无线传感器网络数据链路层研究的一个重点，MAC 协议的好坏直接影响网络的性能优劣。传统的 MAC 协议能够在公平地进行媒体控制的同时，提高网络的吞吐量和实时性。在无线传感器网络中，由于无线传感器网络本身的一些限制，如处理器能力有限、能量不可替换、网络动态性强等，因此传统的无线 MAC 协议不能直接运用到无线传感器网络中，MAC 协议面临着许多亟待解决的问题。

3.2 无线传感器网络数据链路层研究现状与发展

3.2.1 无线传感器网络 MAC 协议的分类

传统的无线网络数据链路层解决的主要问题就是提高网络的吞吐量和实时性，而无线传感器网络由于自身条件的限制，首先考虑的就是能量问题，因此具有许多独有的特点，如功耗小、成本低、速度慢等。由此看来，传统的无线网络中 MAC 协议不能直接用于无线传感器网络中。目前，根据无线传感器网络的特性，已经研究出了多种类型的 MAC 协议，本书按下面几种方式进行了划分。

1. 按节点接入方式划分

发送节点发送数据包给目的节点，目的节点接收到数据包的通知方式通常可分为侦听、唤醒和调度三种 MAC 协议。侦听 MAC 协议主要采用间断侦听的方式，典型的协议有 DEANAdeng；唤醒 MAC 协议主要采用基于低功耗的唤醒接收机来实现，当然也有集合侦听和唤醒两种方式的 MAC 协议，如低功耗前导载波侦听 MAC 协议；调度 MAC 协议主要使用在广播中，广播的数据信息包含了接收节点何时接入信道与何时控制接收节点开启接收模块。

2．按信道占用数划分

在无线传感器网络中，按物理层所采用的信道划分方法，可以分为单信道、双信道和多信道三种方式，目前无线传感器网络中采用的主要是单信道 MAC 协议。

3．按分配信道方式划分

在无线传感器网络中，竞争性是区分 MAC 协议最重要的一个依据，竞争是指节点在接入信道的过程中采用的是随机竞争方式还是有计划的竞争方式，因此 MAC 协议可以分为固定接入和随机接入两种。竞争 MAC 协议基本上都属于随机接入协议，其实现非常简单，能灵活地解决无线节点移动的问题，能量波动非常小。

本书采用的就是根据分配信道方式来划分 MAC 协议，按照这个标准，本书将 MAC 协议分为竞争型、分配性、混合型和跨层 MAC 协议，每一种都介绍了几个经典的 MAC 协议，详细叙述了这些协议的主要思想、采用的核心技术以及关键算法，并在这些协议的基础上进行了认真的总结和归纳。

3.2.2　无线传感器网络 MAC 协议需要解决的问题

尽管无线传感器网络的数据链路层协议已经发展得比较成熟，但是还有一些关键性的问题有待解决，归纳如下。

1．网络性能的优化

在 MAC 协议中，无线传感器网络的关键性能指标不是独立存在的，而是互相影响的，在提高一种性能的同时可能会降低其他性能。例如，为了提高网络的实时性，通常会要求节点够保持侦听状态，但这会增加传感器节点的能量消耗；为了提高网络的稳定性，通常要求采用比较简单的算法，但系统的功能不能够得到最好的实现。现在所提出来的 MAC 协议往往只考虑一种或两种性能指标，没有综合各种指标使之达到更好的性能。

2．跨层优化

无线传感器网络区别于传统无线网络最重要的就是无线传感器网络各层之间能够实现合作和信息共享。在传统的分层结构模型中，各层都是相互独立的，下层相对上层来说是透明的，各层之间也不共享信息，因此网络的性能不能够实现突破性的提高。在无线传感器网络中采用了跨层设计，各层之间能够通过共享一些信息来共同调节网络的性能。例如，MAC 层协议可以利用上层传递数据的优先级来分配节点不同信道的访问优先级，从而提高网络的性能。

3.3　无线传感器网络数据链路层的关键问题

与传统的无线网络相比，无线传感器网络的 MAC 协议首先要考虑的问题就是减小能量消耗，因此无线传感器网络必须在能量消耗和系统的时延、吞吐量等性能之间进行必要的折中。在无线传感器网络中，MAC 协议的多余能量消耗主要体现在以下几个方面。

- 碰撞：在无线信道上，如果有两个节点同时发送数据，那么这两个发送节点都将发射不成功，这会造成能量的大量浪费。
- 持续侦听：在无线传感器网络中的接收节点无法预测数据何时到达，另外每个节点还需要侦听各节点的拥塞状况，因此节点必须始终保持侦听状态，以防特殊情况的发生，但这里包含了许多没必要的侦听，从而浪费了许多能量。
- 控制开销：为了保证无线传感器网络的可靠性，MAC 层协议需要使用一些控制分组来调节节点状态，但这些控制分组中不存在有用的数据，因此也要消耗一部分的能量。

在现已提出的无线传感器网络 MAC 协议中，还有许多问题没有解决，这些问题已经成为了无线传感器网络中研究比较热门的关键性技术问题，这些问题的解决能够有效地提高整体网络的性能，下面对这些问题进行简要的归纳。

1. 能量效率问题

在传感器网络中，节点一般都是靠干电池来供电的，但是从无线传感器网络的构成出发，由于无线传感器网络的节点是随机撒播的，在一些人力所不能及的地区，无线传感器网络节点的电池是不可替换的，因此无线传感器网络 MAC 协议的设计首先要考虑降低能耗，提高节点的寿命。在无线传感器网络 MAC 协议中，降低能耗的主要方法是进行节点睡眠的调度，减小协议的复杂度。

在无线传感器节点中，能量消耗主要体现在无线通信上面，无线通信模块一般有 4 个状态，即发送、接收、空闲和睡眠，在这 4 个状态中，能量消耗逐级递减。为了保证无线传感器网络能够最大限度地节省能量，这就要求节点大部分时间应处在睡眠状态；同时又要求节点能够实时接收到发送给它的数据，因此 MAC 协议交替使用侦听和睡眠状态。侦听时间过短会影响网络的实时性，侦听时间过长又不利于节省能量，因此协议必须合理选择节点侦听和睡眠的时间比例。另外，还需考虑睡眠期间节点的接收问题和唤醒期间节点收发的最大利用率问题，以最大限度地节省能量。

此外，由于无线传感器网络本身存在的一些限制条件，如节点处理能力和通信能力有限等，因此无线传感器网络 MAC 层协议不能使用非常复杂的协议。例如，一些控制信息或者帧头没有传输有用的信息，这也相当于一种能量的消耗，在设计协议时，应当把这些环节设置得尽量简单些，以减少不必要的能量浪费，延长节点的生命周期。

2. 可扩展性

无线传感器网络域与其他无线网络相比，具有规模大、分布密集等特点。其规模大，有时甚至多达成百上千万个节点，如气象监测中使用的节点，由于无线节点本身的限制，可能由于各种原因（如电池耗尽、元件损坏等）而退出网络，或者由于新增加节点而使得网络必须重新布置，有些节点的位置甚至能够移动，网络的节点分布结构会动态性地变化，因此无线传感器网络的 MAC 协议必须具备可扩展性。

3．公平性

在无线传感器网络中，公平性主要体现在两个方面：一个是每个节点都有相同的权利来访问信道；另外一个就是每个节点的能量消耗保持大概的平衡，从而延长整个网络的寿命。但是由于无线传感器网络是一个无中心的网络，因此要实现无线传感器网络的公平性是比较困难的，一般这方面的实现在上层体现得比较多。

4．信道共享问题

一般来说，在无线网络中存在三种信道共享方式，即点对点、点对多点、多点对多点，无线传感器网络采用的就是多点对多点共享方式，更准确地说应该是以一种多跳共享方式，每一个节点不受自己通信范围外其他节点的影响，自己可以发送和接收信号，也可以说这是一种信道的空间复用方式。

信道共享带来的第一个问题就是信道上数据的冲突。当同一信道上有两个节点都在发送数据时，若它们相互干扰则将导致数据包发送不成功，这会使数据的时延增加，也将消耗一些不必要的能量，因此避免信道的上冲突是信道共享所必须考虑的一个问题。在现已提出的协议中，采用得最多的就是 CSMA/CD 协议，碰撞之后随意等待一段时间再发送，可以有效地避免碰撞。

信道共享带来的第二个问题就是串扰。在一个共享的无线信道中，每个节点都能够接收到在信道中传输的数据，但是有许多数据是自己不需要的，接收之后再将其抛弃，在这个过程中也将造成能量的大量浪费。

3.4　无线传感器网络的 MAC 协议

3.4.1　基于竞争的 MAC 协议

1．S-MAC 协议

S-MAC 协议是由美国南加利福尼亚大学的 Wei Ye 等人较早提出的，它适用于无线传感器网络的 MAC 协议，而且是在总结传统无线网络的 MAC 协议的基础上，根据无线传感器网络负载量小、针对节点间的公平性及通信延时要求不高等特点来设计的，其主要的设计目标是提供大规模分布式网络所需的可扩展性，并同时降低能耗。S-MAC 协议的设计参考了 PAMAS 和 IEEE 802.11MAC 协议等 MAC 协议，并做出了如下假设：

- 大多数节点之间是进行多跳短矩离通信的；
- 节点在无线传感器网络中的作用是平等的，即一般情况下没有基站；
- 为了减少通信量，采用网内数据处理；
- 运用信号的协作处理，改善感知信息的质量；

- 节点具有较长的空闲时间而且可以容忍一定的延时；
- 网络寿命是首要考虑的问题。

S-MAC 协议采用的机制有以下几种：

- 将节点的工作模式分为侦听和睡眠两个状态，并让节点尽可能长时间睡眠以达到节能的目的；
- 通过协商的一致性睡眠调度机制让相邻节点在相同时间活动、相同时间睡眠，从而形成虚拟簇；
- 通过突发传递和消息分割机制来减少消息的传输延时和控制消息的开销；
- 通过流量自适应的侦听机制，减少网络延时在传输过程中的累加效应。

S-MAC 协议虽然减少了空闲侦听所消耗的能量，但其缺点是在协议初始节点的工作周期就已经被设定并保持不变，无法适应网络负载的动态变化。

1）周期性地侦听和睡眠

S-MAC 协议基本的节能手段是依靠传感器节点定期进入睡眠状态从而减少节点空闲侦听的时间来实现的。S-MAC 把时间分割成许多时隙，在每个时隙中又划分为侦听和睡眠两个状态，如图 3.1 所示。一次完整的侦听和睡眠称为一帧，其中侦听的时间占一帧的比值称为占空比。在侦听状态，节点可以和其通信范围内的邻居节点自由地进行通信；在睡眠状态，为了减少节点功耗，不参与任何的数据传递活动，只是设定计时器开始计时，这样在经过一段时间后自己就能自动醒来，醒来后则立刻查看是否有消息传递给自己。在 S-MAC 协议中规定，相邻节点要最大限度地采用相同的调度时间表，也就是说要在相同的时间唤醒和睡眠，这样有利于确保相邻节点能及时进行通信，减少传输消息时的控制开销。在无线网络中，节点可以通过定期向邻居节点广播同步包（SYNC）来交换调度信息，以达到同步的目的。

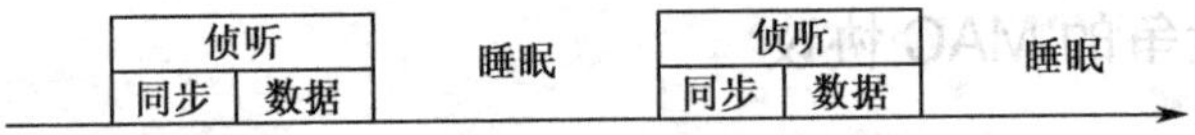

图 3.1　睡眠侦听机制

S-MAC 协议将节点的活动状态分为两个部分以保证节点能接收到数据包和同步包，第一个部分用于发送和接收同步包，第二部分用于发送和接收数据包，每个部分都设有载波帧听时间。在实际应用中，发送同步包和数据包可能存在三种情况，如图 4.2 所示，其中发送者 1 只发送同步包，发送者 2 只发送数据包，而发送者 3 既发送同步包又发送数据包。

理论上，网络中所有的节点都需要遵守相同的调度时间，不能有丝毫的误差。但是由于传感器节点的时间表本身就是随时变化的，而且无线传感器网络还是多跳地传递数据，所以只有在局部节点之间才有可能形成同步。如果节点之间的调度时间是相同的，那么它们将构成“虚拟簇”（Virtual Cluster），在部署区域广阔的传感器网络中，能够形成众多不同的虚拟簇。假如某个节点的周围有不同的虚拟簇，那么该节点就处于虚拟簇的边界，称为边界节点（Borde Node）。如图 3.3 所示，节点 A 就是边界节点，它一定要与其相邻节点保持同步，所以边界节点一般会记录下两个或两个以上的调度信息，从而成为虚拟簇之间通信的桥梁。

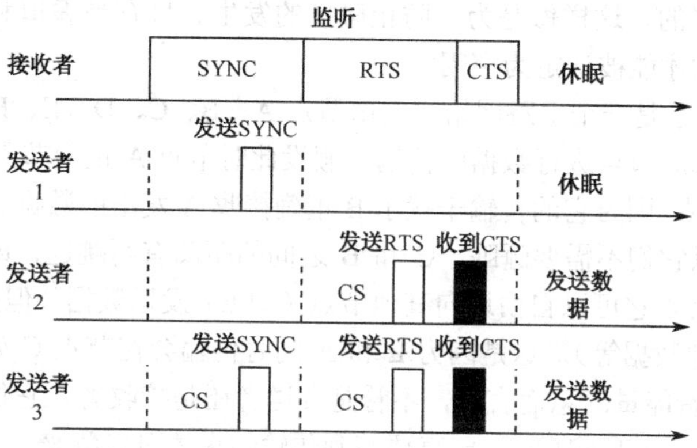

图 3.2 一个节点与多个不同发送节点之间的定时关系

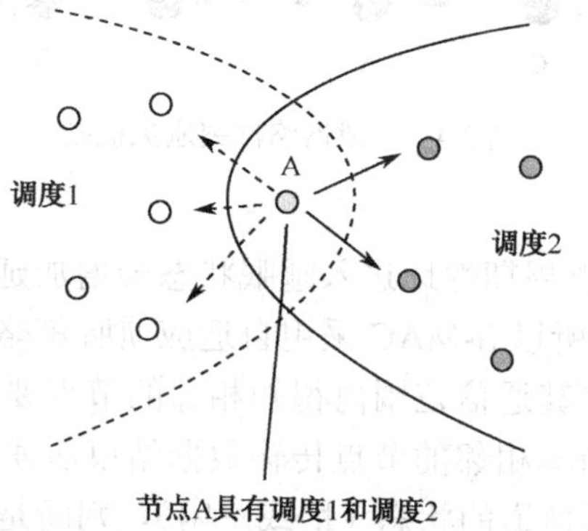

图 3.3 边界节点和其相邻节点的关系

2）冲突避免

如果有两个或两个以上的邻居节点想同时与一个节点进行通信，那么它们都会试图在该节点的侦听时段发送消息，在这种情况下必然发生冲突和碰撞，于是它们就需要开始争夺对信道的使用权。S-MAC 采用虚拟载波侦听和物理载波侦听的方法，并使用 RTS/CTS（请求发送/清除发送）来解决冲突和碰撞问题。RTS/CTS/DATA/ACK 是每个节点在数据传输时都要历经的通信过程，在每个传输包中都有一个域值表示剩余的通信过程还需要维持多长的时间，所以如果某一个节点在收到一个不是发给自己而是其他节点的数据包时，它就会判断自己还需要睡眠多长时间，同时该节点会将这个值报告给网络分配矢量（NAV）并设置一个定时器，该矢量会随着接收到的数据分组而持续更新。当定时器开始计时，节点就每次将 NAV 值递减 1，一直到 0。当节点需要传输数据时，它会首先查看 NAV 值，如果

NAV 不为 0，那么节点就认为此时介质忙；反之，则认为介质空闲。这个过程常被称为虚拟载波侦听。

物理载波侦听是指在物理层监听信道，从而判别是否有数据传输。载波侦听时间是在竞争窗口中随机选择的，这样做是为了防止碰撞的发生。只有当虚拟和物理载波侦听都指出介质空闲时，介质才能被认定为空闲。

例如，图 3.4 所示是一个多跳网络，它由节点 A、B、C、D、E、F 构成，每个节点只能和其一跳以内的邻居节点进行数据的传输。假设此时节点 A 正向节点 B 发送数据，那么显然节点 D 应该睡眠，因为它的传输干扰了 B 正确接收 A 发出的数据。而节点 E 和 F 不会影响其他节点，所以它们不需要睡眠。C 和 B 之间的距离有两跳远，即使它传输数据也不会干扰到 B 接收，所以它可以自由地向其他节点（如 E）发送数据。但是，C 却无法接收 E 的应答（CTS 或其他数据等），这是因为 E 和 A 同时传输会在节点 C 处产生冲突，所以即使 C 传输，也是浪费能量。总而言之，不管是发送者还是接收者，它们之间相邻的节点在听到 CTS 或 RTS 包后都需要睡眠，一直要等到传输结束才可以醒来。

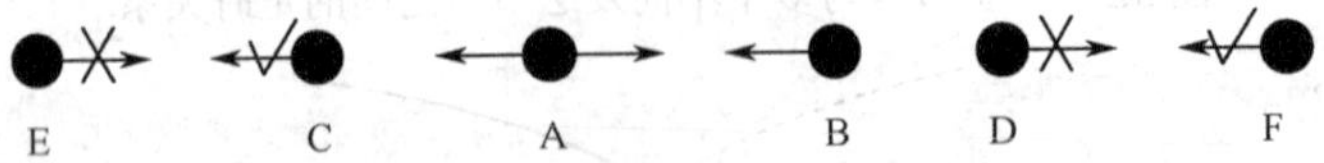

图 3.4　多跳网络冲突避免机制

3）自适应侦听

在 S-MAC 协议中，节点周期性地进入睡眠状态会增加延时，这种延时并不会自动消除，反而会在每跳中累积，所以 S-MAC 采用自适应侦听策略来减少这种累加的效应。它的基本思想是当一个节点在其通信范围内得知相邻的节点要传输数据时就睡眠，并记录其传输数据的时间，只有当其相邻的节点传输数据结束后才能醒来一个短暂的时间，这时它可以通过侦听信道查看信道的状态（忙或空闲），判断是否有数据需要传输。在这种方式下，如果此时正好有一个消息需要传递给该节点，那么它就可以立刻接收，而不用等到该节点的睡眠结束后再进行传递；假如没有任何消息需要传递给该节点，那么它就继续睡眠。

4）消息传递

在无线信道中，数据包越长，传输时出错的概率越大；反之，数据包越短，传输时出错的概率越小。也就是说，数据传输时出错的概率与包的长度呈正比，长包成功传输的概率要小于短包。根据这一原理，S-MAC 协议将长消息分成很多子段，只采用一次 RTS/CTS 握手，就可以连续集中发送全部子段，这便是消息分段机制，如图 4.5 所示。每个子段的发送都需要等待接收者的答复（ACK），假如发送者没有收到某个子段的答复，它就重传该子段。整个发送过程只需要一次 RTS/CTS，这样既可减少控制开销，又可提高发送成功率。

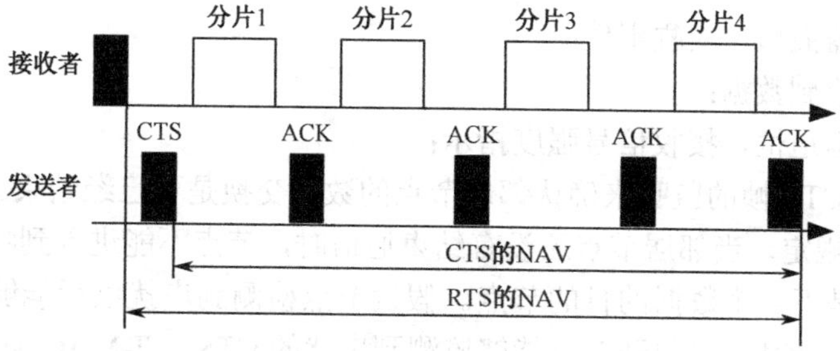

图 3.5　S-MAC 传输大量数据

2. T-MAC 协议

从上面的分析中我们可以知道，S-MAC 虽然在一定程度上提高了能量效率，但是它不能根据网络负载而调整自己的调度周期。在 S-MAC 协议的基础上，研究人员提出了一种新的 MAC 协议——T-MAC 协议。无线传感器网络中 MAC 协议主要解决能量消耗问题，在几个主要的耗费能量的因素中，持续侦听所耗费的能量占了绝大部分，因此我们必须合理地安排侦听时间，T-MAC 协议根据一种自适应占空比的原理，通过动态地调整侦听与睡眠时间的比值，从而实现节省能耗的目的。

1）基本思想

T-MAC 协议相对于 S-MAC 协议来说，保持了 S-MAC 的周期，根据网络负载的流量自适应地调整激活的时间。在 T-MAC 协议中，为了减小无用的空闲侦听，采用如下方式来发送数据，如图 3.6 所示，每个节点周期性地进行睡眠，被唤醒，从而进入激活状态，进行收发数据，接着又进入睡眠，下一周期开始。

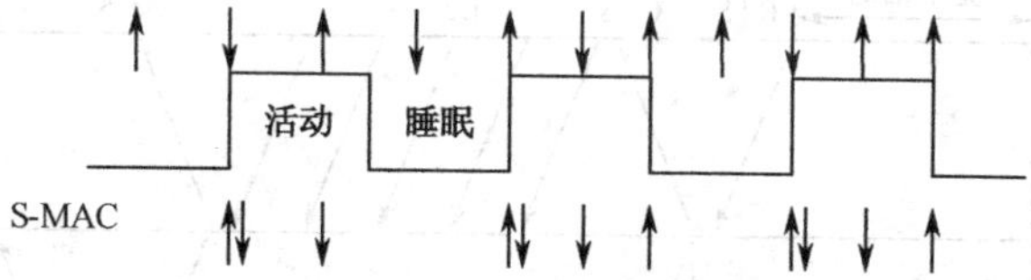

（a）S-MAC协议的基本机制

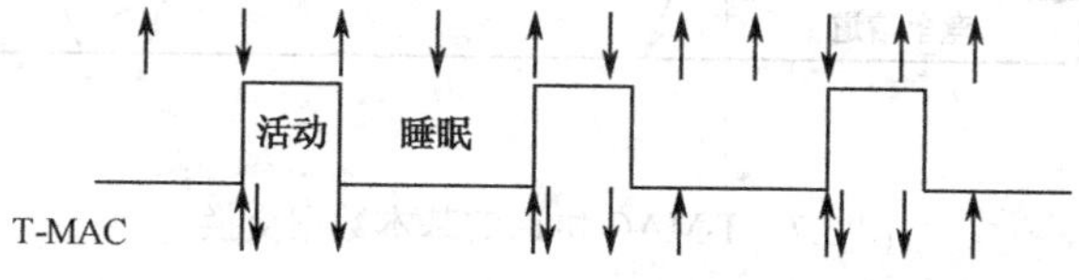

（b）T-MAC协议的基本机制

图 3.6　S-MAC 和 T-MAC 的基本机制

节点进行单播通信过程采用的是 RTS/CTS/DATA/ACK 交互的原理，节点有规律地被唤醒，如果在一个周期中没有发现需要激活的事件，那么活动结束，开始进入睡眠。激活事件的定义为

- 周期定时器溢出，唤醒事件；
- 物理层接收到数据；
- 显示无线信道忙，接收信号强度指示；
- 通过 RTS/CTS 帧的监听来确认邻居节点的数据交换是否已经结束。

T-MAC 协议规定，当邻居节点还没有结束通信时，节点不能进入到睡眠状态，因为该节点很有可能就是下一个数据的目的节点。假设节点检测到串扰以后能够触发一个空闲间隔 T_A，T_A 必须要足够大，以保证节点能够监测到串扰的 CTS，T-MAC 协议规定 T_A 取值约束为

$$T_A > C+R+T$$

式中，C 为竞争信道的时间，R 为发送 RTS 的时间，T 为 RTS 分组发送结束到开始发出 CTS 的时间。

节点发送完 RTS 分组之后，如果未收到对应的 CTS 分组，那么就有三种情况：

- 由于无线信道发生碰撞，目的节点没有接收到 RTS 分组；
- 目的节点已经收到串扰的分组；
- 目的节点正处于睡眠状态。

如上面所述，如果发送节点在 T_A 时间间隔内没有收到 CTS 分组，它就会进入睡眠。但是从上面的前两种情况可以看出节点还没有收到 CTS 分组，直接进入睡眠会导致实时性降低，接收节点一直都处于空闲监听，浪费大量的能量，因此 TMAC 协议规定，节点发送 RTS 分组之后米有收到 CTS 分组，则重新发送一次 RTS 分组，还没有收到则进入睡眠状态，如图 3.7 所示。

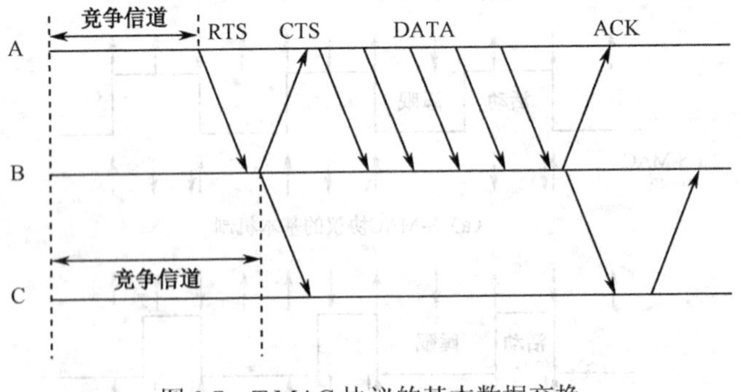

图 3.7 T-MAC 协议的基本数据交换

2）主要解决问题

在 T-MAC 协议中，当一个节点准备向其邻居节点发送数据时，但邻居节点进入了睡眠状态，那么我们称这种情况为早睡，这也是 T-MAC 协议主要解决的问题。例如，AB、BC、CD 是三对邻居节点，可以相互通信，数据传输方向为 A→B→C→D，如图 3.8 所示。当节点 A 通过竞争方式获得与节点 B 的通信权利之后，节点 A 发送一个 CTS 分组给节点 B，节

点 B 接收到之后应答一个 CTS 分组给节点 A，则完成 AB 之间的通信。当节点 B 发送 CTS 分组时，节点 C 也可以接收到，从而触发了一个新的侦听时段，在 AB 通信结束后接收节点 B 发送过来的数据，而节点 D 由于没有接收到 CTS 数据，因此节点 D 在 BC 通信结束后处于睡眠状态，这样节点 C 就只能等到下一个周期唤醒之后才能发送数据。

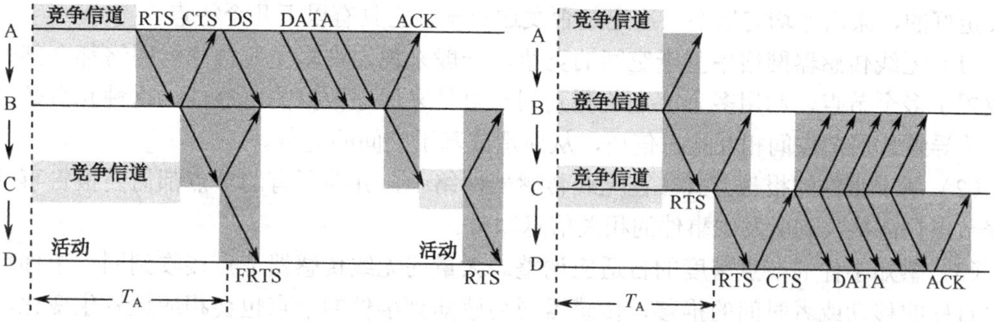

（a）T-MAC未来请求发送　　（b）T-MAC满缓冲区优先

图 3.8　早睡问题的两种解决方法

在 T-MAC 协议中，有两种方法可以解决早睡问题，第一种是满缓冲区优先（Full-Buffer Priority）。当节点的缓冲区快满时，节点对收到的 RTS 分组不回复 CTS，而是立即向缓冲区内数据的接收节点发送 RTS，建立连接之后发送数据，以减轻缓冲区负载。如图 3.8（b）所示，节点 B 向节点 C 发送 RTS，而节点 C 因为缓冲区满不回复一个 CTS 分组，而是向节点 D 发送 RTS 以求数据传输。

这种方法在一定程度上减少了早睡问题的发生概率，并可控制网络负载流量，但在网络负载过大时更容易发生冲突。

第二种方法是未来请求发送（Future Requst-To-Send，FRTS），这种方法采用的是提前通知需要接收数据的节点的方法来实现早睡的避免，如图 3.8（a）所示，当节点 C 接收到 CTS 后，除了触发自己保持监听状态之外，还发送一个 FRTS 分组给节点 D，FRTS 分组中含有节点 D 需要等待的时间，在此空闲状态中，节点 D 必须要保持侦听状态。在节点 C 发送 FRTS 时看哪个节点会干扰节点 A 发送的数据，因此节点 A 需要延迟原数据的发送响应的时间，但是又必须保持对信道的占用，因此节点 A 在这段时间内发送一个与 FRTS 一样长度的分组，该分组不包含任何有用的数据，然后才接着发送有用数据信息。从而数据传到节点 C 之后节点 D 还是处于唤醒状态，保证数据的实时传输。由于采用了未来请求发送机制，协议需要增加一个 FRTS 分组传输的时间，该方法提高了系统吞吐量和实时性，但是多了一些控制消息，相应地要消耗能量。

T-MAC 协议根据 S-MAC 协议进行了一定的改进，减少了空闲侦听，从而提高了能量效率。为了有效解决节点的早睡问题，T-MAC 提出了两种方案，但是都不是很理想，该协议有待进一步的研究。

3）Sift 协议

无线传感器网络中存在这样一种现象，多个相邻的节点都会发现同一事件并传输相关信息，因此节点会存在空间上的竞争，Sift 协议就是为了解决这个问题而提出来的。Sift 协议与无线局域网的 MAC 协议有所不同，它采用的是 CSMA 机制，竞争窗口的大小是原本就设定好的，采用非均匀概率来决定是否发送数据，它具有以下几个特点。

（1）无线传感器网络中基于空间的竞争。一般来说，许多无线传感器网络都在某一区域放置了多个节点，利用多个节点监测到同一事件来保证数据的可靠性。这种冗余数据的发生将导致邻居节点间相互抢占信道，从而造成基于空间的竞争。

（2）基于事件的报告方式。在无线传感器网络中，并非所有的节点都需要报告事件，汇聚节点只需接收到所发生事件的相关信息即可。

（3）感知事件的节点密度的自适应调整。大量的无线传感器节点接收到同一事件后，随着目标的移动或者时间的推移，传感器网络感知到事件的节点也会相应地发生变化，从而能够更好地观测目标事件。

由于无线传感器网络节点的空间竞争，对于同一事件，只需要监测到事件的部分节点发送数据给目的节点就可以实现有效数据的传输。Sift 协议规定，当有 N 个传感器节点共享同一信道并同时监测到同一事件时，R 个节点（$R<N$）能够以最快的速度无碰撞地发送这个事件的相关信息，从而阻止剩余 $N-R$ 个节点发送该事件的相关信息。

Sift 协议采用固定竞争窗口方式来实现数据的传输。一般来讲，在基于竞争的 MAC 协议中，在节点发送数据前，需要先在发送窗口[1，CW]内随机选择一个时隙，并一直侦听到该时隙来临，若信道在侦听期间一直保持在空闲状态，则节点立即发送数据；否则就一直等待，直到无线信道空闲为止。但这样会存在下面几个问题。

（1）当多个节点侦听到同一事件并在同一时刻发送数据时，会造成信道忙，同时发生竞争，因此需要重新调整 CW 值来重新发送数据，这将浪费大量时间。

（2）若调整后 CW 值过大，但当同时侦听到事件的节点数目很少甚至没有时，等待时间过久将导致传输延迟。

（3）选择的 CW 值必须能保证需要发送数据的节点都有机会发送数据，每个时隙被选中的概率也相同。而传感器网络只需要满足 N 个节点中的 R 个节点成功发送事件的相关信息即可。

Sift 协议代码如图 3.9 所示，采用的是 CW 值固定的窗口，节点不再从此窗口中选择发送时隙，而是根据窗口中的时隙来决定发送数据的概率。如代码所示，Sift 协议采用 pickslot 在窗口[1，CW]中选择时隙，Wait 用来表示等待的时间。

Sift 的工作流程是：当发送节点需要发送消息时，先假设有 N 个节点竞争，如果节点在第一个时隙没有发送消息，也没有侦听到其他节点发送数据，则节点将减少假想的与它竞争的发送节点，并增加它在第二个时隙内发送消息的概率，如果第二个时隙内还是没有节点发送数据，那么节点再减少假想的竞争节点，同时进一步增加它在下时隙内发送消息的

概率。根据这样的规定，那么节点在第 r 个时隙内发送数据的概率为

$$P_r = \frac{(1-\alpha)\alpha^{\mathrm{CW}}}{1-\alpha^{\mathrm{CW}}} \times \alpha^{-r}, \quad r = 1, \cdots, \mathrm{CW} \tag{3.1}$$

式中，α 为分布参数，$0<\alpha<1$；P_r 随 r 的增加呈指数增加，表示窗口中时隙越靠后，发送的概率越大。参数 α 的选择与 N 和 CW 值有关，Sift 协议的设计希望满足下面的性质：

（1）在第一个时隙，当存在 N 个节点需要发送数据时，有且仅有一个节点在这个时隙成功发送数据的概率最高。

（2）在第二、第三……，直到发送窗口的最后一个时隙中，有且仅有一个节点在时隙中成功发送数据的概率最高。文献[4]证明当 $\alpha=N-1/(\mathrm{CW}-1)$ 时满足上面的两条性质。

Sift 协议的具体描述如图 3.9 所示，节点有空闲、竞争、接收和等待确认 4 种状态，如果节点有消息需要发送，则按式（3.1）在各个时隙计算发送概率。如果在发送时隙之前有其他节点发送数据，则节点需要抽更新计算时隙，而 802.11 MAC 协议需要记忆剩余时隙个数。

```
Idle state
wait（channel idle）
if（recv frame for self）
    moveto Receive
end if
if（xmit queue not empty）
    moveto Contend
end if

Contend state
slot pickslot（）
wait    t_difs + slot* t_slot
if（channel busy）
    moveto Idle
end if
Transmit frame
moveto AckWait

AckWait state
wait t_ACK Timeout
if（recv an ACK for self）
    discard frame
    moveto Idle
end if
Retransmit frame
moveto AckWait

Receive state
Check frame CRC
wait    t_sift
Send ACK
moveto Idle
```

图 3.9　Sift 协议的状态及状态转换描述

Sift 协议是一种非常新颖的竞争性 MAC 协议，它充分考虑了无线传感器网络的业务特点，特别适合冗余、竞争与空间相关的应用场景。Sift 协议实现简单，关键在于固定长度的竞争窗口中选择时隙时需要用到一种递增的非均匀概率分布，而不是传统协议中的可变长度竞争窗口。Sift 协议提高了事件消息的实时性与网络的带宽利用率，但是没有充分考虑能量效率，研究人员下一步将考虑把 Sift 协议与 SPAN 或 GAR 协议结合，以提高能量效率。

3.4.2　基于分配的 MAC 协议

竞争型 MAC 协议可提高事件传输的实时性和带宽的利用率，但随着网络负载流量的增加，控制分组与数据分组发生碰撞的概率也相应增加，从而使网络发生拥塞，耗费大量能量。而分配性的 MAC 协议采用 TDMA、CDMA、FDMA 或 SDMA 等技术，将一个物理信

道划分为多个子信道，然后将这些子信道划分给需要发送数据的节点，从而避免产生冲突。以前的基于分配的MAC协议一般都没有考虑到节省能量的问题，因此不适合用在无线传感器网络系统中。基于能量考虑，研究人员也提出了几种适用于无线传感器网络的MAC协议，这些协议有一些共同的优点，如不存在冲突，没有隐蔽终端等问题，容易进入睡眠状态，尤其适合能量有限的无线传感器网络。下面将介绍几种经典的基于分配的无线传感器网络MAC协议。

1. SMACS协议

早在1999年，加州大学洛杉矶分校（UCLA）的研究人员就提出了一种自组织无线传感器网络协议架构，该架构针对规模庞大、节点移动性不强且能量有限的传感器网络应用设计了协议栈，其中包括SMACS协议。SMACS是一种分配的MAC协议，可以完成网络的建立和通信链路的组织分配。在此基础上，研究人员还提出了EAR算法，该算法实现了对网络中缓慢移动节点的移动性管理，使移动节点和静止节点之间实现无缝连接。通过在Glomosim平台上的仿真，SMACS的性能得到了验证。

1）基本思想

SMACS协议假设每个节点都能够在多个载波频点上进行切换，该协议将每个双向信道定义为两个时间段，这类似于TDMA机制中分配的时隙。SMACS协议是一种分布式协议，允许一个节点集发现邻居并进行信道分配。传统的链路分簇算法首先要在整个网络执行发现邻居的步骤，然后分配信道或时隙给相邻节点之间的通信链路。SMACS协议在发现相邻节点之间存在链路后立即分配信道，当所有节点都发现邻居后这些节点就组成了互联的网络，网络中的节点两两之间至少存在一个多跳路径。由于邻近节点分配的时隙有可能产生冲突，为了减少冲突的可能性，每个链路都分配一个随机选择的频点，相邻的链路都有不同的工作频点。从这点上来讲，SMACS协议结合了TDMA、FDMA的基本思想。当链路建立后，节点在分配的时隙中打开射频部分，与邻居进行通信，如果没有数据收发，则关闭射频部分进行睡眠，在其余时隙节点关闭射频部分，降低能量损耗。

2）关键技术

（1）链路建立。SMACS协议引入了超帧的概念，用一个固定参数T_{frame}表示，网络中所有节点的超帧都有相同的长度。节点在上电后先进行邻居发现，每发现一个邻居，这一对节点就形成一个双向信道，即一个通信链路。在两个节点的超帧中为该链路分配一对时隙用于双向通信。随着邻居的增加，超帧慢慢地被填满。每对时隙都会选择一个随机的频点，减少邻近链路冲突的可能。这样全网很快就能在初始化建立链路，这种不同步的时隙分配称为异步分配通信，下面将对链路如何建立进行举例说明。

如图3.10所示，节点A和节点D分别在T_a和T_d时刻开始进行邻居发现，在发现过程完成后，两个节点约定一对固定的时隙分别进行发送和接收。此后在周期性的超帧中此时隙固定不变。节点B和节点C分别在T_b和T_c时刻开始进行邻居发现，执行上述同样的步骤，由于时隙的约定彼此独立，所以有可能发生重叠，如果各个时隙在同一频点上就会发生冲突。图 3.10 中如果节点 D 向节点 A 发送，和节点 B 向节点 C 发送在时间上有重叠，给两个时隙分配不同的频点，如 f_x 给节点 A、D，f_y 给节点 B、C，就可以避免冲突。SMACS 中每个节点有多个频点可选，在建立链路时都要选择一个随机的频点，这就大大减少了冲突发生的可能性。

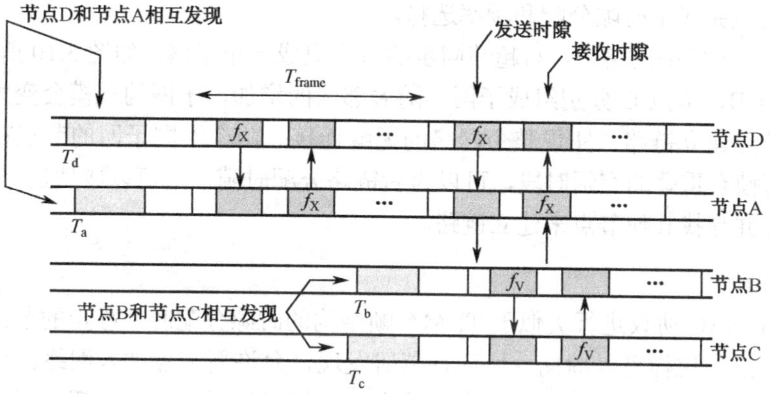

图 3.10　异步通信分配机制

（2）邻居发现和信道分配。为了比较清楚地阐述 SMACS 协议中的邻居发现机制，下面以举例的形式来说明。如图 3.11 所示，假设节点 B、C、G 进行邻居发现。这些节点在随机的时间段内打开射频模块，在一个固定的频点监听一个随机长度的时间。如果在此监听时间内节点没有接收到其他节点发出的邀请消息，那么随后节点将发送一个邀请消息。图 3.11 中，节点 C 就是在监听结束后广播的一个邀请消息 Type1。节点 B 和节点 G 接收到节点 C 发出的 Type1 消息后，等待一个随机的时间，然后各自广播一个应答消息 Type2。如果两个应答消息不冲突，节点 C 将接收到节点 B 和节点 G 发来的邀请应答。节点 C 在这里进行一个选择，可以选择最早到达的应答者，也可以选择接收信号强度最大的应答者。在选择了应答者后，节点 C 将立即发送一个 Type3 消息通知哪个节点被选择。此处选择最早到达的节点 B 作为应答者，节点 G 将关闭射频部分进入睡眠，并在一个随机的时间后重新进行邻居发现。

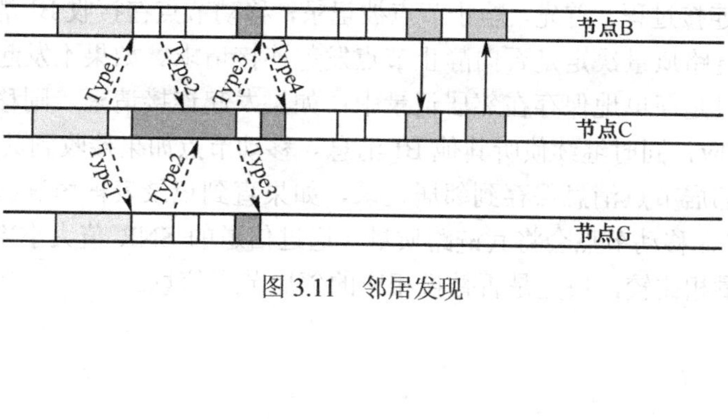

图 3.11　邻居发现

如果节点C已经选择了邻居，将在消息Type3中携带分配信息，该信息包含节点C的下一个超帧的起始时间。在收到该分配消息后，节点B将和本地的超帧起始时间进行比较，得到一个时间偏移，并找出两个共同的空闲时间段作为时隙对，分配给节点B和节点C之间的链路。在确定了时隙对后，节点B选择一个随机的频点，将时隙对在超帧中的位置信息以及选择的频点通过消息Type4发送给节点C。经过这些测试信息的成功交换后，节点B和节点C之间就完成了时隙分配和频率选择。

在SMACS形成的网络中，与超帧同步的节点组成一个子网，如图3.10所示，节点A、节点D和节点B、节点C分别组成子网。随着邻居的增加，子网的规模会变大，并且会和其他子网的节点建立链路，实现整个网络的无缝连接。两个不同子网的节点在建立通信链路时，如果超帧有重叠的空闲时段，可以为新链路分配时隙，则可以成功建立链路；否则，节点只能放弃并寻找其他节点来建立链路。

3）算法描述

在静态的MAC协议进行类似于TDMA帧结构的时隙分配时，静止的节点需要周期性地广播邀请信息，这样可以周期性地进行邻居发现，允许新节点加入网络，使协议适应网络拓扑的变化。邀请信息不需要在每个超帧广播，每间隔固定个数的超帧再多进行一次广播即可。移动节点侦听这些邀请信息，所以这些邀请信息也可以作为移动节点的引导信号。移动节点根据这些引导信号决定最佳路线，所以SMACS协议将邀请信息作为EAR算法的触发器。移动节点可以从邀请信息中获得信噪比、节点地址、功率等信息。为了记录邻居节点的信息，移动节点都要保持一个邻居记录，每条记录包含了建立、保持和取消一个通信链路需要的信息。同样地，静止节点也要保存一个邻居记录，每条记录只包含与该节点建立链路的移动节点的地址，如果链路取消，则需要删除对应节点记的录信息。建立和取消通信链路的过程由移动节点分配。

EAR算法定义了一种新的信令机制，主要使用以下4种消息：Broadcast Invit（BI），静止节点邀请其他节点加入；Mobile Invit，移动节点相应BI并请求建立连接；Mobile Respons（MR），静止节点取消连接，不需要响应；移动节点和静止节点通过交换信令实现EAR算法的机制，也就是如何建立移动节点和静止节点之间通信链路的机制。主要有以下步骤：

（1）静止节点会每间隔固定个超帧发送一次BI消息，移动节点在接收到静止节点的BI消息后将开始连接过程。首先，静止节点被记录，移动节点在接收BI消息时可以得到链路的质量，根据链路质量决定是否向静止节点发起连接请求。如果不发起连接请求，相关的静止节点信息只是简单地保存在邻居记录中；如果发起连接请求，则移动节点回复一个MI消息，等待响应，同时继续侦听其他BI消息。移动节点如果接收到其他邻居节点的BI信息，暂将对应邻居节点消息保存到邻居记录，如果直到记录表被填满的时候，还接收到新节点的BI信息，移动节点会将其链路质量（通过信道的SNR值大小判断）和当前记录表中最差链路质量相比较，决定是否替换相应的邻居节点信息。

（2）静止节点在接收到 MI 消息后需要检查连接是否可以建立。如果可以建立，则静止节点在 TDMA 帧中选择可用的时隙，并回复一个确认信息给移动节点，表示接收建立连接请求。同时，静止节点会记录此移动节点的地址信息。如果没有可用的时隙，则无法建立连接，静止节点回复一个拒绝信息。所有回复信息都包含在 MR 消息中。

（3）连接建立后，移动节点在移动过程中会接收到新的邻近静止节点发送的 BI 消息，移动节点会根据信道质量选择淘汰邻居节点记录中连接质量较差的邻居节点。如果移动节点在移动过程中远离了已经建立连接的静止节点，则将连接质量会下降，最后将被淘汰，这就需要取消已经建立的连接（发送 MD 消息）。决定是否取消和建立连接都需要根据相应的门限值，当一个已建立连接的信道 SNR 值低于取消连接门限值时，就需要发送 MD 消息给对应的静止节点以取消连接。设置较大的建立连接门限值能提高网络连接质量，但会减少网络中的通信链路；设置较大的取消连接门限值能提高网络的平均 SNR 值，但移动节点会更频繁地取消连接，增加控制开销产生的能量损耗。

SMACS 协议提出了一种 TDMA/FDMA 相结合的信道分配机制，该协议不需要集中控制的算法，可用来建立一种平面结构的网络。通过为每对时隙分配随机的载波频率，SMACS 协议可避免全局时间同步，从而减少复杂性。通过在超帧分配的时隙进行睡眠，SMACS 协议可减少空闲侦听和串扰，提供较好的能量效率。通过引入 EAR 算法，SMACS 协议对节点的移动性提供了一定的支持，但协议需要节点能提供多个载波频点，对节点硬件提出了要求。此外，EAR 算法收敛较慢，不适合移动性较强的应用。

2. TRAMA 协议

TRAMA（Traffic Adaptive Medium Access）协议是较早提出的基于分配的 WSN MAC 协议，其基本思想源于 NAMA 协议，在 NAMA 协议的基础上引入了睡眠机制，该协议的信道分配机制不仅能够保证能量效率，而且对于带宽利用率、延迟和公平性也有很好的支持。通过在 Qualnet 平台上的仿真，将 TRAMA 协议与 S-MAC、NAMA 等协议进行了分析比较。

1）基本思想

TRAMA 协议采用了流量自适应的分布式选举算法，节点交换两跳内的邻居信息，传输分配时指明在时间顺序上哪些节点是目的节点，然后选择在每个时隙上的发送节点和接收节点。TRAMA 协议由三个部分组成，其中 NP 协议（Neighbor Protocol，NP）和分配交换协议（Schedule Exchange Protocol，SEP）允许节点交换两跳内的邻居信息和分配信息；自适应选举算法（Adaptive Election Algorithm，AEA）利用邻居和分配信息选择当前时隙的发送者和接收者，让其他与此次通信无关的节点进入睡眠状态以节省能量。

TRAMA 将一个物理信道分成多个时隙，通过对这些时隙的复用为数据和控制信息提供信道。图 3.12 所示为 TRAMA 协议信道的时隙分配情况。每个时间帧分为随机接入和分配接入两部分，随机接入时隙也称为信令时隙，分配接入时隙也称为传输时隙。由于无线传感器网络传输速率普遍较低，所以对于时隙的划分以毫秒为单位。传输时隙的长度是固定的，可根据物理信道带宽和数据包长度计算得出。由于控制信息量通常比数据信息量要小得多，所以传输时隙通常为信令时隙的整数倍，以便于同步。

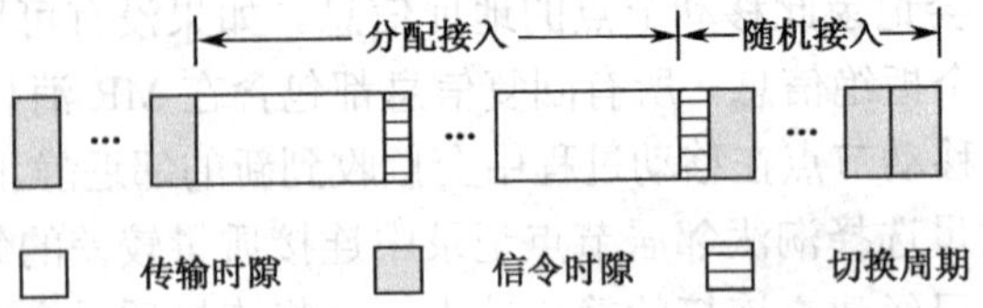

图 3.12　TRAMA 协议信道的时隙分配

2）关键技术

（1）NP 协议。在无线传感器网络中，由于节点失效或者新节点加入等现象存在，网络拓扑在动态地变化，TRAMA 协议需要适应这种变化。在 TRAMA 协议中，节点启动后处于随机接入时隙，在此时隙内节点为接收状态，可以选择一个随机时隙发送指令。随机接入时隙的长度选择可根据应用来决定，如果网络移动性不强，拓扑相对稳定，则该时隙较短；否则就需要适当延长该时隙，但该时隙的延长会增加空闲侦听的能量损耗，降低网络的能量效率。节点之间的时钟同步信息也是在随机接入时隙中发送的。由于在随机接入时隙中各个节点都可以选择随机接入时隙进行发送，控制信息有可能发生碰撞而丢失，为了减少碰撞，随机接入时隙的长度和控制信息的重传次数都要进行相应的设置。对于一个有 N 个两跳邻居的节点，控制信息的重传次数为 7 且重传间隔为 1.44N 时能保证 99%的成功率，因此随机接入时隙的长度可设置为 $7\times1.44\times N$。

通过在随机接入时隙中交换控制信息，NP 协议实现了邻居节点信息的交互。图 3.13 为控制信息帧的帧头格式。控制信息中携带了增加的邻居的更新，如果没有更新，控制信息作为通知邻居给自己存在的信标。每个节点发送关于自己下一跳邻居的增加更新，可以用来保持邻居之间的连通性。如果一个节点在一段时间内都没有在收到某个邻居的信标，则该邻居失效。由于节点知道下一跳邻居和这些邻居的下一跳邻居的信息，所以网络中每个节点都能交换到两跳邻居信息。

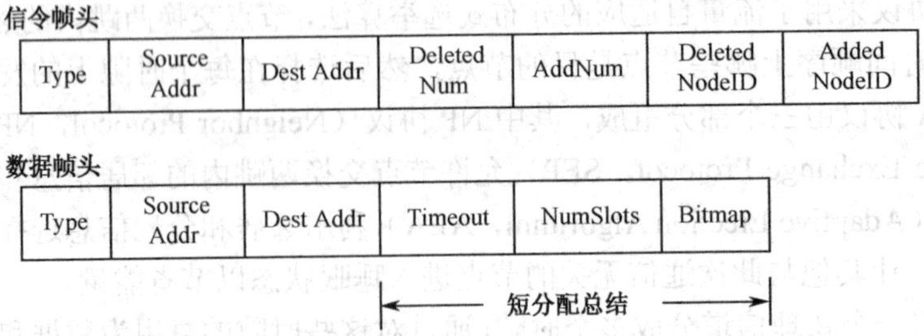

图 3.13　信令及数据帧头格式

（2）分配交换协议（SEP）。分配交换协议用于建立和维护发送者和接收者选择时隙要分配的信息。首先每个节点生成分配信息，然后通过广播实现分配信息交换和维护。

分配信息生成的过程为：节点根据高层应用产生数据的速率计算出一个分配间隔 SCHEDULE_INTRVAL，该间隔代表了节点能够广播分配信息给邻居节点的时隙个数，然后在[t，t+SCHDULE_INTRVAL]内，节点计算在其两跳邻居范围内具有最高发送优先级的时隙数，这些时隙称为赢时隙。由于在这些时隙中节点可能被选为发送者，故节点需要通知这些时隙中数据的接收者。当然，如果节点没有带发送的数据，也需要通知邻居它将放弃相关时隙，其他需要发送数据的节点可以使用这些空闲时隙。在一个分配间隔内最后一个置 1 的赢时隙称为变更时隙，用于广播节点下一次分配间隔内的时隙分配情况。

节点通过分配帧广播分配信息，其过程为：节点通过 NP 协议获得两跳邻居信息，分配帧不需要指定目的地址，通过位图来指定接收者。位图中每一位对应一个一跳邻居节点，位图的长度等于节点的一跳邻居数，需要该节点接收数据则将对应位置 1，这样可以方便地实现单播、组播和广播。节点根据当前的赢时隙分布形成位图，将没有数据要发送的赢时隙对应位设置为 0，否则设置为 1。图 3.14 为分配帧的格式，其中 SourceAddr 是发送分配帧的节点地址，Timeout 是从当前时隙开始本次分配有效的时隙数，Width 是邻居位图长度，NumSlots 是总的赢时隙数。

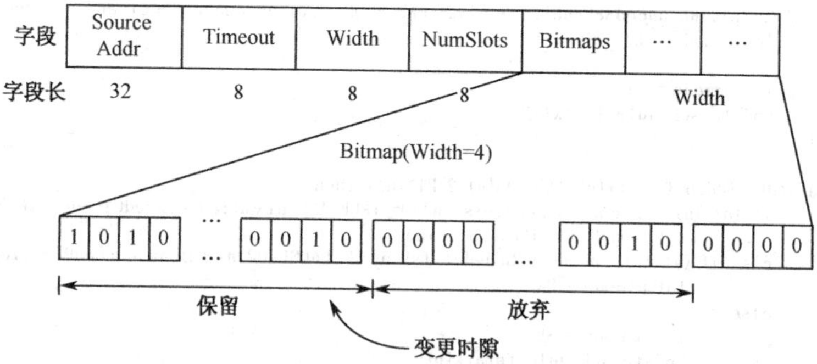

图 3.14　分配帧格式

此外，节点采用携带机制，在每个节点的数据包中都携带有节点的分配摘要，如图 3.14 所示，减少广播冲突对分配交换的影响。分配摘要带有该分配的 Timeout、NumSlots 以及位图信息。

节点需要维护下一跳邻居的分配信息，过程为：分配信息的交换通过分配摘要来完成，如果节点不是数据的目标，那么节点的分配处于不同步状态，直到节点根据发送者发来数据中的分配摘要更新分配。

3）算法描述

为了提高能量效率，TRAMA 尽可能地让节点处于睡眠状态，通过重用已经分配但未使用的时隙来提高带宽利用率。在分配接入周期任一给定的时隙 t 中，任一节点的状态是由该节点的两跳邻居信息和该节点的一跳邻居发布的分配信息来确定的，有发送、接收、睡眠三种肯那个的状态。

在相关文献提出的NCR算法中，如果节点在其竞争集中有最高的优先级，则选择该节点作为发送者。节点 u 的竞争集是节点所有两跳邻居的集合，节点 u 在时隙 t 的优先级定义为一个伪随机 hash 函数，由节点的地址 u 和时隙 t 共同决定，即 $prio(u,t)=hash(u \oplus t)$。在任一给定的时隙，节点 u 处于发送状态只有两种可能：节点 u 有最高优先级或节点 u 有数据要发送。节点处于接收状态时，节点是当前某个发送者的目标节点，否则节点就进入睡眠状态。每个节点通过 AEA 算法来确定当前应处于何种状态。算法的伪代码如图 3.15 所示，表 3.1 列出了 AA 算法描述中一些基本术语和符号。

```
计算tx(u), atx(u) and ntx(u)
if (u = tx(u)) then
      if (u:isScheduleAnnouncedF orTx= TRUE) then
            let u:state = TX
            let u:receiver = u:reported:rxId
            Transmit the packet and update the announced schedule
      else if (u:giveup = TRUE) then
            call HandleNeedTransmissions
      endif
else if (tx(u) 2 N1(u)) then
      if (tx(u):announcedScheduleIsV alid= TRUE AND tx(u):announcedGiveup= TRUE) then
            call HandleNeedTransmissions
      else if (tx(u):announcedScheduleIsV alid= FALSE OR tx(u):announcedReceiver= u) then
            let u:mode = RX
      else
            let u:mode = SL
            Update schedule fortx(u)
      endif
else
      if (atx(u) hidden from tx(u) AND atx(u) 2 PTX(u)) then
            if (atx(u):announcedScheduleIsV alid= TRUE AND atx(u):announcedGiveup= TRUE) then
                  call HandleNeedTransmissions
            else if (atx(u):announcedScheduleIsV alid= FALSE OR atx(u):announcedReceiver= u) then
                  let u:mode = RX
            else
                  let u:mode = SL
                  Update schedule foratx(u)
            endif
      else
            call HandleNeedTransmissions
endif
procedure HandleNeedTransmissions
if (ntx(u) = u) then
      let u:state = TX
      let u:receiver = u:reported:rxId
            Transmit the packet and update the announced schedule
else if (ntx(u):announcedScheduleIsV alid= FALSE jj ntx(u):announcedReceiver= u) then
      let u:mode = RX
else
      let u:mode = SL
      Update the schedule forntx(u)
endif
```

图 3.15　AEA 算法的伪码描述

TRAMA 协议是一种分配性 MAC 协议，节点通过 NP 协议获得邻居信息，通过 SEP 协议建立和维护分配信息，通过 AEA 算法分配时隙给发送节点和接收节点。TRAMA 协议在冲突避免、延时、带宽利用率等方面都能提供较好的性能，但协议需要较大的存储空间来存储两跳邻居信息和分配信息，需要运行 AEA 算法，复杂度较高。由于 AEA 算法更适合于周期性数据采集任务，所以 TRAMA 协议通常适合周期性监测应用。

表 3.1　符号与术语

$N_2(u)$	节点 u 的两跳相邻节点组成的集合
$N_1(u)$	节点 u 的一跳相邻节点组成的集合
CS(u)	节点 u 的竞争节点集合是节点 u 的两跳区域内的节点组成的集合，即$\{u\cup N_1(u)\cup N_2(u)\}$
tx(u)	绝对赢取节点是 CS(u)中具有最高优先级的节点
atx(u)	备用赢取节点是节点 u 的一跳相邻节点中优先级最高的节点，即$\{u\cup N_1(u)\}$
PTX(u)	可能发送节点集是集合$\{u\cup N_1(u)-\text{atx}(u)\}$中满足条件的所有节点组成的集合
NEED(u)	必需竞争节点集是集合{PTX(u)∪u}中需要额外发送时隙的节点组成的集合
ntx(u)	必需发送节点是节点集 NEED(u)中具有最高优先级，且包含有效同步的传输时间安排的那个节点

3.4.3　混合型 MAC 协议

竞争型 MAC 协议能很好地适应网络规模和网络数据流量的变化，可以更灵活地适应网络拓扑结构的变化，无须精确的时钟同步机制，较易实现；但存在能量效率不高的缺点，如冲突重传、空闲监听、串扰、控制开销引起的能量消耗。分配型 MAC 协议将信道资源按时隙、频段或码型分为多个子信道，各个子信道之间无冲突，互不干扰。数据包在传输过程中不存在冲突重传，所以能量效率较高。此外，在分配型 MAC（如 TDMA）中，节点只在分配给自己的时隙中打开射频部分，其他时隙关闭射频部分，可避免冗余接收，进一步降低能量损耗。但是分配型 MAC 协议通常需要在网络中的节点形成簇，不能灵活地适应网络拓扑结构的变化。基于此，研究人员提出了混合型 MAC 协议，本节选择比较典型的 ZMAC 协议进行介绍，该协议对竞争方式和分配方式进行了组合，可实现性能的整体提升。

1）基本思想

ZMAC 是一种混合型 MAC 协议，采用 CSMA 机制作为基本方法，在竞争加剧时使用 TDMA 机制来解决信道冲突问题。ZMAC 引入了时间帧的概念，每个时间帧又分为若干个时隙。在 ZMAC 中，网络部署时每个节点执行一个时隙分配的 DRAND 算法。在时隙分配完成后，每个节点都会在时间帧中拥有一个时隙。分配了时隙的节点成为该时隙的所有者，所有者在对应的时隙中发送数据的优先级最高。和 TDMA 的策略不同，在 ZMAC 中，节点可以选择任何时隙发送数据。节点在某个时隙发送数据需要先侦听信道的状态，但是该时隙的所有者拥有更高的发送优先级。发送优先级的设置可通过设定退避时间窗口的大小来实现。时隙的所有者被赋予一个较小的时间窗口，所以能够抢占信道。通过这种机制，时隙在被所有者限制时还能被其他的节点使用，从而提高信道利用率。该机制还隐含了根据信道的竞争情况在 CSMA 机制和 TDMA 机制间切换的方法。

2）关键技术

在网络部署阶段，节点启动以后 ZMAC 协议将顺序执行以下步骤：邻居发现→时隙分配→本地时间帧交换→全局时间同步。在网络的运行过程中，除非网络拓扑结构发生重大变化，否则节点不会重复上述步骤，避免浪费能量。

（1）邻居发现和时隙分配。当一个节点启动后，就会开始一个邻居节点的发现过程，周期性地发送 PING 消息。PING 消息包含节点发现的所有一跳范围内的节点，可以在一定范围内随机发送。通过这个过程，每个节点可以获得自己两跳范围内的所有节点的信息，并作为时隙分批算法的输入参数。时隙分配算法采用 DRAND 算法，可以确保分配相同的时隙给两跳范围内的节点，从而使节点在给一跳邻居节点传输数据时不会被两跳邻居节点干扰。此外，DRAND 算法分配给节点的时隙号不会超过其两跳范围内的节点数目。当有新的节点加入时，DRAND 算法可以在不改变当前网络的时隙调度的情况下，实现本地时隙分配的更新。

（2）本地时间帧交换。每个节点在分配了时隙后需要定位时间帧，常规的方法就是所有的网络节点都保持同步，并且所有的节点对应的时间帧都相同，也就是具有同样的起始时刻和结束时刻。这种方法需要在整个网络中广播时间帧最大时隙数量，所有的节点都是用同一长度的时间帧，但不能满足局部时隙改变的自适应性。当网络有新节点加入导致 WSN 需要改变时，需要在全网中重新广播这个消息，这会带来很大的开销。ZMAC 协议使用一种新的调度方法，这种方法采用一种局部的策略，每个节点维持一个本地的时间帧长度，那么节点 i 的本地时间帧长度就是 2α，其中 α 满足 $2^{\alpha-1}<F_i<2^{\alpha-1}$。时隙的分配采用 DRAND 算法，假设分配给 i 的时隙是 S_i，可以保证节点 i 两跳范围内的任何节点不会使用 S_i。

ZMAC 使用局部时间帧，需要保证所有节点开始的第一个时隙是在相同的时刻。如果节点时钟同步，通过设定一个精确的时间作为每个节点的时隙是很容易实现的。新节点如果能够保证和网络的全局时钟同步，可以很容易地实现时隙的同步。为了达到全局时钟同步，ZMAC 需要在网络启动的初期运行时钟同步算法，如 TPSN。在初始化同步之后，每个节点运行一个低开销的局部同步协议。

3）传输控制

在网络的初始化阶段完成之后，每个节点都同步到了一个全局的时钟，并且都拥有了自己的时间帧和时隙，可以对外提供服务。在 ZMAC 协议下，每个节点可以工作在两个模式：低冲突级别（Low Contention Level，LCL）和高冲突级别（High Contention Level，HCL）。在一个节点的 T_{ECN} 周期，如果它从一个两跳邻居节点收到一个外部的冲突公告消息（Explicit Contention Notification，ECN），那么它就转入 HCL 模式，否则该节点就处于 LCL 模式。在 LCL 模式下，任何节点才可以再任何时隙竞争信道，但是在 HCL 下，只有拥有该时隙的节点，以及它的一跳邻居节点才可以竞争信道。不管在哪种模式下，拥有该时隙的节点都拥有最高的优先级。当拥有该时隙的节点没有数据传送的时候，其他的节点可以使用这个时隙。ZMAC 协议使用退避、信道空闲评估以及低功耗监听（LPL）来实现 HCL 和 LCL。

当节点 i 有数据传送时，它首先检查自己是不是现在时隙的拥有者，如果是的话，它就选择一个在[0，T_0]之间的随机数作为作为退避时间。当退避时间到达后，它启动 CCA 来检查信道是否空闲，如果空闲的话，那么它就发送数据；否则它就等待，直到信道空闲为止，然后重复上面的过程。如果节点 i 不是现在时隙的拥有者，并且它处于 LCL 状态，但是当前的时隙没有被其两跳邻居范围内的节点占用，在这两种情况下，节点 i 首先等待一段时间 T_0，然后在[T_0，T_{n0}]的退避窗口中选择一个随机的退避时间。当退避时间到达后，采用和前面一样的方法处理。还有第三种情况，那就是节点 i 处于 LCL 状态，在这种情况下节点会一直等待，直到遇到一个时隙，这个时隙要么被节点 i 所拥有，要么节点 i 的两跳邻居节点没有任何节点使用它。

ECN 的提出主要是为了解决隐藏终端的问题，虽然 DRAND 算法产生的时间片调度机制可以保证没有隐藏终端现象，但是由于节点可以窃取其他节点的时隙发送数据，这样会产生隐藏终端现象。当节点探测到了一个冲突比较严重的隐藏终端问题后，会产生一个 ECN 消息。隐藏终端的探测方法有两种：一是计算节点的丢包率，这种方法需要 MAC 层提供 ACK 机制，这样会带来额外的开销，降低信道的利用率；二是测量信道的噪声水平，当发生冲突时，信道的噪声水平较高，这种方法不需要额外的开销，噪声水平可以在数据发送的时候发送。当一个发送节点监测到一个严重的冲突后，该节点会发送一个单播数据包给它，监测出来发生冲突的那个节点，如果发送节点检测到了多个发生严重冲突的节点，那么它就发送一个带有这些发生冲突节点信息的广播数据包。当节点 j 收到节点 i 发送来的 ECN 消息后，它首先检查自己是否 ECN 的目的节点，如果是的话，它就广播该 ECN 消息给自己的所有一跳邻居节点（不包括 i），这些邻居节点中肯定有引起冲突的节点。节点 j 发送的 ECN 消息叫做两跳 ECN，收到两跳 ECN 的节点设置自己的工作方式为 HCL 模式。HCL 是一个软状态，网络系统会给出一个 T_{ECN} 周期，如果在这段时间内节点没有再次收到两跳 ECN 消息，那么当一个 T_{ECN} 周期结束后，节点会回到 LCL 模式下。

4）局部同步

由于使用了载波侦听和拥塞退避机制，在发生时钟错位的情况下，ZMAC 协议比 TDMA 协议有更强的生命力，在完全失去时钟同步的情况下，ZMAC 退化为 CSMA 协议。在低的冲突情况下，ZMAC 可以不需要时钟同步，此时协议的性能和 CSMA 相仿。在高冲突的情况下，ZMAC 协议需要在时间同步的基础上实现 HCL。ZMAC 协议只需要维护邻近的发送节点之间的时间同步，是一种局部同步。同步的方式还是采用在发送的时间同步包中加入发送节点的时间信息，通过相关的算法来修正节点之间的偏移量。在 ZMAC 协议中，每个发送数据包的节点都会使用一部分带宽资源来发送时间同步包，发送的时间同步包的个数和发送的数据包的个数的比率叫做 B_{synch}，如 B_{synch} 为 1%，则表示每发送 100 个数据包才发送 1 个时间同步包。

在 ZMAC 协议中，每个发送数据的节点都要周期性地发送时间同步包，当一个节点收到该时间同步包后，它采用下面的计算公式来修正自己与发送时间同步包的节点的时间偏差，即

$$C_{avgnew}=(1-\beta_t)\times C_{avgold}+\beta_t\times C_{new}$$

式中，C_{avgnew} 代表接收节点收到同步时间包后修正过后的时间，C_{avgold} 代表接收节点现在的时间，C_{new} 代表发送时间同步包的节点的时间，β_t 是发送时间同步包的节点的可信因子，表示发送时间同步包的节点时钟的偏移程度。β_t 要通过计算得到，在此之前先搞清楚几个参数的意义。首先用 r_{drift} 表示传感器节点的时钟漂移率，用 E_{clock} 表示最大的可接收的时钟漂移，用 $I_{synch}=E_{clock}/r_{drift}$ 表示最小的同步间隔时间，也就是说在 I_{synch} 时间内最少要进行一次时间同步信息的维护，用 S 表示一个节点接收或者发送时间同步包的速度，用 α_{synch} 表示时间同步包中的时间在计算接收节点的新的时间时所占的最大权重，β_t 可以用下面的公式来计算，即

$$\beta_t=\{\alpha_{synch}, S\times I_{synch}\times\alpha_{synch}\}$$

以 MIC2 节点为例，在要求时钟精度为 1 ms，节点时钟漂移为 40 μs 的情况下，如果 B_{synch} 为 1%，要保持局部的时间同步，就要在 I_{synch} 时间内至少有一个时间同步包，也就是说节点的最小带宽为

$$包长度/I_{synch}\times(1/B_{synch})=1.568\ \text{kb/s}$$

ZMAC 协议是一种混合型 MAC 协议，可以根据网络中的信道竞争情况来动态地调整 MAC 协议所采用的机制，在 CSMA 和 TDMA 机制之间进行切换。在网络数据量较小时，竞争者较少，协议工作在 CSMA 机制下；在网络数据量较大时，竞争者较多，ZMAC 协议工作在 TDMA 机制下，使用拓扑信息和同步时钟信息来改善协议性能。ZMAC 协议结合了竞争型 MAC 协议和分配型 MAC 协议的特点，能很好地适应网络拓扑的变化并提供均衡的网络性能。但 DRAND 算法较为复杂，这在一定程度上限制了 ZMAC 的应用。

3.4.4 跨层 MAC 协议

无线传感器网络通信协议采用分层的体系机构，因此在设计时也大都是分层进行的。各层的设计相互独立，因此各层的优化设计并不能保证整个网络的设计最优。针对此问题，一些研究者提出了跨层设计的概念。跨层设计就是实现逻辑上相邻的协议层次间的设计互动与性能平衡。对于无线传感器网络，为了提高能量效率，能量管理机制、低功耗设计等在各层设计中都有所体现，但要使整个网络的节能效果达到最优，应采用跨层设计的思想，这样可以有效节省能量，延长网络的生存期。在无线传感器网络中，采用跨层设计的思想来设计 MAC 层协议的研究成果相对较少，本节选择一种有代表性的跨层设计架构——MINA 进行介绍。

1. MINA 网络架构

MINA 是一种基于跨层设计的大规模无线网络协议架构，网络通常由数百个低电量低运算能力的传感器节点组成，同时网络中还有一些基站节点，基站通常具有较强的运算能

力，并具有充足的能量。

如图 3.16 所示，在 MINA 架构中，节点分为三种类型：大量静止的低容量（内存、CPU、能量）传感器节点；少量手持移动节点；静止的大容量基站节点。每个传感器节点都带有一个半双工或全双工的射频收发器，每个节点都有一个唯一的网络地址。MINA 架构假设节点都能直接进行双向通信。一个传感器节点的簇定义为在改节点广播传输范围内的节点的集合。图 3.14 中节点 3 的簇为阴影区域。所有的传感器节点形成了一个多跳基础设施网络，各个传感器节点都可以进行数据转发。移动节点通过这些基础设施可以相互访问，或者访问基站。基站是无线传感器网络的数据汇聚节点，可以将数据发送到有线网络，基站节点必须具有超长的传输距离，通过一个广播可将数据发送给网络中所有节点。

在 MINA 架构中，网络流量类型主要为传感器节点到基站的上行链路，移动节点到移动节点之间的通信也是先通过上行链路到达基站，然后在下行广播给相应的移动节点。网络数据帧主要有三种：控制帧，也就是从基站向传感器节点发送的控制信息，通过直接广播完成；信标帧，所有节点都需要在一个公共信道上周期性发送，包含有节点信息和本地 TDMA 分配给节点发送数据的时隙信息；数据帧，由传感器节点生成。

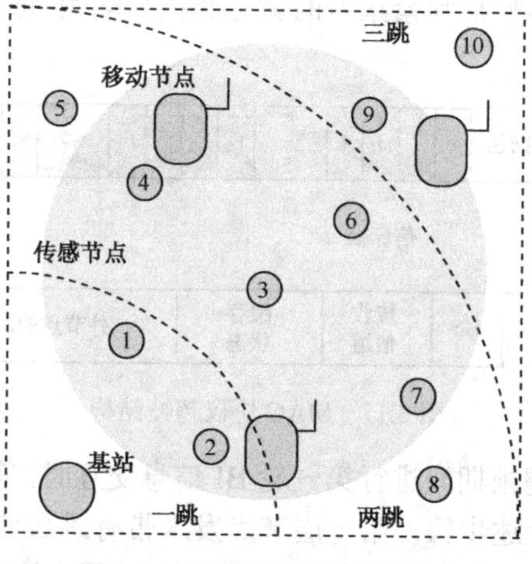

图 3.16　MINA 结构组网示例

MINA 架构中网络节点是以层的形式来组织的，距离基站跳数相同的节点组成一层。第一层节点距离基站跳数为 1，第二层节点距离基站跳数为 2，依此类推，如图 3.16 所示，网络共有三层。根据距离基站的跳数，每个节点的邻居也可以分为三类，即内部邻居、同等邻居、外部邻居。距离基站跳数比本地更小的邻居为内部邻居，跳数相同的邻居为同等邻居，跳数更大的邻居为外部邻居。图 3.16 中 3 号节点的内部邻居为 1 号和 2 号节点，外部邻居为 9 号和 10 号节点。

2．UNPF 协议框架

UNPF（Unified Network Protocol Framework）协议框架定义了网络的组织方式、路由协议和 MAC 协议。无线传感器网络主要工作在两个交替的状态。

（1）网络自组织状态：在此期间节点发现邻居，获得关于邻居的跳数，能量状态、可用缓存大小、本地网络拓扑等信息。

（2）数据传输状态：在此期间节点进行数据的发送或接收。需要路由协议来确定目的地址，MAC 协议来完成信道访问。如图 3.15 所示为 MAC 协议超帧结构。

3. 网络自组织

传感器节点通过获得邻居的跳数信息以及邻居的内部邻居和外部邻居来完成网络自组织过程。具体步骤如下。

在每个超帧的起始阶段，基站广播一个控制帧（Control Packet，CR），CR 包括传感器节点同步需要的时间信息，以及传感器节点在信标帧（Beacon Packet，BI）内传输各自的信标信息的序号。基站只知道每个传感器节点的地址信息。

BI 紧跟在 CR 后，每个节点根据 CR 中的顺序发送 BI，帧格式如图 3.15 所示。BI 包含了节点的能量状态、距离基站的跳数、节点的接收信道信息。CR 和 BI 都采用统一的控制信并以广播方式发送。

如图 3.17 所示，在信标帧后紧紧跟着的就是数据传输帧。每个数据帧包括 β 个时隙，由 MAC 协议来负责分配。

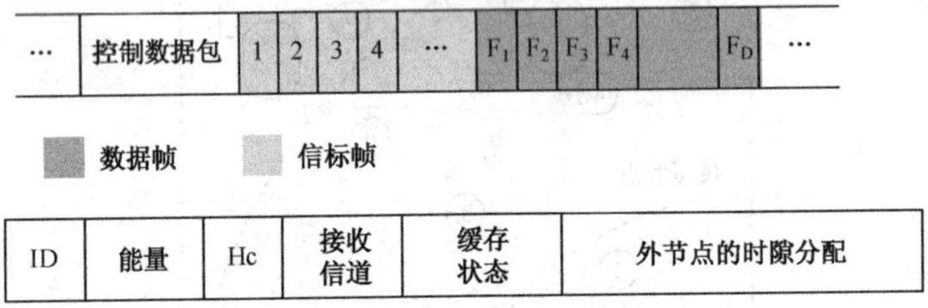

图 3.17　MAC 协议超帧结构

在基站启动后第一个超帧期间进行第一轮 BI 信息交互时，基站可获得第一层节点的信息，第二个超帧期间重复上述步骤，第一层节点发送带有跳数信息为 1 的 BI 信息。第二层的节点接收到该信息并将自己的跳数数值设为 2，第二层节点就形成了。超帧周期性地重复，假设网络最大跳数为 N，第 N 个超帧完毕后，整个网络的自组织过程就完成了。每个节点都获得以下信息：距离基站的跳数、内部邻居及相关参数、时隙分配。

4. 路由协议

对于 MINA 架构组成的网络，分层的自组织结构只需要节点进行简单的选择就可以确定下一跳地址。对于第 i 层的任意传感器节点，如果需要发送数据到基站，则选择第 i−1 层的某个内部邻居作为下一跳目的节点即可。内部邻居重复这一步骤，直到数据被基站接收到为止。选择目的节点的方法有多种方式，如随机选择、轮流选择、能量因子选择等。根据能量因子选择可以确保各个节点有比较平均的能量消耗，不会使个别节点因为转发次数过多而过早地耗尽能量。

5．MAC 协议

MINA 架构网络提出了用 DTROC（Distributed TDMA Receiver Oriented Channel）来进行信道分配，下面对 DTROC 协议进行介绍。假设网络总共有 L 层，节点 i 位于 l 层，且 $l<L$。S_i 表示第 $l+1$ 层中将节点 i 选择为下一跳地址的节点的集合。信道分配的基本思想是分配一个信道 C_i 给节点 i 的接收机，同时 S_i 中每个节点都将发射机调整到这个信道。对于 DTROC 而言，主要结局两个问题：在 S_i 中共享信道 C_i；分配信道时避免相互干扰。

信道预留：每个数据信道都有固定数据（DFSIZE）的时隙，网络中所有节点都有相同的 DFSIZE。节点 i 为 S_i 中每个节点分配时隙，这些都通过 BI 来完成。

信道分配：每个节点选择一种两跳内邻居都没使用过的码序列，此外信道分配就是为节点分配码序列。假设节点 i 和 j 都位于 l 层，有对应节点集合 S_i 和 S_j；R_k 表示节点 k 的广播的传输范围；Z_i=UR_k，k 属于 S_i，表示集合 S_i 中所有节点的传输范围之和。如果 $Z_i \bigcup Z_j$ 为空集，表示两个集合之间的节点不会相互干扰，此时节点 i 和 j 可分配相同信道，否则就必须分配不同的信道。

MINA 架构网络可以用一个无向图模型 $G=(V,E)$表示，其中 V 表示网络中所有节点的集合，E 表示节点对（i,j），节点且两者都在对方的信标传输范围之内，两者之间存在双向链路。基于图 G 可以构造另一个图 $G'=(V',E'),V'=V$，其中 $(i',j')\in E'$，且 Z_i 和 Z_j 的交集非空。MINA 架构的信道分配问题可以建模为图 G'的每个节点上色的问题，确保图中每条边两端的节点具有不同的颜色。由于这是一个 NP 问题，所以采用贪婪探索方法进行次优信道分配。首先，将 V'中的节点命名为 $v'_1,v'_2,\cdots,v'_n$，然后依次为每个节点分配码序列。先为 v'_1 分配码 C_1，如果（v'_1,v'_2）$\in E$，则为 v'_2 分配码 C_1，否则为 v'_2 分配码 C_2，依次类推。假设 N_i 为图中节点邻居的节点集合，那么需要的码序列个数最多为 $\max\{|N_i|,i\in V'\}+1$。MINA 架构假设基站存储了网络中每个节点的地址信息，基站运行上述算法，然后在 CR 阵中广播并为每个节点分配信道。

MINA 架构提出了一个统一的网络协议架构，该架构包括了网络自组织、MAC 协议和路由协议。网络中所有的节点都是根据距离基站的跳数以分层的方式来组织的，利用节点的层次星系，大大简化了路由协议。通过使用 TDMA 和 CDMA 结合的机制，DTROC 协议有效地实现了冲突避免，提高了能量效率。由于 MINA 架构要求网络中每个节点保持静止，且都能够接收到基站的广播包，这在一定程度上限制了它的应用。

3.5 本章小结

本章主要介绍了无线传感器网络数据链路层的基本概念、研究现状和一些主要问题，从这些问题入手，介绍了目前研究人员已经提出的一些基本的数据链路层协议，其中主要是 MAC 协议。本章将无线传感器网络 MAC 协议分为 4 种类型，即基于竞争、基于分配、混合型和跨层 MAC 协议，并介绍了这 4 种类型协议的主要框架和特点，对比分析了几种类型协议的主要优缺点，为以后无线传感器网络数据链路层协议的研究打下了基础。

参考文献

[1] 宋晓勤，胡爱群．无线传感器网络中数据链路层和网络层设计[J]．电信科学，2005,9:9-12.

[2] Akyildiz I F, Su W, Sankarasubramaniam Y, et al.. A Sruvey on Sensor Networks[J]. IEEE Communications Magazine,2002,40(8):102-114.

[3] Price J, Javidi T. Cross-Layer(Mac and Transport)Optimal Rate Assignment in CDMA-based Wireless Broadband Networks[C]. In Proceeding of the Asilomar Conference on Signals, Systems, and Computers, 2004,1:1044-1048.

[4] Ye W，Heidemann J，Estrin D. Medium access control with coordinated adaptive sleeping for wireless sensor networks.IEEE Trans.On Networking,2004,12(3):493-506.

[5] C. Chong, S. Kumar. Sensor networks: Evolution, Opportunities and challenges. Proceedings of the IEEE, 2003,91(8):1247-1256.

[6] Yu Liu, Wei Zhang, et al.. Static worst-case energy and lifetime estimation of wireless sensor networks[C]. IEEE 28th International Performance Computing and Communications Conference. Scottsdale, 2009,17-24.

[7] 孙利民．无线传感器网络[M]．北京：清华大学出版社，2005．

[8] 于海滨．智能无线传感器网络[M]．北京：科学出版社，2006．

[9] Ye Wei, Heidemann J, Estrin D. An Energy-Efficient MAC Protocol for Wireless Sensor Networks[C]. In Proceeding of IEEE INFOCOM, 2002:1567-1576.

[10] W. Ye. J. Heidemann, D.Estrin. Medium Access Control With Coordinated Adaptive Sleeping for Wireless Sensor Networks. IEEE/ACM Transactions on Networking, Volume:12,Issue:3,493-506,June 2004.

[11] Singh S, Raghavendra C S. PAMAS:Power aware multi-access protocol with Signaling for Ad Hoc networks.ACM Computer Communication Review,1998,28(3):5-26.

[12] T.V.Dam, K. Langendoen, An Adaptive Energy-Efficient MAC Protocol for Wireless Sensor Networks. The First ACM Conference on Embedded Networked Sensor Systems(Sensys 03),Los Angeles, CA, USA, November 2003.

[13] K. Jamieson, H. Balakrishnan, Y.C.Tay. Sift: A MAC Protocol for Event-driven Wireless Sensor Networks. MIT Laboratory for Computer Science, Tech. Rep. 894,May 2003, http://www.lcs.mit.edu/publications/pubs/pdf/MIT-LCS-TR-894.pdf.

[14] Wei Ye,John Heidemann.Medium Access Control in Wireless Sensor Networks.USC/lSl Technical Report ISI-TR-580,Oct, 2003:73-91.

[15] Sohrabi K Gao J,Ailawadhi V,Pottie G J."Protocols for sensor network".IEEE Personal Communications Magazine,self-organization of a wireless 2000,7(5):16-27.

[16] Rajendran V,Obracazka K Garcia-Luna-Aceves J.Energy—efficient,collision-free medium access control for wireless sensor networks.In:Proc 1st Int'1 Annual Joint Conf on Embedded Networked Sensor Systems(SenSys).CA:Los Angeles,2003:181-192.

[17] 1.Rhee,A.Warrier,M.Aia,Z-MAC:a hybrid mac for wireless sensor networks.In ACM Sensys'05,(San Diego,USA),November 2005.

[18] J.Ding, K.Sivalingam, R.Kashyapa, L.J.Chuan. A multi-layered architecture and protocols for large-scale wireless sensor networks. IEEE 58th Vehicular Technology Conference, 2003, VTC 2003-Fall 2003,Volume:3,1443-1447.

第4章

无线传感器网络的网络层

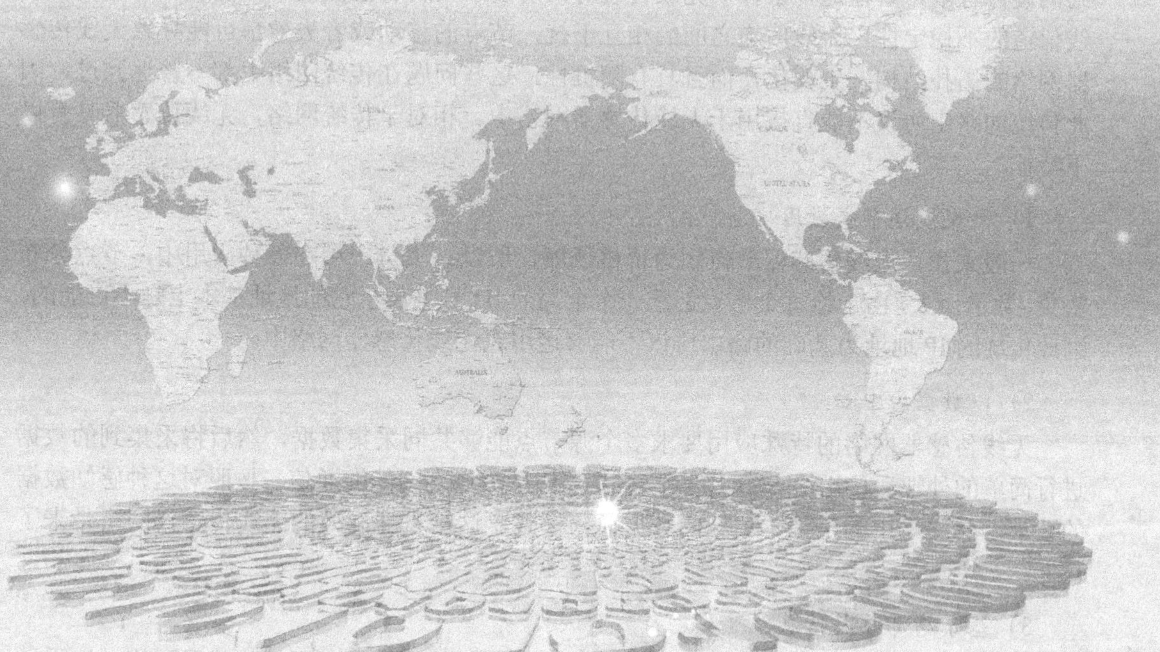

4.1 无线传感器网络网络层概述

在无线传感器网络中，路由协议主要用于确定网络中的路由，实现节点间的通信。但是由于受节点能量和最大通信范围的限制，两个节点之间往往不能直接进行数据交换，而需要以多跳的形式进行数据的传输。无线传感器的网络层就主要负责多跳路由的发现和维护，这一层的路由协议主要包括两个方面：一个是路由的选择，即寻找一条从源节点到目的节点的最优路径；另外一个就是路由的维护，保证数据能够沿着这条最优路径进行数据的转发。

一般来说，无线传感器网络中没有中心节点，所有的节点所处的地位都是相同的，各节点之间通过自组织的方式来形成一个监控网络，采用的算法是分布式算法。由于无线传感器网络节点由电池供电，一般应用在人所不能到达的地区，电池不可替换，电池能量耗尽即节点失效，因此在无线传感器网络中能量的节省就成为了协议设计时首要考虑的问题。传统的无线路由协议的主要目的就是为了减小网络拥塞，保持网络的数据交换，提供高质量的网络服务，它主要专注于减小网络延迟，提高网络的利用率等性能。而无线传感器网络的硬件有限，要在这种条件下完成传统协议所要求的所有性能是不可能的，另外由于无线信道的不稳定性，无线信道之间的相互干扰，节点的移动或者失效都可能导致无线传感器网络的拓扑结构发生变化，而且具有随机性，这些问题在传统网络中都不曾遇到过，因此传统的路由协议不能直接用于无线传感器网络中。相对于传统网络，无线传感器具有以下特征。

1）大规模分布式应用

一般来说，无线传感器节点因为价格低廉，所以被大量应用在各种应用中，节点分布密集、数量巨大，由于给每个节点都配一个全局的 ID 号来表示它的地址基本上是不可能的，因此传统的 IP 地址为基础的路由协议不能够运用在无线传感器网络中。

2）以数据为中心

无线传感器网络的特殊应用要求多个源节点能够共同采集数据，然后将采集到的数据进行简单的处理后传送给 Sink 节点，不要求任意两点之间能够通信。按照对这种感知数据的要求，网络采用的是基本单一的数据通信模式，这给设计高效的无线传感器网络带来了可能。

3）基于局部拓扑信息

由于无线传感器节点的通信范围有限，同时为了节省能量，无线传感器网络一般采取多跳的方式来进行节点间的通信，而对于硬件条件非常有限的无线传感器网络节点来说，存储大量的路由信息是不可能的，复杂的协议计算显然也不适用于这种网络，因此无线传感器网络的路由协议要求节点能够利用局部的拓扑信息来选择合适的路径。

4）基于应用

无线传感器网络路由协议和应用密切相关，不同的应用中由于应用背景不相同，对无线传感器网络路由协议的要求也不相同，一般来说，没有一种通用型的路由协议。在设计路由协议时，应根据不同应用的需求，设计与之相对应的路由协议，这样可以简化协议、节省能量。

5）数据的融合

无线传感器网络旨在获得 Sink 节点感兴趣的一些数据，是基于事件的传输，本质上不需要完全源端到目的端的可靠传输，只需保证有效数据被传送到节点即可，在无线传感器网络中同一事件可能被多个节点采集到，或者同一事件可能被多次传输，因此网络中存在大量的数据冗余，路由协议的设计需要考虑到这些冗余信息，尽可能地简化通信量，提高带宽利用率。

上述特点使得无线传感器网络不能够使用传统的路由协议，无线传感器网络在设计路由协议时要考虑的问题非常多，但最终的目的还是建立一个满足应用需求的网络，一般要求网络生存时间足够长。因此，无线传感器网络不仅关心单个节点的能耗，更在意整个网络中能量消耗的平均情况，争取能实现节点剩余能量均衡，这样就能够最大限度地延长网络的生命周期。另外，在无线传感器网络中还有特殊用途的协议，如基于地理位置的无线传感器网络，这种网络就需要配合网络的定位系统来实现。

4.2　无线传感器网络网络层研究现状和发展

无线传感器网络的应用背景各不相同，单一的路由协议不能满足各种应用需求，因而研究人员设计了众多的路由协议。为说明无线传感器网络路由协议的特点，可以根据路由协议采用的通信模式、路由结构、路由建立时机、状态维护、节点表示和传递方式等策略，运用了多种方法对其进行分类。

（1）根据节点在路由过程中是否有层次结构，作用是否有差异，可分为平面路由协议和层次路由协议。平面路由简单、健壮性好，但建立和维护路由的开销大，数据传输跳数多，适合小规模网络；层次路由的前提是将网络划分为多个簇，每个簇由一个簇首和多个簇成员组成。它的扩展性好，适用于大规模网络，但簇的维护开销大，且簇首是路由的关键节点，其失效将导致路由失败。

（2）根据路由建立时机与数据发送的关系，可分为主动路由协议、按需路由协议和混合路由协议。主动路由建立和维护路由的开销大，资源要求高；按需路由在传输前需要计算路由时延；混合路由综合利用了这两种方式。

（3）根据传输过程中采用路径的多少，可分为单路径路由协议和多路径路由协议。单路径路由节约存储空间，数据通信量少，多路径路由容错性强，健壮性好，且可从众多路由中选择一条最优路由。

（4）根据节点是否编址、是否以地址表示目的地，可分为基于地址的路由协议和非基于地址的路由协议。基于地址的路由是指在路由建立时考虑时延、丢包率等 QoS 参数，从众多可行路由中选择一条最适合 QoS 应用要求的路由。

（5）根据数据在传输过程中是否进行数据融合处理，可分为数据融合的路由协议和非数据融的路由协议。数据融合路由能减少通信量，但需要时间同步技术的支持，并会使传输时延增加。

（6）根据是否以地理位置来表示目的地、路由计算中是否利用地理位置信息，可分为基于位置的路由协议和非基于位置的路由协议。有大量的无线传感器网络的应用需要知道突发事件的地理位置，这需要运用基于位置的路由协议，但需要 GPS 定位系统或其他定位方法来协助节点计算位置信息。

（7）根据是否以节点的可用能量或传输路径上的能量需求作为选择路由的根据，可分为能量感知路由协议和非能量感知路由协议。能量感知路由要根据节点的可用能量或传输路径上的能量需求，选择数据的转发路径，从而高效地利用能量。

（8）根据路由建立是否与查询相关，可分为查询驱动路由协议和非查询驱动路由协议。查询驱动路由能够节约节点存储空间，但是数据时延较大，不适应环境监测等需要紧急上报的应用中。

无线传感器网络是当今一个重要的研究领域，路由协议的研究在无线传感器网络的研究中占据非常重要的地位，传感器网络由于其自身硬件条件的限制，对路由协议的设计要求非常高，其中重要的一点就是能量的节省。一般无线传感器网络针对不同的应用场景会设计不同的路由协议，由于不同的路由协议都有偏重点，所以针对于特定应用的高效专用协议的设计已经实现。尽管如此，无线传感器网络的路由协议的发展还不够完善，随着科技的进步，无线传感器网络将会朝着以下几个方面发展。

1．最优路径选择

路径的选择是无线传感器网络路由协议最重要的一环，在 Internet 路由协议中，当节点的链路断开或者拥塞时，协议会尽快通知网络中的其余节点并重新调整和计算路由。路由协议的开销跟链路的这种变化速率呈正比。无线传感器网络明显不适用于这一点，一方面由于无线信道不稳定，不适应链路高频变化，维护需要的代价太大；另外一方面是无线传感器网络的硬件条件决定了这种协议的处理方式是不可能实现的，能量消耗过大，协议处理太过复杂，存储容量的要求也大。因为无线传感器网络不适用于传统的全局控制的路由算法，而无线传感器网络是一种无中心的结构，每个传感器节点的最大通信范围有限，基于局部优化的一些算法能够很好地适用于无线传感器网络，局部优化算法简单、可扩展性好使得无线传感器网络协议进一步发展。

2. 安全性

无线传感器网络中数据的交换是通过无线信道来完成的，而无线信道大多采用广播形式，因此更容易受到窃听，由于协议的简单，路由信息等没有受到专门协议保护，整个网络的安全性不能保障，因此路由协议的安全性也是将来无线传感器网络发展中一个重点考虑的因素。无线传感器网络和传统网络一样需要保证信息的机密性、完整性和有效性。但是传统的网络安全问题都是基于一种公钥密码机制，需要中心节点来统一调配，但是在无线传感器网络中节点的地位相同，不存在中心节点，同时由于无线传感器网络处理和能量方面的限制，加密/解密算法由于协议复杂也不能在无线传感器网络中大量使用，因此设计一套可以在无线传感器网络中使用的安全机制在以后的无线传感器网络路由协议中是一个研究的重点。

3. QoS 保证

无线传感器网络中的 QoS 保证就是指如何动态地配置网络资源，使数据传输更有效，效率更高。一般来说，无线传感器网络中 QoS 的工作主要包括两个部分：一是尽量找到满足网络 QoS 要求的路由，并在后面的数据传输过程中维护该路径不被破坏；二是要尽量提高网络资源的利用率，在降低能耗和保证网络的 QoS 之间找到一个最佳的平衡点。无线信道的不稳定性、节点的移动性和网络资源的有限性给 QoS 带来了巨大的挑战。

4. 能量高效利用和均衡

在无线传感器网络中，能效一直是最先要考虑的因素。传感器节点的能量一般来自于电池，而电池是不可替换的，因此无线传感器网络路由协议要综合考虑路由算法的能量利用情况，采用得最多的方法就是选择能耗较少的路径，减少数据发送次数，减少冗余数据，一般路由协议需要根据网络的状况动态地调整路由协议及其参数，以此来延长生命周期。常用的方法有数据融合、节点睡眠等，在前面已经有所描述。

为了使整个网络的生存时间更长，除了延长单个节点的生存时间之外，能量均衡也是考虑的重要因素。假想一条链路建立之后，由于能量的不均衡，其中有一个节点耗能极为严重而且又没有算法来缓解这种情况，那么不久之后这条链路将会由于这个节点的失效而断开，网络通信中断。无线传感器网络作为一个数据采集网络，大量的信息由各个传感器节点流向 Sink 节点，因此越靠近汇聚节点，数据流量也就越大，节点消耗能量也就越多，因此还有待开发更加有效的协议来实现能量的高效利用和均衡。

4.3 无线传感器网络网络层关键问题

由于无线传感器网络，能实现区域内的数据监控，因此具有非常广阔的应用前景，但是由于无线传感器网络节点能耗、处理器速度、存储空间和无线信道带宽的限制，要实现大规模的应用还有许多需要克服的问题。目前无线传感器网络的路由设计是根据具体应用的需求来设计的，采用多种策略来实现具体的功能，但是不管是何种应用，无线传感器网络路由协议总是具有以下几个特点。

- 由于无线传感器中电池不可替换，高效、均衡地利用能量是好的协议所必须考虑的首要因素；
- 无线传感器网络中协议应尽量精简，无复杂的算法，无大容量的冗余数据需要存储，控制开销少；
- 网络的互联通过 Sink 节点来完成，其余节点不提供网外的通信；
- 网络中无中心节点，多采用基于数据或基于位置的路由算法机制；
- 由于节点的移动或失效，一般采用多路径备选。

尽管无线传感器网络路由协议已经取得了较大的进展，但还有一些问题需要解决，下面就简单列出几个挑战。

1）节能

能量受限包括两个方面的含义：一方面是指节点能量储备低，不可替换；另一个方面是指无线传感器网络消耗能量过大。对于第一个方面，无线传感器网络节点通常是一次部署，独立工作，所以可维护性非常低，但传感器网络又往往需要工作比较长的时间，这是一对矛盾。由于无线传感器网络中数据通信模块最为耗能，因此在协议中尽量减少数据通信量成了一个首要考虑的目标。例如，可在数据查询或者数据上报中采用某种过滤机制，抑制节点上传不必要的数据；采用数据融合机制，在数据传输到汇聚节前就完成可能的数据计算。

2）高扩展性

通常来说，无线传感器网络能够支持数千甚至上万个节点同时工作。网络规模越大意味着路由协议的收敛时间越长，网络的管理越不容易实现，而且由于无线传感器网络无法采用传统的全局中心控制式路由算法精确计算优化路由，而是根据本地拓扑信息实现路由的局部优化。如何将路由的局部优化拓展到全局最优是路由算法的一个重要挑战，而且随着网络规模的扩张，在能量有限的情况下怎样确保无线传感器网络路由的稳定性也成了一个必须要考虑的问题。

3）容错性

由于无线传感器网络的无线信道冲突，节点的移动或者失效等，当网络规模很大时，这些因素会引起网络拓扑非常频繁的变化，因此网络的稳定性会下降，节点的出错率变高。路由协议利用节点的网络信息计算路由，以确保路由出现故障时能够尽快恢复，并多采用多路径传输来提高数据传输的可靠性。

4）数据融合技术

在一般的数据传输网络中，网络层协议提供点到点的报文转发功能以支持传输层实现端到端的分组传输；而传感器网络的目的只是为了获取有效的信息，本质上讲并不需要实现端到端的分组传输，通信只是一种辅助手段。在传感器运行的过程中，从传感器节点探测到的数据往往在逐次转发过程中不断地被加工处理，以达到降低网络开销、节省能量的目的。也就是说，数据在传输过程中已经被修改，并不是原封不动地从源端传送到目的端，这与传统网络以实现端到端无失真的信息传输的目标是不同的。在无线传感器网络中，感知节点没有必要将数据以端到端的形式传送给中心处理节点，只要有效数据最终汇集到SINK 节点就达到了目的。因此，为了减少流量和能耗，传输过程中的转发节点经常将不同的入口报文融合成数目更少的出口报文转发给下一跳，这就是数据融合的基本含义。采用数据融合技术意味着路由协议需要做出相应的调整。

5）通信量分布不均匀

传感器网络是一个数据采集网络，数据是由传感器节点搜集之后统一传送给 Sink 节点，因此以 Sink 节点为中心呈一个扩散区域，越近的位置节点，其通信流量也就越大，节点的负载也就越重，寿命也就越短。更加灵活地使用路由策略让各个节点分担数据传输，平衡节点的剩余能量，延长整个网络的生存时间就变得更加重要。例如，在层次路由中采用动态簇首，在路由选择中采用随机路由而非稳定路由，在路径选择中考虑节点的剩余能量。

除此之外，无线传感器网络还有许多需要克服的问题，如冗余设计、网络服务质量、安全性能等，在以后的协议设计中，还将考虑与其他技术的结合应用。

4.4　无线传感器网络路由协议

无线传感器网络的路由协议可以分为三类，基于数据的路由协议、基于集群结构的路由协议和基于地理位置的路由协议。基于数据的路由协议能够对感知到的数据按照属性命名，对相同属性的数据在传输过程中进行融合操作，减少网络中冗余数据的传输，这类协议同时集成了网络路由任务和应用层数据管理任务。基于集群结构的路由协议主要考虑的路由算法的可扩展性，其主要可分为两种模式，即单层模式和多层模式，单层模式指路由协议仅对传感器节点进行一次集群划分，通常每个集群头节点能直接与 Sink 节点通信；多层模式指路由协议将对传感器节点进行多次集群划分，即集群头节点将再次进行集群划分。基于地理位置的路由协议假定传感器节点能够知道自身地理位置或者通过基于部分标定节点的地理位置信息计算自身地理位置，用节点的地理位置来改善一些已有的路由算法，实现无线传感器网络性能的优化。

4.4.1　基于数据的路由协议

由于无线传感器网络是一种以数据为中心的网络，因此以数据为中心的路由协议是专门针对无线传感器网络设计的，在无线传感器网络中也是提出得最早的一类路由协议。目前有许多比较经典的路由协议算法，其中介绍两种比较有代表性的路由协议算法是基于协商的路由算法（Sensor Protocol for Information via Negotiation，SPIN）和定向扩散路由算法（Directed Diffusion，DD）。

1．SPIN路由算法

SPIN协议是一种以数据为中心的路由协议，主要是针对泛洪路由协议做了一定的改进。

1）基本思想

SPIN协议是一类基于协商、以数据为中心的路由协议。SPIN协议假设所有的网络节点都是潜在的Sink节点，某一个要发送数据的节点把数据传送给任何需要该数据的节点，并通过协商机制减少网络中数据传输的数据量。节点只广播其他节点没有的数据以减少冗余数据，从而有效地减少了能量消耗。

SPIN协议在节点过程中使用三种类型的数据包，即ADV、REQ和DATA。

（1）ADV：广播数据包，当一个节点需要发送数据时，就向周围广播一个带有本节点属性、类型等信息的一个数据包该数据包通常要远远小于数据本身的大小。

（2）REQ：请求包，如果接收到ADV的节点需要该数据就发送一个REQ请求包。

（3）DATA：数据包，接收REQ后，要发送数据的节点就发送一个DATA包，DATA中包含有效数据。

SPIN的协商过程采用了三次握手方式。源节点在传送DATA信息前，首先向相邻节点广播包含DATA数据描述机制的ADV信息，如图4.1（a）所示；需要该DATA信息的邻节点向源节点发送REQ请求消息，如图4.1（b）所示；源节点在收到REQ信息后，有选择地将DATA信息发送给相应的邻节点，如图4.1（c）所示；收到DATA后，该邻节点可以作为信息源，重复前面的过程将DATA信息传送给网络中的其他节点，如图4.1（d）、图4.1（e）和图4.1（f）所示。需要注意的是，当节点中已经存在邻居节点传送的DATA数据时，就不会再发送REQ报文来请求数据，如图4.1（e）中所示，有一个节点没有发送REQ消息，网络中所有节点最终都将获得该数据。

SPIN协议组除了提供协商机制，还引入了基于阈值的能量适应机制，当节点发送数据时，首先查看其剩余能量，如果能量充足的话，则采用协商过程进行通信；否则便减少参与行为，并通过进一步协商以确保参与后其剩余能量仍高于最低能量阈值。

在SPIN协议中，节点不需要维护邻居节点的信息，这在一定程度上能适应节点移动的情况。在能耗方面，模拟结果证明SPIN协议比传统模式减少一半以上能耗。不过，该算法不能确保数据一定能够到达目标节点，尤其不适用于高密度节点分布的情况。

2）主要问题

SPIN协议通过节点之间的协商，解决Flooding协议和Gossiping协议的内爆和重叠问题。

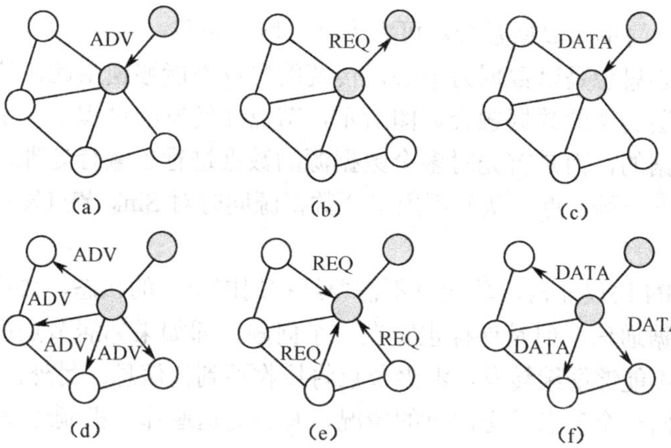

图 4.1　SPIN 协议工作流程

Flooding 协议是一种最原始的泛洪协议，用于无线传感器网络中，在此协议中，节点从其他邻居节点接收到消息之后立即向它的所有的邻居节点广播，直至数据到达目的地才停止。例如，节点 S 想要将数据发送给目的节点 D，它可以通过它的三个邻居节点 A、B、C 来实现数据的传送，直至传送到目的节点 D。但是，该协议存在严重的不足，也就是内爆和重叠。内爆是指节点在同一时刻接收到了多份相同的数据，如图 4.2 所示，节点 D 收到来自于 A、B、C 三个节点的数据，这将浪费大量能量。重叠是指节点多次收到来自同一区域的传感器节点的，关于同一事件的数据，如图 4.3 所示，重叠区域内的事件被相邻的节点探测到，那么这个事件就会通过这两个节点传到汇聚节点，节点更多时，传送的次数也就更多，因此也浪费了大量能量。

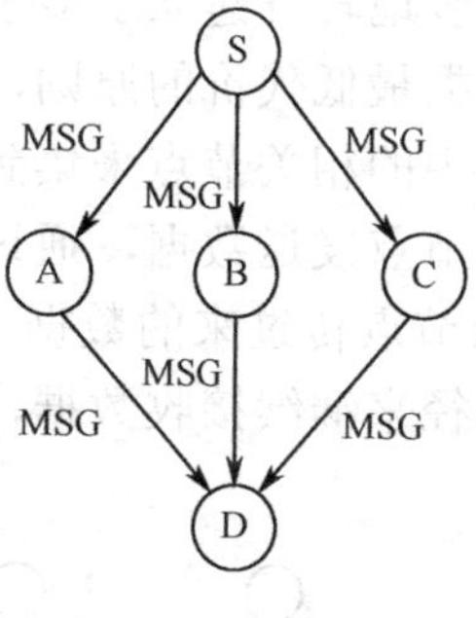

图 4.2　内爆现象

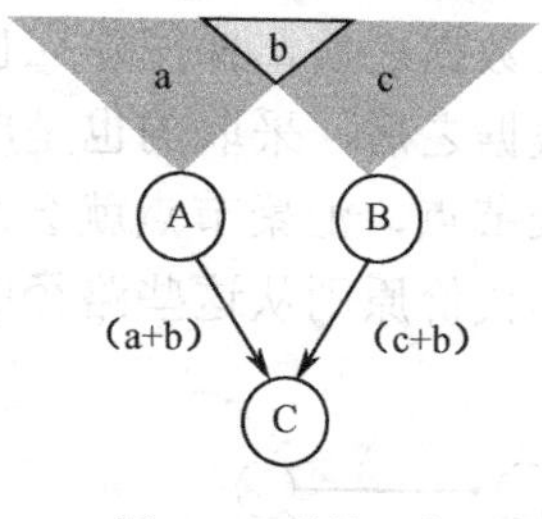

图 4.3　重叠现象

Gossiping 协议对 Flooding 进行了一定的改进，在发送数据时不再使用广播的形式，它采用的是随机选取邻居节点来进行数据的传送，这样就抑制了内爆现象，对于重叠现象引起的事件的重复发送却不能够解决。

SPIN 协议通过协商机制，解决了传统的 Flooding 协议和 Gossiping 协议所带来的内爆和重叠问题，另外 SPIN 协议还能够进行简单的能量监测，即根据能量剩余值来进行路由的选择，并且能够进行简单的数据融合，可大大减小网络负载。

数据融合的核心思想是以数据为中心，传统的协议不能够使用此协议，数据融合可在多层实现，在网络层实现的数据融合如图所示，节点在转发的过程中，中间节点不是根据最短路径来传送数据的，而是首先对多个数据源的数据进行了融合处理，提取里面有效信息，然后在转发给下一跳节点，从而不用多个数据源同时对 Sink 节点发送数据，可大大优化网络负载。

总地说来，SPIN 协议非常简单而且不需要维护周围节点的状态，协议的转发只牵涉到相邻节点之间的数据通信，但是这样也存在一个问题，即如果邻居节点都不需要接收该信息，那么该信息将不能够继续转发，汇聚节点将接收不到该信息；另外，SPIN 协议没有考虑到多个节点同时向一个节点发送消息的情况，有关的退避算法机制还需要进一步考虑。

2. DD 路由算法

定向扩散协议（Directed Diffusion，DD）是一种以数据为中心的路由协议，采用的是基于查询的方法。与上面所提到的 SPIN 协议有所不同，DD 协议是通过汇聚节点在全网内广播自己需要的数据，同时在广播的过程中形成了一条由节点到汇聚节点的路径，节点采集到数据之后将会沿着这条路径来传送数据，汇聚节点通过选择一条最优的路径来接收数据。

1）基本思想

DD 路由协议提供了一种查询的方法，该协议中包括了三个不同的阶段：兴趣扩散、梯度建立和路径加强。如图 4.4 所示，Sink 节点首先向全网广播一条被称为兴趣的数据包，告知自己需要的数据，这就是兴趣扩散，它是建立路由的开始。兴趣的数据包被中间节点逐步转发到网络中相关节点，在这个过程中，逐步地转发建立了多条从兴趣的源节点到汇聚节点的路径，这个过程就叫做梯度建立，依据最低代价的原则，兴趣的数据包传送到相关数据之后，梯度建立也就完成了。当网络中的相关节点采集到兴趣数据包中所要求的数据之后，采取的也是广播的方式来向汇聚节点发送数据，通过多跳方式最终传送到汇聚节点，汇聚节点就会从多条路径接收到源节点传过来的数据，之后，Sink 节点根据最小代价原则从这些路径中选择一条最优的路径来继续接收数据，其余路径将被放弃。

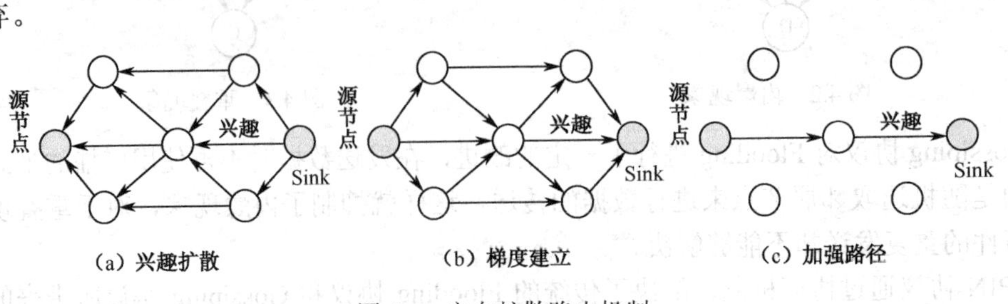

图 4.4　定向扩散路由机制

2）主要问题

定向扩散协议的主要问题就是怎样有效地在 Sink 节点兴趣扩散过程中进行路径的梯度建立，数据接收之后强化路径的最终选择和维护。

在兴趣扩散阶段，基站节点周期性地向邻居节点广播兴趣消息。兴趣消息中含有任务类型、目标区域、数据发送速率、时间戳等参数。每个节点在本地保存一个兴趣列表，对于每一个兴趣，列表中都有一个表项记录该兴趣消息的邻居节点、数据发送率和时间戳等任务相关信息，以建立该节点向基站节点传递数据的梯度关系。每个兴趣可能对应多个邻居节点，每个邻居节点对应一个梯度信息。通过定义不同的梯度相关参数，可以适应不同的应用需求。每个表项还有一个字段用来表示该表项的有效时间值，超过这个时间后，节点将删除这个表项。当节点收到邻居节点的兴趣消息时，首先检查兴趣列表中是否存有参数类型与收到兴趣相同的表项，而且对应的发送节点是该邻居节点。如果有对应的表项，就更新表项的有效时间值：如果只是参数类型相同，但不包含发送该兴趣消息的邻居节点，就在相应的表项中添加这个邻居节点；对于其他任意情况，都要建立一个新的表项来记录这个新的兴趣。如果收到的兴趣消息和节点刚转发的兴趣消息一样，为避免消息循环则丢弃该信息；否则，转发收到的兴趣消息。

当传感器节点采集到与兴趣匹配的数据时，把数据发送到梯度上的邻居节点，并按照梯度上的数据传输速率设定传感器模块采集数据的速率。由于可能从多个邻居节点收到兴趣消息，节点向多个邻居节点发送数据，基站节点可能收到经过多个路径的相同数据。中间节点收到其他节点转发的数据后首先查询兴趣列表的表项，如果没有匹配的兴趣表项就丢弃数据；如果存在相应的兴趣表项，则首先检查与这个兴趣对应的数据缓冲池（Data Cache），数据缓冲池用来保存最近转发的数据，如果在数据缓冲池中有与接收到的数据匹配的副本，说明已经转发过这个数据，为避免出现传输环路而丢弃这个数据；否则，检查该兴趣表项中的邻居节点的信息，如果设置的邻居节点的数据发送速率大于等于接收的数据速率，则全部转发接收的数据；如果记录的邻居节点数据发送速率小于接收的数据速率，则按照比例转发。对于转发的数据，数据缓冲池中保留一个副本，并记录转发的时间。

DD 路由协议通过正向增强机制来建立优化的路径，并根据网络拓扑的变化修改数据转发的梯度关系。兴趣扩散阶段是为了建立源节点到基站节点的数据传输路径，数据源节点以较低的速率采集和发送数据，这个阶段建立的梯度称为探测梯度（Probe Gradient）。基站节点在收到从源节点发来的数据后，启动建立到源节点的增强路径，后续的数据将沿着增强的路径以较高的数据速率进行传输。加强后的梯度称为数据梯度（Data Gradient）。假设以数据传输延迟作为路由增强的标准，基站节点选择首先发来最新数据的邻居节点作为增强路径的下一跳节点，向该邻居节点发送路径增强消息，路径增强消息中包含新设定的较高发送数据速率值；邻居节点收到消息后，经过分析确定该消息描述的是一个已有的兴趣，只是增加了数据发送速率，则断定这是一条路径增强消息，从而更新相应兴趣表项中到邻居节点的发送数据速率。同时，按照同样的规则选择增强路径的下一跳邻居节点。

路由增强的标准也不是唯一的，可以选择在一定时间内发送数据最多的节点作为路径增强的下一跳节点，也可以选择数据传输最稳定的节点作为路径增强的下一跳节点。在增强路径上的节点如果发现下一跳节点的发送数据速率明显减小，或者收到来自其他节点的新位置估计，则推断增强路径的下一跳节点失效，就需要使用上述的路径增强机制重新确定下一条的节点。

DD 是一种经典的以数据为中心的路由协议。基站节点根据不同的应用需求定义不同的任务类型、目标区域、上报间隔等参数的兴趣消息，通过向网络中泛洪这些查询请求进行路由的建立。收到消息的中间节点通过对兴趣消息的缓存与合并，根据参数值计算创建包含数据传输率、下一跳节点信息的数据传递梯度，从而建立多条指向基站节点的路径。兴趣消息中指定的地理区域内的传感器节点启动监测任务，并周期性地上报监测数据。基站节点在数据传输过程中，选择某条路径发送上报间隔更小或更大的兴趣消息，以达到减弱或增强路径的目的。DD 协议由于采用多路径，健壮性好；使用数据聚合能减少通信量；基站节点根据实际情况增强路径可以合理地利用能量；使用查询驱动的机制建立路由，避免了保存全网信息。但是为了动态适应节点失效、拓扑变化等情况，DD 协议需要周期性地广播兴趣消息，另外，梯度的建立也需要较大的时间和能量开销。

4.4.2 基于集群结构的路由协议

集群结构路由协议采用通俗地说，就是一种分层的路由协议，在该思想下，网络被划分为多个簇，每个簇都由一个簇头和许多个簇成员组成，每个簇成员如需跟其余簇的成员通信首先与簇头通信，通过簇头来与其余簇进行通信。在网络规模比较大的情况下，簇头又可以再次分簇，从而形成一个多层网络。簇头节点的职责就是管理好本簇内节点，完成本簇分布范围内数据的搜集，并负责簇间的通信。分层路由扩展性非常好，对于大规模的无线传感器应用具有很高的使用价值。本节简单地介绍常用的两种分层路由协议。

1. LEACH 路由协议

LEACH（Low Energy Adaptive Clustering Hierarchy）是第一个提出数据聚合的层次型路由协议，采用随机选择簇首的方式来避免簇首过度消耗能量；通过数据聚合有效地减少网络的通信量。LEACH 是基于簇（Cluster）的协议，协议随机挑选一些节点作为簇首（Cluster Heads）节点，这些簇首节点负责收集并融合周围节点的数据，然后发送给 Sink 节点。LEACH 协议的工作过程是一轮一轮地进行的，每一轮均分为两个阶段。

1）建立阶段（Setup Phase）

随机选择一些节点作为簇首节点，具体方法是：节点 n 选择一个 0～1 间的随机数，并且与 $T(n)$ 作比较，如果小于 $T(n)$，该节点就成为簇首节点。

$$T(n)\begin{cases}\dfrac{p}{1-p[r\bmod(\dfrac{1}{p})]}, & n\in G\\0, & 其他\end{cases}$$

式中，p 代表簇首节点占总节点数的比例，如 p=0.05；r 为当前的轮数，G 为前 1/p 次轮回中未被选择作为簇首的节点。

当前一轮的簇首选定后，这些簇首节点就对周围节点进行广播，使用载波侦听多路访问（Carrier Sense Multiple Access，CSMA）MAC 协议，并且所有的广播都用相等的能量发送。所有的非簇首节点都要侦听任何簇首节点发来的广播信息，并且根据接收到的广播能量强弱决定归属于哪个簇首节点管理的簇，并且通知该簇首节点。簇首节点根据加入的节点数量，分配给每个簇内节点一个 TDMA 时隙。

2）就绪阶段（Steadystate Phase）

一旦簇首节点确定下来，TDMA 时隙也分配好后，网络就进入了就绪阶段。非簇首节点负责采集数据，如果需要发送数据，就用最小的能耗发送给它的簇首节点，非簇首节点在不属于自己时隙的期间可以进入睡眠状态以节省能耗，而簇首节点则必须始终处于接收状态。所有 TDMA 时隙都轮过后，簇首节点对接收到的数据进行融合压缩，然后直接发送给 Sink 节点。

就绪阶段经过一段时间后，网络重新选择簇首节点，进入新的一轮。相对于非簇首节点，簇首节点的能量消耗得非常快，如维护簇、融合压缩数据、直接传送数据给 Sink 节点等。从理论上讲，所有的节点都有机会成为簇首节点，从而均匀分配了能量消耗，避免网络生命周期过快结束。不同的簇首节点与 Sink 节点通信时会相互干扰，可采用 CDMA 接入方式来解决这个问题，即每个簇首节点随机选择一种 CDMA 码与 Sink 节点通信。

由于 LEACH 协议每一轮都采用随机选择簇首的机制，使能量消耗均匀分布到每个节点，并且由簇首节点进行数据融合后直接发送给基站，可减少与基站直接通信的节点数量，从而延长网络的生存期。但是该协议也存在一些问题，如每一轮开始都要重新进行一次簇的建立过程，由此带来的控制和计算开销很大，相应增加了每个节点的能耗；簇首节点直接与基站通信，在 LEACH 的无线通信模型中，节点发送消息的能耗模型服从自由空间模型（与距离的 2 次方呈正比），当距离大于一定值时，服从多径衰弱模型（与距离的 4 次方呈正比），所以在基站距离较远的情况下，直接通信的代价很大；由于簇首节点的产生在很大程度上依赖于各个节点生成的随机数，这种通过随机数与计算得到的阈值比较的机制只是从族头节点数目的期望值是最优的角度考虑的，而簇首节点的分布、相应的簇成员数目、簇的大小都不稳定，当簇首节点位置分布较差时，簇内通信不再满足自由空间模型、簇间信号干扰、负载不平衡等，这将导致很大能量开销；簇首节点的选择在考虑节点当前剩余能量的状况时，需要计算网络全部节点的当前能量总和。

2. TEEN 协议

针对于 LEACH 协议所存在的不足，研究人员对 LEACH 协议进行了一定改进，提出了几种新的算法，典型的是 TEEN（Threshold Sensitive Energy Efficient Sensor Network）协议。

1）基本思想

按照应用模式的不同，TEEN 协议将无线传感器网络分为主动型（Proactive）和响应型（Reactive）。主动型无线传感器网络持续监测周围的物质现象，并以恒定速率发送监测数据，而响应型无线传感器网络只是在被观测变量发生突变时才传送数据。相比之下，响应型无线传感器网络更适合应用在对时间敏感的应用中。TEEN 和 LEACH 的实现机制非常相似，只是前者是响应型的，而后者属于主动型无线传感器网络。在 TEEN 协议中定义了两个门限的概念。

- 硬门限：当传感器节点收集到的数据高于这个门限值时，节点开始向簇首节点汇报数据；
- 软门限：当节点感应到的数据的变化值大于这个门限值时，节点开始向簇首节点汇报数据。

在汇报数据之外的时间里，传感器节点将关闭它们的无线发送模块。TEEN 协议采用了和 LEACH 相同的成簇的机制，在每次簇重组后，簇首节点除了广播数据属性外，还要广播硬门限和软门限的值。该协议的工作过程为：在成簇工作结束后，基站节点通过簇首节点向全网公告了两个门限值；各个传感器节点持续进行监测工作，在传感器节点监测到的数据值大于硬门限的情况下，传感器节点打开无线发送模块向簇首汇报数据，并且把这个监测到的数据缓存为监测值（Sensed Value，SV）；在后续的监测中，如果监测数据大于了硬门限，并且和 SV 的差值大于或者等于软门限，传感器节点才向簇首节点汇报数据，同时把监测值更新为当前监测到的新值。

2）主要问题

在重新选择簇首节点的过程中，簇首节点一旦确定，便会重新选择硬门限和软门限这两个参数，设置这两个值能在很大程度上减少数据传送的次数，相比 LEACH 协议可节省更多的能量，适用于实时应用系统，对突发事件可以快速反应；另外，由于软门限可以改变，监控者通过设置不同的软门限值可以方便地平衡监测准确性与系统的节能指标。随着簇首节点的变化，用户也可以根据需要重新设定硬门限和软门限这两个参数的值，从而控制数据传输的次数，但 TEEN 协议不适合应用在需要周期性采集的应用系统中，这是因为如果网络中的节点没有收到相关的门限值，那么节点就不会与汇聚节点进行通信，用户也就完全得不到网络的任何数据。

根据 TEEN 的这个不足，APTEEN 协议在 TEEN 协议的基础上提出了一种改进型算法，它能够同时解决 LEACH 协议的实时性不足问题和 TEEN 协议不能够周期性搜集数据等问题，APTEEN 是一种结合了响应型和主动性两种算法的混合协议，节点在检测突发事件的时候，采用的就是跟 TEEN 一样的响应性机制，为了改进 TEEN 协议不能周期性发送数据的不足，APTEEN 协议在响应性机制的基础上增加了一个计时器，节点发送完一次数据之后就将计时器清零，当计时器时间到达时如果还没有数据发送，那么协议不管有没有达到软门限或者硬门限的要求都会要发送这个数据；并且 APTEEN 还提出了三种查询方式，即对历史数据的查询、对当前网络的一次查询和对某一时间的周期性连续查询。图 4.5 是 TEEN 和 APTEEN 协议的时间线。

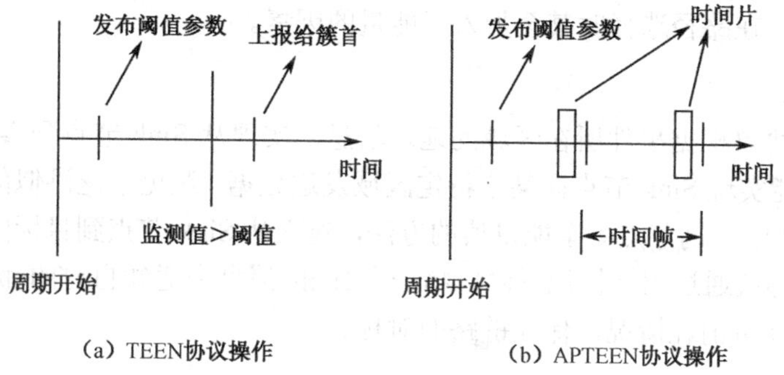

图 4.5　TEEN 和 APTEEN 协议的时间线

APTEEN 协议可以根据用户需要和应用类型来改变 TEEN 协议的周期性和相关阈值的设定，既能周期性地采集数据，又能对突发时间做出反应。它最大的特点就是随着簇首节点的确定，簇首节点要向簇内所有成员广播四类参数，包括用户期望获取的一组物理属性，硬门限值和软门限值，采用 TDMA 方式为簇内每个节点分配的时间片，节点成功发送报告的最长时间周期。运行 APTEEN 的节点在发送数据时会采用与 TEEN 相同的数据发送方式，并且规定如果节点在计数时间内没有发送任何数据，便强迫节点向汇聚节点传送数据。

TEEN 和 APTEEN 的主要缺点体现在：构建多层簇以及设置门限值在实现上较为复杂，基于属性命名的查询机制也会带来额外的开销。

4.4.3　基于地理位置信息的路由协议

在前面介绍的无线传感器网络路由协议中，节点根据自己的逻辑地址，通过邻居节点之间的通信从而探测到所有网络节点之间的路由，这种方式相对来说比较简单。随着现代技术的发展，节点的定位技术已经实现，节点能够很容易知道自己所处的位置，利用这些位置数据，节点可以用来确定自己的路由协议，提高网络的性能。

同时，在很多应用中，无线传感器节点需要精确地知道节点的位置，例如，在森林防火的时候，消防人员可通过传感器节点精确地知道火灾发生的位置。基于地理位置的路由协议假设节点已经知道了自身的地理位置信息和自己所要传送数据的目的节点所在的位置，从而利用这些已知的地理位置数据来选择自己的路由策略，高效地将数据从远端发送到指定目标区域，减少路由选择过程中所需要的时间和成本代价。

基于地理位置的路由协议一般分为两类，一类是使用地理位置协助改进其余路由算法，以用来约束网络中路由搜索的区域，减少网络不必要的开销，主要代表协议为 GAF 路由算法；另外一类就是基于地理位置的路由协议，这一类协议直接利用地理位置来实现自己的路由策略，代表协议是 GEAR 路由协议。

1. GEAR 路由协议

GEAR 路由协议是一种典型的基于地理位置来实现自己路由策略的协议，它结合了 DD 路由算法的思想，在路径选择时甚至加入了能量的因素。

1）基本思想

GEAR 路由协议根据事件所在区域的地理信息，实现从 Sink 节点到事件所在地区节点的路径，这样就能实现 Sink 节点向某个特定区域发送数据，避免了泛洪似的全网广播数据，同时借鉴了 SPIN 中查询节点剩余能量值的方法，建立从 Sink 节点到目标区域的最优路径。

GEAR 路由协议通过周期性地泛洪广播一个 Hello 消息来通知自己的邻居节点自己所在的位置和自己的能量消耗情况，保证链路的对称。

2）关键技术

GEAR 路由协议在已知事件所在位置信息的情况下，每个节点都知道自己的位置信息和剩余能量值，在自己的缓存中也保存了所有邻居节点所在的位置信息和剩余能量值。GEAR 要求每个节点维护一个预估路径代价和一个通过邻居到达目的节点的实际路径代价。预估计价要使用节点的剩余能量值和发送节点到目的节点的距离来进行计算，而实际代价则是对网络中围绕在洞（Hole）周围路由所需预估代价的改进。所谓“洞”是指某个节点的周围没有任何邻居节点比它到事件区域的路径所耗费的路径代价更大。如果洞现象不发生，那么实际代价将会与预估代价一致。当数据包成功到达目标区域之后，该节点的实际代价就要传播到上一跳节点，用来调整下一次发送时路由的优化。GEAR 协议需要解决两个关键性技术问题：向目标区域传送查询消息和查询消息在事件区域内的传播。

（1）向目标区域传送查询消息。从 Sink 节点到事件区域传送数据采用的是贪婪算法。节点在自己所有的邻居节点中选择到事件区域内代价最小的节点，以此节点作为自己的下一跳，并将自己的路径代价设置为自己到该节点路径的代价加上该节点到目标区域的代价之和。如上所述，如果出现空洞现象发生，如图 4.6 所示，节点 C 是节点 S 的邻居节点中到达目的节点 T 代价最小的节点，节点 G、H、I 已经失效，不能够作为节点 C 的下一跳节点，因此节点 C 再也找不到比它距离目标区域节点 T 代价小的节点，即出现了路由空洞。GEAR 采用的方法是：节点 C 选取临界点中代价最小的节点 B 作为下一跳节点，并将自己的代价值设置为节点 C 到节点 B 的一跳代价值和节点 B 的代价值之和，同时将这个新代价通知给节点 S。当节点 S 需要再次转发查询命令到节点 T 时，它就会根据这次的预估代价和实际代价来综合比较，选择直接通过节点 B 来转发查询消息，而不是节点 C。

（2）查询消息在事件区域内的传播。当事件区域接收到查询消息后，如果采用泛洪的方式将此查询消息传送给事件区域内的所有节点，则所需要的代价比较大，尤其在节点密度比较大、规模较为庞大时。GEAR 针对这种情况提出了一种迭代地理转发的算法，如图 4.7 所示，我们假设事件所在区域是一个矩形，该区域收到查询消息后将该区域划分为若干个子区域，图 4.7 为 4 个，并向每一个区域中心转发此查询消息，在子区域中每个最靠近区域中心的节点接收该查询消息后，采用同样的方法将自己的子区域划分为同样若干个子区域，这样就形成了一级一级的迭代过程，直到节点发现该子区域内除了自己再也没有其余的节点时，该查询消息停止转发。当所有区域内转发过程全部停止时，整个迭代过程完成。

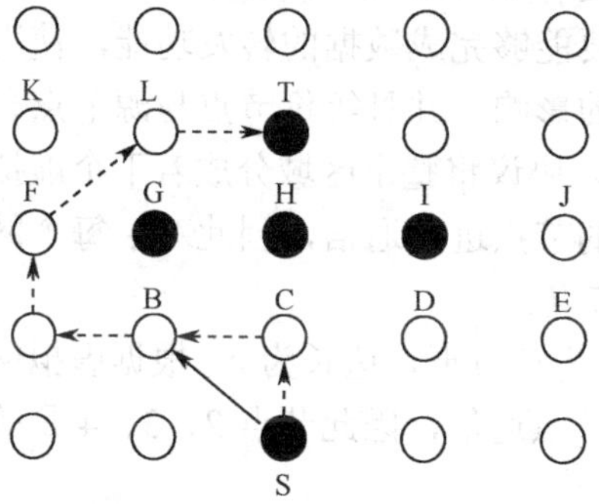

图 4.6 “洞”现象

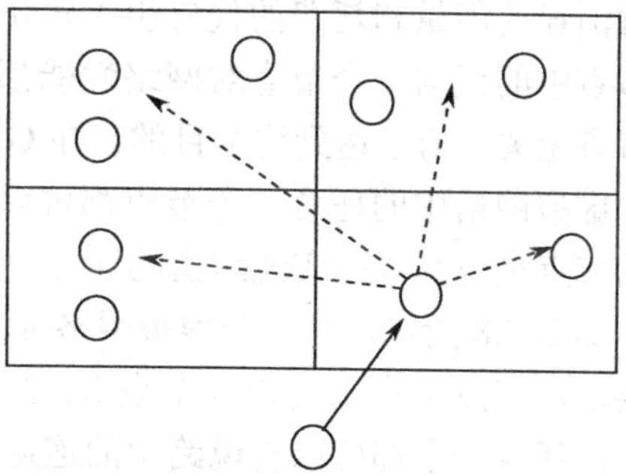

图 4.7 区域内迭代地理转发

GEAR 协议通过维护预估计代价和实际代价，优化了数据传输过程的路径，采用贪婪算法保证了能量的高效，提高了网络的负载均衡。贪婪算法虽然可以算是局部最优算法，但是产生了路由空洞。GEAR 采用了一个新的办法——局部优化算法解决了这个问题，由于终端节点缺乏足够的拓扑信息，因此只适用于节点移动性不强的应用中，对移动节点网络的应用还需要进一步提高。

2. GAF 路由算法

GAF（Geographical Adaptive Fidelity）路由算法是一类使用地理位置信息来辅助进行路由选择的算法，在该算法中，地理位置不但可以帮助优化路由，而且可以用来选择等价节点。

1）基本思想

一般情况下，节点在发送和接收数据的过程中最为消耗能量，但节点在空闲时也需要消耗能量，根据最新的测量结果，节点在空闲、接收数据和发送数据时消耗的能量之比为 1∶1∶2∶1.7，因此节点只要处于启动状态就一定要消耗能量，GAF 算法在地理位置信息的帮助下，关闭一定量的节点，以此来节省能量，提高网络的性能。

GAF 算法考虑到无线传感器网络中节点的冗余性特点，在保证网络正常流通的情况下，适当关闭一些节点可降低能量消耗，提高节点的生存时间，从而延长网络的生命周期。GAF

算法利用节点的位置信息，组成一个虚拟的网格，网格中的节点对于数据的转发来说是等价的，无论选择哪个节点所耗费的时间和能量也大致相同，因此这些节点可以通过协商轮流地工作，不工作的节点就被关闭，同时确定好激活的时间，通过周期性轮换，这样就能够提高节点的能效。

2）主要问题

在 GAF 路由算法中，节点的关闭需要考虑到以下几个问题：确定等价节点、轮换协商的算法和节点移动自适应算法。

（1）确定等价节点。等价节点，通俗一点来说就是一个节点可以代替另外一个节点，同时消耗的能量和耗费的代价也大致相同。因此，只要能够完成数据的转发功能，使用等价节点中的任何一个节点对网络性能都不会产生明显的影响，并且等价节点与源节点和目标节点无关。为了达到这个目的，在 GAF 路由算法中，协议将整个区域分成若干个虚拟网格，虚拟网格中的任意一个节点都可以与相邻网格内的节点进行通信，因此对于每个网格中的节点来说都可以实现路由的连通，可以说是等价节点。

如图 4.8 所示，有三个虚拟网格 A、B、C，假设其为正方形，边长为 r，根据虚拟网格的要求，节点 1 和 5 可以和节点 2、3、4 中任意一个节点通信，因此节点 2、3、4 是等价节点，任意一个都可以实现路由的连通。

在这种情况下，节点 5 需要跟中间区域中的任意一个节点进行通信，这就必须保证节点 5 能和节点 2 进行通信，因为两个节点距离最远，可以看成两个网格的对角线距离，假设节点的通信最远距离为 R，则要求 $R>\sqrt{5}\,r$。

（2）轮换协商算法。在 GAF 协议中，节点有三种状态：发现状态、激活状态和睡眠状态，图 4.9 给出了 GAF 路由算法中节点状态的转换图，只有处于激活状态的节点才能够正常进行数据的通信。

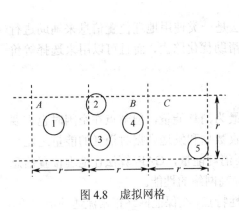

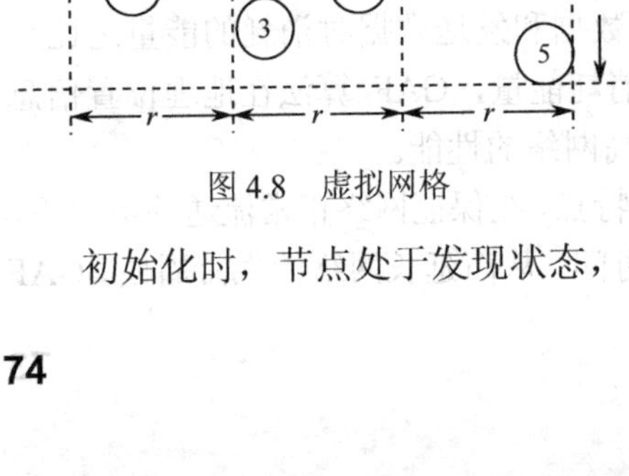

图 4.8 虚拟网格

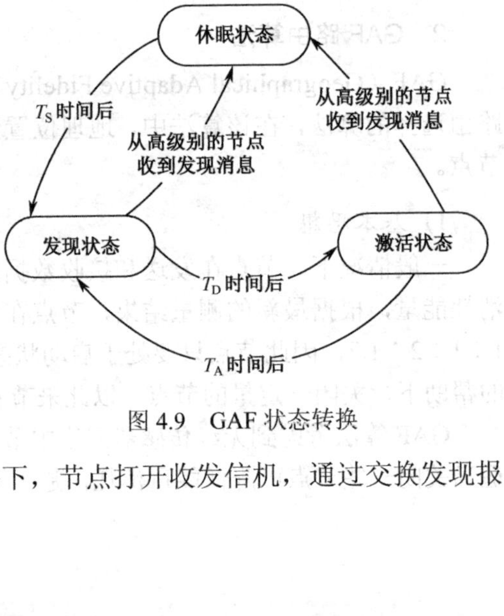

图 4.9 GAF 状态转换

初始化时，节点处于发现状态，在这个状态下，节点打开收发信机，通过交换发现报文以用来发现相同网格内的其他节点。发现报文的内容包括节点的 ID、网格 ID、节点的预估激活的时间和节点的状态信息。节点利用自己的位置以及网格的大小来确定网格的 ID。

当节点进入发现状态时，设定了一个长度为 T_D 的定时器，这个定时器就是节点离激活还剩余的时间，当定时器溢出时，节点进入激活状态，广播发送自己已经发现的数据。定时器定时期间，如果有需要，其余节点发现的报文可以令定时器暂停，延长节点发现状态的时间。为了避免多个发现报文发生冲突，T_D 会选择一个随机量，服从[0，常数]之间均匀分布。当一个节点发送了发现报文后，其余的等价节点将会进入睡眠状态，只有发送发现报文的节点被激活，进入激活状态。节点进入激活状态之后，节点会设定一个时间为 T_A 的定时器，定义节点此次将要激活的时间，定时器时间到达后，节点将返回发现状态。处于激活状态时，节点每隔 T_A 时间重新广播它的发现报文。

根据这种机制，整个网格内只有一个节点处于激活状态，网格内的数据转发功能就由此节点来完成。对于发现状态的节点，节点通过接收其余节点的发送报文来感知是否有比自己拥有更长生命周期的节点，即剩余能量值比自身要大，如果有，则此节点转入睡眠状态，发现状态中生命周期最长的节点就被预计作为下一个激活的节点。当节点进入睡眠状态时，关闭收发信机，通过设置一个定时器 T_S 用来在 T_S 时间后自动唤醒节点，进入到发现状态。节点的睡眠时间也是采用节点激活时间内均匀分布的一个随进数。一般情况下，节点的激活时间要比自己的生命周期小得多，以此来多次进行激活完成工作。

（3）移动节点的自适应算法。根据以上协议的规定，GAF 协议最理想的情况就是每个网格内只有一个处于激活状态的节点，尽量少的节点处于发现状态。但是对于移动无线传感器网络来说，有些节点可能移动，尤其是对于网格内的激活节点来说，如果激活节点移出该网格内，那么该网格内的通信路由将被中断，从而降低路由的可靠性，同时丢包率也会升高。因此，GAF 要能够调节网格内处于激活状态的节点数，使参与路由的节点数保持在一个相对平衡的状态。

因此，对于移动节点这种情况，GAF 通过预测和报告节点规律的方法，来解决由于节点移动带来的网格内的路由中断问题。GAF 让每个节点预测其可能离开网格的时间，并且将此信息加入到发现信息中，发送给其余节点。当其余节点进入睡眠状态后，其睡眠时间就会考虑到激活节点的离开时间，使睡眠时间小于节点的离开时间，当此激活节点还未离开时就会有节点处于发现状态，及时补充激活节点离开所带来的激活节点缺失的情况。当然这种修改在一定程度上减小了节点的睡眠时间，对于静态的无线传感器网络节点的应用是没有必要的。

严格地来说，GAF 算法不属于路由协议，因为它没有确定整个网络内的路由，只是针对局部路由进行的一种节省能量的技术，但是这种算法在节点分布比较密集的区域中能够取得很好的效果，因此可以说是一种辅助型的路由算法。GAF 算法通过对网络进行地理划分，让网格内只有一个节点处于激活状态，来完成网格区域内数据的转发，节省能量，GAF 这种思想可以用在许多路由算法中。但是 GAF 协议还需进一步的改进，最好能够找到一种不需要或者需要比较少的地理位置信息就能够实现网络内等价节点互换的办法，这些办法最好能够与具体的路由情况无关，与 MAC 层独立存在，同时增加的延时尽可能得小，能效更高。

4.5 本章小结

本章主要针对无线传感器网络的路由协议做了一个详细的概述，结合无线传感器网络的特点，将无线传感器网络路由协议分成三类，从协议的基本思想、主要问题、技术等方面出发，详细介绍了几个经典的协议，并分别指出它们的优点和不足。

无线传感器网络在不同场景中对路由协议的要求也不相同，对各个指标分别有所侧重，这样我们就能够开发针对于某一特殊应用的高效路由协议。从研究人员已经提出的路由协议来看，路由协议还有很大的提升空间，跨层的路由协议设计研究还处于初始阶段，数据的融合也还有待研究，协议与一些具体技术，如定位技术、时间同步技术的结合还不够，因此路由协议还需深入的探究。

参考文献

[1] Shijin Dal, Xiaorong Jing, Lemin Li. Research and analysis on routing protocols for wireless sensor networks. Communications, Circuits and Systems, 2005. Proceedings. 2005 International Conference on Volume1, 27-30 May 2005 Page(s):407-411 Vol.1.

[2] Akyildiz I F, Su W, Sankarasubramaniam Y, et al.. A Survey on Sensor Networks[J]. IEEE Communications Magazine, 2002,40(8):102-114.

[3] 唐勇，周明天，张欣．无线传感器网络路由协议研究进展．软件学报，2006,17(3):410-421.

[4] 沈波，张世永，钟亦平．无线传感器网络分粗路由协议[J].Journal of Software, 2006,17(7):1588-1600.

[5] Sohrabi K, Gao J, Ailawadhi V, Pottle GJ. Protocols for self-organization of a wireless sensor network. IEEE Personal Communications,2000,7(5):1 6—27.

[6] Al-Karaki J N, kamal A E. Routing Techniques in Wireless Sensor Networks: A Survey[J]. IEEE Personal Communications, 2004,11(6):6-28.

[7] Akyildiz I F, Weilian S, Yogesh S, et al.. A Survey on Routing Protocols for Wireless Sensor Networks[J]. IEEE Communications Magazine, 2002, 40(8):102-114.

[8] 于海滨．智能无线传感器网络[M]．北京．科学出版社，2006.

[9] 高传善，杨铭，毛迪林．无线传感器网络路由协议研究．世界科技研究与发展，2005,27(8):1-8.

[10] 郭午平．无线传感器网络的研究现状及发展．中国通信学会信息通信网络技术委员会 2005 年年会．

[11] W. Heinzelman, J. Kulik, H. Balakrishnan. Adaptive Protocols for Information Dissemination in Wireless Sensor Networks. In: Proc. 5th ACM/IEEE Mobicom, Seattle, WA, Aug 1999:174-185.

[12] C. Intanagonwiwat, R. Govindan, D. Estrin. Directed Diffusion: a Scalable and Robust Communication

Paradigm for Sensor Networks. In:Proc. ACM Mobicom 2000, Boston, MA, 2000:56-67.
[13] Heinzelman W, Chandrakasan A, Balakrishnan H. Energy-efficient Communication Protocol for Wireless Microsensor Networks[C]. In Proceeding of the 33rd Annual Hawaii Int'l Conf. on System Sciences. Maui: IEEE Computer Society, 2000: 3005-3014.
[14] Lindsey S, Raghavendra C. PEGASIS: Power-efficient Gathering in Sensor Information Systems[C]. In Proceeding of the IEEE Aerospace Conference. Montana: IEEE Aerospace and Electronic Systems Society, 2002:1125-1130.
[15] Manjeshwar A, Agrawal D. TEEN: A Protocol for Enhanced Efficiency in Wireless Sensor Networks[C]. In Proceeding of the 1th International Workshop on Parallel and Distributed Computing Issues in Wireless Networks and Mobile Computing 01, 2001: 2009-2015.
[16] Yu Y, Govindan R, Estrin D. Geographical and Energy Aware Routing: A Recursive Data Dissemination Protocol for Wireless Sensor Networks[R]. UCLA Computer Science Department Technical Report UCLA/ACM Transactions on Networking, 2003,11(1):2-16.

第5章

无线传感器网络传输层协议

5.1　无线传感器网络传输层协议概述

在 OSI 模型[1]中，传输层是第四层，是整个协议的核心层，主要负责在源和目标之间提供可靠的、性价比合理的数据传输功能。为了实现传输层对上层透明，可靠的数据传输服务，传输层主要研究链路的流量控制和拥塞的避免，保证数据能够有效无差错地传输到目的节点。

与 OSI 模型类似，在无线传感器网络中，传输层能够实现节点之间和节点与外部网络之间的通信，主要负责将监测区域内的数据传送到外部网络，理想的传输层能支持可靠的信息传递和提供有效的拥塞控制，以此来延长无线传感器网络的生命周期。

传统的 Internet 主要采用 TCP/IP 协议[2-3]，也有的使用 UDP 协议，其中 UDP 采用的是无连接的传输，虽然能够保证网络的实时性，时延非常小，但其数据丢包率较高，不能保证数据可靠传输，不适用于无线传感器网络，下面将详细讨论一下 TCP 协议。

TCP 协议提供的是端到端的可靠数据传输，采用重传机制来确保数据被无误地传输到目的节点。但是由于无线传感器网络自身的特点，TCP 协议不能直接用于无线传感器网络，原因如下。

（1）TCP 协议提供的是端到端的可靠信息传输，也就是说，只提供从源节点到目的节点的数据交换，中间节点只能作为转发节点，没有数据处理能力。而 WSN 中存在大量的冗余信息，要求节点能够对接收到的数据包进行简单的处理（如融合、计算）后再转发，从而提高网络的性能，这种机制在 TCP 协议中会被当做丢包来处理，从而源节点会再次重发该数据包，造成能量的浪费和拥塞。

（2）TCP 协议采用的三次握手机制，时间太长，过程也相当复杂。对于无线传感器网络来说，保证它的实时性是非常重要的，而且 WSN 中节点的动态性强，TCP 没有相对应的处理机制。

（3）TCP 协议的可靠性要求很高，要求所有的数据包都被传送到目的节点，否则就会发生重传，可靠性保证采用的是基于数据包的传输方式；而 WSN 中由于节点众多，数据包中包含了太多的冗余信息，进行简单处理后可能会减少数据包的数量，采用的是基于事件的可靠性，只要求目的节点接收到源节点发送的事件，可以有一定的数据包丢失或者删除。

（4）在网络中，反馈是非常重要的。在 TCP 协议中，采用的 ACK 反馈机制，目的节点接收到数据包后，反馈一个 ACK 数据包来通知源节点已经成功收到数据包，在这个过程中需要经历所有的中间节点，时延非常高且能量消耗也特别大；而 WSN 中对时延的要求比较高，能量也非常有限。

（5）对于拥塞控制的 WSN 协议来说，有时非拥塞丢包是比较正常的，但是在 TCP 协议中，非拥塞的丢包会引起源端进入拥塞控制阶段，从而降低网络的性能。

（6）最后一点也最重要，在 TCP 协议中，每个节点都被要求有一个独一无二的 IP 地址，而在大规模的无线传感器网络中基本上不可能实现的，也是没有必要的。无线传感器网络节点只需要处理好它与邻居节点之间的通信即可，也省去了要传输长地址的麻烦，节省能量。

因此，无线传感器网络的传输层协议不能直接使用传统的TCP协议，而应该根据无线传感器网络应用特点和网络自身的条件设计自己的协议，归纳起来，主要包括以下几点[4]。

1. 降低传输层协议的能耗

传统的传输层协议之所以不能适用于无线传感器网络，其中一个重要的原因就是传统的传输协议需要耗费大量的能量，TCP 协议采用三次握手协议，控制开销太大。无线传感器网络是大规模、分布式的网络，节点分布密集，节点价格低廉，能源不可替换。因此在无线传感器网络中，能量的节省是首要考虑的因素，研究一种高效的传输协议对于延长网络的生命周期是非常有益的。

在无线传感器网络中，有很多种节省能耗的方式，如节点周期性地睡眠或者数据融合等，而且能量效率与这两个协议联系也相当紧密。有一个好的拥塞控制机制的协议能够最大限度地节省能量，基于事件的可靠性保证在一定程度上也能够减少能源的消耗，因此在提出协议时，必须在综合考虑、权衡系统所需要的性能后，根据这三个指标来确定协议机制。

2. 进行有效的拥塞控制

在无线传感器网络中，观测区域内的节点感知到数据之后将数据发送给 Sink 节点，采用的是多对一传输模式，这样势必就会造成越靠近 Sink 节点的地方数据流越大，而节点的处理能力和存储能力是非常有限的，这样会造成部分数据包丢失而引发重传，会造成进一步的拥塞，从而加重网络的负担，有时甚至会使整个网络瘫痪。我们采用进行有效的拥塞控制来提高网络性能，拥塞控制包括拥塞发现和拥塞避免两个方面，拥塞发现一般是通过两种方法来检测的。

（1）根据队列缓存利用率来判断节点是否处于拥塞状态。例如，如果节点 A 的拥塞度值设为 0.5，节点中队列缓存拥塞度值高于 0.5 则认为拥塞，若 A 中的存储的数据包大小 N，队列长度为 M，如果 $N/M>0.5$，则判断该节点是处于拥塞状态。一般来说，节点通过周期性地检测队列长度来计算队列拥塞度，并将此值包含在反馈信息中。

（2）根据信道空闲状态来判断是否拥塞。节点周期性地对信道进行侦听，看看是否有数据在信道上传输，可采用这种最直接的方式来判断拥塞。

方法（1）只对单个节点进行缓存利用率的测量，不能代表整个链路的拥塞度，具有一定的片面性。而方法（2）要求节点时时保持侦听状态，这样势必会消耗大量的能量，对于能量有限的 WSN 来说，采用两个方法相结合的方式才是最好的，而现在的主流协议也正是采用这种方式。节点首先检测队列缓存度，若发现缓存度高之后再进行信道的侦听，这样能够保证效率，也能够减小能量的消耗。

检测到拥塞后，不同的协议也有不同的拥塞消除或缓解机制，其中用得最多的是拥塞信息反馈和数据路由的切换。简而言之，拥塞反馈是指节点检测到拥塞之后，就会给它的父节点发送一个包含拥塞控制信息的数据包，通知上游节点减缓或停止数据包的发送。数据路由的切换则是在节点检测到拥塞之后，另择一条最优的路径传输数据，从而减少拥塞节点的数据流，待拥塞解除后，恢复原最优路径继续传输数据。

3．保证网络的可靠性

无线传感器网络中可靠性的保证主要是由数据的冗余信息发送和数据包的重传机制来完成的，众多节点检测到同一信息之后，发送包含同一事件的数据包，因此会有一定的冗余信息，即使有部分数据包丢失或者删除之后还能够保证事件被可靠地传输到目的节点；另外一个就是数据包的重传，重传有三种机制，即 ACK 反馈重传、NACK 反馈重传和 IACK 反馈重传，一般来说节点首先将数据包复制之后保存在缓存中，若收到目的节点发回来的成功发送的反馈信息，则将数据包删除，反之则重新发送数据包。

可靠性保证又可以分为两种：数据包可靠性和基于事件的可靠性。TCP 协议采用的就是基于数据包的可靠性度量，这种机制要保证所有的数据包都被目的节点无误地全部收到。而在无线传感器网络中可靠性保证虽然也分为这两种，但基于数据包的可靠性度量只是用在某些要求特别高的领域，如军事、战场等；对于一般的无线传感器网络来说，基于数据包可靠性是没有必要的，因为大量的冗余信息允许一定的数据包丢失或者融合，并不要求所有数据包都可靠地传输，如温度、天气测量等，这种方式称为基于事件的可靠性度量。采用这种方式能够在一定程度上减少拥塞，节省节点能量。

5.2　无线传感器网络传输层研究现状和发展

根据 5.1 节的内容，考虑到理想传输层协议的特点，研究人员定义了传输层协议的三个指标，拥塞控制、可靠性保证和能量效率，无线传感器网络传输层协议是针对于某个特定指标的协议，因此研究人员可以把无线传感器网络传输层协议分成三个部分，一部分专注于拥塞控制，一部分专注于可靠性保证，另外还有一个部分是针对于现在比较先进的跨层协议的，三个部分都是在能量效率的基础上实现的，WSN 中现存的协议[5-6]如图 5.1 所示。

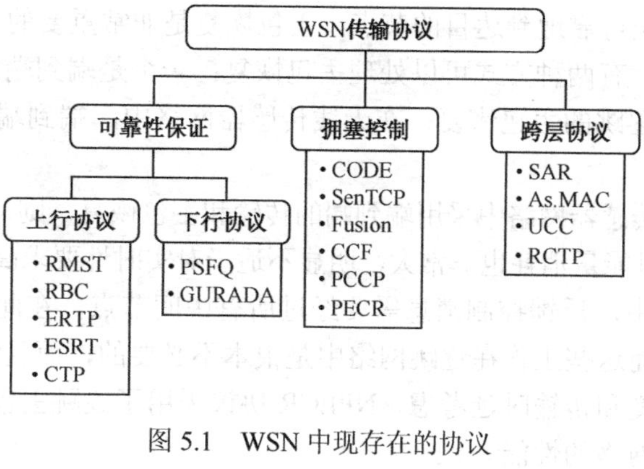

图 5.1　WSN 中现存在的协议

保证可靠性传输协议的代表有 RMST（可靠多段传输）协议、PSFQ（快取慢存）协议、ERTP 协议等，其中又分为上行协议和下行协议，上行协议是指从源节点到汇聚节点的可靠传输协议，反之则为下行协议。拥塞控制协议的主要代表有 CODE（拥塞的发现与避免）协议、SenTCP 协议、PCCP 协议等，保证可靠性和控制拥塞的协议主要有 STCP（传感器传输控制协议）和 ESRT（事件到汇聚节点的可靠传输）协议。跨层协议提得的比较晚，代表协议有 SAR 协议、UCC 协议等。

5.2.1 无线传感器网络传输层关键问题

在无线传感器网络中，传输层负责给应用提供可靠的、透明的数据传输服务。评价一个协议的好坏也应该从这方面入手，下面就简单介绍一下评价传输层协议好坏的几个关键问题[7]。

1. 拥塞控制

在无线传感器网络中，当节点收到的数据包速率大于它所能处理的速率时，节点就会产生拥塞，拥塞可能会造成数据包的丢失或者延迟，甚至可能导致整个网络瘫痪，因此有效地进行拥塞检测和控制是无线传感器网络传输协议所要考虑的第一要素。

造成 WSN 拥塞的原因有很多[15-17]，如节点收到数据过多过快、处理能力有限、冗余数据太多、缓存区太小等都可能造成拥塞，而 WSN 的汇聚特性更加剧了靠近 Sink 节点附近网络的拥塞，因此快速检测并控制拥塞就变得非常有意义。考虑到 WSN 网络节点的规模，WSN 中传输的数据包数量非常庞大，在拥塞控制的同时必须考虑实时应用的响应时间要求，反馈信息的信息比特越少越好，以节省带宽和降低能耗。

2. 丢包恢复

无线传感器网络中的一个重要指标就是可靠性的保证。在无线传感器网络中，节点将检测到的数据发送给 Sink 节点，在此过程中要经历许多跳中继节点，因此不可避免地就会出现数据包的丢失，数据包的丢失会减少数据的可靠性，使 Sink 节点最终收不到数据包，为了使数据包能够安全可靠地到达目的节点，丢包恢复是非常重要的。

根据前面的讨论，有两种方式可以处理丢包恢复：一个是端到端的丢包恢复，如 TCP 协议；另外一种就是逐跳的丢包恢复；在无线传感器网络中，端到端的丢包恢复明显不适合，原因如下。

（1）如果在无线传感器网络中采用端到端的传输和丢包恢复，则需要追踪整条链路的路径，传输延迟高，而且能量消耗也非常大，明显不适于对实时性要求高的无线传感器网络。

（2）在反馈过程中，反馈控制消息需要经过所有中间节点，在此过程中还需要维护每个节点的路径信息，而这些工作在逐跳网络中是根本不必要的，而且浪费能量。

因此，从能量角度和传输时延考虑，NPECR 协议采用了逐跳丢包恢复机制，可最大限度地保证无线传感器网络的性能。

3．优先级策略

在无线传感器网络中，节点所在地理位置不同，其检测到事件也就不同，检测的数据的重要性也不同。例如，火灾必须马上报告，其数据必须首先被传输到汇聚节点，而监测天气之类的数据只要保证一段时间内有更新就可以了，因此，必须根据数据的重要性的不同规定它们的优先级。

在无线传感器网络中，优先级的实现一般采用的方法是在传输层的数据包头中加入优先级位，无线传感器网络中依据数据包头中所加的优先级位的优先程度来处理事件，这样可以更好地保证重要事件被优先传送，确保网络的主要功能能够实现。在无线传感器网络中，优先级也可以被分为两类。

（1）基于事件的优先级：在不同的源节点采集不同的数据时，这些数据本身就有不同的优先级，如战场数据优先级高，因此在数据包中这种事件要被标成紧急事件，这是采用的在数据包头填充进优先级变量，变量值越大则证明这个数据包应该先被处理。

（2）基于节点的优先级：节点类型不同，所在的位置不同，节点的优先级也不同，例如接近汇聚节点附近的节点由于容易发生拥塞，因此应该给予这些节点发送的数据包比较高一点的优先级。

5.2.2　无线传感器网络传输层协议分析

1．基于拥塞控制的传输层协议

1）PECR 协议

PECR[8]是一种能够自适应调整的拥塞控制机制，在保证可靠性的基础上，又能够最大限度地节省能量。PECR 作为一种拥塞控制机制，该机制包括两个阶段，即拥塞检测和拥塞控制。

具体过程简述如下，首先， PECR 在网络初始化时根据最小跳数路由协议来确定整个网络的路由表，使得每个节点都能够确定每个节点的父节点和子节点。节点周期性地检测节点队列缓存区的占用率和节点的剩余能量值，假设当前时间为 t，当前节点的拥塞度 $C_t(i)$，当前节点的剩余能量值为 $P_t(i)$，其中 i 为节点编号。节点将当前的拥塞值 $C_t(i)$和节点剩余能量值 $P_t(i)$通过明文方式向其上游节点反馈，上游节点比较其所有的下一跳节点的拥塞度值 $C_t(i)$和剩余能量 $P_t(i)$值来实现分流。检测下一跳节点拥塞度是为了使分流之后形成的链路不会形成新的拥塞，从而浪费时间和能量。检测下一跳节点的剩余能量值是为了避免新链路形成以后节点因为能量耗尽而导致链路失效的情况发生，从而需要再次寻找链路，再次计算路由信息值，影响网络性能。

（1）拥塞检测。对于拥塞控制传输协议来说，拥塞检测是实现拥塞控制的重要组成部分。就现在提出的协议而言，主要有两种方法来进行拥塞检测：基于信道采样和节点缓存占用情况的方法，第一种需要节点时刻保持侦听状态，将耗费大量的能量，因此 PECR 协议采用节点缓存的方法来检测拥塞。

假设节点在第k个时间采样点的缓存占用大小为$b(k)$，因此在$k-1$到k个时间采样点之间，数据增量$C(k)$为

$$c(k)=b(k)-b(k-1)$$

由于节点的缓存占用率既可以增加，也可以减少，因此增量值$C(k)$可正可负，当它为正时，表示节点接收数据速率大于发送速率；为负时表示节点接收数据速率小于发送速率，节点的缓存占用率正在变小。

节点在第$k-1$个时间点和第k时间点的时间间隔为

$$T(k)=t(k)-t(k-1)$$

在网络流量没发生明显变化时，即假设在第k到$k+1$个时间点内数据的增量等于 $k-1$到k时间点内数据的增量，即

$$C(k+1)=C(k)$$

将数据增量考虑在内以后，则可以计算$k+1$个时间点缓存区的拥塞度，即

$$\mathrm{CGT}=[b(k)+C(k)]/B$$

若在时刻$k+1$时拥塞度 $\mathrm{CGT}>a$，a为拥塞阈值，则显示该节点处于拥塞状态，通过广播的形式发送一个拥塞通告，告诉其上游节点不再对其发送信息，采用减慢发送速率或者采取分流机制。

根据上述分析我们知道，拥塞度a决定着无线传感器网络的准确度和拥塞缓解的效率，如果阈值 a 设置得过大，节点对于拥塞不能够快速地反应，可能会导致缓存区满，发生溢出等现象，从而造成数据包的丢失，影响网络的性能。如果阈值 a 设置得太小，造成节点缓存区浪费，不能达到最优路径传输，耗费能量和资源，降低网络的使用寿命。因此，在确定阈值 a 的大小时，必须首先考虑网络所需要实现的目标，综合考虑节点缓存区队列的大小、网络规模和传输速率等复杂因素。

（2）分流调节。考虑到节点的能量有限，无线传感器网络的传输协议必须简单易行，最大限度地降低其运算复杂度，减少处理时间，提高其时延性能。其中拥塞控制方法有两种：减速和分流调节机制。采用速率调节的方法来进行拥塞控制所需要的代价较大，需要的算法比较复杂，但是速率调节又是最有效的调节拥塞的方法，因此 PECR 协议采用的方法是，当源节点检测到拥塞时，立即采用分流机制来控制拥塞。PECR 协议采用的是减速分流调节机制，PECR 协议流程如图 5.2 所示。

①节点根据最小跳数协议初始化自己的路由表信息，确定每个节点的下一跳节点，若节点个数比较少，路由表信息可直接依据节点分布情况给出。

②节点周期性地检测缓存占用率并将其作为拥塞信息写入反馈数据包中，并向其邻居节点发送此报文，报文包含节点用户编号 User ID、拥塞值$C_k(i)$、剩余电量$P_k(i)$等信息。

③源节点收到下游节点反馈的拥塞信息后，立即将此拥塞信息写入本地缓存的邻居节点拥塞表内。

④进入分流过程，节点将检测自己选择的下一跳节点是否满足拥塞度和剩余能量值的要求，若满足则选择此节点作为下一跳节点；若不满足，则进入选择下一跳节点阶段。

⑤排除④中选择的下一跳节点，检测自己所有的下游节点，确定一个节点的集合，这些节点同时满足拥塞度小于系统预先设定的拥塞度值，且剩余能量值高于指定的阈值，这个集合为

$$\min\{P_k(\mathrm{UserID}_{X1},\mathrm{UserID}_{X2},\cdots,\mathrm{UserID}_{Xk})\}>p$$

比较集合里面所有节点的拥塞值，选择最低的那个节点作为分流的下一跳节点，暂时按照这个路由开始转发数据包，网络内其他节点也依此来寻找符合条件的下一跳节点，直到建立一条最优新路径为止。

⑥如果存在极值情况，节点所有的下一跳节点都不满足要求，拥塞度过大或者剩余能量值太小，节点将转回 WSN 的网络层，让网络层来寻找最优的路径转发节点，当然这不属于本协议讨论的范围。由于路由表更新或者拥塞解除之后，通过反馈机制通知节点转回原来的最优路径，避免使用临时路径浪费能量，影响传输时延。

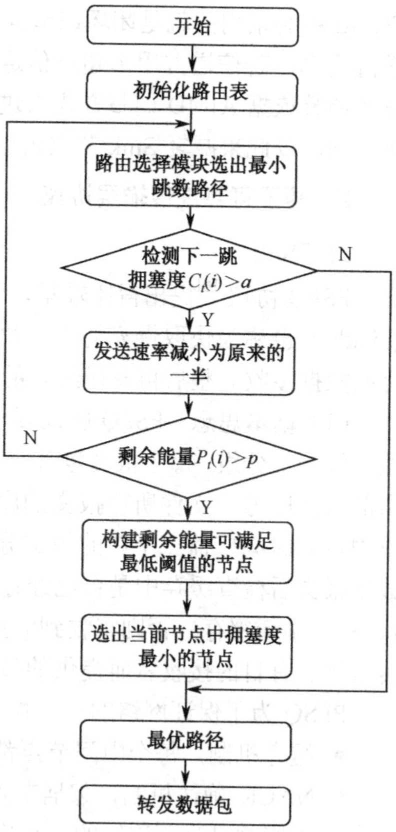

图 5.2 PECR 协议流程图

2）CODE

CODE 是一种拥塞控制协议[8]，中文名称为拥塞的发现与避免，包括一个拥塞检测机制和两个拥塞缓解机制，也是基于逐跳的保证机制。

（1）拥塞的检测。CODE 是一个比较成熟的 WSN 传输层协议，采用的拥塞检测方法是信道监听和缓存队列检测相结合的方式。源节点在发送之前首先检测发送队列中数据的占用情况，若为非空则开始侦听信道情况，检测到信道为空闲则开始发送数据；若检测到拥塞，则通过反馈机制通知上游节点拥塞信息，节点开始进入拥塞控制阶段。

（2）开环控制机制。若节点检测到拥塞后，立即以广播的形式将拥塞消息通知所有的邻居节点，节点收到反馈信息后，立即进入拥塞控制阶段，根据具体情况，节点可能丢弃一些本应该传输的数据分组或者减慢发送速率，情况严重的话可以停止一段时间后再发送数据包。

（3）闭环调节反应机制。在无线传感器网络中，越靠近汇聚节点的地方，数据流量越大，越容易发生拥塞。若只采用开环控制机制，在反馈结束后，源节点将继续以原速率发送数据，很容易再次造成拥塞，因此在靠近 Sink 节点地方的拥塞控制必须是持续不断的，

CODE机制采用的就是闭环调节反应机制，当靠近Sink节点时，发送源节点会定时检测信道占用率，若信道占用率超过信道容量的给定比率时，源节点会进入闭环调节反应机制，速率调整依据AIMD调整方式来进行，靠近Sink节点的各个方向的数据包发送速率将会有所不同，以此来减轻Sink节点附近的负担。

2. 基于可靠性传输层协议

1）PSFQ

PSFQ协议[10]提出得比较早，是逐跳可靠性保证的传输协议，PSFQ（Pump Slowly Fetch quickly）也称为快取慢充协议，快取即节点向它的邻居节点快速索取数据，慢充即等到所有的数据接收完整后再发送给它的下一跳节点。

（1）基本思想。PSFQ协议要求：用户节点将数据分割成多个报文传输，每个报文被单独当做一个分组，每个报文包含一些基本的消息，如剩余跳数TTL（Time-To-live）、报告位、当前报文序号、文件所在报文的序号等。每一个用户节点按照报文分割后的顺序，每隔一段固定的时间广播一个新的报文分组，直到所有的报文都发送出去为止。每个节点接收到数据报文后检查缓存中是否已经存在该报文，如果不存在则将该报文中的一个属性TTL减1，然后刷新缓存；否则将收到的报文丢弃。固定的时间可用 t_{min} 来表示，大小为数据能够传送到所有目的接收者而提供的最短时延界限。

PFSQ为了保证网络的可靠性，采用了三种机制来确保数据的可靠传输：

- 缓存机制，每个中间节点都缓存接收到的数据报文。
- NACK确认机制，邻居节点收到源节点发出的数据包后，检查数据包时发现数据包中序列号是不连续的，找出丢失的数据包序号后，邻居节点通过广播NACK报文，从而向源节点或者有丢失数据信息的节点索取丢失的数据包。
- 逐跳错误恢复机制，节点接收到所有的数据报文之后才向下一跳节点发送数据。

（2）关键技术。

①逐跳错误恢复。与传统的端到端的错误恢复机制不同，PSFQ采用一种逐跳的错误恢复机制，错误的发现和重传也在相邻的两个节点进行。逐跳的端到端错误恢复机制相对于端到端的错误恢复而言，其最大的好处就是信道错误率缩小很多，随着跳数的增多，错误发生的概率也就越高。例如，假设无线信道中的数据包错误率为 p，那么经过 n 跳之后数据传输成功的概率为 $(1-p)^n$，则端到端的传输协议的错误率要比逐跳的传输协议错误率高多了。从这个表达式中，我们可以看出，网络的规模越大，分布越密集，那么节点经过的跳数就越多，传输的错误率就越高。一般来说，使用端到端的传输协议来传输一个单独的信息基本上是不可能的，因为端到端的错误率一般达到了10%以上，在密集的传感器网络中甚至更大。

本协议提出的逐跳错误恢复机制主要是针对于中间节点的，具有非常大的意义，中间节点的每一跳都负责数据包丢失的监测和恢复算法，这种方法将整条链路上的多跳错误处理转移到了每一跳来处理，可减少错误的积累，适用于大规模的无线传感器网络，错误容忍度也更强。

②取充之间的关系。对于一个消息恢复机制系统来说，数据的传输延迟与逐跳间重传的次数密切相关。重传的次数越高则延时也高。为了保证数据的实时性，协议设置一个可控的时间帧，在该时间帧内，要尽量保证数据传输的成功概率足够大。实现这个目标最直接的方法就是允许节点在下一个数据包来临之前进行多次重传，确保数据能够成功地传输出去，这样在下一个数据来临之前就能够将缓存清空，保证数据的延时最小。为了平衡数据传输的成功率和延时，本协议提出了一种算法，假设数据包的错误率 p 保持恒定，允许 k 次重传，则两个节点之间数据包能够成功传输的概率为

$$(1-p)+p\times\theta(k), \qquad k\geqslant 1$$

$$\theta(k)=\phi(1)+\phi(2)+\cdots+\phi(k)$$

$$\phi(k)=(1-p)^2\times[1-p-\phi(1)-\cdots-\phi(k-1)], \qquad \phi(0)=0$$

式中，$\theta(k)$ 是在 k 次重传之内成功恢复的概率，$\phi(k)$ 是第 k 次重传的成功传输的概率。随着 k 的增加，数据的传输成功率也相应地增加，但当 $k>5$ 时成功率虽然提高了，延时性能却急剧下降，因此协议规定重传次数为 5 是一个临界值，即最优的冲和取的时间定时器时间之比为 1∶5。

③数据连续发送。在消息确认机制中，如果数据包是按序号来进行传输的话，本地丢失的事件可能会传播到它的下游节点，这样会浪费大量的能量。丢失数据之后会立即触发错误恢复机制，节点立即发送一个 NACK 消息用来向它的邻居节点索取信息，然而其下游邻居节点没有丢失的数据包，因此数据包不能够被恢复，确保中间节点只转发连续序列号码的数据。

另外，协议要求进行数据缓存的管理，这样能确保数据能够按照顺序发送，从而完成数据丢失的恢复。慢充机制不仅能够阻止丢失事件向下游节点传播，而且也可避免一些不必要的数据丢失引起索取机制的触发，这样能增大网络的容错度。协议通过将数据丢失事件控制在两跳相邻节点之间，且在数据丢失恢复之前不再传输序列号更大的数据，跟一般的存储-转发形式有点类似，节点接收到一个完整的数据之后（即所有的数据段全部接收）才将此数据发送给下一节点。这种方法在高错误的网络中尤为有效，因为它将错误分段到了每一个单跳传输中。

PSFQ 采用的多跳传输保证机制，能够一定程度上保证数据的可靠传输，但是采用广播的形式来传送数据比较耗费能量，效率也是很高，要求的数据存储空间也比较大，因此整个网络的数据流量不是很大，吞吐量也不是很高。

2）ESRT 协议[11]

在无线传感器网络中，Sink 节点作为网络中最为强大的一个节点，负责调配各节点以最优方式来组织网络，因此 Sink 节点关注的是网络中所有节点的整体状态。基于这种情况，ERST 协议被提出来了，它是一种自适应调整协议。能够将数据可靠、低能耗地传送到 Sink

节点，是一种典型的可靠性协议。

（1）基本思想。ESRT 在综合考虑节点现有的拥塞情况和可靠性情况下，确定最优策略使网络性能达到最优。这个协议包括两个部分，一个是系统可靠性的测量，另一个是根据可靠性做出相应的调整。如果系统的可靠性不符合网络系统所要求的可靠性值，则 ESRT 会自动调节网络发送节点的发送速率，使之达到系统所要求的可靠性指标；如果系统的可靠性超过了网络要求，则 ESRT 在不牺牲可靠性的条件下，适当地降低源节点的发送速率，减小节点拥塞，最大限度地节省能量。因此根据这种机制，ESRT 可以确定网络系统的 5 种状态：

$$S_i \in \{(\text{NC}, \text{LR}), (\text{NC}, \text{HR}), \text{OOR}, (\text{C}, \text{HR}), (\text{C}, \text{LR})\}$$

其中，N 为 No（无），C 为 Congestion（拥塞），L 为 Low（低），H 为 High（高），R 为 Reliability（可靠性），OOR 为 Optimal operating Region（最优状态）。ESRT 采用队列缓冲情况来检测网络的拥塞状况，在事件到汇聚节点模型中，节点在一个时间周期内发送的数据包数只跟发送频率和源节点的个数有关，因此在一定时间间隔内数据包的增量保持恒定。节点通过调节可靠性与拥塞度的平衡情况，从而实现最优状态。

（2）关键技术。

①可靠性的度量。为了进一步了解 ESRT 协议，必须理解 ESRT 协议的运行过程，ESRT 是一种可靠性的传输协议，根据可靠性来相应地调整网络的状态，因此可靠性的度量是网络调整的第一步，占据非常重要的地位。在 ESRT 协议中，我们假设在一个周期内，节点发送数据分组的频率为 f，汇聚节点收到 r 个时间消息的数据分组，而根据应用的要求，汇聚节点需要 R 个事件消息的数据分组才能保证数据的可靠性，$\eta=r/R$，η 描述的就是当前传输的可靠性程度，当 $\eta \geqslant 1$ 时，数据的传输就是可靠的，当 $\eta < 1$ 时，当前的传输就是不可靠的。事件到汇聚节点的可靠性度量如图 5.3 所示。

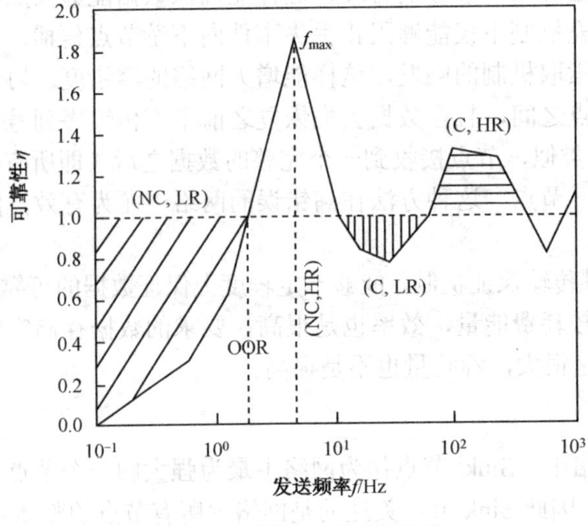

图 5.3 可靠性 η 随 f 变化图

如图 5.3 所示，当 $f<f_{max}$ 时，η 随着 f 的增大而增高；当 $f>f_{max}$ 时，η 随着 f 的增大而相应地进行变化，因为 f 表示源节点发送数据的频率，当数据的频率在不拥塞的情况下增加时，到达 Sink 节点的数据也相应地增多，因此可靠性保证一定量的增加，但是随着源节点发送数据频率的继续增高，网络会产生一定的拥塞，从而到达源节点的数据也相应地减少，可靠性也会产生波动，有时甚至达不到可靠性的要求。网络的 5 个状态如图 5.3 所示，在最优状态 OOR 时，$f<f_{max}$，可靠性大约为 1，其误差在网络的可靠性容差之内，其余的几个状态在图 5.3 中都有表示。

另外，节点的拥塞度测量采用的是查看节点缓存状态的方式，如果缓存超过一个固定的阈值，则表明网络拥塞，如果没有超过，则网络没有拥塞。拥塞度的表示使用一个拥塞的标志位，将这个拥塞标志位传送给汇聚节点，其缓存的测量采用的是预测方法，假设当前节点缓存和上一个周期节点的缓存分别为 b_k 和 b_{k-1}，上一个数据分组的增量就是 b_k-b_{k-1}，设这个报文增量为 b，因此可以预测下一个周期的缓存量为 b_k+b，如果大于阈值，则认为网络发生了拥塞，则进入相应的调整阶段。

②可靠性调节。监测到可靠性之后，一般来说网络都不是运行在最优状态，可靠性和能量不是处于一个平衡状态，因此协议采用一定的调节机制来进行可靠性和拥塞度的调节，以此来最大限度地节省能量，提高系统的性能。

在开始进行传输时，汇聚节点发送控制报文，命令源节点以预设的速率来发送数据分组。在每个周期末，汇聚节点都会计算这个周期内的可靠性 η，并且结合节点反馈回来的拥塞控制位来确定节点是否处于拥塞状态，将这些信息处理之后，确定一个新的发送频率 f'，以此来调节此数据的可靠性和拥塞度状况，在周期开始时重新发送一个控制报文，调节源节点的发送速率，达到控制拥塞度和可靠性的目的。根据可靠性和拥塞度状态调节频率 f' 的大小如下所示。

当前传输状态	状态描述	f'调节方法
OOR	最优工作状态	f'保持不表
(NC,LR)	无用赛，低可靠性	$f'=f/\eta$
(NC,HR)	无拥塞，高可靠性	$f'=(f/2)(1+1/\eta)$
(C,LR)	拥塞，低可靠性	$f'=f^{\eta/k}$，$k=k+1$，k 的初始值为 1，代表持续处于拥塞状态的次数
(C,HR)	拥塞，高可靠性	$f'=f/\eta$，$k=1$

ESRT 能够在拥塞控制的基础上保证网络的可靠性和能耗效率。通过 Sink 节点对接收速率的检测，通知整个网络调整节点发送速率，从而来保证网络的可靠性，提高能量效率。因为一定时间间隔内数据包增量恒定，根据这个速率可以调整发送速率，最终使网络达到最优状态，这时网络可靠性就是系统所要求的可靠性，发送速率基本上保持恒定。

但是 ESRT 也有它自己的局限性，如

- ESRT 要求 Sink 节点通信范围必须能够覆盖整个网络，对 Sink 节点的硬件要求非常高，对于大规模的无线传感器网络来说，实现比较困难。

- Sink 节点没有考虑到各个节点的优先级信息，对所有节点采取统一的调配方案，假设节点在某个局部地区任务突然增加，ESRT 就不适用了。
- 对于规模稍微大一些的网络来说，发生拥塞之后，Sink 节点的调配信息经过广播形式到达源节点之后，可能这时已经不拥塞了，因此不适用于大规模网络。

3．跨层传输层协议设计

无线传感器网络中节点的能量有限，节约能量及网络能量均衡使用，进而延长整个网络的生存期是传感器网络协议设计的重要目标[13]。

一方面，无线传感器网络中节点的移动、死亡以及新节点的加入等都会引起网络拓扑结构的动态变化，导致从数据源节点到目的节点（通常为 Sink 节点）之间的通信路径极不稳定，甚至在某些地区会出现路由空洞。传统的端到端路由进行数据传输，是先建立路由，再进行 MAC 层信道握手，最后进行数据传输，这种通信方式不能很好地适应网络拓扑的动态变化。

另一方面，处于数据链路层 MAC 协议直接控制着耗能最多的无线通信模块的活动，MAC 协议的能效性直接影响着传感器网络的节能效果，因此在基于面向应用的事件驱动的传感器网络中，如何高效利用无线通信模块是我们设计传输协议时面临的主要问题。

一种可行的办法就是采用跨层设计来优化数据传输协议，其原理就是在数据传输过程中不建立严格意义上的端到端路由，而是根据网络当前的状态，同步地解决路径生成和信道使用两方面的问题，将路由协议与 MAC 协议进行融合以适应无线传感器网络以数据为中心和拓扑动态变化的特性。在协议中引入启发唤醒和睡眠机制，该机制使传感器节点在没有数据需要发送或接收时处于睡眠状态，节点的无线通信模块大部分时间处于关闭状态，可以有效减少空闲侦听和串音，从而大大减少节点的功耗。

RCTP 协议[14]针对可靠性传输协议 CTP（汇聚树协议）进行了一定的改进，采用跨层设计的思想，考虑了网络层以及链路层对传输层协议的影响，主要考虑了链路质量的估计和实时路由以及对上层的友好接口。

1）基本思想

RCTP 协议跟 CTP 协议一样，使用分簇体系结构，把 WSN 中的全部节点看成由许多树组成的森林，每棵树有一个根节点，簇中的节点需要和其他簇中的节点进行通信的时候必须通过根节点进行通信。RCTP 协议跟前文提到的协议有许多类似的地方，也主要是用来保证协议的可靠性和进行有效的拥塞控制，协议的流程图如图 5.4 所示。

RCTP 协议的进行也包括两个阶段，一个是拥塞的监测，另一个是拥塞后的实时调度。拥塞的监测采用缓存检测的方法，当实时队列和非实时队列中任意一个队列中缓存达到一半时，协议认为此时网络节点拥塞。当拥塞发生后，RCTP 协议调用相应的实时调度方法来缓解拥塞，并最终实现数据的转发。

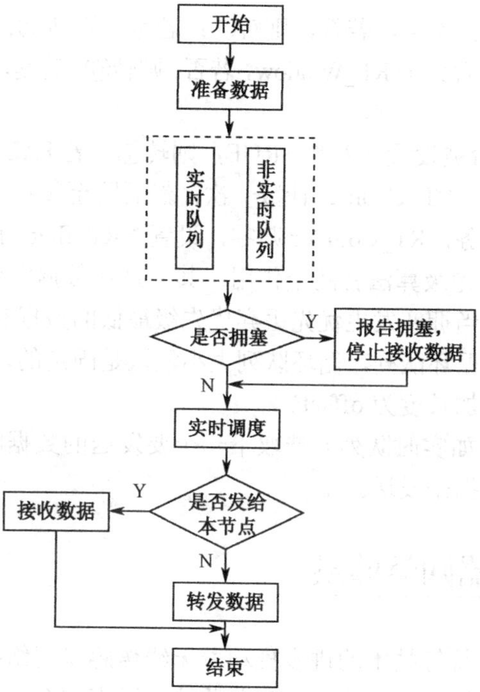

图 5.4　RCTP 传输流程图

2）关键技术

（1）RCTP 协议的实时调度。节点接收到数据后，根据 RCTP 数据包头中实时位 R 对数据包进行实时划分，R 为 1 的为实时包（RT），进入实时队列；R 为 0 的为非实时包（NRT），进入非实时队列。RCTP 协议根据队长比例算法在两个队列中选择要发送的下一个数据包，实时调度流程如图 5.5 所示。

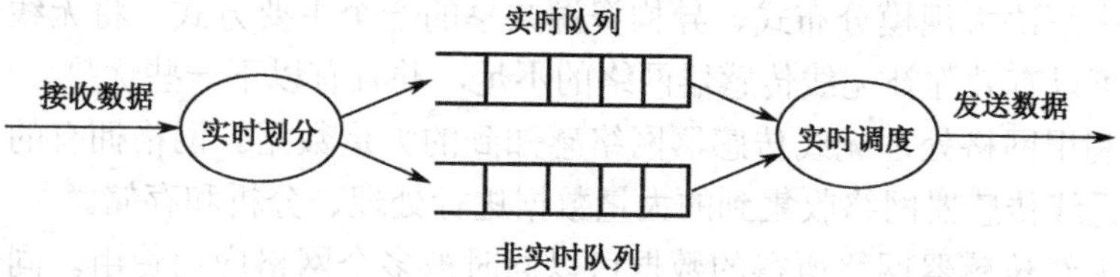

图 5.5　实时调度流程

（2）队长比算法。队长比算法是指调度器按两个队列的队长比例来选择是从实时队列还是从非实时队列选取数据。考虑到传感器节点有限的计算资源，采用一种最简单的队长比算法，基本思路是每发送 N 个实时数据则发送一个非实时数据，算法描述如下。

①初始化：RT_Counter=0，NRT_flag=FALSE，RT_Window=N;

②判断实时队列是否为空，若否，则转④；若是，则转③；

③判断非实时队列时否为空，若否，则转⑤；若是，则转②；

④判断 RT_Counter 是否大于 RT_Window，若否，则转⑥；若是，设置 NRT_flag 为 TRUE，则转⑤；

⑤判断 NRT_flag 是否被设置，若为 TRUE，则转⑦；若 FALSE，则转②；

⑥选择发送实时任务，RT_Counter 计数一次，然后跳至②；

⑦选择发送非实时任务，RT_Counter 归零，设置 NRT_flag 为 FALSE，然后跳至②。

（3）优先级算法。优先级算法有两个作用：其一是在数据发送时优先选择队列中优先级最高的数据包；其二是当拥塞发生优先丢弃优先级最低的数据包。

RCTP 采用的队列是循环队列，循环队列大小默认是固定的，值为 12，编译时可以根据应用需求动态分配，增加长度为 offset。

当需要从一个队列（如实时队列）选取下一个要发送的数据时，调度算法遍历循环队列，选择优先级最高的数据来发送。

5.3 无线传感器网格体系

微电子学、嵌入式系统等技术的进步推动着无线传感器网络技术的快速发展。无线传感器网络现在已应用于环境和生物监测、工业监控、军事安全监测等多个领域。通过在监测区域中布置大量的传感器节点，可以精密测量物理世界，提高应用所需真实世界数据的数量和质量，降低监控成本。无线传感器网络已经成为一个新的计算平台，可以无缝地衔接数字世界和物理世界；它由一系列的传感器节点构成，每个节点都具有环境感知、数据处理和无线通信能力。传感器节点具有电池供电、计算存储能力有限、通信带宽低的特点，这使其在处理和利用所收到的数据时受到了限制。

现在，具有高速计算能力、巨量存储能力和高速通信带宽特点的网格技术已经成为在动态虚拟社区中解决大规模分布式、异构资源共享的一个主要方式。将无线传感器网络和网格结合起来可以有效弥补无线传感器网络的不足，并且有以下一些优势。

（1）可以利用网格处理无线传感器网络感知到的大量数据。网格拥有的计算资源和存储资源可以对无线传感器网络收集到的大量数据进行处理、分析和存储。

（2）一个无线传感器网络所得的数据可以同时被多个网格应用使用。同一个无线传感器网络所得数据可以通过网格平台同时被多个应用程序使用，传感数据使用更加方便，同时数据使用率也得到提高。

（3）利用网格可以得到无线传感器网络数据的新知识。在网格中可以利用数据挖掘、数据融合、分布式数据库等技术对其数据进行处理，获得传感数据的新知识。

现在，无线传感器网络和网格的结合应用已经取得了初步的进展，但对无线传感器网络接入到网格中的关键技术还没有成型。美国哈佛大学曾提出 Hourglass 框架，该构架主要考虑了分布式数据融合、分布式处理、网络协同等问题，可以进行数据融合、事务监测和分类、分布式决策制定等工作，但是节点必严重依赖于高性能的计算机，因而无法实现成本的低廉和能量的节省。

5.3.1　无线传感器网络网格体系结构

无线传感器网络和网格结合框架可以使多个无线传感器网络接入网格，提供统一的网格服务[15]。该框架主要由三层构成：无线传感器网络接入层、任务管理层和服务管理层，整个系统框架如图 5.6 所示。

<table>
<tr><td colspan="3">网络应用软件</td><td>网络应用层</td></tr>
<tr><td>服务管理层</td><td rowspan="2">网络索引服务</td><td rowspan="2">任务调度服务</td><td rowspan="2">网络管理层</td></tr>
<tr><td>任务管理层</td></tr>
<tr><td>WSN接入层</td><td colspan="2">网络软件基础设施</td><td>网络基础层</td></tr>
<tr><td>WSN</td><td colspan="2">网络硬件</td><td>网络硬件层</td></tr>
</table>

图 5.6　无线传感器网络和网络结合框架

（1）无线传感器网络接入层：该层的主要作用是多个无线传感器网络的无缝接入，对无线传感器网络进行抽象，使上层看到一致的数据层。该层主要完成网络协议转换、网格 API 映射、多个无线传感器网络接入、安全保证和任务健壮性等功能。

（2）任务管理层：该层的主要作用是多数据融合任务的合理调度。该层主要完成数据处理任务的合理分配和多传感任务的合理调度等功能。

（3）服务管理层：该层的主要作用是无线传感器网络的管理和无线传感器网络服务的形成与管理。该层主要完成无线传感器网络能量管理和服务质量控制等功能。

为了使传感器网络和网格之间能够互相进行通信，需要将无线传感器网络与网格联系起来，即需要一个接入平台支撑传感器网络的应用，接入平台一般有两种：一种是基于 OGSI[16~17]（Open Grid Service Infrastructure）的方法，这种方法引入了 Web 服务，不支持通用的事件机制；另外一种是基于 WSRF 机制构建的平台，运用了标准轻量级的无状态的 Web 服务来管理传感器网络的状态资源，并将松耦合、异步的消息通知给应用客户，能够支撑网格的 OGSA 框架实现，所以一般采用基于 WSRF 的机制来构建无线传感器网络接入网格平台。我们一般把这种基于 WSRF 的具有解析、驱动能力并可融合多传感器网络的功能称为多解析驱动服务（MPAS）。

5.3.2　MPAS 设计

如图 5.7 所示，无线传感器网络通过 MPAS 接入平台接入到网格。MPAS 平台由五个基本组件构成[16]，它们分别是通信机制（Communicator）、解析器（Parser）、驱动器（Actuator）、WSRF 组件和数据库（Database）。

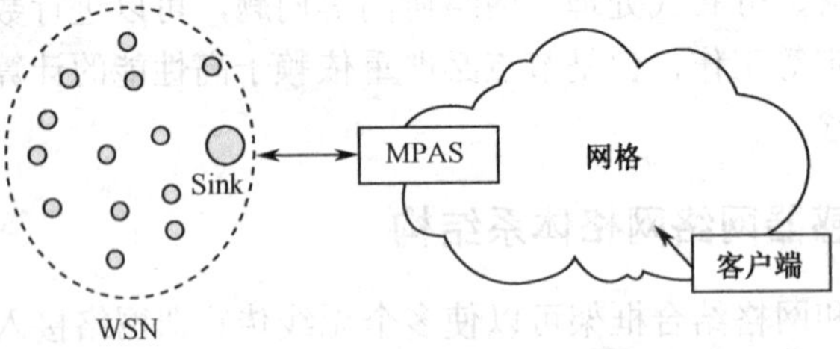

图 5.7　无线传感器网络通过 MPAS 接入到网格

1. 通信机制

将传感器网络接入到网格中需要首先解决传感器网络和 MPAS 之间的通信问题。在通信的交互过程中，传感器网络和 MPAS 处于对等的地位，采用 P2P 的通信方式，即传感器网络将收集到的信息送给 MPAS，MPAS 要监听这些传感信息并接收它们；MPAS 将驱动命令发送给传感器网络，传感器网络也要监听并接收这些驱动信息，完成驱动功能。同时，为了保证通信过程中的可靠性，要使用 TCP 的连接方式在传感器网络和 MPAS 之间进行加密通信。MPAS 通信流程如图 5.8 所示。

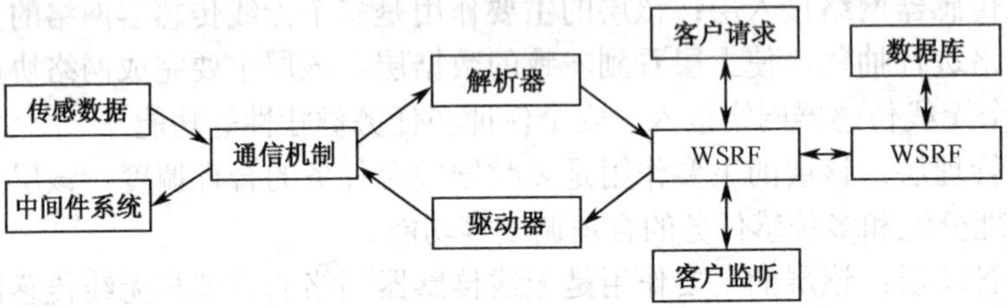

图 5.8　MPAS 通信流程设计

2. 解析器

解析器使用 XML Schema 描述传感数据协议中所有的数据域（包括传感器网络的名字、各类传感数据、节点位置等），其主要功能是对传感数据流进行划分，提取有效的传感信息，将其转化为网格中标准的传感资源。解析器的工作流程可分为以下三步：

（1）使用 DTD 文件来定义 XML Schema 的格式，并检查其合法性；

（2）解析器读取 XML Schema，将每个数据域细节分成名称（name）、类型（type）和长度（length）信息，获得解析传感数据的格式；

（3）解析器在获取传感数据后，使用从 XML Schema 所得到的解析格式提取出相应的有效传感信息，并将其转换为统一的网格资源，送 WSRF 组件处理。

3. WSRF 组件

WSRF 组件[18]作为 MPAS 接入平台的核心，有机地整合了解析器、驱动器、数据库和客户请求机制，并协调它们之间的交互行为。WSRF 组件的工作原理主要由三个机制组成。

（1）通过与 MPAS 的其他组件交互来协调它们的行为。WSRF 组件从解析器获得传感资源，采用“推”的方式通过消息通知将它们送给订阅了相应主题的网格客户；将对传感器网络操作配置的请求转换成为语义上的驱动操作描述，送给驱动器去处理；使用 Database 组件的服务来操作分布式异构环境下的传感资源。

（2）使用 Web 服务操作传感资源。WSRF 组件的核心就是 Web 服务机制，它借助 WSRF 框架将传感资源抽象出来。网格客户则使用标准的 Web 服务来操作这些传感资源，其操作流程如下：

- WSRF 框架对传感资源进行初始化，并登记主题事件；
- 客户请求者使用 WSRF 框架中的 Web 服务来操作传感资源及其属性；
- 销毁客户代理、Web 服务的实例、监听线程和服务管理者，结束交互。

（3）通知机制。WSRF 组件的通知机制采用 Publish/Subscribe 的模式，客户在 WSRF 框架中订阅相关主题的 Web 服务，并由一个专门负责服务订阅管理的 Web 服务来管理这些订阅过程。对于多传感器网络，WSRF 组件需要使用传感器网络的名字来区分不同的传感器网络，即声明要接收哪个传感器网络的数据，然后向 WSRF 订阅相关主题服务，从而“拉动”WSRF 将数据送给相应主题的客户。多传感器网络环境下，WSRF 组件的事务处理流程如图 5.9 所示。

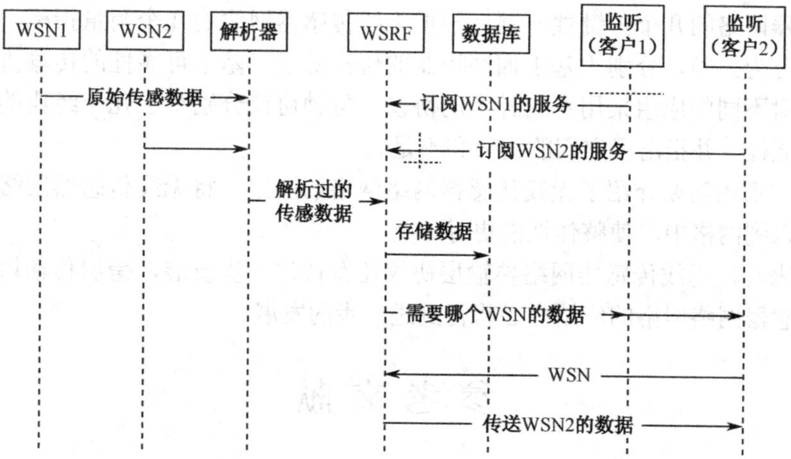

图 5.9　多传感器网络环境下 WSRF 组建的事务处理流程

4．驱动器

驱动器接收来自网格上层应用的驱动请求，驱动传感器网络的中间件系统对传感器网络进行配置优化、分配任务。它在解析驱动描述的过程中提取出语义操作配置元素，并将网格中的传感资源和这些操作配置元素组装成传感器网络中间件系统里的命令机制，例如

```
    SELECT{fun{ },attrs}FROM sensors WHE RE{sel-Preds}COST{cost limitation }
EPOCH  DURATION  i;
```

5. 数据库

网格客户在 MPAS[19~21]中通过客户代理使用 OGSA-DAI 中间件系统，以统一的方式来存取和管理异构环境下的传感数据资源。对于多个传感器网络，每一个传感器网络都在数据库中对应着一张数据表，接收传感数据时会根据传感器网络的名字将数据资源存放到对应的数据表中。

测试结果表明，MPAS 能够有效地将传感数据送入网格，并能正确地区分开不同传感器网络的传感资源。在运行资源受限的情况下，要使 MPAS 成功地支撑起传感器网络和网格之间的通信，需要对传感数据添加到 MPAS 的速率有一定的限制。多个传感器网络与网格之间的通信能力对 MPAS 运行资源的限制更为敏感，而在保证 MPAS 拥有充足运行资源的情况下，MPAS 为支撑多个传感器网络与网格通信所耗费的平均代价要少于仅支撑单个传感器网络与网格通信所耗费的代价，其整体收益更好。

5.4 本章小结

本章分析了无线传感器网络的传输协议，并与传统的传输协议进行了对比，详细分析了无线传感器网络的几个关键性问题。根据无线传感器网络的几个衡量指标，将无线传感器网络协议分为三类，分别为基于拥塞控制的传输协议、基于可靠性的传输协议和跨层传输协议，针对不同的应用采用不同种类的协议，每种协议分别举了几个经典的例子来说明协议的运行流程，并指出了它们的优势和不足。

另外，本章还简要介绍了无线传感器网络网格的应用，将无线传感器网络优势充分利用起来，接入到网格中，使整体性能更好。

从长远来看，无线传感器网络传输层协议还有待进一步发展，跨层传输协议还刚刚起步，无线传感器网络网格的应用也必将得到进一步的发展。

参考文献

[1] Andrew S.Tanenbaum．计算机网络（第 4 版）．北京：清华大学出版社，2004：409-491．

[2] 王珺，曹涌涛，糜正琨．无线传感器网络传输协议研究进展[J]．江苏通信技术，2007,23(4):1-35.

[3] 童洪亮.无线传感器网络实时传输技术的研究及实现[D]:[硕士学位论文].长沙:国防科学技术大学，2006.

[4] 周建新，邹玲，石冰心.无线网络 TCP 研究综述[J].计算机研究与发展，2004，41（1）：53~59.

[5] Jun Zheng, Abbas Jamalipour. Wireless Sensor Networks A Networking Perspective[J]. IEEE. 2009, 12(1): 223-258 .

[6] Chonggang Wang. A survey of transport protocols for wireless sensor networks[J]. IEEE, 2006, 20(3):34-40.
[7] 王殊，胡富平，曲晓旭，等．无线传感器网络的理论及应用[M]．北京：北京航空航天大学出版社，2007：97~109．
[8] Chieh-Yih Wan, Shane B. Eisenman, Andrew T. Campbell. CODA: Congestion Detection and Avoidance in Sensor Networks[J]. IEEE,2003.
[9] 蒋囍．无线传感器网络拥塞控制机制研究[D]．北京：北京林业大学硕士学位论文，2010．
[10] Wan C Y, Campbell A T, Krishnamurthy L. PSFQ: A Reliable Transport Protocol for Wireless Sensor Networks[J]. IEEE Journal on Selected Areas in Communications, 2003,23(4):862-872.
[11] Akano B, Akyildiz I F. Event-to-Sink Reliable Transport in Wireless Sensor Networks[J]. IEEE/ACM Transactions on Networking, 2005,13(5):1000-1024.
[12] 耿晓义．基于层次结构的无线传感器网络可靠传输算法[D]．山东大学，2008．
[13] Akyildiz,I,F. A Cross-Layer Protocol for Wireless Sensor Networks[J]. 2006: 1102-1107.
[14] 卜长清．无线传感器网络实时传输协议的研究和实现[D]．重庆:重庆大学硕士学位论文，2009．
[15] Gaynor M, Moulton S L, Welsh M, et al.. Integrating Wireless Sensor Networks with the Grid[J]. IEEE Internet Computing, 2004(7,8):32-39.
[16] Tuecke S, Czajkowski K, Foster I, et al.. Open Grid Service Infrastructure Version1.0[S].Global Grid Forum, Draft draft-ggf-ogsi-griservice-29, 2003.
[17] Foster I Kesselman C, Nick J M, et al.. Grid Service for Distributed Systems Integratioon[J],IEEE Computer, 2002,35(6):37-46.
[18] Czajkowski K, Ferguson D F, Foster I, et al.. The WS-Resource Framework[S/OL].Globus Union, May 2004. http://www.globus.org/wsrf/.
[19] Open Grid Services Architecture Data Access and Integration[EB/OL]. http://www.ogsadai.org.uk/.
[20] Yan Yujie, Wang Shu. The Key Research on Integrating Wireless Sensor Networks with Grid[C]. In Proceeding of WCNMC 05,2005:1531-1434.
[21] Yan yujie, Wang Shu, Zhao Hao. MPAS:a Connecting Platform for Integrating Wireless Sensor Network with Grid[C]. In proceeding of APCC 05,2005:1000-1014.

第6章

通信标准

随着无线传感器网络技术的发展，研究人员提出了一系列的无线传感器网络通信标准协议，如 IEEE 802.15.4、ZigBee 协议、蓝牙、无线局域网等，针对不同的应用，各种协议能够在低信道带宽的条件下实现网络的正常运行。

6.1　IEEE 802.15.4 标准

IEEE 802.15.4 是 2000 年 12 月由 IEEE 标准委员会专门成立一个工作组研发的，它具有数据率低、实现成本小、功耗低等诸多特点。本节将从 IEEE 802.15.4 标准的网络组成、拓扑结构和协议栈等方面来详细介绍 IEEE 802.15.4 标准。

6.1.1　IEEE 802.15.4 协议简介

IEEE 802.15.4 是一种能量消耗少，结构简单且容易实现的无线通信网络，它主要致力于解决无线连接在能量值和网络吞吐量低的网络中应用。与 WLAN 相比，IEEE 802.15.4 网络基本上不需要基础设施的支持。为了满足上述的这些要求，IEEE 协议工作组还特意为 LR WAN 制定了物理层和 MAC 层协议的实现标准，具体要求如下。

- 在不同的载波频率下实现 20 kbps、40 kbps、100 kbps 以及 250 kbps 四种不同的传输速率；
- 支持星状和点状对点两种网络拓扑结构；
- 在网络中使用两种地址格式，16 位和 64 位地址，16 位地址由协调器分配，64 位地址被用于全球唯一的扩展地址；
- 采用可选的时隙保障（GTS）机制；
- 采用冲突避免的载波多路侦听技术（CSMA/CA）；
- 支持 ACK 反馈机制，确保数据的可靠传输。

IEEE 802.15.4 网络又称为 LR WPAN 网络，在这个网络中，根据设备所具有的通信能力和硬件条件，可以将它分为全功能设备（Full-Function Device，FFD）和精简功能设备（Reduced-Function Device，RFD）。与 RFD 相比，FFD 在硬件功能方面比 RFD 要完善许多，例如 FFD 采用直接电源，功能强大，而 RFD 采用电池供电；另外在通信范围方面，FFD 可以与其他所有 FFD 和 RFD 设备进行通信，而 RFD 只能与其相关联的 FFD 进行通信，一般我们称这个 FFD 设备为该 RFD 设备的协调器。在整个网络中，由一个 FFD 充当网络协调器（PAN Coordinator），网络协调器除了直接参与应用外，还需要完成成员身份管理、链路状态信息管理以及分组转发等任务，如图 6.1 中所示。

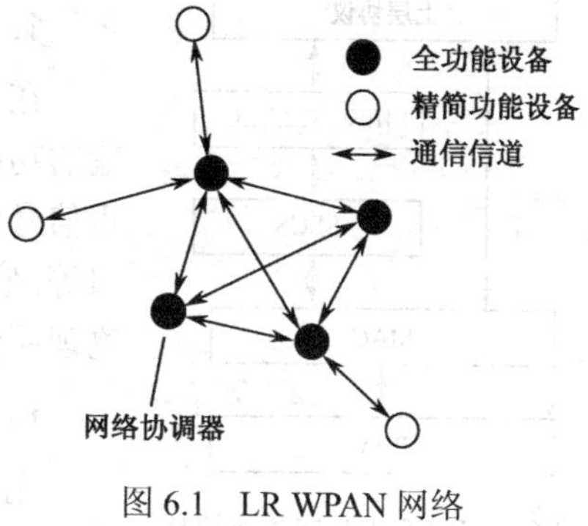

图 6.1　LR WPAN 网络

IEEE 802.15.4 的拓扑结构根据应用的场景可以分为两种，星状网络和点对点网络，如图 6.2 所示，在星状网络中，整个网络的数据传输都要经过网络协调器来进行控制，其余各个终端设备只能与网络协调器进行数据的交换。网络协调器首先负责为整个网络选择一个可用的通信信道和唯一的标识符，然后允许其他设备通过扫描、关联等一系列操作加入到自己的网络中，并为这些设备转发数据，因此星状网络一般适用于智能家居、个人健康护理等应用中。

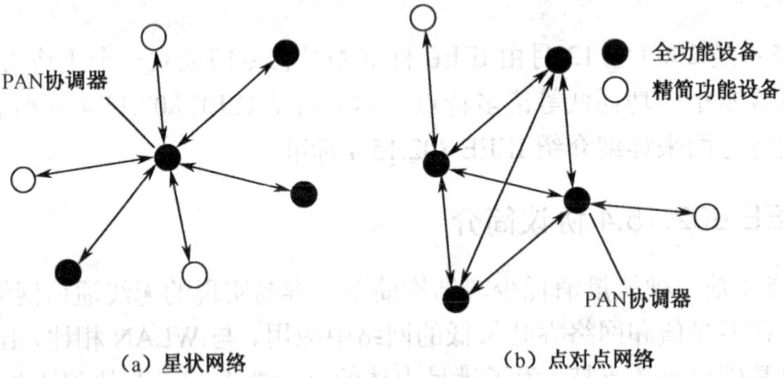

图 6.2　LR WPAN 的两种网络拓扑结构

点到点网络与星状网络有所不同，在点对点网络中，只要通信设备在对方的无线辐射范围内就可以与之通信。点对点网络中也存在网络协调器，主要负责管理链路状态、身份认证等，不再作为中心节点转发数据。根据点对点网络的特点，可以分为分簇网络、Mesh 网络等。点对点网络是一种自组织和自修复的网络，一般应用于工业检测、货物库存等方面，具有非常好的应用前景。

6.1.2　IEEE 802.15.4 协议栈

IEEE 802.15.4 网络协议栈是根据开放网络互联模型（OSI）来制定的，其中定义了两个层：物理层和 MAC 层，物理层是由射频收发器和底层控制模块组成，MAC 层为高层访问提供了访问物理信道的服务接口，协议栈结构如图 6.3 所示。

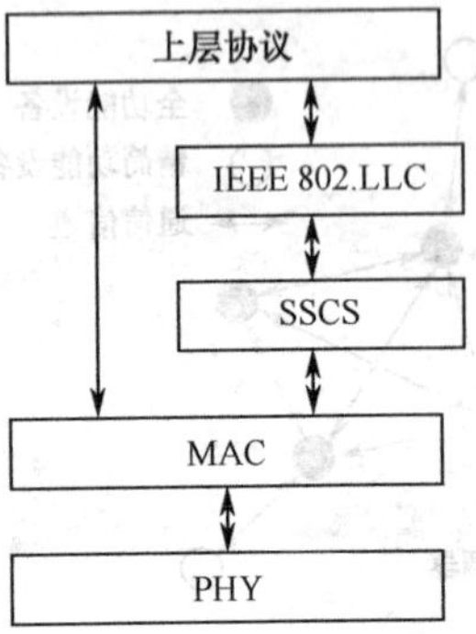

图 6.3　IEEE 820.15.4 协议栈

1. 物理层规范

在 OSI 参考模型中，物理层是模型的最底层，是保障信号传输的功能层，IEEE 802.15.4 的物理层与 OSI 模型类似，主要负责信号的发送与接收，提供无线物理信道和 MAC 子层之间的接口等，它为链路层提供的服务包括物理连接的建立、维持与释放，物理服务数据单元的传输，物理层管理和数据编码。

1）信道分配及调制方式

无线传感器网络的物理层定义了三个载波频段用于收发数据，这三个频段被称为工业科学、医疗（ISM）频段，即 2 400 MHz、

868MHz、915 MHz 频段，在这三个频段上面采用的发送数据的速率、信号处理过程以及调制方式上面都有一定的协议，如表 6.1 所示。

表 6.1　载波信道特性表

PHY/MHz	频段/MHz	序列扩频参数		数据参数		
		片速率/（kchip/s）	调制方式	比特率（kbps）	符号速率（ksymbol/s）	符号（symbol）
868/915	868～868.6	300	BPSK	20	20	二进制位
	902～928	600	BPSK	40	40	二进制位
2450	2 400～2 483.5	2 000	OQPSK	250	62.5	十六进制

其中，在 2 450 MHz 频段上定义了 16 个信道，在 915 MHz 频段上定义了 30 个信道，在 868 MHz 上面定义了 3 个信道，根据信道的编号我们可以很容易的计算出各个物理信道的中心频率。

2）物理层帧结构

物理层的数据帧也可以称为物理层协议数据单元（PPDU），每个 PPDU 帧由同步头、物理帧头和 PHY 负载组成，如图 6.4 所示，同步头包括 1 个前导码和 1 个帧起始分隔符（Start of Frame Delimiter，SFD），前导码由 4 个全 0 的字节组成，收发器在接收前导码期间会根据前导码序列的特征完成片同步和符号同步；帧起始分隔符字段长度为 1 个字节，它的值固定为 0xA7，表明前导码已经完成了同步，开始接收数据帧。物理帧头中低 7 位用来表示帧长度，高位是保留位。物理帧的负载长度可变，称为物理服务数据单元（PHY Service Data Unit，PSDU），一般用来承载 MAC 帧。

4字节	1字节	1字节		长度可变
前导码	SFD	帧长度 (7bit)	保留位	PSDU
同步头		物理帧头		PHY负载

图 6.4　物理帧结构

3）物理层功能的实现

所有的物理层服务均是通过物理层服务访问接口实现的，数据服务是通过物理层数据访问接口（PD-SAP）实现的，管理服务则是通过物理层管理实体访问接口（PLME-SAP）实现的，每个接口都提供了相关的访问原语。

（1）数据的发送与接收。通过 PDSAP 提供的 PD-data 原语可以实现两个 MAC 子层的 MPDU（MAC Protocol Data Unit）传输。IEEE 802.15.4 特意定义了三个与传输数据有关的原语：数据请求原语（PD-DATA.Request）、数据确认原语（PD-DATA.confirm）和数据指示原语（PD-DATA.indication）。

数据请求原语主要用于处理 MAC 子层的数据发送请求，参数为待发送数据报文长度以及待发送报文，由 MAC 层产生，物理层在接收到该原语时，首先确认底层的射频收发器已置于发送打开状态，然后控制底层射频硬件把数据发送出去。如果物理层在发送数据时，发现底层的射频收发器处于接收状态（RX-ON）或者未打开状态（TRX-OFF），则将通过数据确认原语告知上层，其中原语的参数为失效的原因；否则视为发送成功（SUCCESS），同样通过确认原语报告给上层。

数据指示原语主要用于向 MAC 层报告接收的数据。在物理层成功收到一个数据报文后，将产生该原语并通告 MAC 层，其中参数为接收到的报文长度、具体的报文（PSDU）和 LQI。LQI 与数据无关，是物理层在接收当前数据报文时链路质量的一个量化值，上层可以借助这个参数进行路由的选择。

（2）物理信道的能量监测（Energy Detection，ED）。在 IEEE 802.15.4 网络形成时，首先是一个 FFD 设备把自己设置为网络协调器，网络协调器在构建一个新的网络时，需要负责扫描所有的信道（在 MAC 层称为 ED-SCAN），然后为自己的网络选择一个新的空闲信道。这个过程在底层是借助物理信道的能量监测来完成的。如果一个信道被别的网络占用，则体现在信道能量上的值是不一样的。标准定义了与之相关的两个原语：能量检测请求原语（PLME-ED.request）和能量检测确认原语（PLME-ED.confirm）。

能量检测请求原语由 MAC 子层产生，为一个无参数的原语。物理层在接收到该原语后，将产生能量监测确认原语，把当前信道的状态以及当前信道的能量值返回给 MAC 层。在具体的实现中，一般射频芯片会使用特定寄存器存放当前的信道状态以及信道的能量值。

（3）射频收发器的激活和关闭。出于低功耗等要求的考虑，在高层无数据收发时，可以选择关闭底层射频收发器。标准定义了与之相关的两个原语：收发器状态设置请求原语（PLME-SET0TRX-STATE.request）和收发器状态设置确认原语（PLME-SET-TRX0STATE.confirm）。

收发器状态设置请求原语由 MAC 子层产生，参数为需要设置的目标状态，包括射频接收打开、发送打开、收发关闭和强行收发关闭。物理层在接收到该原语后，将射频设置为对应的状态，并通过设置确认原语返回操作的结果。如果请求原语要求的状态与当前的射频状态不冲突，设备将通过设置确认原语返回操作成功。如果收发器正在发送数据，要求设置为接收状态或关闭状态时，设置确认原语将返回发送忙（BUSY-TX）。同样地，如果收发器正在接收数据，却被要求设置成发送状态或关闭状态，设置确认原语将返回接收忙（BUSY-RX）。如果收发器要求设置的状态与当前状态一直，设置确认原语将直接返回该状态。如果设置原语要求的是强行关闭状态，则不考虑当前的射频收发状态，直接强制关闭射频收发器。

（4）空闲信道评估（Clear Channel Assessment，CCA）。由于 IEEE 802.15.4 标准的 MAC 层采用的是 CSMA-CA 机制访问信道，需要探测当前的物理信道是否空闲，物理层提供的 CCA 监测功能就是专门为此而定义的。标准专门定义两个与之相关的原语：CCA 请求原语（PLME-CCA.request）与 CCA 确认原语（PLME-CCA.confirm）。

CCA 请求原语由 MAC 层产生，用于向物理层询问当前的信道状况，物理层在收到该原语后，如果当前的射频收发状态设置为接收状态，将进行 CCA 操作（读取物理芯片中相关的状态寄存器），然后通过 CCA 确认原语返回信道空闲（IDLE）或信道繁忙（BUSY）状态。如果当前射频收发器处于关闭状态或者发送状态，CCA 确认原语将对应返回 TRX=OFF 或 TRX-OFF。

（5）链路质量指示（LQI）。高层的协议往往需要依据底层的链路质量来选择路由，物理层在接收一个报文时可以顺带返回当前的 LQI 值。物理层主要通过底层的射频硬件支持来获取 LQI。

（6）物理层属性参数的获取与设置。在协议栈里面，每一层协议都维护着一个信息库（PAN Information Base，PIB）用于管理该层，里面具体存放着与该层相关的一些属性参数，如最大报文长度等。在高层可以通过原语获取或修改下一层的信息库里面属性参数。IEEE 802.15.4 物理层同样维护着这样一个信息库，并提供了 4 个相关的原语：属性参数获取请求原语（PLME-GET.request）、属性参数获取确认原语（PLME-GET.confirm）、属性参数设置请求原语（PLME-SET.request）和属性参数设置确认原语（PLME-SET.confirm）。

2. MAC 层规范

在无线传感器网络中，存在一个竞争使用问题，因此和 OSI 模型不同的是，IEEE 802.15.4 标准将无线传感器网络的数据链路层分为两个子层，即逻辑链路子层（LLC）和介质控制访问子层（MAC），MAC 子层主要负责解决共享信道问题。

IEEE 802.15.4 标准规定 MAC 层实现的功能有：

- 采用 CSMA/CA 机制来解决信道冲撞问题；
- 网络协调器产生并发送信标帧，用于协调整个网络；
- 支持 PAN 网络的关联和取消关联操作；
- 支持时隙保障（CTS）机制；
- 支持不同设备的 MAC 层间可靠传输。

IEEE 802.15.4 标准根据网络配置的不同提供了两种信道访问机制：在无信标使能的网络中采用无时隙的 CSMA/CA 机制，在信标使能的网络中采用带时隙的 CSMA/CA 机制。

1）信道的时段分配

在开始讲解信道的时段分配之前，我们首先来认识一个概念——超帧。超帧是一种用来组织网络通信时间分配的逻辑结构，它将通信时间划分为活跃和不活跃两个时段，如图 6.5 所示。在不活跃期间，PAN 网络中的设备不会相互通信，从而进入睡眠状态来节省能量。网络的通信在活跃期间进行，活跃期间由可以分为三个阶段，即信标帧发送时段、竞争访问时段（CAP）和非竞争访问时段（CFP），总共 16 个等长的时隙，每个时隙的长度、竞争访问时段包含的时隙数等参数都由网络协调器来控制设定，并通过信标帧广播到整个网络。

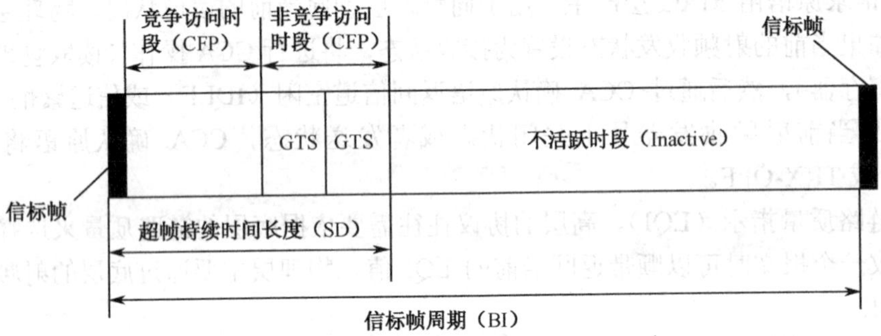

图 6.5　超帧结构

在竞争访问时段，设备通过 CSMA/CA 机制与网络协调器通信。非竞争访问时段又可分为几个 GTS，网络协调器在这个时段内只能与指定的设备进行通信。网络协调器在每个超帧时段最多可以分配 7 个 GTS，一个 GTS 可以占有多个时隙。

在协议实现时，设置合适的参数可以使每个设备的活跃时段只占超帧周期很短的一部分，设备大部分时间可以处于睡眠状态，还可以为低能耗应用提供支持。另一方面，协议还可以通过超帧方式实现多簇网络，每个簇在自己的活跃时段内传送数据，将各个簇的活跃时段完全错开，每个设备在活跃时段内与自己的簇头（协调器）通信，以此实现创建信道无冲突的访问。不过这种方式需要整个网络保持精确的时钟同步，并且中间协调器要维护本簇内的信标同步，又要与其父节点实现信标同步。

2）CSMA/CA 算法

在 CAP 内，各个设备采用 CSMA/CA 机制竞争访问信道，在设备与网络协调器之间传送数据帧或命令帧（不包含信标帧与应答帧）。CSMA/CA 机制的时间计算以回退周期（Backoff Period）为时间单位，可以理解为将整个 CAP 时段离散地划分成多个回退周期，然后 CSMA/CA 里面的所有时间长度都以多少个回退周期来度量。特别地，在基于时隙的 CSMA/CA 机制里，回退周期必须与超帧边界保持对齐，对于非时隙的 CSMA/CA 没有这个限制。

CSMA/CA 算法的流程如图 6.6 所示，每个采用 CSMA/CA 算法的设备需要维护三个变量：NB、CW 和 BE。NB 记录在当前帧传输时已经回退的次数，初始值设置为 0，每回退一次值增加 1。CW 记录竞争窗口的尺寸，即监测到信道空闲后还需等待多长时间才能真正开始发送数据，初始值为 2，这个变量仅用在基于时隙的 CSMA-CA 中，在非时隙的 CSMA/CA 中监测到信道空闲后将立即发送。BE 是一个回退指数，是指在冲突后再次开始监测信道需要等待的时间（$2^{BE}-1$），初始化值为一个常数，不同网络设置的 BE 值不同。在信道访问期间，由于 CCA 监测要求将射频收发器置为接收状态，这时将直接忽略接收到的数据。

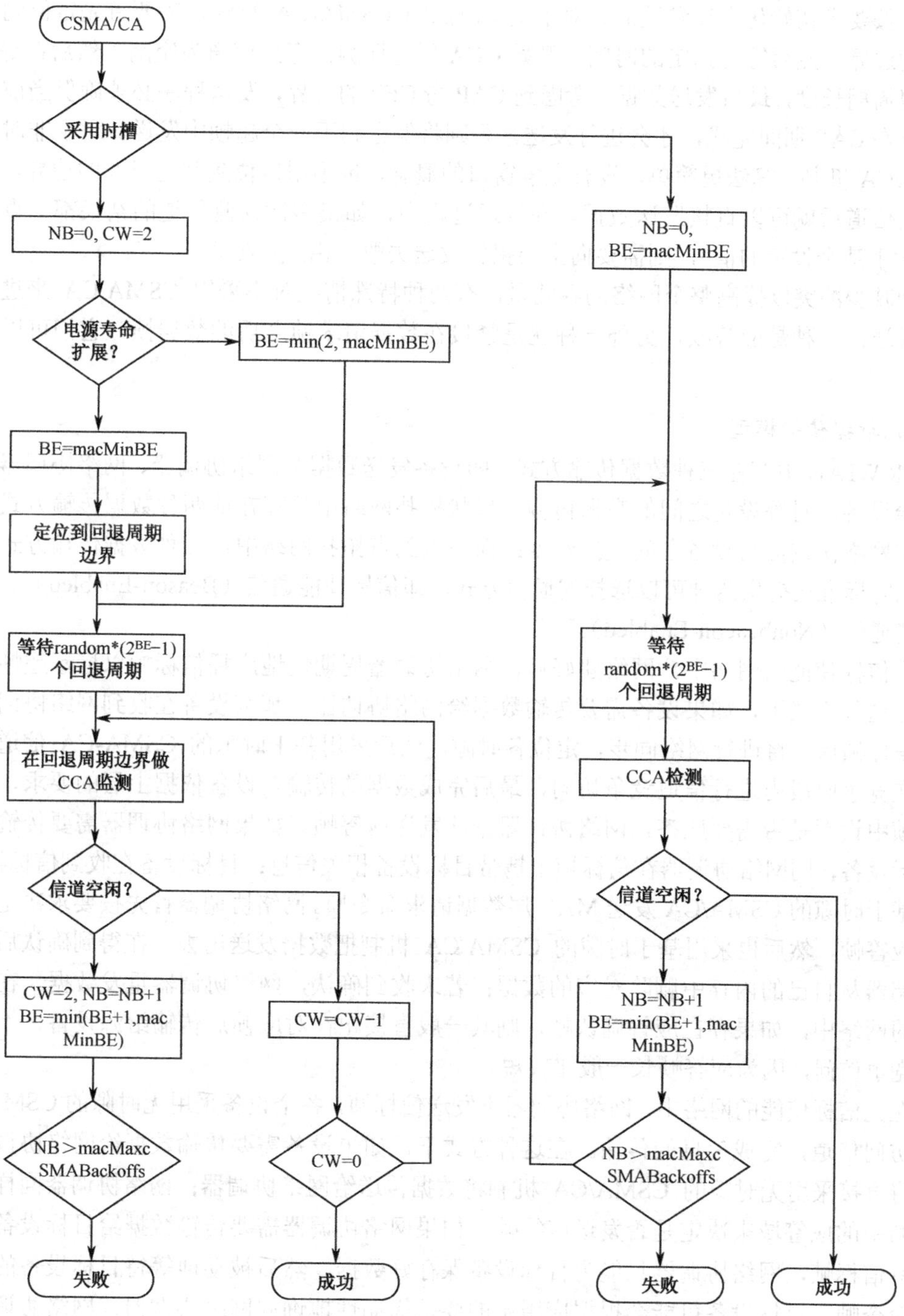

图 6.6　CSMA/CA 流程图

在按要求初始化上述参数后，对于基于时隙的 CSMA/CA 算法，需要首先定位到回退时间的边界，然后等待指定的时间，开始 CCA 信道探测，直到信道为空闲，然后在等 CW 个回退周期长度，最后发送数据。考虑到 CAP 与 CFP 的边界，发送程序必须确保当前的数据可以在 CAP 期间完成，才会进行发送，否则将保存到下一个超帧中发送。对于非时隙的 CSMA/CA 机制，算法更简单，没有竞争窗口的概念，也不用定位到回退时间的边界，监测到空闲信道后就可以直接发送数据。在发送过程中，如果多次探测信道的结果都一直为忙（NB 大于某个设定的值），则需要向上层报告发送失败，由上层处理。

为减少冲突以提高整个网络的吞吐量，有两种特殊情况时不采用 CSMA/CA 来进行数据的发送：一种是应答帧，另外一种就是紧接在数据请求帧之后的数据帧，它们可以直接发送。

3）数据传输模型

LR WPAN 中存在三种数据传输方式，即设备发送数据给网络协调器、网络协调器发送数据给设备、对等设备之间的数据传输。星状拓扑网络中只存在前两种数据传输方式，因为只在网络协调器与设备之间交换数据；而在点到点拓扑网络中，三种数据传输方式都存在。同时标准还提供两种可以选择的通信方式，即信标使能通信（Beason-Enabled）和无信标使能通信（Nonbeacon-Enabled）。

在信标使能的网络中，网络建好后，网络协调器周期性地广播信标帧以标示超帧的开始。在这种方式下，如果设备需要传输数据给网络协调器，那么设备在收到网络协调器广播的信标帧后，将进行网络同步，定位各时隙，然后采用基于时隙的 CSMA-CA 信道访问机制在竞争时段内进行信道竞争访问，最后完成数据的传输。设备依据上层的要求，在传输的帧中设置是否需要应答，网络协调器据此发送应答帧。如果网络协调器需要传输数据给目标设备，则网络协调器在信标帧中携带目标设备相关信息；目标设备在收到信标帧后，采用基于时隙的 CSMA/CA 发送 MAC 层数据请求命令帧。网络协调器首先按要求决定是否发送应答帧，然后也采用基于时隙的 CSMA/CA 机制把数据发送出去。在得到确认后，网络协调器从自己的内存中删除对应的数据；若未收到确认，网络协调器重发数据。在信标使能的网络中，如果存在应答确认帧，则其一般直接跟在对应帧后传输给源设备，不采用信道竞争访问，因为应答帧长一般比较短。

在无信标使能的网络中，网络协调器不发送信标帧，各个设备采用无时隙的 CSMA/CA 机制访问信道，完成信息的传输。在这种方式下，如果设备需要传输数据给网络协调器，设备将直接采用无时隙的 CSMA/CA 机制将数据传送给网络协调器；网络协调器同样依据数据帧中的应答域来决定是否发送应答帧。如果网络协调器需要传输数据给目标设备，由于没有信标帧，网络协调器只能为目标设备保存好数据，然后被动地等待目标设备的数据请求命令帧。目标设备可能会根据应用层的要求周期性地询问网络协调器，网络协调器通过回应一个确认帧表示是否有数据存在，如果有，网络协调器同样采用无时隙的 CSMA/CA

机制发送数据给目标设备。在无信标使能的网络中，如果存在应答帧，也直接跟在对应帧后传输给源设备，而不采用信道竞争访问机制。

在点到点的IEEE 802.15.4网络中，每个设备均可以与其无线辐射范围内的设备进行通信。为了保证通信的有效性，这些设备需要持续保持接收状态或实现严格的同步。

3. MAC子层的帧格式

MAC层帧结构的设计目标就是在保持低复杂度的前提下，实现多噪声无线信道环境下的可靠数据传输。MAC帧格式如图6.7所示。

<table>
<tr><td>Octs: 2</td><td>1</td><td>0/2</td><td>0/2/8</td><td>0/2</td><td>0/2/8</td><td>可变</td><td>2</td></tr>
<tr><td rowspan="2">帧控制信息</td><td rowspan="2">帧序列号</td><td>目的设备PAN标识符</td><td>目标地址</td><td>源设备PAN标识符</td><td>源设备地址</td><td rowspan="2">帧数据单元</td><td rowspan="2">FCS校验码</td></tr>
<tr><td colspan="4">地址信息</td></tr>
<tr><td colspan="6">帧头</td><td>MAC负载</td><td>MFR帧尾</td></tr>
</table>

图6.7 MAC帧格式

每个MAC子层的帧包括三个部分：帧头、负载和帧尾。帧头由帧控制信息、帧序列号和地址信息组成。负载长度大小可变，具体内容由帧类型决定。帧尾是一个16位的CRC效验码。

6.2 ZigBee标准

ZigBee技术是一种面向自动化和无线控制的价格低廉、能耗小的无线网络协议，IEEE 802.15.4技术的出现更加推动了它在工业、农业、军事、医疗等专业领域的应用。ZigBee技术建立在IEEE 802.15.4协议之上，根据ZigBee联盟的规范，ZigBee在IEEE 802.15.4的基础上扩展了网络层和应用层，其协议栈如图6.8所示。

图6.8 ZigBee协议栈

6.2.1 网络层规范

ZigBee协议中定义了三种设备：ZigBee协调器、ZigBee路由器和ZigBee终端设备。每个网络都必须包括一台ZigBee协调器，它负责建立并启动一个网络，包括选择合适的射频信道、唯一的网络标识符等一系列操作。ZigBee路由器作为远程设备之间的中继器来进行通信，能够拓展网络的范围，负责搜寻网络路径，并在任意两个设备之间建立端到端的传输。ZigBee终端设备作为网络中的终端节点，负责数据的采集。

从功能上讲，网络层必须为IEEE 802.15.4的MAC子层提供支持，并为应用层提供合适的服务接口。为了实现与应用层的接口，网络层从逻辑上被分为两个具有不同功能的服务实体：数据实体和管理实体。数据实体（NIDE）接口主要负责向上层提供所需的常规数据服务，管理实体接口主要负责向上层提供访问接口参数、配置和管理数据的机制，包括配置新的设备、建立新的网络、加入和离开网络、地址分配、邻居发现、路由发现、接收控制等功能。

1. 网络建立

ZigBee 网络的建立是由某个节点开始的，由一个未加入网络的协调器节点发起，通过 NLME-NETWORD-FORMATION.request 原语来建立 ZigBee 网络，协调器利用 MAC 子层提供的扫描功能，设定合适的信道和网络地址后，发送信标帧，以吸引其他节点加入到网络中。

2. 设备的加入

处于激活状态的设备可以直接加入网络，也可以通过关联操作加入到网络中。ZigBee 网络层提供了 NLME-JOIN.request 原语来完成这个操作。网络层参考 LQI 值和网络深度两个指标来进行设备父设备的选择，LQI 即链路质量，网络深度表示该设备最少经过多少跳到达协调器，设备优先选择 LQI 值高、网络深度小的设备作为其父设备。

确定好父设备后，设备向其父设备发送加入请求，经过父节点的同意后加入该网络，若父节点不接收该设备，则该设备重新选择一个父设备节点进行连接，直到最终加入网络。

3. 设备段地址分配

设备加入到网络之后，网络就会为其分配网络地址，网络地址的分配主要依据三个参数：最多子设备数、最大网络深度和 NWKMaxRouters（RM），可根据下面的计算公式计算地址偏移量 $C_{\mathrm{skip}}(d)$，其中 d 为网络深度，地址偏移量决定了设备可以分配给其具有路由能力的子设备地址块的大小。

$$C_{\mathrm{skip}}(d)=\begin{cases}1+C_{\mathrm{m}}(L_{\mathrm{m}}-d-1), & R_{\mathrm{m}}=1\\ \dfrac{1+C_{\mathrm{m}}-R_{\mathrm{m}}-C_{\mathrm{m}}R_{\mathrm{m}}{}^{1m-d-1}}{1-R_{\mathrm{m}}}, & \text{其他}\end{cases} \tag{6.1}$$

4. 设备的离开

设备节点的离开有两种不同的情况：第一种是子设备向父设备请求离开网络，第二种是父设备要求子设备离开网络。当一个设备接收到高层的离开网络的请求时，它首先请求其所有的子设备离开网络，所有子设备移出完毕后，最后通过取消关联操作向其父设备申请离开网络。

5. 邻居列表的维护。

邻居列表中包含传输范围内所有节点的信息，邻居列表的维护主要体现在以下几个方面：

- 节点接入网络时，从收到的信标帧中获取周围节点的信息，并添加到邻居列表中；
- Router 和 Coordinator 将其子节点添加到邻居列表中；
- 当检测到节点离开其一跳范围时，并不是将节点的信息从邻居列表中移除，而是把 Relationship 项设置为 0x03，表示和该节点没有关系。

6.2.2 应用层规范简介

ZigBee 的应用层由三个部分组成：应用支持子层、应用层框架和 ZigBee 应用对象（ZDO）。

应用支持子层为网络层和应用层通过 ZigBee 设备对象与制造商定义的应用对象使用的一组服务提供了接口，该接口提供了 ZigBee 设备对象和制造商定义的应用对象使用的一组服务，是通过数据服务和管理服务两个实体提供这些服务的。应用支持子层数据实体（APSDE）通过与之连接的服务接入点（即 APSDE.SAP）提供数据服务，应用支持子层管理实体（APSME）通过与之连接的服务接入点（即 APSME．SAP）提供管理服务，并且维护一个管理实体数据库，即应用支持子层信息库（NIB）。

ZigBee 中的应用框架可为驻扎在 ZigBee 设备中的应用对象提供活动的环境。最多可以定义 240 个相对独立的应用程序对象，对象的端点编号为 1～240；还有两个附加的终端节点为 APSDE.SAP 的使用，端点号 0 的终端节点固定用于 ZDO 数据接口；端点号 255 的终端节点固定用于所有应用对象广播数据的数据接口功能，端点号 241～254 保留，用于扩展使用。

ZigBee 设备对象（ZDO）描述了一个基本的功能函数，这个功能在应用对象、设备（Profile）和 APS 之间的提供了一个接口。ZDO 位于应用框架和应用支持子层之间，可满足所有在 ZigBee 协议栈中应用操作的一般需要。ZDO 还有以下作用：

（1）初始化应用支持子层（APS）、网络层（NWK）、安全服务规范（SSS）。

（2）从终端应用中集合配置信息来确定和执行发现、安全管理、网络管理以及绑定管理。ZDO 描述了应用框架层的应用对象的公用接口，以控制设备和应用对象的网络功能。在端点号为 0 的终端节点，ZDO 提供了与协议栈中低一层相接的接口，如果是数据就通过 APSDE．SAP，如果是控制信息则通过 APSME.SAP。在 ZigBee 协议栈的应用框架中，ZDO 公用接口提供设备、发现、绑定以及安全等功能的地址管理。

6.3 无线局域网技术

随着计算机网络和无线通信技术的发展，以及 Internet 应用和各种便携机、PDA（Personal Data Assistant）等移动智能终端的使用日益增长，无线网络的发展异常迅速，它给广大用户提供了诸多便利（随时随地自由接入 Internet，能享受更多的、安全且有保障的网络服务）。与有线网络相比，无线局域网具有使用灵活、经济节约、易于扩展等优点。

6.3.1 无线局域网概述

无线局域网工作于 2.5 GHz 或 5 GHz 频段，以无线方式构成的局域网。无线局域网是计算机网络与无线通信技术相结合的产物，通俗点说，无线局域网（Wireless Local Area Networks，WLAN）就是在不采用传统电缆线的同时，提供传统有线局域网的所有功能，网络所需的基础设施不需要再埋在地下或隐藏在墙里，网络却能够随着实际需要移动或变化。之所以还称其是局域网，是因为会受到无线连接设备与电脑之间距离的远近限制而影响传输范围，所以必须在区域范围之内才可以连上网络。

无线局域网由无线接入点 AP、无线网卡 NIC、无线网桥及配套软件等组成。WLAN 内的所有用户都具有一个可以实现无线连接的无线网卡，它们通过一个称为 AP 的无线 HUB 组成无线局域网络，两个或多个局域网络可通过无线网桥连接起来。

1．无线网卡（NIC）

无线网卡是高频、宽带无线组网设备，它通过采用载波监听访问协议把无线终端连接起来。目前无线网卡规格可分为 PCMCIA、ISA/PCI、USB 等几种。

2．访问节点（Access Point）

无线访问节点 AP 主要用于 WLAN 子网中，是无线子网的基站。它们是在多个 WLAN 站点组网时，作为子网核心必不可少的设备，提供子网内无线设备的组网。同时它也实现 WLAN 和有线局域网之间的桥接，把无线网络与有线网络连接起来，包括桥接、移动管理、节能管理和同步等功能。

3．无线网桥（Wireless Bridge）

无线网桥是为使用无线（微波）进行远距离点对点网间互联而设计的，它是一种在数据链路层实现 LAN 互联的存储转发设备，可用于固定数字设备与其他固定数字设备之间的远距离、高速无线组网，特别适用于城市中的远距离高速组网和野外作业的临时组网。只实现链路层功能的无线网桥是透明网桥，而具有路由等网络层功能、在网络层实现异种网络互联的设备叫无线路由器，也可作为第三层网桥使用。

4．无线网关（Wireless Gateway）

无线网关也称为无线协议转换器，它在传输层实现网络互联，是最复杂的网间互联设备，仅用于两个高层协议不同的网络互联。无线网关通过不同设置可完成无线网桥和无线路由器的功能，也可以直接连接外部网络，如 WAN，同时实现 AP 功能。

6.3.2　网络拓扑结构

IEEE 802.11 网络由移动终端（STA）和无线接入点（AP）组成，它们相互作用形成一个 WLAN，使得移动终端的移动性对高层协议透明。IEEE 802.11 标准支持两种拓扑结构：独立基本服务集（IBSS）网络和扩展服务集（ESS）网络。这些网络使用一个基本构件块，IEEE 802.11 标准称为基本服务集（BSS），它提供一个覆盖区域，使 BSS 中的站点保持充分的连接。一个站点可以在 BSS 内自由移动，但如果离开了 BSS 区域就不能与其他站点建立直接连接了。

当一个BSS内的所有终端都是移动终端并且和有线网络没有连接时，该BSS称为独立基本服务集（IBSS），如图6.9所示，IBSS中的所有移动终端都可以相互自由通信。IBSS是最基本的IEEE 802.11无线局域网，至少包括两个无线站点。IBSS没有中继功能，一个移动终端要想和其他移动终端通信，必须处在能够直接通信的物理范围之内。因为IBSS不需太多规划就能被快速建立，所以常常被称为特别网络（Ad hoc Network）。

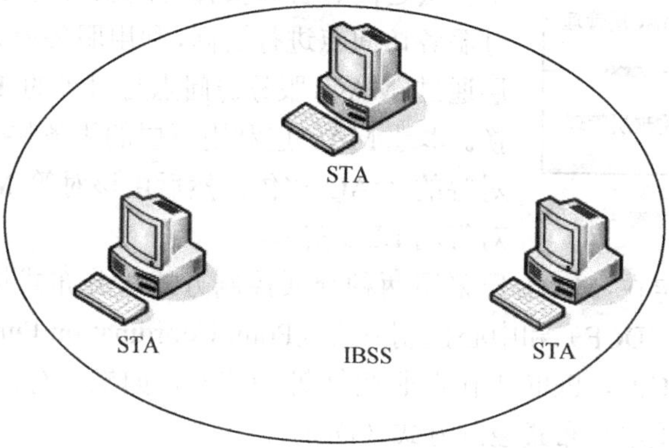

图6.9　IBSS示意图

当一个BSS中包含无线接入点（AP）时，由AP和分布式系统（Distribution System，DS）相互连接就可以组成扩展服务集（ESS），如图6.10所示。无线接入点除了本身是一个独立的终端的之外还提供对分布系统的接入服务。在这种网络中，所有的移动终端均通过AP相互通信。AP既为本BSS提供中继功能，还提供了对分布式系统的接入。如果BSS中的一个移动终端要和其他移动终端通信，数据将首先被发送到源端所在的BSS的AP，然后由AP通过分布式系统转发到目的端所在BSS的AP，再由这个AP发送到目的端，这样AP就起到了缓存发往当前正处于节能模式的移动终端的数据的作用。

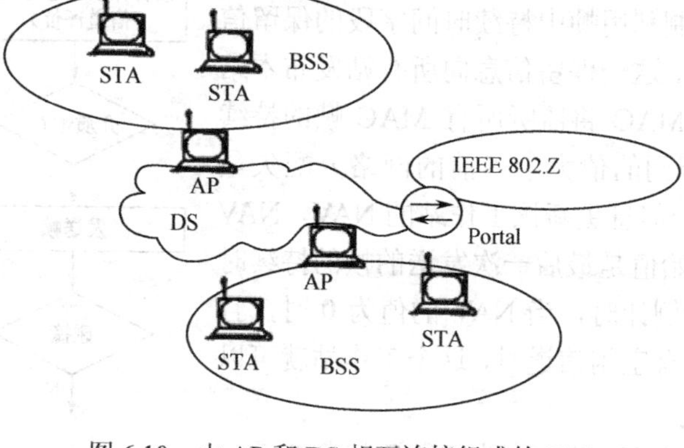

图6.10　由AP和DS相互连接组成的ESS

6.3.3 IEEE 802.11 协议栈

IEEE 802.11 协议主要由物理层和数据链路层的 MAC 子层组成，其中物理层又可分为物理层汇聚（PLCP）子层和物理层媒质依赖（PMD）子层。IEEE 802.11 协议参考模型如图 6.11 所示。参考模型中各层之间、管理实体之间以及层与管理实体之间主要通过服务访问点进行访问，利用服务原语彼此建立联系。LLC 层通过 MAC 服务访问点与对等的 LLC 实体进行数据交换。本地 MAC 层利用下层的服务将一个 MSDU 传给一个对等的 MAC 实体，然后由该对等 MAC 实体将数据传给对等的 LLC 实体。

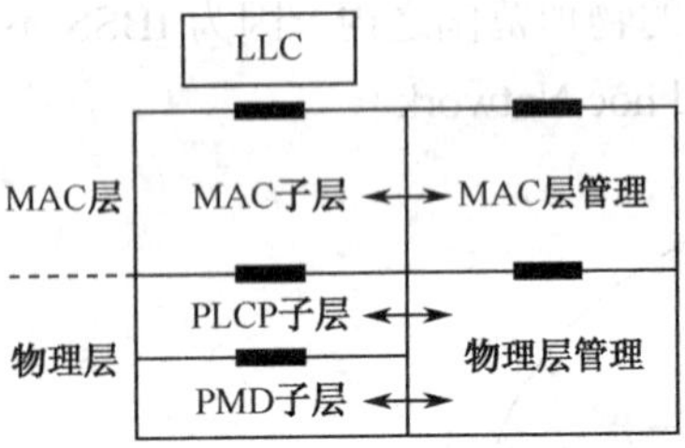

图 6.11 IEEE 802.11 协议参考模型

IEEE 802.11 规定在 MAC 层采用两种介质控制方式：分布式控制方式（Distributed Coordination Function，DCF）和中心控制方式（Point Coordination Function，PCF）。其中，DCT 工作在竞争期（CP），PCF 工作在非竞争期（CFP），如果没有特别说明，本书中后面研究的无线局域网均采用分布式控制方式（DCF）。

1. 分布式控制方式

分布式控制方式（DCF）是与物理层兼容的工作站和访问节点（AP）之间自动共享无线介质的访问协议，是 IEEE 802.11 MAC 层主要采用的访问协议。IEEE 802.11 DCF 采用具有冲突避免的载波监听多路访问（CSMA/CA）协议进行无线介质共享。

物理层和虚拟载波监听机制可以让 MAC 层监听介质处于繁忙还是空闲状态，CSMA/CA 流程如图 6.12 所示。物理层控制机制将物理信道评估结果发送到 MAC 层，作为确定信道状态信息的一个因素。

MAC 层控制机制利用帧中持续时间字段的保留信息实现虚拟监测机制，这一保留信息向所有站发布本站将使用介质的消息。MAC 将监听所有 MAC 帧的持续时间字段，如果监听到的值大于当前的网络分配矢量（NAV）值，就用这一信息更新该工作站的 NAV，NAV 就像一个计数器，开始值是最后一次发送的帧的持续时间字段值，然后开始倒计时，当 NAV 的值为 0 时，且物理层控制机制表明有空闲信道时，这个工作站就可以发送帧了。

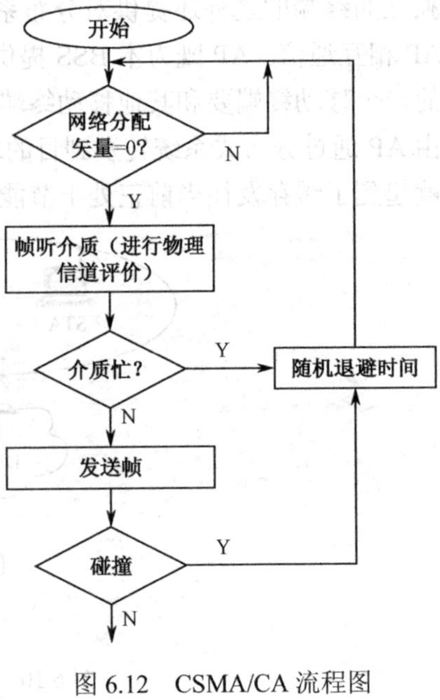

图 6.12 CSMA/CA 流程图

物理信道评估和 NAV 的内容为 MAC 层判断信道状态提供了足够的信息。

当一个节点需要发送帧时，首先调用载波侦听机制来确定信道的忙/闲状态，如果信道忙，它将推迟发送，直到信道处于空闲状态的时间达到一个 DIFS 长度为止。为了避免发送冲突，该节点在发送前必须经过一个附加的退避周期，将产生一个随机的退避时间（Back Off Time），并存入退避计数器。如果退避计数器中已经包含有一个非 0 的值，那么就不再执行产生随机退避时间的过程。退避时间的产生方法为

$$\text{BackoffTime} = \text{Random}() \times aSlotTime$$

式中，Random() 是均匀分布在[0，CW]范围内的随机整数；竞争窗口（Contention Window，CW）是介于由物理层特征决定的最小竞争窗口 CW_{min} 和最大竞争窗口 CW_{max} 之间的一个整数值，$CW_{min}<CW<CW_{max}$；aslotTime 是由物理层特性决定的一个时隙的实际长度值。退避时间是一个以时隙为单位的随机整数。

当一个节点执行退避过程时，在每一个时隙中侦听信道的状态，如果信道闲，则将退避时间计数器减 1；如果信道忙，则退避时间计数器被冻结（即不再递减），直到侦听到信道处于连续空闲状态达到 DIFS 时间，退避过程重新被激活，继续递减。当退避计数器递减到 0 时，节点就可以发送数据。当多个节点同时竞争信道时，每个节点都必须经过一个随机时间的退避过程，才能占据信道，这样就可大大减少冲突发生的概率。另外，通过采用退避过程中的冻结机制，使得被推迟的节点在下一轮竞争中无须再次产生一个新的随机退避时间，只需继续进行计数器递减即可，等待时间长的节点的优先级就高于新加入的节点，可能优先得到信道，从而维护竞争节点之间一定的公平性。

例如，在节点 A 发送数据时，节点 B、C、D 都有帧要发送，需要等待信道连续空闲 DIFS 时间，这时三个节点进入退避阶段。节点 B、C、D 在 CW 内随机产生一个退避时间，因为节点 C 所产生的退避时间最短，其退避计时器最先减至 0，从而开始发送帧，同时节点 B 和 D 的退避计时器被冻结。在节点 C 的传送过程中，节点 E 也有帧要发送，进入等待过程。信道空闲 DIES 后，节点 B 和 D 的退避计时器解冻，节点 E 产生随机退避时间。因为节点 D 的退避计时器最先减至 0，所以节点 D 获得发送机会。

每个节点都要维护一个 CW 参数，CW 的初始值为 CW_{min}。当一个节点发送失败时，该节点的 CW 就会增加 1 倍。以后，该节点每次因发送失败而重传时，CW 都会增加 1 倍，即 $CW=2^m(CW_{min}+1)-1$，其中 m 为重传次数。当 CW 的值增加到 CW_{max} 时，再连续重传时 CW 的值将保持为 CW_{max} 不变，当该节点发送成功或者达到了最大重传次数限制，CW 将被重新置为 CW_{min}。

这样就带来了一个公平性问题：对于一个发送成功的节点来说，当它要继续发送新的帧时，它的退避计数器是从最小范围内选取的，这使得它选取一个小退避值的概率远远大于其他节点，尤其是当其他节点因多次发送失败而使得退避窗口很大，从而使退避值的选择范围很大时。所以，一个发送成功的节点发送新的帧时很可能要优于发送失败节点对帧的重传。

2. 中心控制方式

中心控制方式（PCF）是优先级高于分布式控制方式（DCF）的访问方式，提供对无线媒质的无竞争访问。在这种工作模式下，置于访问节点（AP）中的中心控制器（PC）控制来自工作站的帧的传送。工作站均在PC的控制下获得对媒质的优先访问。中心控制器在其发出的查询帧中使用PIFS，因为PIFS小于DIFS，因而中心控制器总是能获得对介质的访问，并且在其发送查询帧、接收响应时，把异步通信全部都锁住。PC在每一个无竞争期开始，都对介质进行监测。如果介质在PIFS间隔之后仍然空闲，PC就发送一个包含无竞争期各项参数的信标（Beacon）帧。在含有AP的BSS中，信标帧用于保证相同物理网络中工作站的同步，它包含时间戳（Time Stamp），所有工作站都利用时戳来更新计时器，IEEE 803.11定义其为时间同步功能（Timing Synchronization Function，TSF）计时器。工作站接收到信标帧后，利用CF参数设置中的CFPMaxDuration值更新NAV，该值向所有工作站通知无竞争期的长度，直到无竞争期结束才允许工作站获得对介质的控制权。

发送信标帧后，PC等待至少一个DIFS间隔，然后发送下列帧。

（1）数据帧：该帧直接从PC发往某个特定的工作站，如果PC没有收到接收端返回的确认帧（ACK），它就会在无竞争期内的DIFS间隔后重发该帧。除了这种单点传输的数据帧，PC还可以向所有的终端（包括处于节能模式下的终端）发送广播帧，因为所有处于节能模式下的终端每隔TIM（Traffic Indication Map，业务指示表）时间都要转入活动状态接收PC发出的信标帧。

（2）无竞争轮询帧：PC向某个工作站发送无竞争轮询帧，授权该工作站可以向任何其他目的终端发送数据。如果被轮询的工作站没有数据要发送，它就发送一个空的数据帧。如果该站没有收到已发送数据的确认帧，则必须在被PC再次轮询时重发未被确认的帧。

（3）数据帧+无竞争轮询帧：PC向某个工作站发送数据，并轮询其是否有数据发送，这样可以减少因分两次发送和确认带来的系统开销。

（4）无竞争结束帧：该帧用于确定竞争期的结束。

工作站可以选择是否被PC轮询，它在Association Request（连接请求）帧的功能信息字段的CF-Pollable（可轮询CF）和CF-Poll_equest中表明自己能否被轮询和是否要求被轮询。工作站可以通过重新连接请求来改变现有的连接属性，表达是否愿意加入轮询队列。PC维护着一个轮询队列，在每个非竞争期PC至少会发送一次CF-Pollable，从而使队列中的工作站都有可能被PC轮询到。

6.4 蓝牙技术

蓝牙是一种支持设备短距离通信（一般在10 m内）的无线电技术，能在包括移动电话、PDA、无线耳机、笔记本电脑、相关外设等之间进行无线信息交换。利用蓝牙技术，能够有效地简化移动通信终端设备之间的通信，也能够成功地简化设备与因特网 Internet

之间的通信，从而数据传输变得更加迅速高效，为无线通信拓宽道路。蓝牙采用分散式网络结构以及快跳频和短包技术，支持点对点及点对多点通信，工作在全球通用的 2.4 GHz ISM（即工业、科学、医学）频段，其数据速率为 1 Mbps，采用时分双工传输方案实现全双工传输。

6.4.1 蓝牙核心协议

1. 基带协议

基带和链路控制层确保匹克网内各蓝牙设备之间射频构成物理连接。蓝牙的射频系统是一个跳频系统，其任一分组在指定时隙、指定频率上发送，它使用查询和寻呼进程来使不同设备间的发送频率和时钟保持同步。基带数据分组提供面向连接（SCO）和无连接（ACL）两种物理连接方式，而且在同一射频上可实现多路数据传送。ACL 适用于数据分组，SCO 适用于语音及数据/语音的组合。所有语音与数据分组都附有不同级别的前向纠错（FEC）或循环冗余校验（CRC），而且可进行加密。此外，不同数据类型（包括连接管理信息和控制信息）都分配一个特殊通道。

可使用各种用户模型在蓝牙设备间传送语音，面向连接的语音分组只需经过基带传输，而不到达 L2CAP。语音模式在蓝牙系统内相对简单，只需开通语音连接，就可传送语音。

2. 链路管理协议

链路管理协议（LMP）负责蓝牙各设备间连接的建立和设置，它通过连接的发起、交换、核实来进行身份验证和加密，通过协商确定基带数据分组大小，它还控制无线设备的节能模式和工作周期，以及匹克网内设备的连接状态。

3. 逻辑链路控制和适配协议

逻辑链路控制和适配协议（L2CAP）是基带的上层协议，可以认为它与 LMP 是并行工作的。它们的区别在于当业务数据不经过 LMP 时，L2CAP 为上层提供服务。L2CAP 向上层提供面向连接的和无连接的数据服务时，采用了多路复用技术、分段和重组技术及组概念。L2CAP 允许高层协议以 64 KB 收发数据分组。虽然基带协议提供了 SCO 和 ACL 两种连接类型，但 L2CAP 只支持 ACL。

4. 服务搜索协议

服务搜索协议（SDP）在蓝牙技术框架中起到至关重要的作用，它是所有用户模式的基础。使用 SDP，可以查询到设备和服务类型，从而在蓝牙设备间建立相应的连接。蓝牙协议栈如图 6.13 所示。

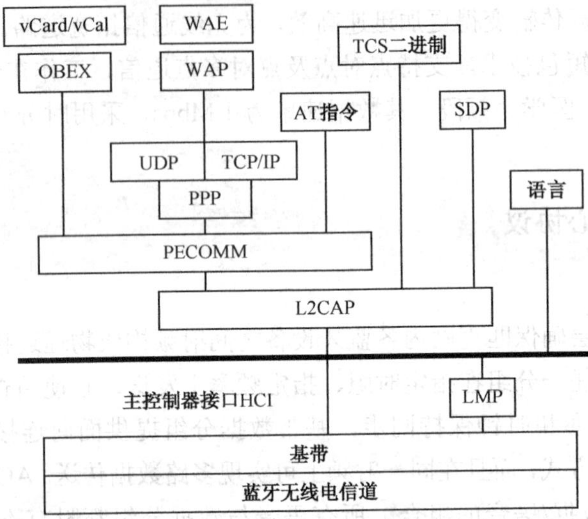

图 6.13　蓝牙协议栈

6.4.2　蓝牙优势

1．全球可用

蓝牙（Bluetooth）无线技术可供我们在全球免费使用。许多行业的制造商都积极地在其产品中实现此技术，以减少使用零乱的电线，实现无缝连接、流传输立体声，传输数据或进行语音通信。Bluetooth 技术在 2.4 GHz 波段运行，该波段是一种无须申请许可证的工业、科技、医学（ISM）无线电波段。正因如此，使用 Bluetooth 技术不需要支付任何费用。但您必须向手机提供商注册使用 GSM 或 CDMA，除了设备费用外，您不需要为使用 Bluetooth 技术再支付任何费用。

2．设备范围

Bluetooth 技术得到了空前广泛的应用，集成该技术的产品从手机、汽车到医疗设备，使用该技术的用户从消费者、工业市场到企业等，不一而足。低功耗、小体积以及低成本的芯片解决方案使得 Bluetooth 技术甚至可以应用于极微小的设备中。

3．易于使用

Bluetooth 技术是一项即时技术，它不要求固定的基础设施，且易于安装和设置。您不需要电缆即可实现连接，外出时可以随身带上个人局域网（PAN），甚至可以与其他网络连接。

4．抗干扰能力强

由于蓝牙系统采用 GFSK 调制，同时应用快跳频和短包技术，因此抗信号衰落性能较好，还可以减少同频干扰，保证传输的可靠性。

5．可以同时传输语音和数据

蓝牙采用分组交换和电路交换相结合的技术，可以支持异步数据信道、三路语音信道，以及异步数据与同步语音数据同时传输的信道。

6.5　UWB 技术

超宽带（Ultra Wide Band，UWB）是一种具备低耗电与高速传输的无线个人局域网络通信技术，适合需要高质量服务的无线通信应用，可以用在无线个人局域网络（WPAN）、家庭网络连接和短距离雷达等领域。它不采用连续的正弦波（Sine Waves），而是利用脉冲信号来传送信息的。

6.5.1　UWB 协议模型

新的 UWB 多跳网络链路层协议模型包含两大部分：MAC 子层协议模型和 LLC 子层协议模型。MAC 子层协议模型采用 ECMA-368 标准中的 MAC 子层协议，实现分割/重组、合并/解合并、MAC 的 ARQ、链路选择以及 MAC 媒体访问控制机制，在 MAC 子层的 ARQ 机制中采用 No-ACK 机制，相当于屏蔽了 ECMA-368 标准中 MAC 子层的 ARQ 机制。LLC 子层协议在网络层和 MAC 子层之间，新增了 IP 头压缩、UWB 的 TCP 代理确认、QoS 映射、UWB 多跳 ARQ 以及资源调度等功能。UWB 协议模型如图 6.14 所示。

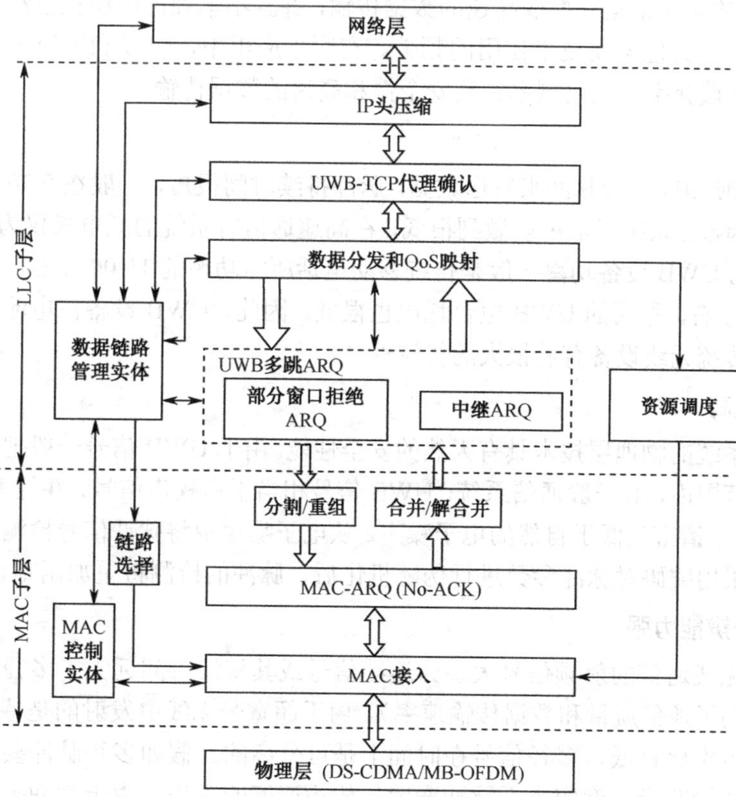

图 6.14　UWB 协议模型图

6.5.2 UWB 优势

UWB 与传统通信系统相比，其工作原理迥异，因此 UWB 具有如下传统通信系统无法比拟的技术特点。

1．系统结构的实现比较简单

当前的无线通信技术所使用的通信载波是连续的电波，载波的频率和功率在一定范围内变化，从而利用载波的状态变化来传输信息。而 UWB 则不使用载波，它通过发送纳秒级脉冲来传输数据信号。UWB 发射器直接用脉冲小型激励天线，不需要传统收发器所需要的上变频，从而不需要功率放大器与混频器，因此，UWB 允许采用非常低廉的宽带发射器。同时在接收端，UWB 接收机也有别于传统的接收机，不需要中频处理，因此，UWB 系统的结构比较简单。

2．高速的数据传输

在民用商品中，一般要求 UWB 信号的传输范围在 10 m 以内，再根据经过修改的信道容量公式，其传输速率可达 500 Mbps，是实现个人通信和无线局域网的一种理想调制技术。UWB 以非常宽的频率带宽来换取高速的数据传输，并且不单独占用现在已经拥挤不堪的频率资源，而是共享其他无线技术使用的频带。在军事应用中，可以利用巨大的扩频增益来实现远距离、低截获率、低检测率、高安全性和高速的数据传输。

3．功耗低

UWB 系统使用间歇的脉冲来发送数据，脉冲持续时间很短，一般在 0.20～1.5 ns 之间，有很低的占空因数，系统耗电可以做到很低，在高速通信时系统的耗电量仅为几百 μW～几十 mW。民用的 UWB 设备功率一般是传统移动电话所需功率的 1/100 左右，是蓝牙设备所需功率的 1/20 左右，军用的 UWB 电台耗电也很低。因此，UWB 设备在电池寿命和电磁辐射上，相对于传统无线设备有着很大的优越性。

4．安全性高

作为通信系统的物理层技术具有天然的安全性能。由于 UWB 信号一般把信号能量弥散在极宽的频带范围内，对一般通信系统，UWB 信号相当于白噪声信号，并且大多数情况下，UWB 信号的功率谱密度低于自然的电子噪声，从电子噪声中将脉冲信号检测出来是一件非常困难的事。采用编码对脉冲参数进行伪随机化后，脉冲的检测将更加困难。

5．多径分辨能力强

由于常规无线通信的射频信号大多为连续信号或其持续时间远大于多径传播时间（多径传播效应限制了通信质量和数据传输速率）。由于超宽带无线电发射的是持续时间极短的单周期脉冲且占空比极低，多径信号在时间上是可分离的。假如多径脉冲要在时间上发生交叠，其多径传输路径长度应小于脉冲宽度与传播速度的乘积。由于脉冲多径信号在时间上不重叠，很容易分离出多径分量以充分利用发射信号的能量。大量的实验表明，对于常规无线电信号，在多径衰落深达 10～30 dB 的多径环境，对超宽带无线电信号的衰落最多不到 5 dB。

6．定位精确

冲激脉冲具有很高的定位精度，采用超宽带无线电通信，很容易将定位与通信合一，而常规无线电难以做到这一点。超宽带无线电具有极强的穿透能力，可在室内和地下进行精确定位，而 GPS 定位系统只能工作在 GPS 定位卫星的可视范围之内。与 GPS 提供绝对地理位置不同，超短脉冲定位器可以给出相对位置，其定位精度可达厘米级，此外，超宽带无线电定位器更为便宜。

7．工程简单造价便宜

在工程实现上，UWB 比其他无线技术要简单得多，可全数字化实现。它只需要以一种数学方式产生脉冲，并对脉冲产生调制，而这些电路都可以被集成到一个芯片上，设备的成本将很低。

6.6 本章小结

本章详细介绍了现在所存在的几种无线协议标准，其中包括无线传感器网络中已存在的 IEEE 802.15.4、ZigBee 协议，其余的无线局域网协议，如蓝牙和 UWB 技术作为一个无线网络的参考，以后可能能够用于无线传感器网络中。本章从各个协议的核心思想入手，介绍了它们的特点和优势，整理它们的协议栈和协议运行流程。从长远来看，各种协议相互融合得还不够，根据现存的几种无线协议标准，构造一种低能耗、低延迟的无线传感器网络协议标准是将来无线传感器网络的首要目标。

参 考 文 献

[1] IEEE 802.15.4-2006/2003.

[2] ZigBee specification v1.1.

[3] IEEE 802.15.4 2003:Wireless Medium Access Control(MAC) and Physical Layer(PHY) Specification for Low-Rate Wireless Personal Area Networks(LR=WPANs).

[4] Chipcon AS SmartRF CC2420 Preliminary Datasheet(rev 1.2) 2004=06-09.

[5] IEEE 802.11Wireless LAN Medium Access Control(MAC) and Physical Layer(I'HY) Specifications' ', Standard,Aug,1999.

[6] 凌志浩，郑丽国，等．ZigBee 无线通信技术及其应用研究[J]．华东理工大学学报，2006,32(7):801-805.

[7] 张平，康桂霞，田辉，等．甚低功耗无线通信技术——ZigBee[J]．中兴通讯技术，2006,2(4):2-25.

[8] R.O.Lamaire。A.Krishna,E Bhagwat,and J.Pallium。"Wireless LAN and Mobile Networking:Standards and

Future Directions,''IEEE Communications Magazine,VoL 34.No.8,PP.86-94,Aug.1996.

[9] T.S.Rappaport.A.Annamalal,R.M.Buehtm,and W IL Tranter,"Wireless Communications:Past Events and a Future Perspective,''IEEE Communications Magazine.V01.40,No.5,PP.148-161,May 2002.

[10] 张涛．蓝牙协议栈 RFCOMM 协议层研究与实现[D]．沈阳：东北大学，2003．

[11] Clmtschik Bisdikian.An Overview of the Bluetooth Wireless Technology[J].IEEE Communication Magzine, 2001,39(12):86-94.

[12] 郑相全．无线自组网技术使用教程[M]．北京：清华大学出版社，2004．

[13] Kahn J M, Katz R H, pister k S J. Next Century Challenges: Mobile Networking for Smart Dust[C]. In Proceeding of the ACM MobileCom'99, Washington USA,1999:271-278.

[14] Aiello G R, Rogerson G D. Ultra-Wideband Wireless Systems[J]. IEEE Microwave Magazine, June 2003, 4(2):36-47.

[15] Foerster J, Green E, Somayazulu S, et al.. Ultra-Wideband Technology for Short or Medium-Range Wireless Communications[J]. intel Technology Journal, Q2, 2001, 10(10): 12-18.

第 7 章

时间同步技术

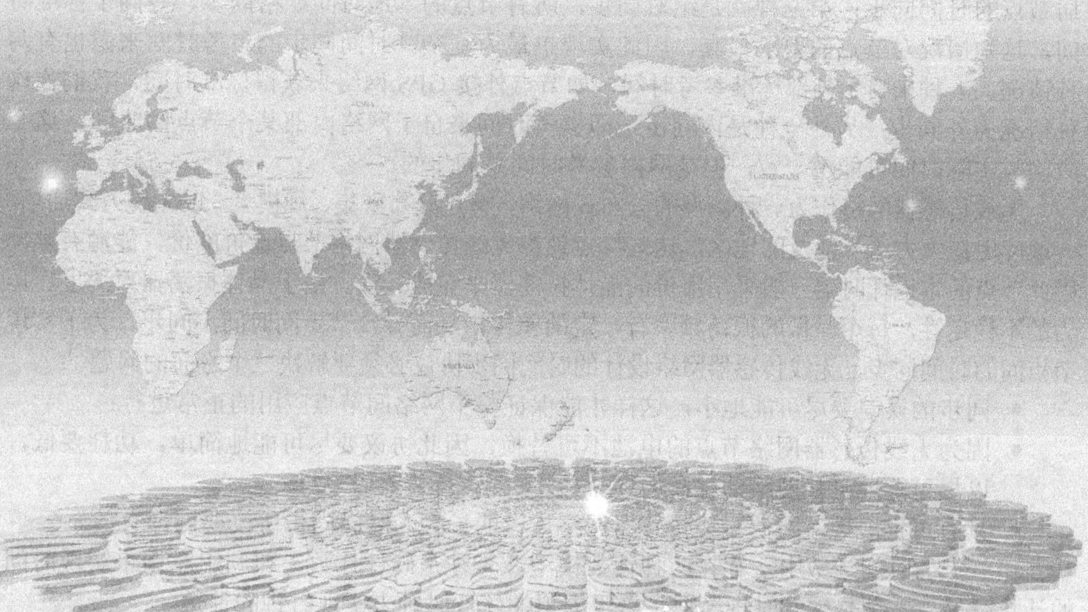

7.1 时间同步技术概述

在传统网络中，网络中的每个终端设备都维护着一个自己的本地时钟，不同终端设备的本地时钟往往是不同步的，因此网络经常通过修改终端设备的本地时间来达到时钟的同步。在集中式系统中，存在一个唯一的时间标准，任何进程或者模块都是根据这个唯一的时钟标准来调整自己的本地时钟的，因此网络中的时间都是一致的，事件的发生顺序也是唯一确定的。无线传感器网络作为一种分布式系统网络，各个节点独立运行，没有中心节点，集中式网络的统一时间标准在无线传感器网络中根本就不适应，各个节点的时间同步问题就显得非常突出，即使在某一时刻网络中所有节点的时钟全部同步，但经过一段时间后，由于时钟计数的不稳定性导致的误差，从而又会出现时钟失步现象。因此对于无线传感器网络来说，时间同步是一个非常值得研究的问题。

时间同步，简单来说就是使网络中所有节点的本地时间保持一致，按照网络应用的深度可以分为三种不同的情况[1]，第一种就是判断事件发生的先后顺序，这种情况对本地时间的要求比较低，只需要知道本节点与其余节点的相对时间即可；第二种就是相对同步，节点维护自己的本地时钟，周期性地获取其邻居节点与本节点的时钟偏移，实现本节点与邻居节点的时间同步；第三种就是绝对同步，所有节点的本地时间严格同步，等同于标准时间，这种情况对节点的要求最高，因此实现也最为复杂。时间同步的参考时间来源也有两种情况，一种来自于外部标准参考时间，如节点外接 GPS 网络来获得标准时间，我们称这种情况为外同步；另外一种是内同步，即参考时间来自于网络内部某个节点的时间，这个时间与实际时间可能不一致，但是网内参考时间是同步的。

无线传感器网络作为一种新型的分布式网络，节点分布密集、规模大，以无线方式通信，一般应用在人力所不能及的地区，这些特点使得无线传感器网络节点造价廉价，能源有限，因此节点的本地计时器一般采用廉价的晶体振荡器来完成计数。由于晶体振荡器对温度、压力的不稳定性，每个晶振的振荡频率有一定的差异，从而导致节点间时间不同步。为了实现节点间的时间同步，无线传感器网络设计的时间同步协议必须要解决三个方面的问题[2]：

- 同步的误差要尽可能地小，这样才能保证整个网络间节点应用的正常进行；
- 因为无线传感器网络节点的电池不可替换，因此协议要尽可能地简单，功耗要低，以尽可能地延长网络的生命周期；
- 具有可扩展性，随着无线传感器网络规模的扩大，时间同步协议要同样有效。

在节点的时间计数中，存在两种计数模型，一种是硬件计数，即利用晶振来实现时间的计数；另外一种是软件时钟模型，采用虚拟的软件时钟来实现时钟的计数。

1．硬件时钟模型

在硬件系统的时钟计数中，计算时间的一个重要的公式是

$$c(t)=k\int_{t_0}^{t}w(t)\mathrm{d}t+c(t_0)$$

式中，$w(t)$ 是晶振的角频率，k 是依赖于晶体物理特性的常量，t 是真实时间变量，$c(t)$ 是当真实时间为 t 时节点的本地时间。在现实中，晶体的频率容易受到供电电压、温度变化和晶体老化的影响，若用 $r(t)=\mathrm{d}c(t)/\mathrm{d}t$ 来描述时钟的变化速率，我们可以知道，理想时钟中的真实时间 $c(t)=t+t_0$，即本地时间与真实时间只有一个固定的误差，因此 $r(t)=1$。

下面介绍两个重要的时间参数。

（1）时钟偏移：在 t 时刻定义时钟偏移为 $c(t)-t$，即本地时间与真实时间的差值。

（2）时钟漂移：在 t 时刻定义时钟漂移为 $\rho(t)=r(t)-1$，即本地时间变化速率与 1 的差值。

时钟偏移反映的是某个时刻本地时间与真实时间的差值，用来描述计数的准确程度，而时钟漂移反映的是时钟计时的稳定性，根据这两个标准，我们可以定义一个时钟稳定的标准。对于任意一个 t，总有

$$-\rho_{\max}\leqslant\rho(t)\leqslant\rho_{\max}$$

我们称这个式子为漂移有节模型，一般可以认为 $\rho_{\max}$ 范围为 1～100 ppm（ppm 是 Parts Per Million 的简称，1ppm=10^{-6}）。漂移有界模型一般用来确定时钟的精度或者同步误差的上、下界。

2. 软件时钟模型

在软件时钟模型中，也存在一个用于记录时钟脉冲的计数器，软件时钟模型与硬件模型不同，它不直接修改本地时钟，而是根据本地时钟 $h(t)$ 与真实时间的关系来换算成真实时间的函数 $c(h(t))$。$c(h(t))=t_0+h(t)-h(t_0)$ 就是一个最简单的虚拟软件时钟的例子，实际应用中，软件时钟还要考虑到时钟漂移对时钟的影响，因此更加复杂。

7.2　时间同步技术研究现状与发展

到目前为止，时间同步技术的研究已经有了 30 年之久，最早的时间同步机制是美国一所大学提出的网络时间协议（Network Time Protocol，NTP）[3-4]。NTP 协议目前是因特网上时间同步协议的标准协议，经过 20 多年的发展与研究，目前 NTP 协议的时间同步精度可以达到毫秒级，通过外界一个精准的时间源接收机，顶层的时间服务器可以获得高精度的参考时间，并向全网内提供统一的时间服务。

NTP 协议采用的是分层结构，拓扑结构如图 7.1 所示，整个 NTP 协议分为三层结构，其中 A1、A2、A3 为顶层的时间服务器，B1、B2、B3 为第二层时间服务器，其余均为客户机。第一层时间服务器通过 GPRS 或者广播网络等方式来获得标准的 UTC 时间，其他层的时间服务器或者客户机选择一个或者多个上一层的时间服务器来同步本地时间，从而使整个网络所有服务器和客户机在时间上同步。从图 7.1 中我们也可以知道，NTP 协议的可靠性依赖于时间服务器的冗余性和时间获取路径的多样性，但是这种拓扑结构也存在一个问题，那就是离顶层服务器越远，同步精度将会越差。

通过上层服务器的标准参考时间，服务器利用一个闭环控制系统[5]来调整自己的本地时间，如图 7.2 所示，NTP 其实就是一个锁相环路，通过时间服务器的频率变化来控制压控振

荡器的频率。在图 7.2 中，鉴相器（PD）接收来自网络中的时间服务器与本地时间的差值，采用时间过滤算法，缓存接收到的时间偏差数据并从每个时间服务器的 8 组时间偏差数据中选择出最优的一组数据；时间选择算法包括交叉算法和聚类算法，用于从候选时间服务器集合中挑选出一个子集，该子集中的每个时间服务器可认为是无误差的。时间组合算法对选定的时间服务器的选定时间偏差数据进行加权平均，获得最终的时间偏差值。相位/频率预测则根据得到的时钟偏移值计算出时间的相位偏移和频率偏移，然后对时间进行调整并对压控振荡器的输出频率进行调整。这个过程反复进行，最终使本地时间和 UTC 时间达到同步。

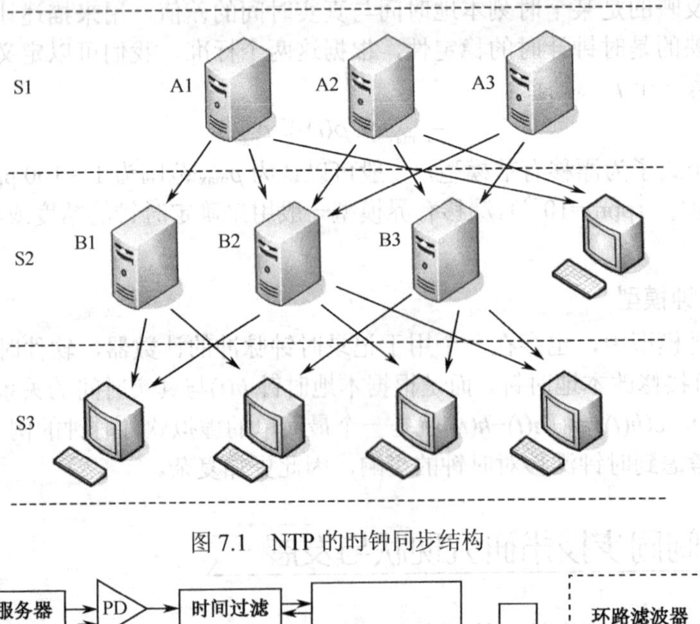

图 7.1　NTP 的时钟同步结构

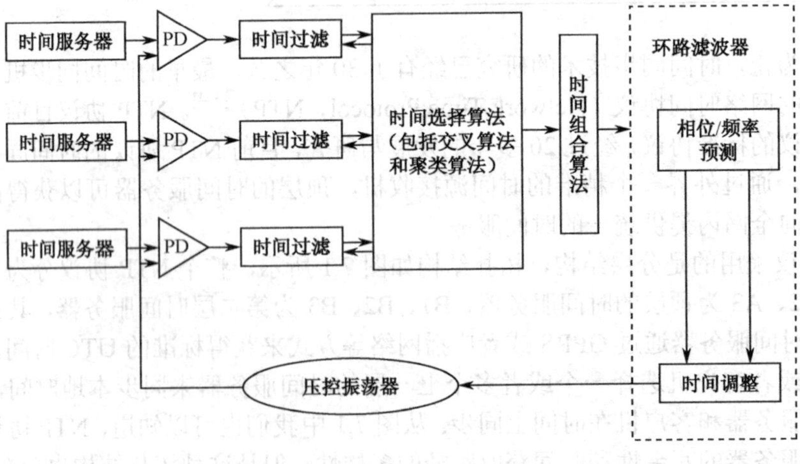

图 7.2　NTP 闭环控制系统

1973 年，美国国防部为了实现军事部门对海陆空设施进行高精度导航和定位，建立了一种新的网络系统——GPS 网络系统，该系统成为继阿波罗登月计划和航天飞机计划之后的第三项庞大空间计划，它从根本上解决了人类在地球上的导航和定位问题，在军事和工农业等领域得到了广泛的应用。

GPS 系统由三个部分组成：空间卫星、地面监控和用户终端。现在空间中分布了 24 颗 GPS 工作卫星，其中 21 颗用于导航，3 颗备用，每颗 GPS 工作卫星周期性地向地球发送特定频段的卫星信号。地面监控由分布在全球多个跟踪站所组成的监控系统组成，根据它们功能的不同可分为主控站、监控站和注入站。GPS 用户终端由 GPS 接收机、数据处理软件以及相应的用户设备组成。在地球上的任何一点，GPS 用户设备可连续地同步观测至少 4 颗 GPS 卫星，利用 GPS 工作卫星的信号进行高精度的精密定位以及高精度的时间传递。

GPS 系统在每颗卫星上装置有精密度非常高的铷、铯原子钟，并由监控站经常进行校准，达到与 UTC 时间的同步。每颗卫星不断发射包括其位置和精确到十亿分之一秒的数字无线电信号，用于接收设备的时间校准。GPS 接收装置接收到来自于 4 颗卫星的信号，根据伪距测量定位方法不仅可以计算出其在地球上的位置，而且也可以计算出 GPS 接收机时间和 UTC 时间的偏差，并进行时间校准，达到与 UTC 时间的同步，精确度可以达到 100 ns。

由于 GPS 信号的穿透性比较差，为了接收到 GPS 的信号，GPS 天线必须安装在空旷的室外，并且要求没有高大阻挡物体，加上接收机功耗比较大，因此不适宜在无线传感器网络中应用。

无线传感器网络的时间同步机制与传统的时间同步机制有明显的不同，现有传统网络的时间同步机制关心的是怎样使同步误差更小，不关心节点的计算复杂程度、通信的安全保障和能耗问题。两种时间同步协议的出发点是不同的，NTP 和 GPS 时间同步技术不适用于无线传感器网络，在设计无线传感器网络的时间同步协议时，需要满足以下几点要求。

（1）能量有限。不可替代的电源决定了能量效率是时间同步协议必需要考虑的一个问题，因为能量主要消耗在计算和通信上面，所以时间同步协议要尽可能地减少计算的复杂度和通信负载，提高能量效率。

（2）可扩展。在不同的应用中无线传感器网络的节点规模、节点密度都会有所不同，因此时间同步协议要能适应网络中节点的扩充，即扩展性能要好。

（3）稳定性。由于无线传感器网络节点易于失效，现场环境也可能影响无线信道的通信质量，因此要求时间同步机制在拓扑结构变化和不稳定的无线信道环境中能够保持时间同步的稳定性。

7.3　时间同步技术关键问题

1. 传输延迟不可预测

在无线传感器网络中，时间同步技术的一个重要难题是报文传输延迟的不确定，由于处理器处理能力有限、网络负载不确定等因素的影响，延迟不能够被精确地计算出来；另外传输延迟比要求的时间同步的精度要大得多，因此高精度的时间同步协议必须要仔细测量、分析和补偿网络传输延迟，如图 7.3 所示。

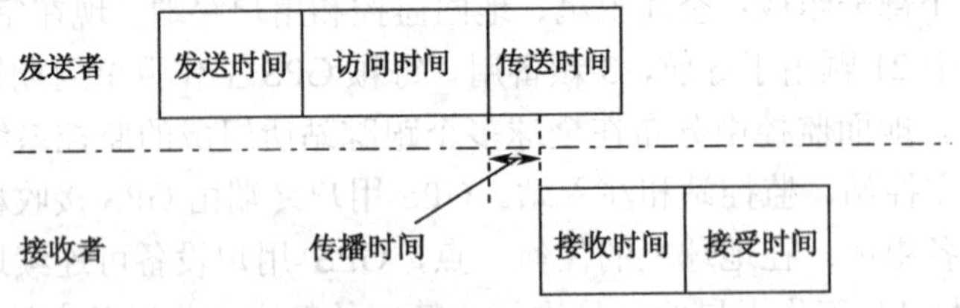

图 7.3　报文传输延迟

发送时间：发送方用于组装并将报文换交给发送方 MAC 层的时间。发送时间具有高度的不确定性，主要取决于操作系统的系统调用的时间开销和当前处理器的负载。

访问时间：指在发送方 MAC 层从获得报文后到获取无线信道发送权的等待时间。它和具体的 MAC 协议相关，由于对无线共享信道使用权存在竞争，因此访问时间也具有很大的不确定性，主要取决于无线信道当前的负载。

传送时间：发送方发送报文的时间，即从报文的第一个字节开始发送到发送完最后一个字节的时间。由于报文长度和发送速率都是确定的，所以具有确定性。

传播时间：报文从发送方以电磁波的形式传送到接收方所花费的时间，电磁波在介质中的传输速率一定，距离一定，该时间具有确定性。

接收时间：接收方接收报文的时间。它和传送时间完全相同，具有确定性。

接受时间：用于处理接收到的报文的时间，与发送时间特性类似，具有不确定性。

除开这样分类之外，在有些文献中研究人员甚至进行了更为细致的划分，如分为编/解码时间、字节对齐时间、中断等待事件等，如表 7.1 所示。

表 7.1　传输延迟一览表

时　间	典　型　值	特　性
发送时间和接受时间	0～100 ms	不确定，视处理器负载、系统调用开销而定
访问时间	10～500 ms	不确定，跟信道负载有关
传送时间和接收时间	10～20 ms	确定，与报文长度和发送速率有关
传播时间	<1 μs（300 m 范围以内）	确定，与距离和媒介有关
编/解码时间	100～200 μs	确定，与芯片种类有关
字节对齐时间	0～400 μs	确定，与发送速率和字节偏移有关

2．高能效

无线传感器网络的软/硬件设施要求节点体积尽量小，尽量廉价，因此要求时间同步技术具有高能效的特点。例如，在前面提到的 GPS 系统中，GPS 接收机过于耗能，成本也非常高，不适用于无线传感器网络中。另外，在无线传感器网络中，不同的应用对无线传感器网络时间同步的要求也不同，网络不应只注重于增加时间同步的精确度，而应该同时考虑到节点计算复杂度、能耗等要求，在符合应用的基础上提出针对于特定应用的时间同步机制，以最大限度地提高网络的生命周期。

3．可扩展、健壮

由于无线传感器网络是一种分布式网络，一般采用逐跳的时间同步机制，因此随着网络规模的扩大，同步的精确度会有所下降，同步时间相应地会有所加长。在这种情况下，时间同步技术必须保证网络扩展后同步误差不会超过误差界限，并且能够稳定工作。另外无线传感器网络具有高度的动态性，如何在网络变化之后能够迅速恢复时间同步机制，以保证网络的健壮性，这成为了无线传感器网络同步必须要考虑的问题。

7.4　传统时间同步技术

7.4.1　DMTS 同步

由于无线传感器网络是一种分布式网络，控制信息是通过报文发送来完成的，我们就很自然地想到，我们在发送的报文中加入自己的本地时间，接收到该报文的节点将该本地时间改为此报文中的时间即可。但是这存在一个缺陷，那就是没有考虑到报文传输延迟，根据这种想法，研究人员提出了一种最简单的协议——DMTS（Delay Measurement Time Synchronization）协议[6]，该协议考虑了报文的传输延迟，在设置本地时间时，报文中嵌入的时间加上传输延迟即节点的本地时间。

DTMS 报文同步的传输过程如图 7.4 所示。为了避免发送等待事件对本地时间的干扰，发送方在检测到信道空闲之后才在报文中嵌入发送时间 t_0，根据无线传感器通信协议规定，报文在发送之前需要先发送一定数量的前导码和同步字，根据发送速率我们可以知道单个比特的发送时间为 Δt。而接收者在同步字结束的时候，记录下此时的本地时间 t_1，并在即将调整自己的本地时间之前记录下此时的时刻 t_2，由此我们知道接收方的报文处理延迟为 t_2-t_1。接收者将自己的时间改为 $t_0+n\Delta t+t_2-t_1$，以达到与发送者之间的时间同步。

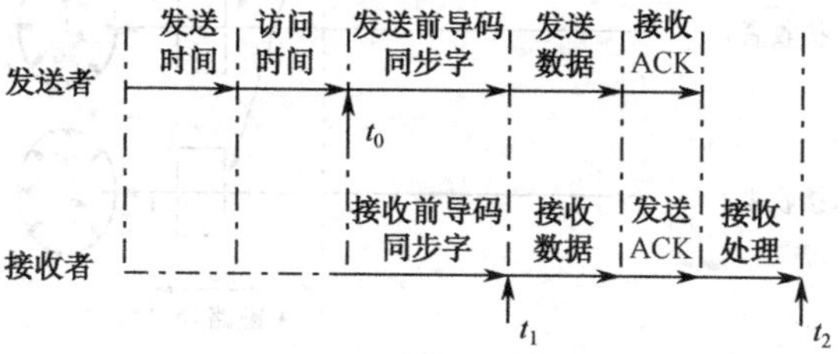

图 7.4　DTMA 同步过程

DMTS 同步协议是一种简单灵活的同步技术，通过单个的广播报文，一次可以同步所有一跳内的所有节点，该算法网络流量非常小，能量消耗也非常少，但是没有考虑传播延迟、编/解码的影响，对时钟漂移也没有考虑，同步的精度不是很高，还有待进一步的改进。

7.4.2 RBS 同步

在 7.4.1 节中，DTMS 采用的发送者-接收者同步模式，这种模式的缺陷是不能够准确地估计算报文的传输延迟，精度不高，通过单个报文的传输不能够准确地估算传输延迟。研究人员研制了一种新的方法——接收者-接收者同步机制，两者的对比如图 7.5 所示，发送者-接收者同步模式考虑到了发送到接收的关键路径传输延迟，关键路径过长导致传输延迟不能够估计，接收者-接收者模式缩短了关键路径，主要代表协议为 RBS 协议[7]。

根据无线信道的广播特性，消息对所有接收节点而言是同一个发送节点发送的，RBS 算法利用这个优势来消除发送时间和访问时间所造成的传输时间误差，从而提高时间的同步精度。RBS 同步机制的工作流程如下：假设有 N 个节点组成的单跳网络，1 个发送节点，$N-1$ 个接收节点，发送节点周期性地向两个接收节点发送参考报文，广播域内的接收节点都将收到该参考报文，并各自记录收到该报文的时刻，接收者们通过交换本地时间戳信息，这样这一组节点就可以计算出它们之间的时钟偏差。RBS 算法中广播的时间同步消息与真实的时间戳信息并无多大关系，它也不关心准确的发送和接收时间，而只关心报文传输的差值。从图 7.5 中我们可以看出，RBS 同步算法完全排除了发送时间和接收时间的干扰。

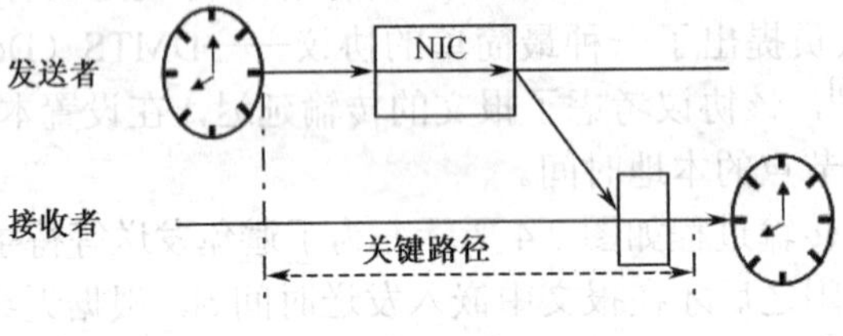

(a) 发送者-接收者同步机制

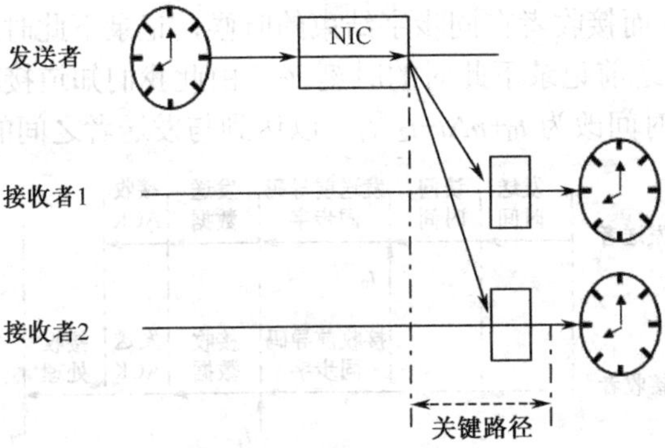

(b) 接收者-接收者同步机制

图 7.5 两种同步机制对比图

在 RBS 算法中，接收节点只需比较接收节点接收报文的时间之差，因此在发送节点发送的参考报文中无须携带发送节点的本地时间，同步误差只与接收者们是否在同一时刻记录本地时间有关，为了减小时间同步的误差，RBS 采用了统计技术，同时广播多个时间同步消息，求相互之间消息到达的时间差的平均值，这样就能在最大程度上消除非同时记录的影响；另外对于节点间的时钟漂移情况，RBS 采用最小平方误差的线性回归方法，对从某时刻开始的节点间的时钟偏移数据进行线性拟合。

上面介绍了 RBS 应用于单跳网络的情况，考虑到多跳网络情况，如图 7.6 所示，在多跳网络中存在几个不同的单跳域（如 A、B、C），其中 4 号和 7 号节点处于两个单跳域的交界上，根据单跳 RBS 协议我们可以知道，4 号节点可以同步 A 区域和 C 区域的时间，7 号节点可以同步 B 区域和 C 区域的时间，根据这两个节点我们可以得到相邻两区域的时间转换关系，从而达到全网的时间同步。

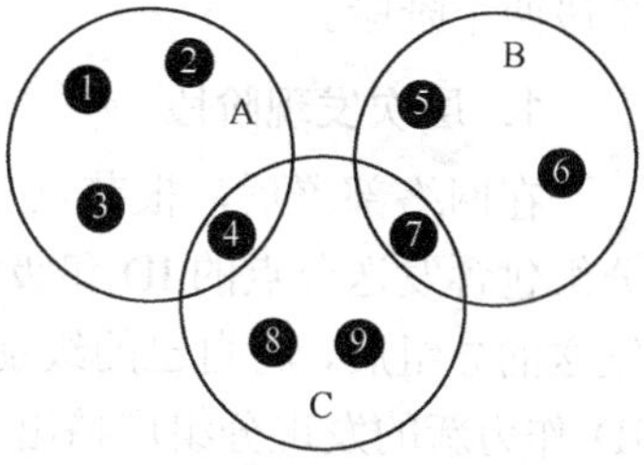

图 7.6　多跳 RBS 网络拓扑

RBS 是针对于单跳网络的时间同步，当网络规模扩大之后，由于节点间路径的增多，对于源节点和目的节点之间的时间同步就必须考虑到最小跳数问题。在网络中，寻找一条连接源节点与目的节点的最小路径能够最大限度地减小同步的障碍，多路径同步可以保证节点失效后同步算法的继续进行，具有很强的健壮性。

RBS 能够消除发送节点引起的同步误差，在忽略传播时间的情况下，主要的误差来源就只剩下接收节点之间的处理时间差，以及发送节点和接收节点间的无线电同步误差，这两者都只有 μs 级，因此 RBS 算法的同步精度非常高，但 RBS 算法的网络开销比较大，对于单播域中的 n 个节点和 m 个参考广播消息，RBS 算法的复杂度为 $O(mn^2)$。

7.4.3　TPSN 同步

RBS 所使用的接收者-接收者同步模式虽然消除了发送方的不确定性，在 DMTS 协议的基础上有了一定的提高，但由于考虑到它的计算复杂度，实现还是比较困难的，而研究人员 S.Ganeriwal 认为：传统的发送者-接收者同步协议的精确度低的根本原因在于单向报文不能够准确地估算出报文传播延迟，基于报文传输的对称性，采用双向报文就能够解决这个问题，获得较高的精确度，因此他提出了一种双向报文交换协议——TPSN[8]，如图 7.7 所示。

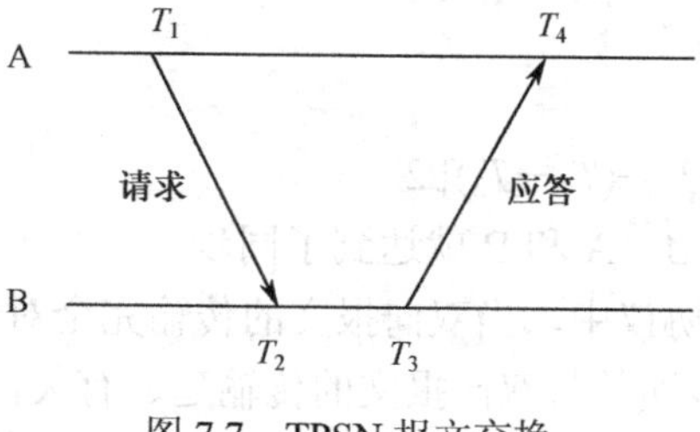

图 7.7　TPSN 报文交换

TPSN 协议采用层次型网络结构，首先将所有节点按照层次结构进行分析，然后对每个节点与上一级的一个节点进行时间同步，最终所有节点都与根节点时间同步。TPSN 协议假设网络中的每个传感器节点具有唯一的身份标识号 ID，节点间的无线通信链路是双向的，通过双向的消息交换实现节点间的时间同步。

在网络中有一个根节点，根节点可以配备像 GPS 接收机这样的模块，接收准确的外部时间，并作为整个网络系统的时钟源；也可以是一个指定的节点，不需要与外部进行时间同步，只是进行无线传感器网络内部的时间同步。TPSN 可以分为层次发现阶段和时间同步阶段两个阶段。

1. 层次发现阶段

在网络部署后，根节点首先广播以启动发现分组，然后启动层次发现阶段。级别发现分组包含发送节点的 ID 和级别。根节点是 0 级节点，在根节点广播域内的节点收到根节点发送的分组后，将自己的级别设置为分组中的级别加 1，即为第 1 级，然后将自己的级别和 ID 作为新的发现分组广播出去。当一个节点收到第 i 级节点的广播分组后，记录发送这个广播分组的节点的 ID，设置自己的级别为 $i+1$。这个过程持续下去，直到网络内的每个节点都具有一个级别为止。如果节点已经建立自己的级别，就忽略其他的级别发现分组。

2. 时间同步阶段

层次结构建立以后，根节点就会广播时间同步分组，启动时间同步阶段。第 1 级节点收到这个分组后。在等待一段随机时间后，向根节点发送时间同步请求消息包，进行同步过程，与此同时第 2 级节点会侦听到第 1 级节点发送的时间同步请求消息包，第 2 级节点也开始自己的同步过程。这样，时间同步就由根节点扩散到整个网络，最终完成全网的时间同步。建立层次之后，相邻层次之间的节点通过双向报文机制来进行时间同步，假设节点 A 是第 i 层的节点，节点 B 是第 $i-1$ 层的节点，根据图 7.7 所示的报文交换协议，我们规定 T_1 和 T_4 为节点 A 的时间，T_2 和 T_3 为节点 B 的时间，节点 A 在 T_1 向节点 B 发送一个同步报文，节点 B 在收到该报文后，记录下接收到该报文的时刻 T_2，并立刻向节点 A 发回一个应答报文，将时刻 T_2 和该报文的发送时刻 T_3 嵌入到应答报文中。当节点 A 收到该应答报文后，记录下此时刻 T_4。我们假设当节点 A 在 T_1 时刻，A 和 B 的时间偏移为 Δ，因为 T_1 到 T_4 两个报文发送的时间非常短，我们可以认为 Δ 没有变化，假设报文的传输延迟都是相同且对称的，均为 d，那么有

$$T_2=T_1+\Delta+d \qquad T_4=T_3-\Delta+d,$$

经过计算可以知道，

$$\Delta=[(T_2-T_1)-(T_4-T_3)]/2, \qquad d=[(T_2-T_1)+(T_4-T_3)]/2$$

在 T_4 时刻，节点 A 在本地时间上面加上一个偏移量 Δ，A 和 B 就达到了同步。

从双向同步协议的同步过程中可以看出，在 TPSN 协议中，当双向报文的传输完全对称时其精确度最高，即同步误差最小。另外 TPSN 的同步误差与双向报文的传输延迟有关，延迟越短，同步误差越小。

在发送时间、访问时间、传播时间和接收时间四个消息的时延组成部分中，访问时间一般是无线传输消息时延中最不稳定性的部分。为提高两个节点间的时间同步精度，TPSN 协议在 MAC 层的消息开始发送到无线信道的时刻，才为同步消息标注上时间标度，消除了

由访问时间带来的时间同步时延。另外，TPSN 协议考虑到传播时间和接收时间，利用双向消息交换计算消息的平均时延，提高了时间同步的精度。TPSN 协议的提出者在 Mica 平台上实现了 TPSN 和 RBS 两种机制，对于一对时钟为 4 MHz 的 Mica 节点，TPSN 时间同步平均误差是 16.9 μs，而 RBS 是 29.13 μs。如果考虑 TPSN 建立层次结构的消息开销，则一个节点的时间同步需要传递 3 个消息，协议的同步开销比较大。

7.4.4 FTSP 同步

泛洪时间同步协议（Flooding Time Synchronization Protocol，FTSP）即时间同步机制[9]，是由 Vanderbilt 大学的 Branislav Kusy 等人提出的，综合考虑了能量感知、可扩展性、鲁棒性、稳定性和收敛性等方面的要求。FTSP 算法也是使用单个广播消息实现发送节点与接收节点之间的时间同步的，采用同步时间数据的线性回归方法估计时钟漂移和偏差。

多跳网络的 FTSP 机制采用层次结构，根节点就是选中的同步源。根节点属于级别 0，根节点通过广播选出级别 1 的节点，依次推广到全网。级别 i 的节点同步到级别 i–1 的节点，所有节点周期性地广播时间同步消息以维持时间同步层次结构，1 级节点在收到根节点的广播消息后同步到根节点，同样，2 级节点在收到 1 级节点的广播消息后同步到 1 级发送节点，依次推广到全网，所有的节点都能获得时间同步。

FTSP 算法实现步骤如下。

（1）FTSP 算法在完成 SYNC 字节发射后给时间同步消息标记时间戳并将其发射出去（SYNC 字节类似 DMTS 算法中的起始符）。消息数据部分的发射时间可通过数据长度和发射速率得出。

（2）接收节点记录 SYNC 字节最后到达时间，并计算位偏移（Bit Offset）。在收到完整的消息后，接收节点计算位偏移产生的时间延迟，这可通过偏移位数与接收速率得出。

（3）接收节点计算与发送节点间的时钟偏移量，然后调整本地时钟和发送节点时间同步。FTSP 算法对时钟漂移和偏差进行了线性回归分析，FTSP 算法考虑到在特定时间范围内节点时钟晶振频率是稳定的，因此节点间时钟偏移量与时间呈线性关系；通过发送节点周期性广播时间同步消息，接收节点可获得多个数据对（time，offset），并构造最佳拟合直线 L(time)。通过回归直线 L，在误差允许的时间间隔内，节点可直接通过 L 计算某一时间点节点间的时钟偏移量，而不必发送时间同步消息进行计算，从而减少了消息的发送次数。

FTSP 机制还考虑了根节点的选择、根节点和子节点的失效所造成的拓扑结构的变化，以及冗余信息的处理等方面问题。节点通过一段时间的侦听和等待，进入时间同步的初始化阶段，如果收到了同步消息，则节点用新的时间数据更新线性回归表，如果没有收到消息，该节点就宣布自己是根节点，但这样可能会造成多个节点同时宣布自己为根节点的情况，所以 FTSP 机制中选择 ID 编号最小的节点作为根节点。如果新的全局时间和旧的全局时间存在较大的偏差，根节点切换就存在收敛问题，这就需要潜在的新的根节点收集足够多的数据来精确估计全局时间。

对于冗余消息的消除，FISP 机制采用根节点逐个增大消息的序列号，其他节点只记录收到消息的最大序列号，并用这个序列号发送自己的消息。例如，假设节点 N 有 7 个邻居节点，这 7 个邻居节点之间能够相互通信，并且都在根节点的通信范围之内，但节点 N 不在根节点的通信范围之内。这样，根节点发送的消息就到达不了节点 N，但是节点 N 能收到 7 个相邻节点发送的消息，如果节点 N 把 7 个节点发送的同步消息全部都接收的话，就很多余，所以节点 N 在收到 1 个节点发送的消息之后，记下该消息的最大序列号，并且把数据放到回归表中，放弃其他 6 个节点的相同序列号的同步消息。

7.4.5 传统协议比较

1．精度方面

RBS 协议：该算法之所以能够有较高的精度，主要是因为无线信道的广播特性，使得发送节点发出的消息相对所有节点而言是同时发送到物理信道上的，相当于将消息传递过程中两项最不确定的时延被去除了，所以能够得到较高的同步精度。Elson 等人在实际传感器平台上实现并测试了 RBS 算法，所得到的精度在 11 μs 以内。

TPSN 协议：在网络传输的时延中，访问时延的不确定性是最高的。为了提高两个节点之间的时间同步精度，TPSN 协议直接在 MAC 层记录时间信标，这样可以有效地消除发送时延、访问时延、接收处理时延所带来的时间同步误差。与 RBS 相比，TPSN 协议还考虑了传输时延、传播时延和接收时延所造成的影响，利用双向消息交换计算消息的平均延迟，提高了时间同步的精度。TPSN 协议的提出者在 Mica 平台上实现了 TPSN 和 RBS 两种协议，所测得的 TPSN 的时间同步平均误差是 16.99 μs，而 RBS 的平均误差是 29.19 μs。

FTSP 协议：采用在 MAC 层记录时间信标，细分消息传输中的时间延迟并对这些延迟进行补偿，利用线性回归估计时间漂移等措施来降低时间同步误差。FTSP 的提出者在 Mica2 平台上实现了 FTSP 协议，所测得的两个节点间时间同步的平均误差为 1.48 μs，这个运行结果明显优于 RBS 和 TPSN 协议在相同平台上的运行结果。

2．收敛性方面

RBS 协议：发送参考广播的节点是预先选定的，其他节点接收到参考广播消息后，就开始同步的过程。考虑到通信冲突，在几个同步周期后，全网就可以达到时间同步，收敛时间也比较短。

TPSN 协议：这种同步方法的消息传递机制分为两个过程，包括分层阶段和同步阶段，因此其收敛时间较长。

FTSP 协议：该协议的根节点选择过程是伴随时间同步一起进行的，根节点的选择不会对收敛性造成影响，在几个同步周期后，全网就能达到时间同步，收敛时间也比较短。

3．扩展性方面

RBS 协议：在全网达到同步后，新节点的加入不会影响到参考广播节点的地位，也就不会对全网的结构造成影响。但是，加入新的参考广播节点会使得情况变得复杂，必须考虑处于不同广播域内的节点达到同步的问题。对于多跳网络的 RBS 协议需要依赖有效的分簇方法，保证簇之间具有共同的节点，以便簇间进行时间同步。

TPSN 协议：从分层过程可以看出，新节点加入后会对网络的拓扑结构造成很大的影响，因此，该协议的扩展性很差，这也是这个协议最大的缺点之一。

FTSP 协议：如果加入的是 ID 号最小的节点，该节点首先使自己与网络达到同步，然后再进行根节点选择，不会影响网络时间同步。如果不是 ID 号最小的节点，该节点只需要进行时间同步并广播时间同步消息。

4．鲁棒性方面

RBS 协议：由 RBS 协议的同步原理可以看出，节点失效或网络通信故障不会破坏整个拓扑结构，每个节点都有大量的冗余消息来保证时间同步。但是参考节点失效就会影响到该节点广播域内所有节点的同步。该协议具有较好的鲁棒性。

TPSN 协议：当某个节点失效，该节点以下的节点就有可能接收不到时间同步消息，这样就会造成连锁反应，影响到该节点所有的后续节点的时间同步。全网的时间同步会受到个别节点的影响，鲁棒性很差。

FTSP 协议：如果是根节点失效，那么其他节点就会开始根节点选择的过程，重新选出一个根节点，在这段时期内会破坏时间同步，但全网很快就能重新达到同步。如果是其他节点失效，由于大量冗余消息的存在，个别节点不会影响全网时间同步。FTSP 协议也具有良好的鲁棒性。

5．能耗方面

可以利用网络中的节点在一次时间同步中平均接收和发送消息的次数来简单地估计时间同步协议的能耗。

RBS 协议：要实现两个节点之间的时间同步，节点需要接收一次广播消息，然后再交换一次时间同步消息，平均需要 2 次消息发送和 3 次消息接收。协议的能量消耗较大。

TPSN 协议：由于这个方法采用的是类客户/服务器模式，所以实现一次时间同步，节点平均需要 2 次消息发送和 2 次消息接收，协议的能量消耗相对较小。

FTSP 协议：在该协议中，节点接收到时间同步消息后，使得节点本地时间与全局时间达到同步，然后形成新的时间同步消息并发送出去。每次同步，节点平均需要 1 次消息发送和 1 次消息接收，协议的能量消耗是最小的。

7.5　新型时间同步技术

传统的无线传感器网络时间同步机制的研究已经非常成熟，实用性也非常强，主要应用在单跳网络中，同步误差在 Mica2 平台上已经达到几至十几微秒的量级，同步功耗也较低，能够满足大多数应用场合的需要。

然而，当这些时间同步协议被扩展到多跳网络时，目前普遍采取的方法是首先按照节点之间的通信连接关系建立起一定的网络拓扑结构，在该拓扑结构上，按照时间同步协议的约定，未同步节点和所选定的已同步节点之间通过交换含时间信息的同步报文，从而间接地实现与时间基准节点之间的同步。这种同步机制的特点在于：除时间基准节点的邻居节点外，其余节点并不能直接和时间基准节点同步。鉴于它们与传统的因特网时间同步协议（Network Time Protocol，NTP）在该特点上的相似性，故本书将它们称为无线传感器网络的传统时间同步协议。由于传统时间同步协议在体系结构上的限制，节点不能直接和时间基准节点同步而只能和与时间基准节点存在同步误差的节点进行同步，因此必将出现节点的同步误差随着其离时间基准节点跳距（Hop Distance）的增加而增加的现象，即出现了同步误差的累积。理论分析和一些实际实验表明，在这些传统的时间同步协议下，即使在最好的情况下，节点的同步误差至少与其跳距的平方根呈正比。随着无线传感器网络的发展，同步误差累积问题将越来越严重，一方面由于传感器节点体积的不断减小，使得节点的单跳传播距离减小；另一方面由于网络规模的不断扩大使得网络直径不断增加，这两个因素均会导致平均节点跳距的增加，使得同步误差的累积现象更加严重。这对大规模无线传感器网络的应用提出了挑战。

传统无线传感器网络时间同步协议还面临着可扩展性问题的挑战。它力图建立起网络拓扑结构，从而把网络中的所有节点有机地组织起来，当网络规模较小时，这是完全可行的，但当网络规模较大时，由于无线传输的不稳定性以及节点工作的动态性，只有频繁地进行拓扑更新才能跟踪拓扑的变化，这一方面对于本已非常有限的网络带宽和节点电能供应来说是不可想象的，另一方面把网络拓扑维护的繁重工作交给时间同步协议来解决也并不合适。

两个新的时间同步技术试图解决这两个挑战，即萤火虫同步技术和协作同步技术。萤火虫同步技术出现较早并且在生物、化学和数学等领域都有所研究，而协作同步技术近年来才出现于无线传感器网络领域。尽管目前这两种技术由于存在较多的假设，绝大多数实验还停留在仿真的阶段，但它们确实不失为解决无线传感器网络时间同步的新颖方法，可能会把无线传感器网络时间同步推入一个新的研究阶段。

需要说明的是，传统时间同步协议的目的是为了实现节点时间的一致性，即达到同时性；萤火虫同步技术和协作同步技术则是为了实现节点（或个体）之间的同步性（Synchrony），即使节点的某些周期性动作具有相同的周期和相位。例如，使一群萤火虫同步闪烁并且闪烁的周期也相同。我们认为，同时性和同步性在一定程度上可以看做两个等价的概念，节点的时间完全一致，则它们自然可以生成具有相同周期和相位的动作；而节点的动作具有同步性，若以同步周期为基本时间单位，也就达到了节点间的同时性。

7.5.1 协作同步

就同步来说，远方节点直接接收到时间基准节点的同步脉冲，其他中间节点只是起协作的作用，协作时间基准节点把时间信息直接传输给远方节点，即使由于协作过程而引起误差，但从统计的角度来看，节点的同步误差均值为0，即不会出现同步误差的累积现象。协同同步的假设条件是传播延迟固定并且节点密度非常高，节点的时间模型是速率恒定的模型，但这是解决大规模无线网络时间同步问题、提高同步精度的一个有益思路。

协作同步的具体过程[10-11]为：时间基准节点按照相等的时间间隔发出 m 个同步脉冲，这 m 个脉冲的发送时刻被其一跳邻居节点接收并保存，随后这些邻居节点根据最近的 m 个脉冲的发送时刻估计出时间基准节点的第 $m+1$ 个同步脉冲的发送时刻，并在该时刻与时间基准节点同时发出同步脉冲。由于信号的叠加，因此复合的同步脉冲可以到达更远的范围。如此重复下去，最终网内所有节点都达到了同步，如图7.8所示。

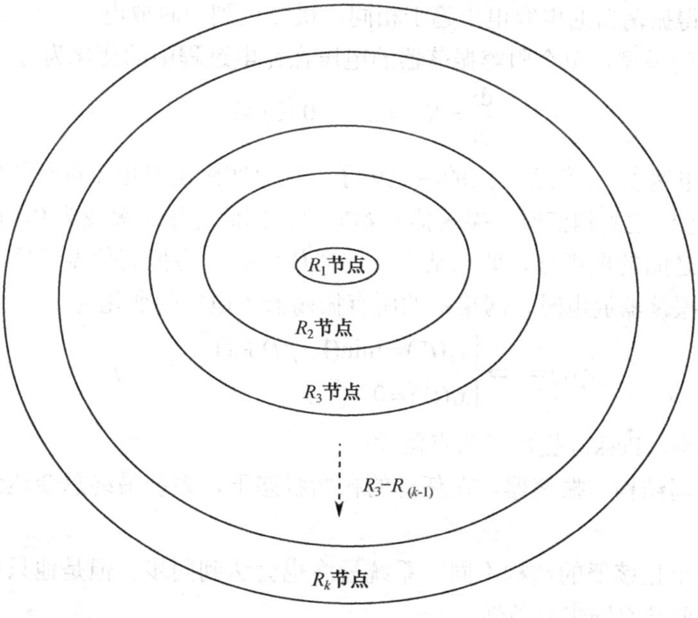

图7.8 协作同步

对于传统的时间同步协议来说，时间基准节点的时间信息必须通过中间节点的转发才能到达远方节点，该过程是造成同步误差累计的根本原因。

7.5.2 萤火虫同步

萤火虫同步算法是目前人们解决群同步问题的最新方法，其基本思想来源于仿生学中的萤火虫同步发光现象。1975年Peskin在研究心肌细胞中对群同步思想建立了耦合振荡器模型，1989年Mirollo和Strogatz针对Peskin建立的模型进行了改进，提出了M&S模型，从理论上证明这类无耦合延迟的全耦合系统的同步收敛性，为萤火虫同步算法和本文所提出的群同步机制奠定了理论基础[12-13]。

1．Peskin 模型

1975 年，Peskin 研究了心脏中的心肌细胞如何能够自发地、有节奏地同步收缩，从而使心脏生成有节奏的心跳的问题。他把心脏建模为约 1 万个相互之间均等耦合的振荡器集合，每个振荡器实质上是一个电容和电阻的并联，由一个固定的电流对电容进行充电，引起电容电压的上升；然后，随着电容电压的上升，由于电阻的漏电效应增强，导致电容电压的上升速率将逐渐减慢。当电容电压到达阈值时，电容迅速放电，电压很快降为 0。如此不断地反复，最终所有的电容出现同时放电的现象。

对于这个现象，Peskin 是这样解释的：当一个振荡器的电容放电时，会出现与其他阻容振荡器之间的电耦合，从而把其他振荡器的电容电压提升一个很小的增量，而正是这种耦合的作用，使得振荡器的电容电压趋于相同，最终达到同时放电。

根据 Peskin 的模型，单个阻容振荡器的电压在充电过程中的变化为

$$\frac{\mathrm{d}x}{\mathrm{d}t}=S_0-rx, \qquad 0\leqslant x\leqslant 1$$

式中，S_0 代表充电速度，γ 代表电阻的漏电因子。这里实际上对电压进行了归一化处理，当 x=1 时，即电容电压达到阈值时，振荡器开始放电，因此电压 x 突变为 0，同时，放电过程也引起了振荡器之间的电耦合，即当某个振荡器放电时，将把其他振荡器的电压提升一个耦合量，即一个振荡器放电时，网络中的所有振荡器的电压的变化为

$$x_i(t)=1\Rightarrow\begin{cases}x_j(t^+)=\min(1,x_j(t)+\varepsilon)\\x_i(t^+)=0\end{cases} \qquad \forall i\neq j$$

根据上述模型，Peskin 提出了两点假设：

（1）对于相同结构的振荡器，在任意的初始状态下，系统最终总会达到同步，即具有同步收敛性；

（2）即使每个振荡器的结构不同，系统最终也会达到同步。但是他只证明了两个相同结构的耦合振荡器具有同步收敛性。

2．M&S 模型

Mirollo 和 Strogatz 在 Peskin 的研究基础上提出了 M&S 模型，他们认为单个振荡器在自由状态下的动力学（Dynamics）模型的特性是影响同步收敛性的决定性因素，他们对 Peskin 的模型进行了推广。

在 M&S 模型中，系统状态变量仍用 x 表示，而系统的动力学模型为

$$x=f(F)$$

式中，f 是一个定义域和值域均为[0，1]的、光滑的、单调增的凹函数（即 $f'>0$，$f''<0$），且

满足 $f(0)=0$ 和 $f(1)=1$；定义域变量 F 称为相位变量，且满足 $\mathrm{d}F/\mathrm{d}t=1/T$，其中 T 是同步周期；值域变量 x 称为状态变量（注：Peskin 模型只是 M&S 模型的一个特例）。当某个振荡器的相位为 $f(F)=C(1-e-\gamma f)$时，其他振荡器的放电将使该振荡器的状态变量提升一个耦合增量，因此该振荡器的相位 F 变为

$$F=\begin{cases} f^{-1}(f(F)+e), & f^{-1}(f(F)+e)<1 \\ 0, & f^{-1}(f(F)+e)\geqslant 1 \end{cases}$$

将上述 M&S 模型引入到无线传感器网络中，网络中的每一个节点等效为 M&S 模型中的一个振荡器，节点的时钟系统由本地晶振和计数器构成，在某一时刻读取的计数器值即节点的相位，计数器的最大计数值即节点的相位极限，一旦达到计数最大值，则产生计数器溢出中断（相当于 M&S 模型中的振荡器被激发），并且通过向网络中的其他节点广播信号来产生相应的耦合效应，同时计数器将清零，然后重新计数，进入下一个周期。

Peskin 模型和 M&S 模型模拟了萤火虫自同步（Self-Synchronization）方式，在理论上证明了振荡器节点能够达到同步，于 2005 年首次在无线传感器网络使用 Micaz 节点和 TinyOS 平台上实现了基于 M&S 模型的萤火虫同步算法。M&S 模型在传感器节点上的算法实现和通信处理上都比较简单，一个节点只需要观察其邻居节点的激发事件（无须关联此时间或需要知道是哪个邻居节点报告的事件），每个节点都维持其内部的时间。同步并没有任何明显的领导者导致，也无关于它们的初始状态。因为这些因素，M&S 模型是非常适用于传感器网络的。然而，由理论所引导而做出的一些假设，应用于无线传感器网络，在实现上却存在五点局限性，包括

- 当一个节点激发时，它的邻居节点不能即时地获取这个时间；
- 节点不能即时地对激发事件做出反应；
- 节点不能精确地并且即时地计算出 f 和 f^{-1}；
- 所有的节点没有相同的时间周期 T；
- 节点不能从它的邻居节点观察到所有的事件（具有信息损耗）。

针对现实中所考虑的问题，有人提出了 RFA（Reach back Fireny Algorithm）算法。RFA 算法的思想是：把本轮同步周期内接收到的所有同步报文依次按照实际发送时刻排序，当本轮同步周期结束时，按照 M&S 模型计算这些同步报文对节点时间的影响量，并把下轮同步周期的节点起始时间设置成计算出的影响量之和。不同于 M&S 模型的地方在于，在本轮同步周期中节点的时间并不受这些同步报文的影响。RFA 与理想的 M&S 算法相比，不但可以达到同步，还解决了报文传输延迟问题[15-16]。

与其他协议相比，萤火虫同步算法具有独特的优点，即

- 同步可直接在物理层而不需要以报文的方式实现；
- 由于对任何同步信号的处理方式均相同，与同步信号的来源无关，因此可扩展性以及适应网络动态变化的能力很强；

- 机制简单，不需要对其他节点的时间信息进行存储。

7.6 本章小结

本章介绍了无线传感器网络的第一个技术难点——时间同步，首先简单地概述了时间同步技术、时间同步的现状和发展以及关键问题，接着结合无线传感器网络的具体应用，介绍了传统的时间同步技术，包括DMTS、RBS、TPSN等，根据几个关键性的指标分别评判了这几种同步方法的优略，根据不同的应用选择不同的同步方法，但是这些时间同步技术大都是针对于单跳网络而言的，对于多跳网络本章提出了两种新的同步方法——协作同步和萤火虫同步机制，具体分析了算法的实现流程和优缺点。从无线传感器网络的时间同步现状来看，已经比较成熟，能够适用于规模商业化，不过还需以后进一步优化。

参考文献

[1] Romer K.Temporal message ordering in wireless sensor networks, In:proc.IFIP Mediterranean Workshop on Ad hoc Networks 2003, 131-142.

[2] Elson.J., Romer K. Wireless Sensor Network:a new regime for time synchronization.ACM SIGCOMM Computer Communication Review, 2003,33(1):149-154.

[3] Millstone DL.Network Time Protocol(Version 3)Specification, Implementation and Analysis[R]. Network Working Group Report RFC-1305, University of Delaware,March 1992.

[4] Mills D.L.Adaptive hybrid clock discipline algorithm for the network time protocol.IEEE/ACM Transactions on Networking,1998,6(5):505-514.

[5] Su Ping, Delay Measurement time synchronization for wireless sensor networks, Inter Research. Berkeley Lab, 2003.

[6] Hill J, Culler D. Mica: a wireless platform for deeply embedded networks. IEEE Micro,2002, 122(6):12-24.

[7] Mock M. et al.. Continuous clock synchronization in wireless real-time applications. In Proc. 19th IEEE Symp. Reliable Distributed Systems, 2000,125-132.

[8] Ganeriwal S. Kumar R, Srivastava M. Timing-sync protocol for sensor networks. In: Proc 1st ACM Conference on Embedded Netwroked Sensor Systems, Los Angeles, 2003, 138-149.

[9] Miklos M, Branislav K, Gyula S, Akos L. The flooding time synchronization protocol. In Proc.2th ACM Conference on Embedded Networked Sensor Systems, Baltimore, 2004,39-49.

[10] Romer K, Blum P, Meier L. Time synchronization and calibration in wireless sensor networks. In handbook of sensor networks: Algorithms and Architectures. Wiley, 2005,34-58.

[11] Scaglione A, Hong Y. Opportunistic Large Arrays: cooperative transmission in wireless multihop ad hoc networks to reach far distances. IEEE transactions on Signal Processing, 2003, 51(8):2082-2092.

[12] Charles S. P. Mathematical aspects of heart physiology. Courant Institute of Mathematical Sciences. New York University, 1975,268-278.

[13] Strogatz S. H, Stewart I. N. Coupled oscillators and biological synchronization. Scientific American, 1993,269(6):102-109.

[14] Mirollo R. E, Strogatz S. H. Synchronization of pulse-coupled biological oscillators. SIAM Journal on Applied Mathematics, 1990, 50(6):1645-1662.

[15] Ernst U, Pawelzik K, Geisel T. Delay-induced multistable synchronization of biological oscillators. Phys Review E, 1998,57:2150-2162.

[16] Lucarelli D, Wang I. Decentralized synchronization protocol with nearest neighbor communication. In: Proc. 2th ACM Conference on Embeeded Networked Sensor Systems, Baltimore, USA, 2004:62-68.

第 8 章

无线传感器网络节点定位技术

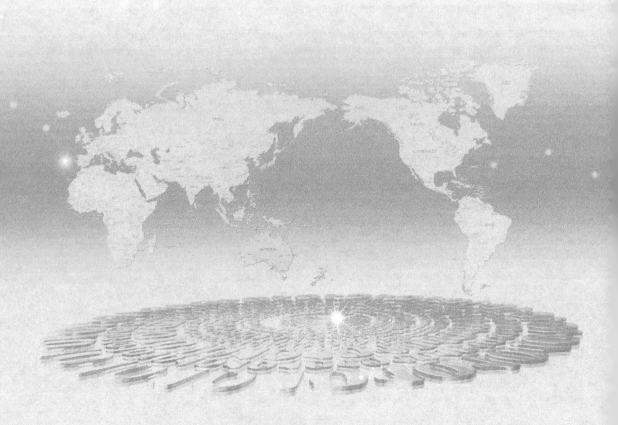

在传感器网络的许多应用中，用户一般都会关心一个重要问题，即特定事件发生的具体位置或区域。例如，目标跟踪、入侵检测、环境监控等，若不知道传感器自身的位置，感知的数据是没有意义的。因此，传感器网络节点必须知道自身所在的位置，才能够有效地说明被检测物体的位置，从而实现对外部目标的定位、跟踪等。传感器网络节点定位技术的目的就是给出各传感器节点在平面或空间中的绝对或相对坐标。除此以外，节点定位技术还可为基于位置的路由算法提供支持，减少路由发现等开销以提高路由效率、实现网络的负载均衡、反映网络的拓扑结构以及实现网络拓扑的自配置。节点定位问题是传感器网络诸多应用的前提[1]，也是传感器网络研究中的基础性问题和热点问题之一。

8.1　节点定位技术概述

无线传感器网络节点定位的概念[2]可以描述为：依靠网络中少量的位置已知的节点，通过邻居节点间有限的通信和某种定位机制确定网络中所有未知节点的位置。位置的概念是依赖于某个预先确定的参照系，因此，所有的位置都是相对的；同样地，在没有相应的坐标系的情况下讨论某个物体的坐标也是毫无意义的。所以，总是假设存在一个合适的坐标系，如全局坐标系或者局部坐标系。

一般来说，在确定节点位置在实际应用中包含两种含义：一种是确定节点自身在系统中的位置；另一种是确定目标节点在系统中的位置。当前，WSN 节点定位问题主要研究节点自身在系统中的位置，一般是基于网络中少量的位置已知的信标节点，把信标节点作为定位参考点；如果未知节点得到其到邻近信标节点的距离（角度），就可以使用节点位置计算方法来估算自身的位置；少数算法利用了网络节点之间的连接信息来定位未知节点。换一种方式来阐述节点定位的概念，即通过一定的技术、方法和手段确定未知节点在系统中的绝对或相对位置信息，在节点间建立起一定的空间关系的过程。在学习节点定位技术之前，我们先来明确以下几个概念。

信标节点（Beacon Nodes）：已知自身位置信息的节点，可通过 GPS 定位设备或手工配置、确定部署等方式预先获取位置信息，为其他节点提供参考坐标。也有文献将位置信息已知的节点称为锚节点（Anchor Nodes）、参考节点（Reference Nodes）或导标节点。

未知节点（Unknown Nodes）：信标节点以外的节点统称为未知节点，也有文献称为盲节点（Blind Node）。节点定位的目的就是获得未知节点的位置信息。

邻居节点（Neighboring Node）：一个节点通信距离范围内的所有节点的集合。

跳数（Hop Count）：两个节点之间跳段的总数。

跳距（Hop Distance）：两个节点之间各跳段的距离之和。

节点连接度（Node Degree）：节点可以探测发现到的邻居节点个数。

网络连接度（Networks Degree）：所有节点的邻居个数取平均值，可反映传感器配置的密集程度。

无线传感器网络中的节点随机地分布在目标区域内，是一种分布式的网络，因此在部署时并不能确定每个节点的位置，甚至有些节点还具有移动性，因此在部署完之后才能使用一定的方法进行定位。目前来说，最广泛的定位方法莫过于GPS定位，第7章节已经提到过，GPS所需的代价较高，能耗、价格等都不适合于无线传感器网络，在室内环境中甚至都接收不到GPS信号，另外机器人研究领域也提出了一些节点定位的算法和技术，但是这些算法或技术都过于复杂，能耗也比较大，无线传感器节点廉价，设备简单，不能采用这些算法。

在传感器网络中，传感器节点能量有限、可靠性差、网络规模大且节点随机布放、无线模块的通信距离有限，对定位算法和定位技术提出了很高的要求。传感器网络的定位算法通常需要具备以下特点。

- 自组织性：传感器网络的节点随机部署，不依赖于全局基础设施协助定位；
- 健壮性：传感器节点的硬件配置低，能量有限，可靠性较差，定位算法必须能够容忍节点失效和测距误差；
- 节能性：尽可能地减少算法中计算的算法复杂度，减少节点间的通信开销，以尽量延长网络的生存周期；
- 分布式：无线传感器网络通常是大规模部署网络，节点数目多，定位任务将不会是单个节点所能承担的，这就需要定位算法具有一定的分布式，把任务分派到各个节点；
- 可扩展性：无线传感器网络中的节点数目可能是成千上万甚至更多，为了满足对不同规模的网络的适用性，定位算法必须具有较强的可扩展性。

在无线测量技术的定位算法中，局部定位技术要求信标节点数量多而且到处分布能够覆盖整个网络，但在许多传感器网络应用中节点的预先布置是不可能的。基于跳数的定位技术可以不需要大量的信标节点，但要求传感器节点的高密度和均匀分布，而这些问题目前还没有真正的解决方法。

理想的无线传感器定位算法应该适合更一般的网络环境，无须特殊的距离测量硬件设备，节点也无须预先布置、密度低、分布不规则，并且所有节点可以不受控制地移动。当定位算法为了追求更精确的定位时，必将进行循环求精阶段，而这阶段的计算必将给网络带来大量的通信开销，也将大量消耗传感器节点的能量。所以，定位的精度和传感器节点的能量这个矛盾还是目前比较棘手的问题。

8.2 节点定位技术研究现状与发展

作为一种全新的技术，无线传感器网络具有许多挑战性的研究课题，而定位就是其中之一，定位也是大多数应用的基础和前提。

传感器节点的微型化和有限的电池供电能力使其在节点硬件的选择上受到很大的限制，低功耗是其最主要的设计目标。而人工部署和为所有网络节点安装GPS接收器都会受到成本、功耗、扩展性等问题的限制，甚至在某些场合可能根本无法实现，因此必须针对其密集性，节点的计算、存储和通信等能力都有限的特定场合设计有效的低功耗定位算法。

现在，美国已有很多大学都已开展无线传感器网络方面的研究，如加州大学伯克利分校（Berkeley）研制的传感器系统 Mica、Mica2、Mica2Dot 已被广泛地用于低能耗无线传感器网络的研究和开发；哈佛大学研究了无线传感器网络中通信的理论基础；麻省理工学院（MIT）致力于无线传感器网络的信号处理技术等。在其他国家和地区，如加拿大、英国、日本、澳大利亚也开展了不少关于传感器及无线传感器网络的研究工作。

目前中国科学院、哈尔滨工业大学、清华大学、浙江大学、上海交通大学、中南大学等高校和研究机构纷纷从不同的角度开展其研究。WSN 的研究已成为国际和国内研究热点之一，具有很强的理论和实际应用价值。

从总体来讲，国内关于无线传感器网络的研究还刚刚起步，真正应用到实际的还比较少，大部分工作仍停留在仿真阶段。近十年来，无线传感器网络自身定位问题研究的进展十分可喜，取得了丰富的研究成果。特别是进入 21 世纪后，对无线传感器网络自身定位问题有了许多新颖的解决方案和思想，许多技术方案都能够解决无线传感器的自身定位问题。但是，每种系统和算法都是用来解决不同的问题或支持不同的应用的，它们用于定位的物理现象、传感器设备的组成、能量需求、基础设施和时空的复杂性等许多方面。

对现有的 WSN 定位研究成果研究比较发现，没有一种定位方案能在有效减少通信开销、降低功耗、节省网络带宽的同时获得较高的定位精度。因此，该领域还有待更多的人提出更好的方法，以求更好地解决定位问题，使得无线传感器网络能够真正在实际生活中得到广泛的应用。

目前节点定位在许多应用中取得了关键性的作用，按定位应用的领域大概可分为导航、跟踪、网络路由等，在不同的应用场合下定位技术也不同。

8.3　节点定位技术关键问题

目前，在节点定位应用中，由于受传感器节点能量有限、可靠性差、网络规模大且节点随机布放、无线模块的通信距离有限等影响，对定位算法和定位技术提出了很高的要求。一般来说我们从定位区域与精确度、实时性和能耗三个方面来衡量节点定位技术的好坏。

1．定位区域与精确度

定位区域与精确度是传统定位方法和无线传感器网络定位都具有的衡量指标，而且定位区域和精度一般都是互补存在的，定位区域越大，意味着精度越小。根据定位区域的大小我们将定位技术分为局部定位和全网络定位两种，全网络定位一般采用 GPS 定位系统，在户外空旷的地方能够准确地知道节点所在的位置，这是定位中的一个特例，它全球定位，并且定位的精度可以达到米级范围，是导航必不可少的一个服务。但是全局定位对设备要求较高，所耗能量也比较大，在无线传感器网络中一般不采用这种方式。无线传感器网络中一般采用局部定位的方法，几个已知的节点通过它自身的位置来定位它作用范围内的节点位置。在现在已经实现的定位网络中，蓝牙定位可以达到100 m左右，准确度可以达到3 m，GSM 系统覆盖范围越广，但是准确度误差仅能达到 100 m。并且覆盖范围越大，精度越高，对节点的通信能力的要求就越高，能耗也就越大。在无线传感器网络中，根据具体的应用，我们可以选择具体的定位方法，确定不同的覆盖范围和准确度。

2．实时性

实时性是定位技术的另外一个关键指标，实时性与位置信息的更新频率密切相关，位置信息更新频率越高，实时性越强。GPS 系统的更新频率可以达到很高，对于车辆定位等问题已经远远足够，但是在一些特殊的应用中，比如导弹的发射，敌方情况的监测等对定位的实时性要求就非常强，如果位置信息的更新频率过慢，快速移动的物体给人的感觉还是停滞不前，就会出现严重的后果。

3．能耗

能耗是无线传感器网络独有的一个衡量指标。在传统定位技术中，由于节点的硬件设备完善，电能充足，一般不考虑节点的能耗这个问题，但是在无线传感器网络中，节点的电能靠电池来供应，电池是不可替换的，因此节省能量就成了无线传感器网络中一个重要的问题。传统网络的定位区域广、实时性强、精度高，因此节点定位技术的复杂度高、能耗高，但是在无线传感器网络中，节点定位算法要求计算复杂度低，能耗效率高，采用不同的定位技术能耗相差很大。

另外，还有一些小的方面来衡量无线传感器网络定位技术的好坏，如定位技术的扩展性、鲁棒性和节点带宽的占用等，对于动态加入和退出的节点能够实现节点定位的自由转换，定位算法能够自我寻找新的节点代替原有节点继续进行定位服务。

8.4 基于测距的定位技术

前面几节我们讲到信标节点，利用信标节点的位置，通过测量和估计信标节点与目标节点的距离，我们就能够利用它们之间的关系很容易地算出目标节点的位置。

基于测距的定位技术涉及几何中的图形问题，已知节点的位置，求另外几个节点的位置，比较常用的方法有三边定位和角度定位两种，角度定位需要另外测量接收信号夹角，测量出夹角后使用数学几何条件，以确定节点的位置。

8.4.1 三边定位技术

1．基本思想

三边测量法如图 8.1 所示，已知 A、B、C 三个节点的坐标分别为（x_1，y_1）、（x_2，y_2）、（x_3，y_3）。测得它们到未知节点 D 的距离分别为 d_1、d_2、d_3。假设节点 D 的坐标为（x，y）。

以 A、B、C 三点为圆心，d_1、d_2、d_3 为半径做圆，三圆的焦点即为节点 D 的坐标。

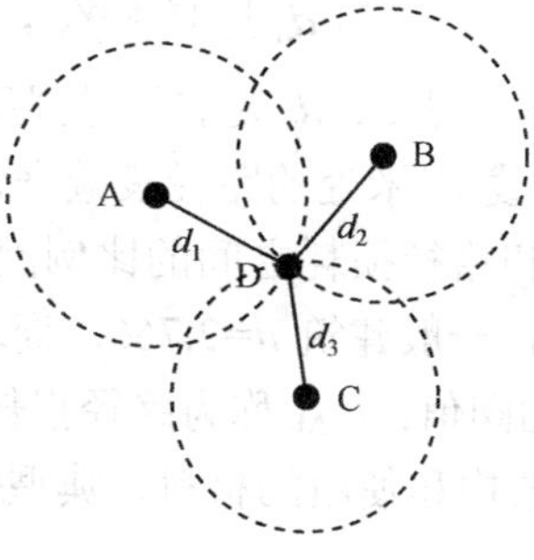

图 8.1　三边定位

那么，我们可以列出以下公式。

$$\begin{cases}(x-x_1)^2+(y-y_1)^2=d_1^2\\(x-x_2)^2+(y-y_2)^2=d_2^2\\(x-x_3)^2+(y-y_3)^2=d_3^2\end{cases} \tag{8.1}$$

将第一个方程和第二个方程同时减去第三个方程，得到结果

$$\begin{cases}2(x_1-x_3)x+2(y_1-y_3)y=x_1^2-x_3^2+y_1^2-y_3^2-d_1^2+d_3^2\\2(x_2-x_3)x+2(y_2-y_3)y=x_2^2-x_3^2+y_2^2-y_3^2-d_2^2+d_3^2\end{cases} \tag{8.2}$$

将其写成线性方程的形式，$\boldsymbol{AX}=\boldsymbol{B}$，其中

$$\boldsymbol{A}=\begin{bmatrix}2(x_1-x_3) & 2(y_1-y_3)\\2(x_2-x_3) & 2(y_2-y_3)\end{bmatrix}\quad \boldsymbol{B}=\begin{bmatrix}x_1^2-x_3^2+y_1^2-y_3^2-d_1^2+d_3^2\\x_2^2-x_3^2+y_2^2-y_3^2-d_2^2+d_3^2\end{bmatrix}\quad \boldsymbol{X}=\begin{bmatrix}x\\y\end{bmatrix}$$

由此我们可以得出节点 D 的坐标为

$$\begin{bmatrix}x\\y\end{bmatrix}=\begin{bmatrix}2(x_1-x_3) & 2(y_1-y_3)\\2(x_2-x_3) & 2(y_2-y_3)\end{bmatrix}^{-1}\begin{bmatrix}x_1^2-x_3^2+y_1^2-y_3^2-d_1^2+d_3^2\\x_2^2-x_3^2+y_2^2-y_3^2-d_2^2+d_3^2\end{bmatrix} \tag{8.3}$$

2. 主要技术

三边定位技术的计算方法比较简单，在已知两点之间距离的情况下，采用单纯的数学公式就可以计算出来，节点之间距离的测量才是三边定位技术的最难点，一般来说，有三种算法可以测量两个节点之间的距离：第一个是根据接收信号的强度来计算距离；第二种是根据信号传播时间或者时间差来计算距离；第三种基于接收信号相位差来定位。

1）根据接收信号强度定位（Received Signal Strength Indication，RSSI）

在该测量方法[3]中，已知发射功率，在接收节点测量接收功率，计算信号的传播损耗，使用理论或经验的信号传播模型将传播损耗转化为距离，该技术主要使用 RF 信号。信号衰减模型用式（8.4）表示，即

$$P(d)=P(d_0)-10n\log\left(\frac{d}{d_0}\right)-\begin{cases}n_{\mathrm{W}}\times W_{\mathrm{ADF}}, & n_{\mathrm{W}}<C\\ C\times W_{\mathrm{AF}}, & n_{\mathrm{W}}\geqslant C\end{cases} \tag{8.4}$$

式中，$P(d)$、$P(d_0)$分别表示在距离基站 d、d_0处的信号强度，$P(d)$是接收节点实际测得的信号强度 RSSI，$P(d_0)$一般可以距天线 d_0米处的路径衰减来代替，其典型值为 $P(1)=30$ dB；n 为同层衰减指数，表示路径长度和路径损耗之间的比例因子，依赖于建筑物的结构和使用的材料，典型值为办公楼 $n=3.25$，一般建筑 $n=2.766$，商场 $n=2.18$；n_{W}表示节点和基站间墙壁个数；C 表示信号穿过墙壁的阈值；W_{AF}称为路径损耗附加值，表示信号穿过墙壁或障碍物的衰减因子，依赖于建筑的结构和使用的材料，典型值为：玻璃为 8 dB，隔墙为 10～15 dB，预制板为 20～30 dB。

由于传感器节点本身具备无线通信能力，通信控制芯片通常会提供测量 RSSI 的方法，在信标节点广播自身坐标的同时即可完成 RSSI 的测量，因此是一种低功率、低代价的测距技术。其误差主要来源于信号实际传播过程中受环境影响造成的信号衰减与理论或经验模型不符，从而带来了实际建模的复杂性，如信号反射、多径干扰（Multi-Path Interference），栅（Non-Line-Of-Sight，NLOS）、天线增益等。因此，基于 RSSI 的测距应视为一种粗糙的测距技术，有可能产生±50%的测距误差[4]，一般只能适用于对误差要求不高的场合。

2）根据信号传播时间测距（TOA）

该技术是采用信号到达时间[5~6]来测量距离的，是一种基于电波传输时间的定位技术。已知信号传播速度，通过测量信号从发射机传播到多个接收机所消耗的传播时间来确定移动用户的位置。TOA 测距的基本思想是测量移动台发射信号的到达时间，并且在发射信号中要包含发射时间标记以便接收基站确定发射信号所传播的距离，该方法要求移动台和基站的时间精确同步。为了测量移动台的发射信号的到达时间，需要在每个基站处设置一个位置测量单元，为了避免定位点的模糊性，该方法至少需要三个位置测量单元或基站参与测量。

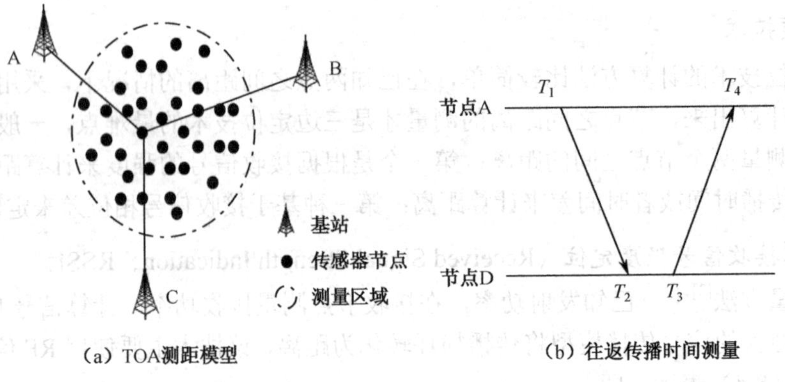

图 8.2　TOA 测距模型

如图 8.2（a）所示，有 A、B、C 三个基站，因为节点间的距离测量都是一样的，这里我们就假定先测量基站 A 到目的节点的距离。假设基站 A 到目的节点 D 的距离为 d，声波传播速度为 v，图 8.2（b）给出了 TOA 定位算法的定位流程，在 T_1 时刻基站 A 发射机发射一个声波信号给目的节点 D，D 节点在 T_2 时刻接收到该声波信号，经过短暂的处理之后，在 T_3 时刻目的节点 D 回送一个声波测距信号给 A 节点，在 T_4 时刻 A 节点接收到该信号。由此可以得出声波信号在介质中传播的时间为

$$t=(T_2-T_1)+(T_4-T_3) \tag{8.5}$$

在这段时间内，声波传播的距离为 $2d$，我们就可以得到

$$d=\frac{\left[(T_2-T_1)+(T_4-T_3)\right]\times v}{2} \tag{8.6}$$

值得注意的是，这里的 T_1 和 T_4 时刻是由节点 A 测得的，T_2 和 T_3 时刻是由目的节点 D 测得的，由于时钟漂移、定位误差等的存在，两者的时间会有一定的时间差，但是由于无线采用双向通信的方式，两者的时间差相互抵消，对结果没有任何影响。

TOA 定位法是一种基于网络的定位技术，该方法的优点在于对现有的移动台无须进行任何改造，定位精度较高并且可以单独优化，定位精度与位置测量单元的时钟精度密切相关。该方法的缺点在于每个基站都必须增加一个位置测量单元并且要做到时间同步，移动台也需要与基站同步，整个网络的初期投资将会很高；发射信号中加上发射时间标记，会增加上行链路的数据量，当业务量增大时网络的负担会加重；即使在位置测量单元时钟精度很高的情况下，到达时间的测量仍然会受到多径效应的影响[7]；如果移动台无法和三个以上的位置测量单元或者基站取得联系，定位将会失败；定位时间较长；由于要向多个基站发射信号，将会增加移动台的功耗。

使用无线电信号 TOA 技术最多的是 GPS 定位系统，由于微小的时间误差会带来巨大的测距误差，GPS 系统中对于时钟及时间同步的要求非常高，GPS 卫星上装有价格昂贵、精确度达到微秒级的原子钟，GPS 接收机则采用精度略差的石英钟，并通过不断地与卫星进行时间同步来减少误差。若使用超声波作为信号源则可在一定程度上解决这一问题，然而超声波传播距离非常有限，同时易受干扰，需要增加声学发射机与接收机，并且两者需要处于直线可视范围内，易受非视距传播的影响。由于传感器节点在尺寸、成本、功耗上的限制，上述采用无线电或超声波信号的 TOA 测距技术对无线传感器网络而言几乎是不可行的。

3）根据到达时间差测距（Time Difference of Arrival，TDOA）

在基于到达时间差 TDOA 的定位机制中，发射节点同时发射两种不同传播速度的无线信号，接收节点根据两种信号到达的时间差以及已知这两种信号的传播速度，计算两个节点之间的距离，再通过已有基本的定位算法计算出节点的位置。

如图 8.3 所示，发射节点在时刻 T_0 同时发射无线射频信号和超声波信号，接收节点记录两种信号到达的时间 T_1 和 T_2，已知无线射频信号和超声波的传播速度分别为 c_1 和 c_2，那

么我们可以知道射频信号和超声波信号传播的时间为

$$t_1=\frac{d}{c_1}\ ,\ t_2=\frac{d}{c_2} \tag{8.7}$$

可以得出

$$\frac{d}{c_2}-\frac{d}{c_1}=t_2-t_1=(T_2-T_0)-(T_1-T_0)=T_2-T_1 \tag{8.8}$$

化简可得

$$d=(T_2-T_1)\times\frac{c_1c_1}{c_1-c_2} \tag{8.9}$$

虽然 TDOA 定位[8~9]的结果很好，但是它本身还是有一些固有的缺陷需要考虑。首先，利用 TDOA 进行定位要求传感节点上必须附加特殊的硬件（声波或者超声波的收发器等），这会增加传感节点的成本；其次，声波或者超声波在空气中的传输特性和一般的无线电波并不一样，空气的温度、湿度或者风速都会对声波的传输速度产生很大的影响，这就使得距离的估计可能出现较大偏差；最后，TDOA 测速的一个很大的假设是发送节点和接收节点之间是没有障碍物阻隔的，在有障碍物的情况下会出现声波的反射、折射和衍射，此时得到的实际传输时间将变大，在这种传输时间下估算出来的距离也将出现较大的误差。

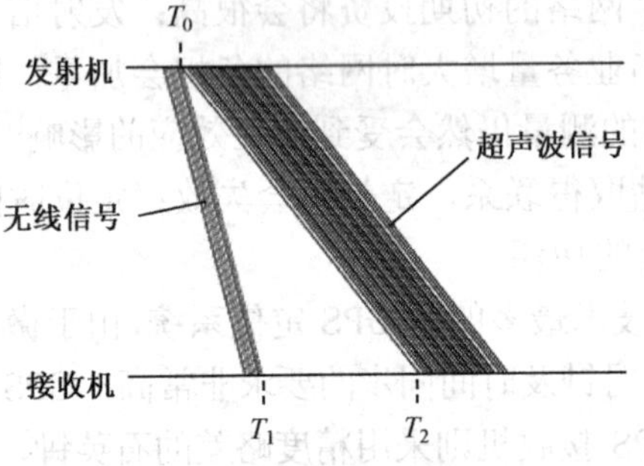

图 8.3 TDOA 测距

8.4.2 角度定位

常用的角度定位方法有：已知两个顶点和夹角的射线来确定一点，以及已知三点和三个夹角来确定一点。

1. 已知两个顶点和夹角的射线确定一点

如图 8.4 所示，参考点 $A(x_1,y_2)$ 和 $B(x_2,y_2)$ 收到的信号夹角分别是 α 和 β，根据式（8.10）

$$\begin{cases} x=-\dfrac{(y_2-x_2\tan\beta)-(y_1-x_1\tan\alpha)}{\tan\beta-\tan\alpha} \\ y=-\dfrac{(x_2-y_2\cot\beta)-(x_1-y_1\cot\alpha)}{\cot\beta-\cot\alpha} \end{cases} \tag{8.10}$$

可以计算出待测节点 N 的位置坐标(x,y)。这是一种参考节点 A 和 B 自身在坐标系已经矫正的情形，如果参考点 A 和 B 方向没有校正，需要在计算时补偿方向偏差。

2．已知三点和三个夹角确定一点

如图 8.5 所示，在测量出角 α、角 β 和角 γ 后，可以使用三角定位的方法计算出 N 点的位置(x,y)。

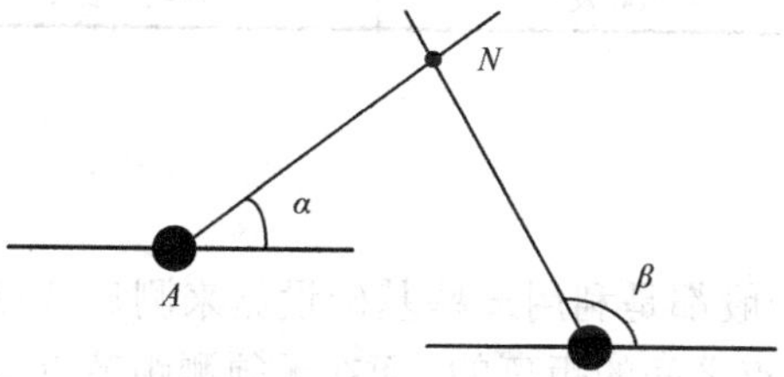

图 8.4　到达夹角 AOA 测量

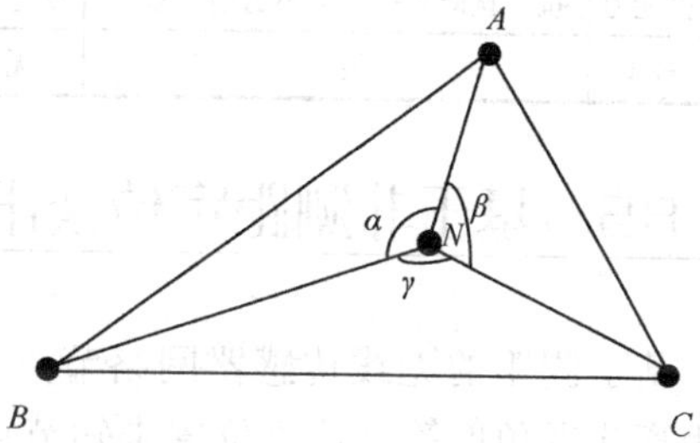

图 8.5　三角定位

对于参考点 $A(x_1,y_1)$、$B(x_2,y_2)$和夹角 α，根据圆的内接四边形对角互补和弦所对的圆周角等于它所对的圆心角的性质，可以由 A、B 和 N 确定圆 C 的圆心 C_1（xc_1,yc_1），弦 AB 所对应的圆心角 $\theta=2\pi-2\alpha$。再根据方程组

$$\begin{cases}(x_1-x_{c1})^2+(y_1-y_{c1})^2=r_{c1}^2\\(x_2-x_{c2})^2+(y_2-y_{c2})^2=r_{c2}^2\\(x_3-x_{c3})^2+(y_3-y_{c3})^2=r_{c3}^2\end{cases}\tag{8.11}$$

可以求出圆 C 的圆心 C_1（$xc1,yc1$）和半径 $rc1$，从而 A、B 和 N 三点确定一个内接圆 O_1（x_{c1},y_{c1},r_{c1}），由 A、C 和 N 三点就可以确定 $O2(x_{c2},y_{c2},r_{c2})$，由 B、C 和 N 三点就可以确定 $O_3(x_{c3},y_{c3},r_{c3})$。根据圆 O_1、O_2、O_3 就可以确定点 $D(xD,yD)$的坐标。角度定位法（AOA）使用信号夹角进行定位，这种方法需要特殊硬件测量接收信号的方向夹角，因为测量的信号夹角不可能很精确，所以 AOA 的精度不理想。

8.4.3　测距定位算法性能比较分析

在无线传感器网络中，基于测距的定位技术往往具有很大的优势，算法比较简单，实现容易，如表 8.1 所示。研究人员一般从几个方面来评判这些定位技术的优略。

（1）定位精度，一般来说就是测距误差，即测得的距离与实际距离的差值，一般来说采用超声波的 TDOA 协议最小，而采用功率衰减来判别距离的 RSSI 测距误差最大。

（2）覆盖范围。GPS 是全球定位系统，一次覆盖范围最好，其次是 RSSI 采用功率衰减测距，而 TOA 和 TDOA 定位技术采用超声波短波，传播距离最短，因此覆盖范围最小。

（3）抗干扰能力。当有干扰如电磁干扰、多径干扰等存在时，节点是否能够正常稳定工作成为测距定位技术性能的一个重要指标。

（4）实现成本。

表 8.1　基于测距定位技术性能比较

评价指标	GPS	RSSI	TOA	TDOA
定位精度	较大	大	较小	很小
覆盖范围	不限	较长	较短	很短
抗干扰能力	抗干扰能力强，但不适用于室内	受电磁干扰影响	受多径传播、混响效应影响	受多径传播、混响效应影响
实现成本	最大	无额外设备	声波收发装置	超声波收发装置

8.5　基于非测距定位技术

基于测距的无线传感器网络节点定位技术一般都是利用一些基础设施来测量节点间的距离或者角度等来估算位置未知节点同信标节点之间的距离的。而在无须测距节点定位算法中，我们不需要利用这些基础设施来测量未知节点同信标节点之间的距离和角度这些信息，只需要根据未知节点同信标节点是否连通，或者未知节点与信标节点之间的跳数来度量。

8.5.1　基本原理

1．基于连通性的定位

连通性（Connectivity）是指两个节点是否连通，在不同的文献中有不同的定义，有的以接收到的信号强度为依据[10]，有的以接收到的信号数量为依据[11]。下面以信号强度为例来说明连通性的概念。

基于连通性的定位可以根据一个节点能否成功解调其他节点传来的数据包作为依据。如果一个节点能够成功地解调从某个其他节点传送过来的数据包，那么两者是连通的；反之，如果节点接收到的信号强度过小，而不能解调某个其他节点传送过来的数据包，那么两者就是不连通的。由于接收信号强度是一个取决于未知衰落信道的随机变量，因此连通性也是一个随机变量。

如果节点 i 和节点 j 连通，则表示节点 i 能够通过感知、通信等途径，确定节点 j 在自己周围的一定范围内，但不知道具体的距离和方向。确切地说，节点 i 和节点 j 之间的连通性测量 Q_{ij}，可以依据接收信号强度表示成 0 或 1 的二元变量模型，即

$$Q_{ij}=\begin{cases}0, & P_{ij}\geqslant p_i\\ 1, & P_{ij}<P_i\end{cases} \tag{8.12}$$

式中，P_{ij} 是节点 i 收到的从节点 j 发出的信号的强度，单位是 dBm；P_i 是数据包刚好能被解调所需的最小接收信号阈值强度。

2．基于跳数的定位

在无线传感器网络中，节点间最基本的通信方式是洪泛，所以很多节点定位机制都是采用两个节点之间的跳数（Hop）来估计节点之间的距离的。跳数原理就是对信标节点信息洪泛的过程进行跳数统计，通过统计未知节点与信标节点之间的跳数，然后根据信标节点之间的距离和跳数估算出全网每一跳的平均距离，二者相乘，即可得到两个节点之间的距离。

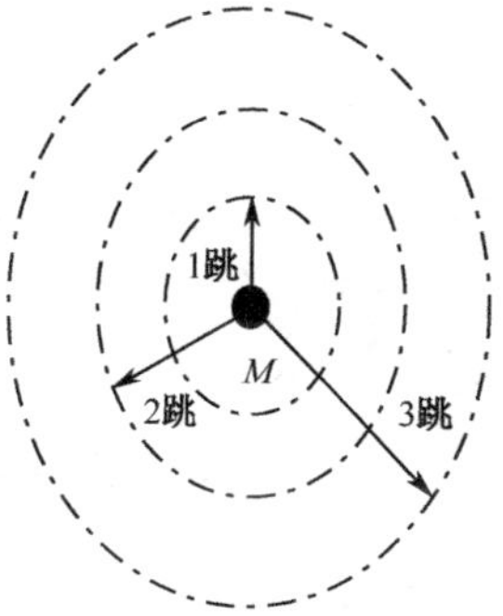

图 8.6　信标节点的信息传播

图 8.6 所示为单个信标节点消息的传播过程。节点 M 的信息是按照跳数向四周发送的。一般来说，随着跳数的增加，节点间的距离也相应增大。总体来说，基于连通性和跳数的定位算法，虽然精度较低，但具有无须额外硬件、能耗较低、受环境影响较小等优点，在硬件尺寸和功耗上更适合大规模低能耗的无线传感器网络，是目前备受关注的定位机制。

8.5.2　典型算法

1．质心定位算法

质心定位算法（Centroid）[11, 1]是南加州大学的 Nirupama Bulusu 等学者提出的一种仅基于网络连通性的室外定位算法。该算法的核心思想是：全网约定一段时间 t 为定位时间。时间 t 为

$$t=(S+1-\xi)\times T \tag{8.13}$$

式中，T 为发信号的时间间隔；S 为 t 时间内要发送的消息个数；ξ 为小于 1、大于 0 的常数。

在这段时间 t 内，信标节点每隔时间 T 向邻居节点广播一个信标信号，信号中包含自身的位置信息。未知节点记录从每个发来信号的信标节点接收到的信标信号数量。i 时间结束后，未知节点计算与各个信标节点之间的通信成功率指标 CM_i，即

$$\mathrm{CM}_i=\frac{N_{\mathrm{recv}}(i,t)}{N_{\mathrm{sent}}(i,t)}\times 100\% \tag{8.14}$$

式中，$N_{\mathrm{recv}}(i,t)$表示 f 时间内收到来自信标节点 f 的信号数；$N_{\mathrm{sent}}(i,t)$表示信标节点 i 共发送的信号数。

之后，未知节点选择通信成功率 CM_i 大于某一个预设门限值（一般为 90%）的信标节点作为参照，约定此信标节点与未知节点是连通的，认为未知节点是这些信标节点所组成的多边形的几何中心，计算该多边形的质心作为该节点的估测坐标。质心定位算法的原理如图 8.7 所示。

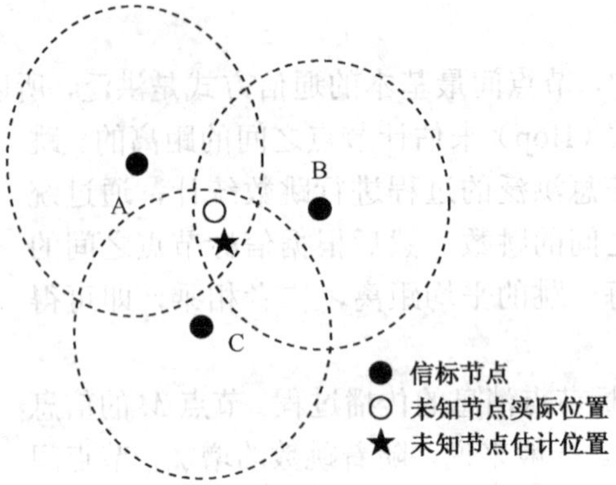

图 8.7　质心定位算法原理图

多边形的几何中心称为质心，多边形顶点坐标的平均值就是质心节点的坐标。当未知节点接收到所有与之连通的信标节点的位置信息后，就可以根据这些信标节点所组成的多边形的顶点坐标来估算自己的位置了。假设这些坐标分别为（x_1，y_1）、（x_2，y_2）、…、（x_k，y_k），则未知节点的坐标（x_{est}，y_{est}）为

$$(x_{est}, y_{est}) = \left(\frac{x_1 + \cdots + x_k}{k}, \frac{y_1 + \cdots + y_k}{k}\right) \tag{8.15}$$

通过以上研究，我们可以发现质心定位算法的优点是它的实现非常简单，完全基于网络连通性，无须信标节点和未知节点间协调。质心定位算法可以说是奠定了 Range.Free 定位机制的基石。但质心定位算法假设节点都拥有理想的球形无线信号传播模型，而实际上无线信号的传播模型与理想中有很大差别。另外，用质心作为未知节点的实际位置本身就是一种估计，在定位精度上不是非常令人满意的。这种估计的精确度与信标节点的密度以及分布有很大关系，密度越大，分布越均匀，定位精度越高。

2. APIT 定位算法

APIT（Approximate PIT）定位算法[12]的理论基础是最佳三角形内点测试法 PIT（Perfect Point-In-Triangulation Test）。PIT 理论为判断某一点 M 是否在三角形 ABC 内，假如存在一个方向，沿着这个方向 M 点会同时远离或接近三角形 ABC 的三个顶点 A、B、C，那么点 M 位于三角形 ABC 外；否则，点 M 位于三角形 ABC 内，PIT 原理如图 8.8 所示。

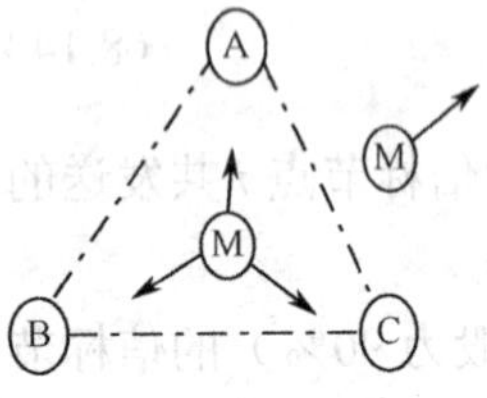

图 8.8　PIT 原理图

无线传感器网络中大部分节点是静止的，无法像上面所述一样靠移动节点 M 执行 PIT 测试，为了在静态网络中执行 PIT 测试，定义了 APIT 测试。

APIT 定位算法最关键的步骤是测试未知节点是在三个信标节点所组成的三角形内部还是外部。由于 PIT 测试可以用来测试一个点 M 是在其他三个节点所组成的三角形内部还是在其外部，APIT 算法是基于 PIT 测试原理的改进，可利用 WSN 较

高的节点密度和无线信号的传播特性来判断是否远离或靠近信标节点。通常在给定方向上，一个节点距离信标节点越远，接收信号的强度越弱。通过邻居节点间信息交换，来仿效 PIT 测试的节点移动。如图 8.9 所示，位置未知节点 M 通过与邻居节点 1 交换信息，得知自身如果运动至节点 1，将远离信标节点 B 和 C，但会接近信标节点 4，与邻居节点 2、3、4 的通信和判断过程类似，最终确定自身位于三角形 ABC 中；而在图 8.7（b）中，当节点 4 可知自身运动至邻居节点 2 处，将同时远离信标节点 A、B、C，故判断自身不在三角形 ABC 中。

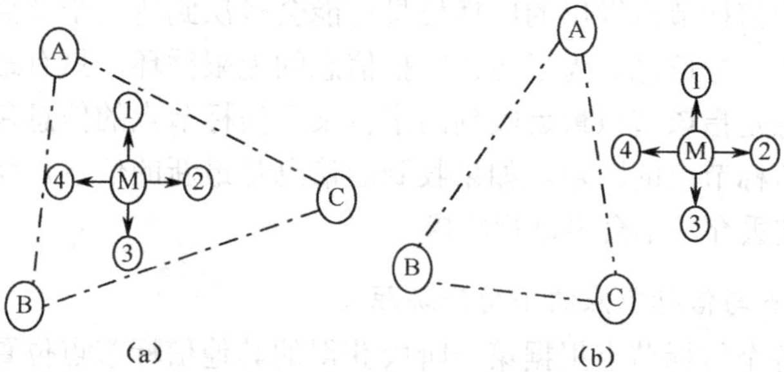

图 8.9　APIT 原理图

在 APIT 算法中，一个位置未知节点任选三个相邻信标节点，若通过测试发现自己位于它们所组成的三角形中，则认为该三角形的质心即为未知节点的位置，然后进一步选用不同信标节点的组合重复测试直到穷尽所有组合或达到所需定位精度为止；最后计算包含目标节点的所有三角形的交集质心，并以这一点作为未知节点的最终位置。

APIT 定位的具体步骤如下。

（1）收集信息：未知节点收集邻近信标节点的信息，如位置、标识号、接收到的信号强度等，邻居节点之间交换各自接收到的信标节点的信息。

（2）APIT 测试：测试未知节点是否在不同的信标节点组合的三角形内部。

（3）计算重叠区域：统计包含未知节点的三角形，计算所有三角形的重叠区域。

（4）计算未知节点位置：计算重叠区域的质心位置，作为未知节点的位置。

从该算法的定位原理可以看出，每一个未知节点都需要若干个相邻的信标节点，因此，这种算法要求较高的信标节点密度。另外，为保证每个未知节点都可以定位，应避免未知节点处于网络边缘。

3. DV-Hop 算法

DV-Hop（Distance Vector-Hop）算法[13-14]的基本思想是将未知节点到信标节点之间的距离用网络中节点的平均每跳距离（Average Size for one Hop）和两节点之间跳数（Distance in Hops）的乘积来表示，然后再使用三边测量法或极大似然估计法来获得未知节点的位置信息。

DV-Hop 算法的定位过程分为以下三个阶段。

1）计算未知节点与每个信标节点的最小跳数

首先使用典型的距离矢量交换协议，使网络中所有节点获得与信标节点之间的跳数。在算法开始的时候，每个信标节点都发出一个包括自己位置信息、地址和跳数值为 0 的位置信息包，它们周围所有跳数为1的邻居都收到这样的信息，将信标节点的位置信息和跳数记录下来，并将收到信息包的跳数值加1，再向自己的邻居节点广播。这个过程一直持续下去，直到网络中每个节点都获得每个信标节点的位置信息和相应的跳数值为止。由于广播是全向传播的，一个信标节点发出的广播信息可能会多次到达一个节点，这导致了节点可能会收到很多多余的广播信息。为了防止广播信息的无限循环，只有最新收到的信息才被重新广播。最新信息是指该节点最近收到的来自某个信标节点的信息包中的跳数小于之前已经收到的来自该信标节点的跳数。如果收到的信息是最新的信息，就会引起一个新的广播，而旧的信息则被丢弃，不会再进行广播。

2）计算未知节点与信标节点的平均每跳距离

在第二阶段，每个信标节点根据第一阶段获得的其他信标节点位置和相隔跳数之后，根据式（8.16）计算网络平均每跳距离 HopSize。

$$\mathrm{HopSize}_i = \frac{\sum_{j\neq i}\sqrt{(x_i - x_j)^2 + (y_i - y_j)^2}}{\sum_{j\neq i} h_{ji}} \tag{8.16}$$

式中，（x_i，x_j）、（y_i，y_j）是信标节点 i 和 j 的坐标，h_{ji} 是信标节点 i 和 j（$i\neq j$）之间的跳数。在实验中，我们发现，当总跳数大于一定的值之后，每个节点所计算的平均每跳距离基本一样。这个值与网络的平均连接度呈近似反比关系，也就是说，节点分布越密集的网络的平均每跳距离也越小。

3）利用三边测量法计算自身位置

第三阶段，在未知节点获得与 3 个或 3 个以上信标节点的距离后，执行三边测量定位。

该算法只需要较少的信标节点，计算和通信开销适中，不需要节点具备测距能力，是一个可扩展的算法，但是该算法对信标节点的密度要求较高，对于各向同性的密集网络，才可以得到合理的平均每跳距离，从而能够达到适当的定位精度。但对于网络拓扑不规则的网络，定位精度将迅速下降，不适合采用 DV-Hop 算法。此算法在网络平均连通度为 10，信标节点比例为 10%的各向同性网络中平均定位精度大约为 33%。

4．凸规划定位算法

加州大学伯克利分校的 Doherty 等[14-15]将节点间点到点的通信连接视为节点位置的几何约束，把整个网络模型化为一个凸集，从而将节点定位问题转化为凸约束优化问题，然后使用线性矩阵不等式（LMD）、半判定规划（SDP）或线性规划（LP）方法得到一个全局优化的解决方案，以确定节点位置。同时也给出了一种计算未知节点有可能存在的矩形空间的方法。如图 8.8 所示，根据未知节点与信标节点之间的通信连接和节点无线通信射程，可以估算出未知节点可能存在的区域（图 8.10 中阴影部分），并得到相应矩形区域，然后以矩形的质心作为未知节点的位置。

阴影部分代表未知节点可能存在的区域，矩形是以阴影部分的各个顶点为边界所构成的。

凸规划是一种集中式定位算法，定位误差约等于节点的无线射程（信标节点比例为 10%）。为了高效工作，信标节点需要被部署在网络的边缘，否则外围节点的位置估算会向网络中心偏移。作为对凸规划算法的改进，文献[16]中提出了将节点间没有通信连接同样视为节点位置约束的思想来提高定位精度。

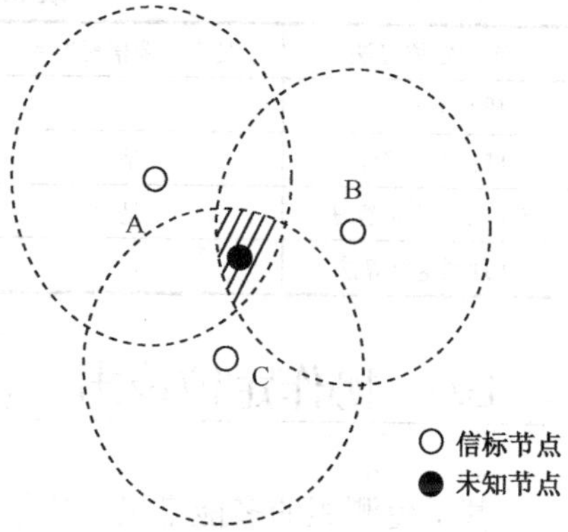

图 8.10　凸规划定位原理图

8.5.3　几种非测距的定位技术性能分析

是否需要信标节点以及信标节点的布置方式对节点定位算法的适用性有较大影响。理想的情况是信标节点可以随机布置并且所占的比率比较低。

与分布式计算相比，集中式定位算法的计算量和存储量几乎没有限制，但存在无法实时定位等缺点。而且由于节点之间的无线通信所消耗的能量比数据处理和计算所消耗的能量要大很多，所以应尽量减少节点之间的无线通信量。因为各个节点的初始能量都是相同的，所以也不宜将大量的通信和计算固定于某个或者某些节点，否则，这些节点的能量会很快耗尽，从而出现网络中部分节点失效的情况。因此，在无线传感器网络中，要求尽量采用分布式的节点定位算法，将定位计算分散在每个未知节点上而不是依赖于某个中心节点。质心定位算法、DV-Hop 定位算法、Amorphous 定位算法、APIT 定位算法和 aoundiag Box 定位算法是完全分布式的。

基于邻近关系的无须测距定位算法的通信和计算都比较简单，但是精度与信标节点的密度密切相关；基于跳数的无须测距定位算法的通信和计算量适中，允许信标节点的比例比较低，但是依赖于节点的高密度和均匀分布，才能正确估计校正值，从而用跳数和校正值的乘积来估算节点间的距离。

在无线传感器网络中，如果节点定位算法需要外加硬件设施以实现定位，那么在增加节点成本的同时也增加了节点上的能量消耗，所以应尽量寻求无须添加额外硬件设施的节点定位算法。

无线传感器网络自身定位算法的性能对其可用性有直接的影响，如何评价定位算法是一个需要研究的问题。本文从是否需要信标节点、信标节点布置方式、计算模式、定位原理和节点外加设备等角度对上述无须测距节点定位技术进行了分析和比较，如表 8.2 所示。

表 8.2 非测距定位技术性能分析

节点定位算法	是否需要信标节点	信标节点布置方式	计算模式	定位原理	节点外加设备
质心定位算法	是	球形	分布式	邻近关系	无
APIT 定位算法	是	避免网络边缘	分布式	邻近关系	无
DV-Hop 定位算法	是	随机布置	分布式	跳数	无
凸规划定位算法	是	网络边缘	集中式	邻近关系	无

8.6 协作定位技术

基于免测距的多能量级定位算法的试验结果表明，免测距的定位算法经过改进后其定位精度有所提高，但定位结果因受到多个因素的影响而不稳定。为了确保定位精度并实现定位稳定，有关人员设计出了基于协作模式的定位算法。

8.6.1 刚性体理论概述

刚性，即在不考虑物质特性的理想条件下任何两个连接点之间的欧氏距离不随其运动状态改变的特性。在运动中，也可以描述为空间任意一条直线在任意时刻的位置都是重合或相互平行的。刚性图理论[18-19]起源于框架结构分析领域，它常用于机器人的运动规划、节点运动的路径规划、分子结构建模及网络拓扑学等领域。刚性特性根据其结构稳定性可以分为普通刚性图和全局刚性图。普通刚性理论是一种定义在光滑轨道上的运动特性。当图沿着光滑轨道

$$q([0,\infty])=\{\text{column}\{q_1(t),q_2(t),\cdots,q_n(t)\}:t>0\} \tag{8.17}$$

运动时，任意两个节点 $q_i(t)$和 $q_j(t)$间的欧氏距离不随时间函数变化，则 $q_i(t)$和 $q_j(t)$具有普通刚性特性。用数学描述，即当几何图沿着轨道 $q([0,\infty])$做刚性运动时，则任意时刻的节点集 $q_i(t)$和 $q_j(t)$是全等的。可用数学公式表示为

$$R(q)\cdot\overline{q}=0 \tag{8.18}$$

式中，$\overline{q}=\text{column}\{\overline{q}_1,\overline{q}_2,\cdots,\overline{q}_n\}$，$R(q)$是一个 $m\times n$ 型的矩阵，称为刚体矩阵。

式（8.17）和式（8.18）从运动学的角度描述了刚性特征，而在网络拓扑中，特别在静态网络中，需要确定图像拓扑与普通刚性间的联系，因此 1970 年 Lalnan 给出相关定理。

定理 1[20]：在二维的平面空间中，图形 $G=(v,L)$拥有 n 个顶点，如果 L（L 为图形的边集）存在一个有 $2n-3$ 条边的子集 E，且对任意一个非空 $E'\subset E$，边集 E'中有 n'个顶点且 E'中元素数量不超过 $2n'-3$，那么图形 $G=(V,L)$在二维平面空间中具有普通刚性。

具有普通刚性的框架结构拥有一定的稳定性，但当其局部发生折叠或翻转时图形仍具备与原图相同的刚性参数，但不全等于原图，如图 8.11（a）和图 8.11（b）所示。根据定理 1 判定两个图形均是普通刚性结构，但当图 8.11（a）中顶点 c 沿着边 ab 发生折叠之后，各个顶点间的连接特性不发生改变，但图 8.11（a）和图 8.11（b）不全等。

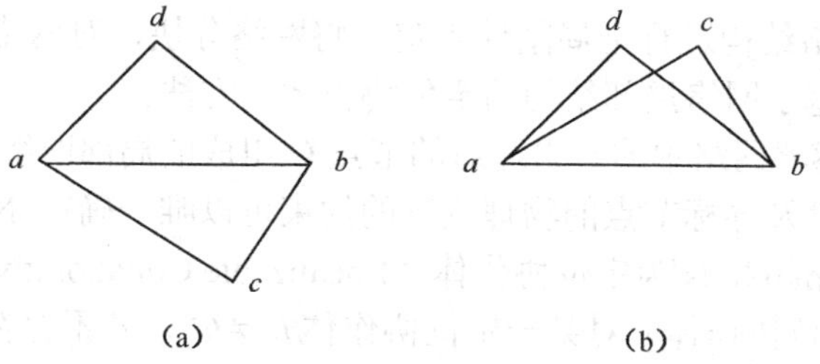

图 8.11　普通刚性示意图

为了在几何空间中唯一确定图形的结构，需要更严格的约束条件，因此提出“全局刚性”理论。即在边集 L 的约束下，定义一个稠密开集 $p \in R^{dn}$ 以确保图形 $G=(v,L)$所对应的框架结构是唯一的。Jackson 等人从连接特性和刚性两个方面给出二维空间中全局刚性的判定定理。

定理 2[21]：在一个二维平面空间中图 G 内包含 $n \geqslant 4$ 个定点，如果图 G 中某个点具有 3-连接（3-Connected）结构且该图形是冗余刚性的，那么图 G 就是全局刚性结构。

8.6.2　协作体的定义

将刚性理论引入网络结构拓扑中是无线传感器网络中基于协作模式节点定位的第一步，用图形结构的方式描述网络拓扑结构。设传感器网络 N 中含有 n 个节点，导标节点比例为 s，即该网络中有 $m=ns$ 导标节点，$n-m$ 个未知节点，这些节点随机地分布在网络中，每个节点都有相同的最大通信距离，在该距离内节点间以自组的形式连接通信构建网络，在本书所选的节点上带有测距硬件，能够测定与该节点连接的节点间的实际距离。传感器网络 N 的网络节点拓扑关系为：网络节点连接构成的图形 $G_N=(V,E_N)$，其中 $V=\{v_i,i=1,\cdots,n\}$ 表示网络中所有的节点集合即点集，E_N 为网络中节点之间双向链路连通集合（即边集），为了后续的论述，同时给出以下定义。

定义 1：在网络图形 $G_N=(V,E_N)$中，存在节点 u 和 $v \in G(V)$，$R(u,v)$或 $R(v,u)$表示节点 u 和 v 之间的几何距离，设 r 是网络中节点的最大无限传输距离，当 $R(u,v)<r$ 时，u 和 v 之间可以无线连通，则称 u 和 v 为直接相邻节点或邻居节点。

通过上述定义，可以将无线传感器网络的节点链路问题转化为随即图形 $G_N=(V,E_N)$的框架结构问题进行分析。2004 年 Eren 等人就网络与刚性结构关系的研究给出定理 3，为协作体的定位给出了理论支持。

定理 3[22]：在二维空间的无线传感器网络 N 中的节点以随机的形式分布，当网络中存在 $m \geqslant 3$ 个非共线导标节点，且网络 N 所对应的结构 $G_N=(V,E_N)$是全局刚性，则网络 N 中的节点可以被定位。

定理 3 从网络图形结构上给出节点可定位的充分条件，判断网络是否为全局刚性是节点定位的关键。但是将一个无线传感器网络构建为一个刚性图则其图形结构非常复杂，而且全局刚性的判定也是一个 NP 完全问题，因此直接运用全局刚性进行全网络节点定位的实用性不大。为简化网络结构进行全局刚性判定，将网络分块，对网络拓扑结构进行局部刚性判定，由此提出了基于网络局部结构的定位协作体的方法。

定义 2：无线传感器网络中的一组连通的节点 C 组成的局部网络拓扑 N′，若 N′中所对应节点之间的连接特性及导标节点的物理位置的约束可以唯一确定 N′中位置节点的位置信息，那么，称局部网络拓扑 N′为定位协作体（Localizable Collaborative Set，LCS）。

定义 3：（单元定位协作体）对某一定位协作体 $L_u \neq \Phi$，若不存在定位协作体 $L_s \neq \Phi$ 满足 $L_s \subset L_u$，则称定位协作体 L_u 为单元定位协作体。包含 n（n=1,2,3）个两两相连的未知节点及 m（m=3）个导标节点，且不含任何冗余边的 LCS 成为最简单的定位协作体或最简定位协作体，如图 8.12 所示。

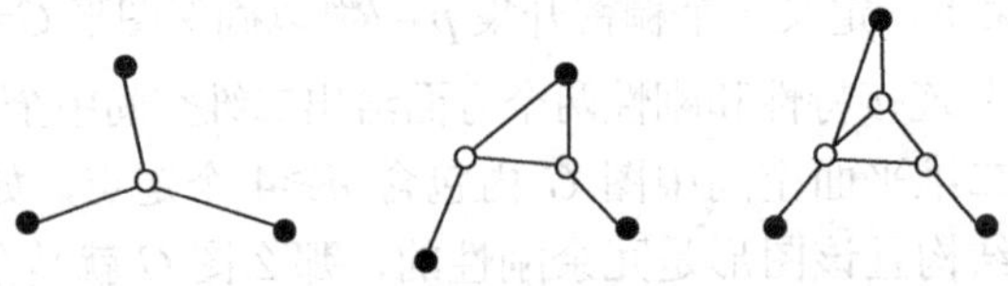

图 8.12　最简定位协作体示意图

当网络中导标节点比例低时，仅利用最简定位协作体进行节点定位获得的网络定位覆盖率较小，因此需要在最简定位协作体的基础上进行扩展，构建包含更多未知节点的定位协作体。定理 4 和定理 5 为定位协作体的扩展提供了理论基础。

定理 4：设 L_1 和 L_2 为两个定位协作体，它们所对应的节点集分别为 V_1 和 V_2，且满足 $V_1 \cap V_2 = \phi$，若存在一个导标节点 $v_{1b} \in L_1$ 及 $v_{2b} \in L_3$ 且 v_{1b} 与 L_2 中未知节点的连接度为 1，去掉导标节点 v_{1b} 和 v_{2b}，并合并 v_{1b} 和 v_{2b} 与未知节点的连接形成新的连接 l_b，使 L_1 和 L_2 合并构建成新网络拓扑结构 L，则 L 为定位协作体，如图 8.13 所示。

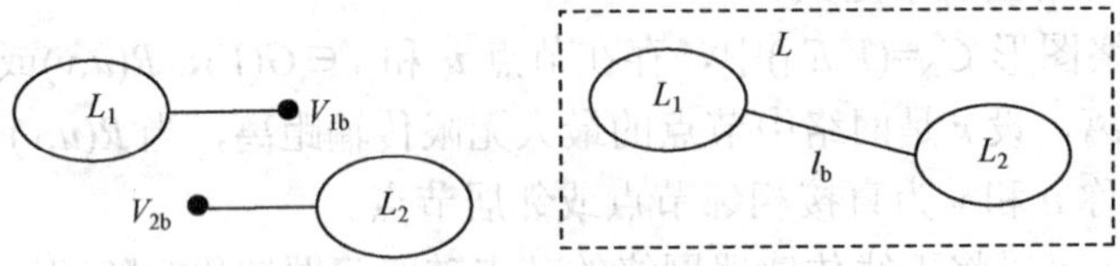

图 8.13　定位协作体扩展示意图

定理 5：设一个定位协作体 L，将 L 中的所有节点看做导标节点，若 m 个不属于 L 的位置节点组成的集合 S_u 与 L 中的部分或全部节点元素构成的网络拓扑可以形成新的定位协作体，则位置节点集 $S_u \cup L$ 所形成的拓扑结构为定位协作体。

8.6.3　协作定义原理

全局刚性图的判断属于 NP 完全问题，在无线传感器网络中构建稳定的适用于几何计算的定位协作体是基于协作模式定位方法的关键，其主要过程为：根据网络局部拓扑采用模式匹配的方法自组地进行节点间通信连通，根据与未知节点连通的导标节点个数和形式，通过几何约束条件判断该未知节点是否可以与邻居导标构建最简单元定位协作体或准定位协作体，然后在最简单元定位协作体的基础上依据定理 4、定理 5 的原理，在网络中将最简单定位协作体扩展成包含更多未知节点的定位协作体，以实现更多节点的定位。

将无线传感器网络中节点构建定位协作体的过程描述如下。

（1）初始化阶段，无线传感器网络中一共有节总数为 n，其中有 m 个导标节点，导标节点的坐标集 $g=(x_i,y_i)$，$i=1,2,\cdots,m$，导标节点比例为 m/n，有 $n-m$ 个位置节点。初始化位置节点的邻居导标节点集为空集。

（2）导标节点向四周广播发送自己的位置信息，位置节点与其邻居导标连通，采集与该位置节点无线链接的导标节点个数为 n_{ib}，这些导标节点集的坐标为 $D_{\mathrm{i}}(u,v)$，即该未知节点与 n_{ib} 个导标节点单跳连通。

（3）未知节点采集与之邻近位置节点的导标连通信息，这些邻近位置节点的导标连通个数为 n_{jb}，坐标集为 $D_{\mathrm{u}}(u,v)$，即该位置节点与 n_{jb} 个导标两跳连通。但有的导标节点和未知节点的连通方式不止一种，即该导标节点可以与某位置节点既单跳连通又多跳连通。比较导标节点坐标集 $D_{\mathrm{i}}(u,v)$和 $D_{\mathrm{u}}(u,v)$，当两个集合又重合部分时，$D_{\mathrm{u}}(u,v)$删掉该重合部分得到新的导标集合 $D_{\mathrm{ub}}(u,v)$，$\mathrm{D}_{\mathrm{ub}}(u,v)$中导标个数 $n_{\mathrm{ub}}=n_{\mathrm{jb}}-(n_{\mathrm{ib}}\cap n_{\mathrm{jb}})$，即该位置节点与这 n_{ub} 个导标只两跳连通。未知节点与周围导标节点的连通情况可用连通公式表示为

$$d_1 = n_{\mathrm{ib}} \tag{8.19}$$

$$d_2 = n_{\mathrm{jb}} \cap n_{\mathrm{jb}} \tag{8.20}$$

式中，d_1 为未知节点与网络中导标节点单跳连通个数，d_2 为未知节点与网络中导标节点两跳连通个数。

当 $d_1+d_2<3$，该位置节点与周围邻居导标的连通数目小于 3，根据定理 3 可知，该节点不具备构建全局刚性图的连通条件，即该节点不能与网络导标节点构建定位协作体，因此不能定位。

当 $d_1+d_2\geqslant 3$且$d_1\leqslant 2$ 时，该位置节点可与周围导标节点通过两跳连通构建定位协作体，即该未知节点与网络节点可构成最简定位协作体，该位置节点可能被定位。

最简单元定位协作体是在无线传感器网络中扩展定位协作体的基本单元，连通度满足 $d_1+d_2\geqslant 3$且$d_1\leqslant 2$ 的未知节点可依据定理 4、定理 5 与最简单元定位协作体扩展成新的定位协作体。如图 8.14 所示，最简单元定位协作体 L_{t}，若位置节点 n_{u} 与该定位协作体 L_{i} 有 $3-n_{\mathrm{b}}$ 个节点相连通，其中 n_{b} 表示与未知节点 n_{u} 连接且不包含在 L_{i} 内的导标节点数量，则 n_{u}、n_{b} 和 L_{i} 构成新的定位协作体，即原定位协作体 L_{i} 被扩展。

将整个网络构建为一个定位协作体时，网络几何结构复杂将使得计算量增加，为此在定位协作体扩展时引入定位协作体生命值的概念来限定协作体在网络中自组扩展的次数，形成局部定位协作模式的定位方法。无线传感器网络中节点间的通信连接是自组形成的，因此网络拓扑变化更新定位协作体构建是随机的，每个未知节点在以扩展的方式形成定位

协作体时，可能存在多种构建方式，为了选择最优的扩展形式，未知节点在构建和扩展定位协作体时应尽可能选择生命值高的节点，以确保通信能量及信息收集的准确性。生命值有效地控制定位协作体构建的大小的同时，在一定程度上约束了协作体的构建框架，其在计算环节有着重要的意义。

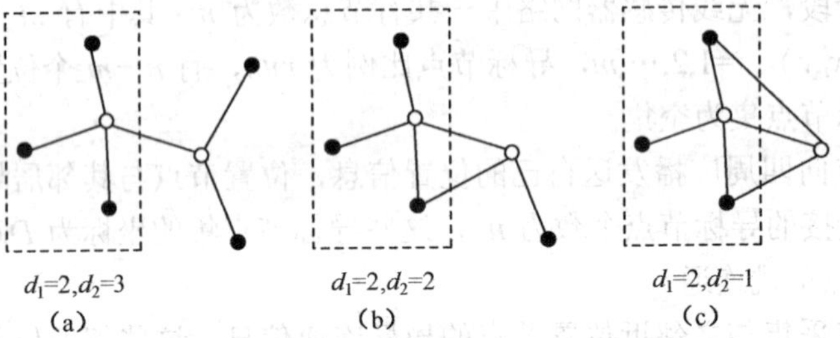

图 8.14　协作体扩展

8.7　本章小结

本章主要介绍了无线传感器网络定位技术的主要内容，对其国内外研究现状和特点进行了简单的概述，并提出了定位技术中所面临的几个关键性问题。根据定位技术实现的特点，将无线传感器网络定位技术分为三类，基于测距、非测距和协作定位技术，从它们的原理出发，介绍了这三类技术的主要思想、实现过程，最终分别比较了几种协议的性能，对它们的优缺点做了一个总结。针对不同的应用场景，选择不同的定位协议，选择不同的衡量指标，才能设计出一个符合特殊应用场景的定位算法。

参考文献

[1] Jefhrey Hightower and Gaetano Borrielloello.Location systems for ubiquitous computing 2001.

[2] 王殊，阎毓杰，等．无线传感器网络的理论及运用．北京：北京航空航天大学出版社，2007.

[3] N.Priyantha, A.Miu,H.Balakrishman, and S.Teller. The Cricket Compass for Context-Aware Mobile Application[A]. Proc of the 7th Annual ACM/IEEE International Conference on Mobile Computing and Networking[C]. Rome, Italy:ACM Press,2001,1-14.

[4] Seapahn Meguerdichian, Sasa slijepcevic, Vahag Karayan, Miodrag Potkonjak, Localied Algorithms In Wireless Ad hoc Networks:location Discovery And Sensor Exposure[A].Proc of the 2001 ACM Intenational Symposium on Mobile Ad hoc Networking&Computing.Lung Beach[C].USA:ACM press, 2001.106-116.

[5] 孙利民，李建中，陈渝，等．无线传感器网络[M]．北京：清华大学出版社，2005.

[6] Girod,Lestrin.D,Robust range estimation using acoustic and multimodal sensing[C],In:Proc. of the IEEE/RSJ Int'l Conf.on Intelligent Robots and Systems(IROS 01), Vol.3,Maui, IEEE Robotics and Automation Society,2001,1312-1320.

[7] P.Deng,PZ.Fan. An AOA assisted TOA positiong sytem[A]. Proc of the World Computer Congress International Conference on Communication Technology[C]. Beijing, China: Communication Technology (WCC –ICCT 00).2000.1501-1504.

[8] A.Savvides, C.C. Han and M.B. Srivastava. Dynamic Fine-Grained Localization in Ad hoc Networks of Sensors[C].In:Proceedings of Mobile Computing and Networks. Rome, Italy:ACM Press, July 2001:166-179.

[9] N.B Priyanath,A >Chakraborty, and H.Balakrishna. The criket location support system. Proceedings of the 6th annual international conference on Mobile computing and networking(Mobicom)Aug.2000,pp32-43.

[10] Neal Patwari and Alfred O Hero III. Using Proxdmity and Quantized Rss for Sensor Localization in Wireless Networks[A]. Proc of the 2nd ACM International Conference on Wireless Sensor Netsworksand Applications[C].San Diego, California, USA:ACM Press,2003.20-28.

[11] Ninipama Bulusu, John Heidemann and Deborah Farm. GPS-less Low Cost Outdoor Localization for Very Small Devices[J]. IEEE Personal Communications, 2000,7(5):28-34.

[12] Tian He.Chengdu Huang.Brian M.Blum,John A. Stmkuvic,Tarek Abdelzaher. Range-Free Localization Schemes in Large Scale Sensor Networks[A]. Proc of the 9th annual international conference on Mobile Computing and networking[C].San Diego, California, USA:ACM Press 2003.81-95.

[13] D.Niculescu, B.Nath.Ad hoc Positioning System(APS). Proceedings of IEEE Globecom 2001, Texas, USA,pp.2826-2931,November,2001.

[14] D.Niculescu, B.Nath.DV-based Positioning in Ad Hoc Networks. Kluwer Journal of Telecommunication Systems, Vol.22,No.1,pp.267-280,january 2003.

[15] Lance Doherty, Laurent EL Ghaoui and Kristofer S.j. Pister. Convex Position Eatimation in Wireless Sensor Networks [A]. Proc of Twentieth Annual Joint Conference of the IEEE computer and Communications Societies [C]. Anchorage, Alaska. USA:IEEE Computer and Communications Societies. 2001.1655-1663.

[16] Doherty L. Algorithm for position and data recovery in wireless sensor networks[MS.Thesis].Berkeley: University of California.2000.

[17] Sundaram N, Ramanathan P.Connectivity based location estimation scheme for wireless ad hoc networks[A]. Proc of the 2002 IEEE Global Telecommunications Conference[C].Taipei:IEEE Communications Society 2002.143-147.

[18] Roth B, Rigid and flexible frameworks[C]// American Mathematical Monthly, 1981,vol88,pp.6-21.

[19] Lederer S, Wang Y, Gao J, Connectivity-based Localization of Large Scale Sensor networks with Complex Shape[C]//The 27th Conference on computer Communications (INFCOM) , Apr,2008:789-797.

[20] LamanG,On graphs and rigidity of plane skeletal structures[J].Journal of Engineering Mathematics,Vol,4, 2002,pp.331-340.

[21] Jackson B,Jordran T,Connected rigidity matroids and unique realizations of graphs[C]//Tech.Rep,TR-2—2-12,Eotvos University, Budapest, Hungary,Mar.2003.

[22] Eren T, Goldenberg D, Whiteley W, et al.. Rigidity, Computation, and Randomization in Network Localization[C]//IEEE INFOCOM, Hong Kong, China,2004,pp:2673-2684.

第9章

容错设计技术

计算机系统中计算、通信、存储设备的可靠性很早就被作为一个关键问题在研究了，自 20 世纪 50 年代以来，学术和工业上的科技发展都大大提高了计算机、通信系统的可靠性[1-3]。人们也认识到随着计算和通信设备复杂性的增大，容错技术也变得越来越重要。然而，令人意外的是，容错一直都不是主要的设计目标。在过去的十几年中，Internet 的快速发展成为 Internet 容错及相关技术发展的主要动力，Internet 需要一个恒定的操作模式，因此在数据容错方面需要付出更多的努力[4]。无线传感器网络作为一种特殊的分布式无线网络，在设计容错方面也有许多方面与传统容错技术不同。

9.1　无线传感器网络容错技术概述

容错就是指当由于种种原因在系统中出现了数据、文件损坏或丢失时，系统能够自动将这些损坏或丢失的文件和数据恢复到发生事故以前的状态，使系统能够连续正常运行的一种技术。

从计算机通信开始出现到现在，网络的可靠性作为通信的一项关键性指标，一直在不断地改善和革新，因此容错技术也得到了迅速的发展，其范围包括设备可靠性、软件出错率保证和容错体系结构等多方面内容。要学习容错技术，以下几个容错领域的基本概念是必须要掌握的。

（1）失效：失效就是某个设备停止工作，不能够完成所要求的功能。

（2）故障：故障是指某个设备能够工作，但是并不能按照系统的要求工作，得不到应有的功能，它与失效的主要区别就是设备还在工作，但是不正常。

（3）差错：差错是指设备出现了的不正常的操作步骤或结果。

故障在某些条件下会使设备运转产生差错，从而导致输出结果不正常，当这种不正常结果累积到一定程度时就会使系统失效。而一般来说故障和差错都发生在系统内部，只有累积到一定程度才能被用户发觉，因此我们也可以说，故障和差错是针对于专业制造和维修人员而言的。

由于资源的限制，因此传感器网络极易出现故障，当网络承载越来越多的应用和服务时，网络故障的影响也将更加明显，因此提升网络容错能力变得十分现实和重要。为了将现有无线传感器网络容错技术研究成果进行分类研究，在这里我们采用了容错技术在传统分布式系统的分类方法[5]，简述如下。

（1）故障避免：简单来说，就是避免或者预防故障的发生。

（2）故障检测：用不同的策略来检测网络中的异常行为。

（3）故障隔离：就是对故障节点进行隔离，以免其影响现有网络。

（4）故障修复：这是网络故障发生后的一项补救措施，例如，可以在无线传感器网络部署之初放置一些冗余节点，当有节点失效时，冗余节点移动到指定位置，从而弥补失效节点所造成的网络故障。

在无线传感器网络中，至少有三大理由说明我们应该足够重视 WSN 中的容错技术。

首先，要考虑相关的技术和实现方面。传感器节点至少是由传感器和执行器两部分组成的，并且节点要与周围环境交互，很容易遭受到一系列物理、化学或生物等方面的影响，因此，与封装起来的集成电路相比，它们的可靠性要差很多[6]。WSN 本身就是一系列系统组件以一种复杂方式交互的复杂系统，此外，成百上千个这样的节点组成一个分布式的网络系统处理一系列诸如传感、通信、执行、信号处理、计算等任务，由于 WSN 多是布置在耗电设备上的，组件的能耗受到限制，因此组件的质量也受到限制。更为重要的是，节点在这种严格的能耗限制下，使得用于测试和容错的能量预算受到很大的限制。

其次，WSN 中的应用与其相关技术和架构一样复杂。更为重要的是，传感器网络要在无人值守的环境中自动操作。出于安全和隐私的考虑，不能对 WSN 进行广泛的测试。值得注意的是，不只测试和容错会遭受负面影响，作业相关的如调试等也会受影响，这样的情况下想要重现故障发生的特定条件是很难的。在实际应用中，节点经常要被部署在一些不可控的环境中，甚至是敌方控制区内，所以容错是很重要的，WSN 的一些应用可能是很安全的，也有可能是对人类或环境有负面影响的（尤其是使用执行器的时候）。

最后，WSN 本身就是一个新的科研领域，并不清楚对于一个特定的问题该如何解决是最好的[7]。在这种情况下，想要预计解决 WSN 中容错问题的方法也是困难的。另外，WSN 的技术和预计的应用也要发生快速的改变。例如，如果考虑能耗，每一个特定的方案将会取决于不同方法的相应能耗。特别地，如果通信能耗远高于计算能耗，那么开发本地算法就显得很重要，因为它只需要少量的通信量，因此容错要考虑使用本地信息来进行错误检测。或者，如果想要进行传感数据融合中容错，目标就是要设计一个通信代价小的容错技术。另一方面，如果计算能耗远高于通信能耗，那么将通信集中于一个节点而将计算分布到其他节点是一个不错的方法。这样的话，在设计容错时，只需要控制计算量的增加，而不用考虑通信量的增加。由此可见，无论是出于对应用环境中自然灾害、人为原因或其他未知因素的考虑，还是因为 WSN 自身运行机制的复杂性或传感器节点本身存在的一些设计或能源方面的缺陷，在实际应用中 WSN 必须有一套完备容错机制才能保障整个网络的正常运作

9.2 容错设计模型

无线传感器网络的故障从整体上考虑可以分为三个层级：部件级、节点级和网络级，其中部件级故障是指此类故障节点能够正常通信，但其测量值是错误的，会影响网络分析处理数据的结果；节点级故障是指故障节点不能与其他节点进行正常的通信，会影响网络连通性和覆盖性；网络级故障是指网络通信协议或协作管理方面的问题或其他原因造成的较大规模的故障，导致整个网络不能正常工作。

发生故障时传感器可能完全工作不了，或者它仍能给出测量值，只是这个测量值是错

误的。下面来描述这种错误的测量值。设某个节点所在地的真实值为 $\gamma(t)$，记测量误差符合正态分布（0，σ^2）。传感器发生故障时，测量值将可以形式化为

$$f(t)=\beta_0(t)+\beta_1(t)\gamma(t)+\xi(t)$$

式中，$\beta_0(t)$是偏移值，$\beta_1(t)$是缩放倍数，ξ 是测量噪声，由此可以得到下面几种故障模型。

（1）固定故障：固定故障是指感应器的读数一直为某个固定的值。这个值通常大于或小于正常的感知范围。发生固定故障的感应器不能提供任何感知环境的信息。它可以形式化为

$$f(t)=\beta_0(t)$$

（2）偏移故障：偏移故障是指在真实值的基础上附加一个常量。它能被形式化为

$$f(t)=\beta_0(t)+\gamma(t)+\xi(t)$$

（3）倍数故障：倍数故障是指真实值被放大或缩小某个倍数。它可以形式化为

$$f(t)=\beta_1(t)\gamma(t)+\xi(t)$$

如果没有对测量值的先验知识，仅从结果不能分辨出偏移故障和倍数故障。

（4）方差下降故障：这类故障通常是由于使用时间过长，感应器老化后变得越来越不精确而产生的。设测量方差为 σ_{m}^2，故障方差为 σ_{f}^2，当 $\sigma_{\mathrm{m}}^2>\sigma_{\mathrm{f}}^2$，则误差演变为故障。包含故障的测量值为

$$f(t)=\gamma(t)+\xi(t)$$

由于能量耗尽或通信部件发生故障，网络不能与其邻居节点通信，这时节点被判断出现故障，即使节点的其他部件仍然正常。网络级的故障是指在某个区域内的节点都出现了故障，造成部分网络停止工作。

结合 9.1 节关于无线传感器网络中故障分类和故障模型的讨论，本节就我们关注的部件级故障给出相应的诊断性能评价标准。这些标准主要是依据无线传感器网络的特点及与应用结合的限制等而制定的，主要有以下几方面的标准。

（1）能效性：由于无线传感器网络供能方面的限制，因此能效性是一个故障诊断机制首要考虑的问题，一个能效性好的故障诊断机制能给网络带来更长的使用寿命或可以使网络在计算、监测等其他方面投入更多的能量[11]。这里主要考虑传感器节点在数据采集、数据处理、通信三方面的能耗。

（2）故障诊断精度：这是对一个故障诊断机制最直观的评价，尤其是在安全性要求较高的网络中，如果故障诊断精度不能达到系统的安全性要求，那么这个故障诊断机制是不能投入实际应用的。一般地，故障诊断精度是指一次故障诊断过程完成后，诊断状态与实际状态相同的节点占总节点数的百分比。有时候，故障诊断精度也被细分为故障识别率和误报率两个指标。

（3）故障诊断执行时间：在执行故障诊断过程中节点之间要进行协作判断，也就是处于激活状态的节点数目会比较大，如果故障诊断过程持续比较久会给网络带来较大的能耗负担。另外，节点如果长时间处于故障诊断执行过程，也会影响节点进行其他正常的工作行为。

（4）恶劣环境中的故障诊断精度：在一些特殊的应用中，由于环境、自然灾害或人为因素的影响，网络中的故障节点分布不均匀，可能在局部区域出现故障节点聚集的现象，这种现象会影响故障诊断机制的性能表现，一个好的故障诊断机制应该能有效地应对这样的情况。

9.3 无线传感器网络可靠性分析

无线传感器网络是一种新型网络，按照功能的不同可将协议分为五层，分别是物理层、数据链路层、网络层、传输层和应用层，采用容错技术就是保证系统的可靠性，由于每一层的结构不同，每一层保证系统的可靠性机制也就不同。

物理层是无线传感器网络的最底层，主要负责信息的发送、编/解码功能，其可靠性都是来自于系统硬件，如接收机灵敏度、收发信机抗干扰能力等，另外编/解码方面可以适当地考虑拓展带宽，在能量效率较高的情况下保证其可靠性。

数据链路层主要负责对物理层发送的数据进行错误检测，将物理层的数据错误率降低到阈值以下，采用反馈机制来保证它的可靠性。它采用的保证可靠性的方法主要是自动重发和前向纠错两种，自动重发主要是针对与数据包丢失现象而设置的，数据包丢失之后，发送节点由于不能收到接收节点反馈回的信息，会重新发送该数据包，直到接收节点接收到该数据包并反馈回报文为止。前向纠错指接收方发现错误时，立即通知发送节点停止新数据包的传输，纠正该错误后在重新发送新数据包。

在整个网络体系统，物理层和数据链路层能够保证的数据可靠性是有限的，主要的可靠性算法主要体现在网络层和传输层这两层，下面就来简单介绍一下这两层的保证可靠性的方法。

9.3.1 网络层可靠性

网络层的主要功能是负责节点间路由的选择及维护，在无线传感器网络中主要体现为源节点到汇聚节点之间的路径选择。无线传感器网络中节点随机、分布式的特点导致源节点可以有多条路径到达 Sink 节点，这就涉及一个路由选择的问题[6]。最简单的一种模式就是任由节点泛洪式地选择自己的路由，不加任何干涉，泛洪就是这种模式的典型协议，这种模式的好处就是基本上不涉及算法，节点接收到信息之后不用维护本地路由表，直接广播数据包即可，因为多路径传输数据包到汇聚节点，所以具有很高的容错性，但由此带来了大量冗余信息传输，容易造成网络拥塞，耗费大量能量，因此不适宜用在无线传感器网络中。

另外一种模式就是局部多路径传输协议，当网络正常时，网络以一跳最优路径进行数据的传输，这样能最大限度地节省能量，如最小跳数协议。当网络发现某节点发生拥塞时，调控节点进行多径分流，以此来降低节点的通信负载，保证系统的可靠性。

9.3.2 传输层可靠性

在无线传感器网络中，理想的传输层能支持可靠的信息传递和提供有效的拥塞控制，以此来延长无线传感器网络的生命周期。可靠性保证分为两种，一种是事件的可靠性，另一种是数据包的可靠性，无线传感器网络中一般采用基于事件的可靠性，因此只需要数据传输的可靠性达到一个保证事件传输的阈值即可。

无线传感器网络中数据传输分为两种形式，一种形式是上行模式，即从传感器节点到汇聚节点，这是感应源节点到汇聚节点而形成的一股数据流，目的是保证汇聚节点能够监测到感兴趣区域的事件情况。由于无线传感器网络中，多路径最终到达汇聚节点的事件具有很高的相似性，冗余信息较多，可保证汇聚节点能够接收到真正有用的信息，可靠性要求就比较低。例如，ESRT 协议不用增加节点的开销便可实现节点的可靠性。

另外一种形式就是下行模式，即从汇聚节点到传感器节点的数据传输，在这种模式中传输的不再是节点采集的信息，而是汇聚节点给予感应区域内的控制或者查询消息，它可能用于调整整个网络的路由，避免网络的拥塞；也可能用于反馈消息的正确接收或者查询某个特定区域的信息，规定其优先级等。在这个一对多或者几对多的模式中，要保证这些数据的可靠传输，必须采用积极的应对政策。在这种情况下，一种经典的协议就是 PSFQ 协议，用户节点将数据分割成多个报文传输，每个报文被单独当做一个分组。在 PSFQ 协议中，采用的方法就是逐跳的传输数据包，如果发生数据包丢失或者错误，则启动重传，节点未收到后续数据包之前不再发送该数据包之后的数据包，如图 9.1 所示。

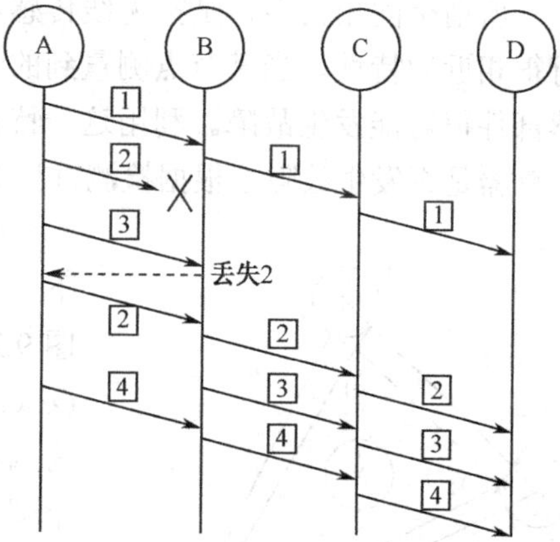

图 9.1　PSFQ 重传机制

假设有节点 A、B、C、D，源节点 A 要发送数据给节点 D，源节点将数据分为 5 个不同的数据包，我们标号为 1、2、3、4、5，节点 A 按顺序给节点 B 发送数据，节点 B 接收到数据之后监测其是否有错误，如图所示，假设 2 号数据包丢失，那么节点 B 将收不到 2 号数据包，其余数据包，如 3 号数据包还在继续发送，此时节点 B 不再向节点 C 发送数据包，而是发送一个反馈信息给节点 A 索取丢失的 2 号数据包，直到节点 B 接收到 2 号数据包之后才按顺序给节点 C 发送数据包。这就是丢失重传机制，它通过整个网络的全局信息，如网络覆盖图、能量损耗图等，实现对网络的实时检测。

9.4 无线传感器网络故障检测与诊断

目前，国内外关注无线传感器网络故障诊断技术的团体和个人已有很多，也有提出一些相对成熟的故障诊断机制或构思。由于传感器网络涉及的领域比较广，而且多数故障诊断机制是面向应用的，具有特殊的应用场景，现有的故障诊断机制已有很多，但故障诊断的基本过程都大致相同。根据故障诊断过程是否集中进行，可将故障诊断分为集中式和分布式两种。集中式的故障诊断能过在 Sink 节点上放置检测程序，实时监测网络状态。Linnyer Beatrys Ruiz 等人提出了一个管理体系结构 MANNA[11]，该体系结构创建一个管理中心，通过掌握整个网络的全局信息，如网络覆盖图、能量损耗图等，实现对网络的实时检测。集中式需要 Sink 节点的处理能力较高，但如果网络规模很大时，这些信息的传播也会消耗大量的网络资源。而分布式是通过每个节点自行判断状态的，主要依靠邻居节点的辅助进行判断，分布式方法具有灵活可变、自组织等特点，更加适合无线传感器网络的应用要求，这也是本文主要关注的故障诊断技术。分布式故障诊断方法基本可分为基于空间相关性的故障诊断和基于贝叶斯信任网络的故障诊断两类。

9.4.1 基于空间相关性的故障诊断

所谓空间相关性，是指无线传感器网络中相邻节点的同类传感器之间所测量的值通常有很相近的特性。当某节点测量到的结果与周围邻居测量到的结果不相同，这个节点的传感部件很可能发生故障。利用这一特性，一个节点可以通过周围的邻居节点来检测自身的传感器是否发生故障。根据检测过程中是否需要节点的地理位置信息，可分为两类。

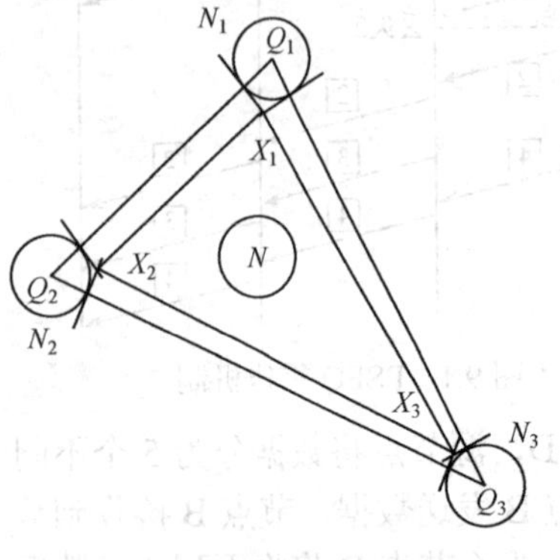

图 9.2　三角法检测传感器故障

（1）需要地理位置信息。在地理位置信息已知的情况下，利用三个可信节点实现三角法检测感应器故障，如图 9.2 所示。节点 N_i（i=1，2，3）为无故障的可信节点，Q_i（i=1，2，3）为节点所处的位置，以 Q_i（i=1，2，3）为圆心的圆表示节点 N_i（i=1，2，3）的感知范围。为每个圆作两条切线，这两条切线分别垂直于这个圆心与另外两个圆心连线，记两条切线交点为 X_i（i=1，2，3），设节点 N 位于由 X_i（i=1，2，3）组成的三角区域内，而节点 N 对事件的判断与 N_i（i=1，2，3）不同，即仅节点 N 未感应到事件的发生或仅节点 N 感应到事件发生，则认为节点 N 发生故障[12]。

（2）无须地理位置信息。地理位置的获取通常不是件容易的事情，如果额外添加 GPS 之类的部件，成本的增加将无法扩展到大规模网络的应用，所以更多的研究集中在不需要地理位置信息的情况下检测故障。这类检测通常是通过侦听邻居数据来判断自己测量值是否正确的，判断策略可分为多数投票策略、均值策略和中值策略。

多数投票策略是通过与邻居节点测量值进行比较，得到与自己的测量值相同或差距在允许范围内的邻居测量值个数，如果个数超过邻居数目的一半，则判定自己的测量值为正确的，否则就是错误的。Jinran Chen 等人提出的 DFD（Distributed Fault Detection）算法[13]是一种典型的分布式故障诊断算法，被检测节点通过与邻居节点比较测量值判断自身的状态。该算法主要有两步操作：第一步，得到节点初始检测状态，每个节点判断自己与所有邻居节点的状态关系，如果状态关系为相似的节点数超过邻居节点总数的一半，并且连续两次比较值之差不超过一个阈值，那么该节点的初始检测状态为可能正常（Likely Good，LG），否则为可能故障（Likely Fault，LF）；第二步，得到最终检测状态，在第一步的基础上，节点只考虑邻居节点中初始检测状态为 LG 的节点，如果这些节点中与自己状态关系为相似的节点数减去状态关系为不相似的节点数的差值大于或等于邻居节点总数的一半，则该节点的最终检测状态为正常（Good，GD），否则为故障（Fault，FT）。该算法充分利用分布式特性，具有很强的灵活性和自组织能力，但仍存在一些问题，如在节点分布稀疏的网络中，DFD 算法的故障检测率会迅速降低，其原因在于 DFD 算法将节点检测为正常的条件过于苛刻。另外，节点采用多次确认的投票策略来判断自身状态，需要大量的数据通信来完成与邻居节点之间的数据交换，这对于传感器网络是相当大的能耗负担。

均值策略首先计算邻居测量值的平均值，然后比较这个均值和自己的测量值，如果它们差距在允许的范围内，则认为自己的测量值为正确的。由于邻居测量值可能存在错误，这些错误值偏离正确值较大时会使得均值可信度降低，这样就可能导致误判。

中值策略是利用邻居测量值的中值与自己的测量值比较，在很大程度上避免了错误的邻居节点测量值对测量精度的影响，在有很多邻居节点测量值错误的情况下，节点仍然能正确地判断出自己的测量值是否正确。中南大学李宏等人提出一种分布式加权容错检测算法[14]，引入加权容错检测模型，赋予不同状态节点不同的权重，考虑“邻域的邻域”的容错范围，首先利用邻域节点与其周转节点的信息交换，对邻域节点的状态值进行估计，然后采用加权容错方法对邻域节点的估计状态值进行加权综合，完成对中心节点的错误检测。该算法在网络初始错误率达到 20%的情况下，仍能够检测和纠正 90%以上的错误，改善事件发生区域边界节点的容错问题。中南大学高建良等人提出了一种通过融合邻居节点的测量数据来实现故障检测的策略[38]，该算法通过对邻居节点测量数据进行加权，衡量测量数据之间的差距，得到一种基于加权中值的故障诊断策略，该算法同时适用于二进制决策和实数测量值，即使在节点发生故障的概率很高的情况下能得到很高的检测精度和较小的误判率。

三种策略都不需要增加额外的通信量，如表 9.1 所示，三种策略的识别精度，误报率和时间复杂度比较可以看出，中值策略比较适合于无线传感器网络。

表 9.1　三种策略的识别精度、误报率和时间复杂度比较

	识别精度	误报率	时间复杂度
多数投票	较高	低	$O(n)$
均值	较高	较低	$O(n)$
中值	高	低	$O(n\log n)$

9.4.2 基于贝叶斯信任网络的故障诊断

不同部件间的潜在关系可以用来检测传感部件是否发生故障，这些部件可以属于同一个节点，也可以属于不同的节点。这类故障检测方法主要是利用了部件间的信任关系，可以通过贝叶斯网络（BBN）进行表述。

贝叶斯信任网络包含一个有向图和与之对应的概率表集合。有向图中的顶点表示变量，边表示变量之间的影响关系。贝叶斯信任网络的关键特征是能够模型化并推理出不确定因素。

模型化节点间的可靠关系是通过节点概率表实现的，应用贝叶斯信任网络可分为构造、学习和推论三阶段。例如，有 A、B、C、D、E 五个变量时，其联合概率分布为

$$p(A,B,C,D,E)=p(A)p(B/A)p(C/B,A)p(D/C,B,A)p(E/D,C,B,A)$$

在实际应用中，假设它们都相互独立，那么联合概率可以写成

$$p(A,B,C,D,E)=p(A)p(B)p(C)p(D)p(E)$$

学习阶段的任务是通过训练得到个变量间的条件概率。在网络结构未知时，学习阶段还需要推断出潜在的结构。推断过程由一些已知属性值推断未知变量的概率分布。

下面举一个例子来说明贝叶斯信任网络的过程。我们假设环境监测中有五个属性：温度（T）、相对湿度（H）、气压（P）、光照强度（L）、节点电压（V）。它们的关系为：气压和相对湿度受温度影响，而电压影响了所有其他属性。

节点的所有属性联合概率分布函数为

$$p(V,T,H,P,L)=p(V)p(L/V)p(T/V)p(H/V,T)p(P/V,T)$$

设所有属性被划分成两个不重叠的子区间 r_1 和 r_2,，通过测量大量的数据得到以下概率分布，如表 9.2、表 9.3 和表 9.4 所示。

表 9.2 温度、电压的概率分布

S	$P(S_t)$	$P(S_v)$
r_1	0.9	0.6
r_2	0.1	0.4

表 9.3 气压、相对湿度的条件概率分布

S_t	S_v	$P(S_p)$		$P(S_h)$	
		r_1	r_2	r_1	r_2
r_1	r_1	0.5	0.5	0.6	0.4
r_1	r_2	0.9	0.1	0.3	0.7
r_2	r_1	0.2	0.8	0.2	0.8
r_2	r_2	0.7	0.3	0.6	0.4

表 9.4 计算推理

T	$P(H/V,T)P(T)P(V)$	$P(T/V=r_1,H=r_2)$
r_1	0.4×0.9×0.6=0.216	0.4
r_2	0.2×0.9×0.6=0.108	0.8

9.5 无线传感器网络的自恢复策略

在无线传感器网络部署之初放置冗余节点，通过移动冗余节点可解决失效节点所造成的连通或覆盖问题。本节将论述基于连接和基于覆盖的故障修复。

9.5.1 基于连接的修复

k 连通网络是指网络中任意两点之间都至少有 k 条不相交的路径，k 连通网络中任意 $k-1$ 个节点发生故障时网络仍然保持连通。例如，3 连通图能容忍任意 2 个节点的故障而保持网络的连通性。一种保证传感器网络容错的方法是维持网络 k 连通[15]，但是维持 k 连通需要消耗大量的资源，所以很难在大规模的网络中达到 k 连通；而且 k 连通网络只能容忍 $k-1$ 个节点的失效，这在大规模无线传感器网络中显然是不适用的[16]。

目前，有研究者提出了一种基于重新路由建立拓扑的方法。当一个节点或一片节点发生故障时，基站将不能收到它们的消息。基站查询到从某个节点开始通信中断了，可以把它们的下一跳重定向到能与基站保持通信的最近节点。

只有活动节点失效才会造成网络连接断开，所以可以通过冗余节点或睡眠节点来弥补。文献[17]定义容错节点（FTnode）是一种可以替换失效活动节点的睡眠节点或冗余节点。活动节点失效会造成某些邻居节点的连接断开，在它失效时，其邻居节点可以通过指定的容错节点来通信。如图 9.3 中，S_k 指定 S_3 为 S_1、S_2 的容错节点，那么当 S_k 失效时，S_1 和 S_2 可以通过 S_3 来保持连通。

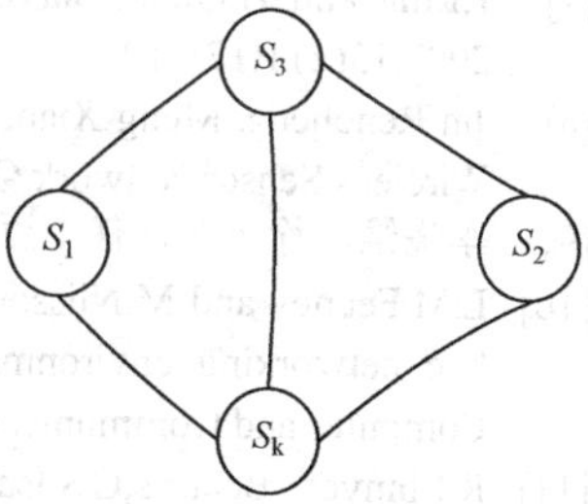

图 9.3 容错节点

9.5.2 基于覆盖的修复

节点失效会造成某些区域不被覆盖，这时需要采取措施来弥补覆盖空洞。节点覆盖区域定义为它的整个感知区域除去与其他节点重叠的部分。失效节点的覆盖区域需要其他节点来弥补。文献[18]假设网络中的节点具有移动能力，它把覆盖修复过程分为四个阶段。

（1）初始化阶段：节点计算自己的覆盖区域、每个覆盖区域对应的移动区域。

（2）恐慌请求阶段：垂死节点广播求助消息。

（3）恐慌回应阶段：垂死节点的邻居节点收到求助消息后计算如果自己移动到垂死节点的移动区域，是否会影响到自身的覆盖区域，如果不影响则给求助节点返回消息。

（4）决策阶段：垂死节点根据收到的回应信息，决定让哪个节点移动。

9.6 本章小结

本章对无线传感器网络的容错技术做了详细的介绍，结合无线传感器网络的五层结构，简要分析了各层的可靠性保证机制，其中重点是网络层和传输层保证机制。将无线传感器网络故障检测和诊断分为两种类型进行叙述，并介绍了无线传感器网络的自恢复策略。随着无线网络的发展，容错技术将会越来越重要，同时无线传感器网络的应用也会给容错技术领域带来一些全新的概念和技术上的挑战。

参考文献

[1] I.F. Akyildiz, W. Su, Y. Sankarasubramaniam, and E. Cayirci, Wireless sensor networks: a survey[J]. Computer Networks, 2002. 38(4):393-422.

[2] 周东华，叶银忠．现代故障诊断与容错控制[M]．北京：清华大学出版社，2000.

[3] F. Koushanfar, M. Potkonjak, and A. Sangiovanni-Vincentelli. On-line fault detection of sensor measurements[C]. in Sensors, 2003. Proceedings of IEEE,2003.

[4] M. Ilyas, I. Mahgoub, and L. Kelly, Handbook of Sensor Networks: Compact Wireless and Wired Sensing Systems[M]: CRC Press, Inc., 2004.

[5] Tanenbanum A S, Sreen M V. Distributed Systems:Principles and Paradigms. Prentice Hall,2002.

[6] 黄文虎，夏松波，刘瑞岩．设备故障诊断原理技术及应用．北京：科学出版社，1996.

[7] P.Lilia and H.Qi. A Survey of Fault Management in Wireless Sensor Networks[J].J.NetW.Syst.Manage. 2007.15(2):P.171-190.

[8] Jin Rencheng, Meng Xiao, Meng Lisha, Wang Liding. A Design of Efficient Transport Layer Protocol for Wireless Sensor Network Gateway[J]. Signal Processing Systems (ICSPS), 2010, 1(1): 775-780.

[9] 李晓维，徐勇军，任丰原．无线传感器网络技术[M]．北京：北京理工大学出版社, 2007:15-56.

[10] L.M.Feeney and M.Nilsson. Investigating the energy consumption of a sireless network interface in an Ad hoc networking environment[C].In INFOCOM 2001. Twentieth Annual Joint Conference of the IEEE Computer and Communications Societies. Proceedings. IEEE.2001.

[11] R.Linnyer Beatrys,G.S.Isabela,B.e.O.Leonardo,W.Hao Chi,Jos,S.N. Marcos, and A.F.L.Antonio. Fault management in event-driven wireless sensor networks[C].in Proceedings of the 7th ACM international symposium on Modeling, analysis and simulation of wireless and mobile systems. 2004.Venice, Italy:ACM.

[12] Wlmoustapha Ould-Ahmed-Vall, George Riley, Bonnie Heck A.Geometric-Based Approach to Fault- Tolerance in Distributed Detection Using Wireless Sensor Networks Information Processing in Sensor networks,2006.

[13] J.Chen,S.Kher,and A.Somani.Distributed fault detection of wireless sensor networks[C].in Proceedings of the 2006 workshop on Dependability issues in wireless ad hoc networks and sensor networks.2006.Los Angeles,CA,USA:ACM.

[14] 李宏，谢政，陈建二，等．一种无线传感器网络分布式甲醛容错监测算法[J]．系统仿真学报，2008.20(14):3750-3755.

[15] Zou Yi, Chakrabaty K, Fault-Tolerant Self-organization in Sensor Networks. DCOSS, 2005,191-205.

[16] 王良明，马建峰，王超. 无线传感器网络拓扑的容错度与容侵度. 电子学报，2006,34(8):1446-1451.

[17] Staddon J, Balfanz D, Durfee G. Efficient Tracing of Failed Nodes in Sensor Networks. WSNA'02, Atlanta, Georgia USA, September 2002. 275-286.

[18] Ganeriwal S. Kansal A, Srivastava M B. Self Aware Actuation for Fault Repair in Sensor Networks. In: international Conference on Robotics d Automation New Orleans, 2004,5244-5249.

第 10 章

服务质量保证

10.1 无线传感器网络服务质量概述

随着互联网技术的飞速发展，多媒体应用在 Internet 上的应用也越来越丰富，如 IP 电话、视频会议、远程教育等，Internet 已经逐步的从单一的数据传送网络演化为数据、语音、图像等多媒体信息的综合传输网。这些应用对网络的带宽、时延以及分组丢失率等传输质量参数提出了不同要求[1]。

通常来说，服务质量具有两方面的含义：一方面，从应用的角度看，QoS 代表用户对于网络所提供服务的满意程度；另一方面，从网络的角度来看，QoS 代表网络向用户所提供的业务参数指标。为了方便分析，人们将无线传感器网络的服务质量分为针对用户的应用层面和针对服务的网络层面两个层面。从网络的观点来看，我们所关心的不是实际执行的应用程序，而是在有效利用网络资源时，下层通信网络如何发送数据给 Sink 节点以及该过程相关的需求。

RFC2386 将服务质量（Quality of Service，QoS）看成网络在从源节点到目的节点传输分组流时需要满足的一系列服务要求。在传统网络中，服务质量指的是网络为用户提供的一组可以测量的、预先定义的服务参数，包括时延抖动、带宽和分组丢失率等。用户在接受网络服务时，需要与网络具体协商这些参数。因此，服务质量可以看成网络对用户数据传输所承诺的服务保证，通常是以服务保证级别的形式体现的，不同的服务保证级别体现了网络对数据传输不同级别的性能保证。

网络提供特定服务质量的能力依赖于网络自身特性及其所采用的网络协议的特性。例如，对于传输链路而言，QoS 指标包括链路时延、吞吐量、丢失率和出错率等，而对于网络中的节点层面而言，则包括处理数据的速度、缓存空间的大小和读写速度等。此外，运行在网络各层的各种服务质量控制算法也都会影响网络的 QoS 支持能力。

而在传感器网络中，网络并不仅仅体现为数据传输的实体，传感器网络的应用目标决定了其中的节点还承担着监测物理环境的任务。在传感器网络中，应用的保证不仅仅依赖于数据分组的最终送达，还取决于其在第一时间检测出物理现象的能力。因此，传感器网络的服务质量问题往往是针对应用而特别提出的[2]，如对事件的检测能力、网络的覆盖问题、网络的能量消耗问题等。

在网络中，人们比较关注的服务质量标准主要包括可用性、吞吐量、时延、时延变化和丢包率等几个参数。

（1）可用性：指综合考虑网络设备的可靠性与网络生存性等网络失效因素，当用户需要时即能开始工作的时间百分比。

（2）吞吐量：又称为带宽，是在一定时间段内对网络流量的度量。一般来说，吞吐量越大越好。

（3）时延：指一项服务从网络入口到出口的平均经过时间。许多实时应用，如语音和视频等服务对时延的要求很高。产生时延的因素很多，如分组时延、排队时延、交换时延等。

（4）时延变化：指同一业务流中所呈现的时延不同。高频率的时延变化称为抖动，而低频率的时延变化称为漂移。抖动主要是由于业务流中相继分组的排队等候时间不同引起的，是对服务质量影响最大的一个问题。

（5）丢包率：指网络在传输过程中数据包丢失的比率。造成数据包丢失的主要原因有网络链路质量较差、网络发生拥塞等。

10.2 无线传感器网络服务质量研究现状与发展

当前，Internet 如何提供 QoS 支持已成为业界关注的焦点，研究人员开展了大量的工作，但在网络 QoS 支持的研究中仍然存在着许多挑战和困难。而传感器网络 QoS 保障和控制机制是一个相对新的研究领域。已有工作都特定于某个功能层或特殊应用。下面我们参考无线传感器网络的分层结构，对当前 QoS 机制的研究工作进行总结。

1．应用层 QoS 保障技术

应用层 QoS 需求是由应用设计者和用户提出的。QoS 可定义为系统生命期、查询响应时间、事件检测成功率、查询结果数据的时间空间分辨率、数据可靠性和数据新颖度。

在文献[2]中 QoS 被定义为在任意给定时间内传送信息的传感器的最佳数量。基站通过广播信道向每个传感器传达 QoS 信息，通过 Gur Game 这样一个数学模型来动态调整活跃传感器的最佳数量。文献[3]提出动态重配置软件组件的方法，以期在能量限制下满足应用 QoS 需求，该方法利用了嵌入式应用设计空间中的显式模型，通过在形式上将所有软件组件、组件接口和组件复合物建模得到。通过在运行时度量的 QoS 参数上施加限制来表达系统需求，基于这些限制可通过从操作空间中的一个点转换到另外一个点实现软件的重新配置。文献[4]通过传感器节点调度和数据路由的联合优化来提供业务的 QoS，相比于没有运用智能调度的方法更能延长网络的生命期。作者将节点调度问题模型化为一个带约束的最大流问题，通过线性规划获得优化解。该方法实际上是在业务的可靠性和能量消耗之间找到一个平衡，QoS 仅被定义为业务的可靠性。

2．数据管理层 QoS 保障技术

文献[5]研究了数据管理层的能量消耗，在计算开销和延迟之间寻求平衡点。分布式传感器网络是由大量廉价的传感器节点组成的一个自组织系统，为了获得期望的服务质量，实现响应时间和资源需求，传感器节点必须互相协作，实现高效的信息采集和分发策略。目前已提出一个资源自适应信息采集算法 RAIG，以 on the fly 的方式聚集数据，并根据资源条件和特定的任务需求在响应时间、能源高效和数据质量之间进行权衡，用一个统计模型考察传感器网络中发送结果的过程，描述各种情况和应用场景中 RAIG 算法的操作。

3. 数据传输层 QoS 保障技术

多数文章研究的是特定层的 QoS 通信。例如文献[6-9]研究了数据传输层中数据发送的可靠性和实时性问题。PSFQ[10]是一个可靠的传输协议，数据流从源节点到 Sink 节点的可靠传输可以通过多径路由实现，而且这种传输允许一定的数据包丢失率。但是数据流从 Sink 节点到传感器节点往往是控制信息、代码、脚本，数据丢失会影响网络的功能和性能，因此可靠性要求相对高。由于传感器网络应用的特性，不可能为所有应用设计一个通用的数据传输系统，PSFQ 采取快吸慢取的方式，能够为具有不同可靠性需求的应用提供简单、健壮和可扩展的传输协议。

传统的端到端可靠性不适合 WSN，Sink 节点需要多个节点的联合信息才能准确判断事件。ESRT[6]是一个新颖的数据传输方法，用最少的能量获得可靠的事件检测结果，包含一个阻塞控制部件，既保证可靠性又节省能量。ESRT 协议在 Sink 节点上执行，如果事件检测可靠性低于期望值，ESRT 调整源发送数据的频率提高可靠性；反之，ESRT 降低报告频率节省能量。这种自调整特性使它非常适合拓扑动态变化的网络，其特点是非端对端的可靠性保证不同事件有不同的重要性。信息保证（Information Assurance）的目的是用不同的保证级别分发不同的信息给用户，通常根据感知事件的重要程度定义信息保证的级别。在无线传感器网络中，研究服务质量的一个重要问题就是：如何在 WSN 中高效的完成信息保证，信息保证的级别定义为信息可靠的发送到 Sink 节点的概率。文献[11]提出一个新的信息发送模式，用指定的可靠性逐跳地广播数据。

上述文献主要研究的是数据传输层的 QoS 保障机制，QoS 往往定义为数据传输的可靠性和实时性，同时要考虑能源高效性。

4. 网络层 QoS 保障技术

在 WSN 的体系结构中，网络层是提供 QoS 支持的主要部分。作为在网络层支持 QoS 的载体，QoS 路由协议的好坏对无线传感器网络的性能有着重要的影响。路由协议负责将数据分组从源节点通过网络转发到目的节点。WSN 自身的特点决定了设计 QoS 路由协议将面临以下的挑战问题。

（1）网络动态变化：节点的失效、链路的失败、节点的移动都可能引起网络拓扑的动态变化，这样一个高度动态变化的网络大大提升了 QoS 路由协议的复杂性。

（2）资源严重受限：包括能量、计算能力、存储能力、传输功率和带宽限制等，要求路由协议简单有效，在满足 QoS 的前提下尽量节省网络能耗，延长网络生命期。

（3）对多种业务 QoS 的支持：不同应用可能会有不同的 QoS 需求，这势必会增加路由协议的复杂性，给 QoS 路由协议带来新的挑战。

（4）能量和 QoS 的平衡：无线传输的能耗和距离成正比，为了节省能量，WSN 常采用多跳传输方式，但由此也增加了通信延迟，因此必须找到一个最佳的平衡点。

（5）可扩展性：WSN 的规模一般很大，路由协议只能采用分布式策略，通过局部拓扑信息构建并维护路由，即 QoS 路由协议的性能不应该随节点数量或密集度的增加而下降。

5. 连通覆盖层的 QoS 保障技术

保证网络的感知覆盖度和连通度是传感器网络特殊的 QoS 需求，目前已有许多相关的研究工作。文献[12-13]提出集中式算法根据节点位置计算最大覆盖集，可扩展性不好。Tian 等人在文献[14]中提出了免职合格规则（Off-Dutyeligibility Rule），根据节点位置或信号角度计算节点覆盖，但该算法没有考虑节点覆盖区域的重叠，导致工作节点数量过多，造成能量的浪费。基于探测（Probing）的密度控制算法 PEAS[15]要求每个睡眠节点定期地在其探测范围内探测邻居节点状态，若在其探测范围内没有工作节点，则进入工作状态；否则睡眠。PEAS 可能导致某些节点持续工作，网络中的节点能耗不均匀，影响覆盖质量。分布式节点密度控制算法 OGDC[16]讨论了网络覆盖和连通性的关系，要求节点根据邻居节点信息、位置信息计算节点间的覆盖关系。Sanli 等人根据节点位置信息，分析了节点冗余度与区域完全覆盖率之间的数学关系，并提出了基于邻居和基于虚拟栅格的覆盖算法。Xing 等人也提出了基于虚拟栅格的覆盖协议，通过相邻栅格间的节点协同实现网络监测功能。Gao 等人提出了分析节点冗余度的数学模型，模型不依赖于节点位置信息，节点根据邻居节点数量计算其成为冗余节点的概率，然而该数学模型要求节点事先知道邻居节点数量，这需要有专门的部件进行判断。

为了保证应用需要的连通性，有些文献还提出了能量、容量和延迟感知的连通维护算法，在网络拓扑性能和能量消耗之间权衡。

6. MAC 层的 QoS 保障技术

在 WSN 中，MAC 协议决定无线信道的使用方式，在传感器节点之间分配有限的通信资源，对 WSN 的性能有较大的影响。目前，研究人员为无线网络提出一些基于冲突和载波监听的 MAC 协议，目标是最大化系统吞吐量，并未提供实时性保证。为了提供 QoS（如有界延迟）保证，文献[17]设计了特殊的实时数据包调度机制，但引入大量的控制开销，不适合节点能量受限的传感器网络。虽然人们针对 WSN 提出一些能量感知的 MAC 协议，但很少有研究将实时调度技术和能量感知结合起来考虑。

7. 交叉层支持 QoS 的中间件

文献[18]提出一个保障实时性和容错性的传感器网络中间件，根据传感器节点需求（如能量和数据率）进行网络操作。基于服务的中间件用于接收用户的 QoS 需求，以高效的可扩展的方式保障应用的实时性要求，利用节点的冗余保证容错，并且支持多 Sink 节点的多种 QoS 需求。

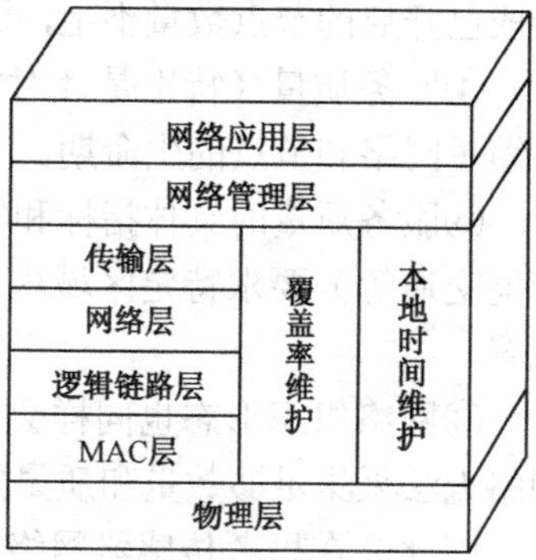

图 10.1　无线传感器网络 Qos 结构图

无线传感器网络 QoS 结构如图 10.1 所示。

10.3 无线传感器网络 QoS 关键问题

传感器网络特有的服务质量控制问题与应用中的具体问题密切相关，而传感器网络的应用中最关心的两类问题是网络的组织形态相关的问题和网络生命期相关的问题。前者描述的是网络以何种形式组织（如分簇或不分簇）以及网络部署后对监测区域的覆盖效果等问题；后者则描述的是网络在某种形态下，节点之间如何协调以实现网络节能、高效、长期运行的问题。传感器网络的服务质量问题与这两类问题的关系非常密切，如图 10.2 所示。

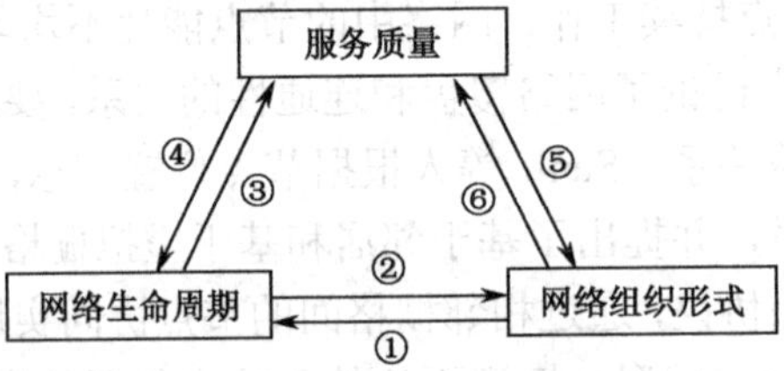

图 10.2　无线传感器网络各个问题间的关系

图 10.2 中的箭头表示关联的情况，A 指向 B 则表示 A 对 B 的影响，①到⑥的关联分别是：

①网络组织形态的具体形式会直接影响网络生命期，例如分簇形态下，簇头的能量消耗较快；又如网络为应用开启了多余的节点时，将造成网络能耗加快，从而导致网络生命期缩短。

②随着网络生命期的延续，节点能量的消耗，又会影响到网络的组织形态，如节点能量耗尽将造成网络拓扑和覆盖的变化。

③网络或节点的生命期都会直接影响网络对应用提供的服务质量，例如节点能量耗尽造成已开启的节点数量不足，无法完成监测任务。

④服务质量（特别是针对实时应用和高覆盖要求的服务）通常会消耗较多的能量，从而缩短网络和节点的生命期。

⑤服务质量的具体指标和实现方式，决定了网络采取何种组织形态，例如某些应用（如智能交通等）要求特定区域内开启特定数量的节点，这就需要网络针对监测要求进行组织配置。

⑥网络组织形态也同样会影响网络所提供的服务质量，例如不良的组织形态可能造成网络无法采集足够数量和质量的监测数据。

因此，在思考传感器网络针对应用的服务质量问题时，需要充分联系网络组织形态和生命期这两类传感器网络的基本问题，从网络层面和节点层面综合考虑，以达到特定服务质量指标的最优化。

无线传感器网络 QoS 保障技术的设计和实施不仅需要解决传统网络 QoS 已经面临的问题，如度量选择、多业务并存、节点状态信息存储和实时更新等，还须考虑网络特有的节点部署、资源限制和数据分发模式等问题，可归纳如下。

（1）资源严重受限。传感器网络节点数量众多，受成本和体积限制，其节点资源受到严重限制，包括能量、带宽、内存和处理器性能等。其中，节点能量是影响网络节点失效和生存期的主要因素。因此，降低 QoS 保障技术的能耗是首要问题之一。另外，资源受限也决定了算法必须简单有效。

（2）以数据为中心，非端到端的通信模式。传感器网络面向事件监控和属性测量，观测节点不关心数据来源的节点地址标识，往往是基于查询属性匹配的节点集一起进行数据传输。因此，传统端到端的 QoS 度量和保障机制难以直接应用，需要加以扩展或设计新的 QoS 体系。

（3）数据高度冗余，流量非均匀分布。传感器网络中感知数据高度冗余，虽然提高了网络的可靠性，但会占用更多的网络资源，能耗也相当严重。数据融合是常用手段，但会引入传输延迟，使 QoS 度量选择更加复杂，增加了算法设计和实现的难度。另外，流量非均匀分布会造成网络能耗不平衡，严重制约网络生存期的提高，因此 QoS 机制还应该考虑支持能耗均衡。

（4）节点密集分布无线多跳传输。无线多跳传输存在大量背景噪声和干扰，信道质量不稳定，使得 QoS 分析、保障和管理更加复杂。

（5）多用户、多任务并发操作，多类别数据流量。网络可能存在多个观测节点，可并发地进行多个查询任务。网络节点的配备可能不同，导致数据流量类别不一致。

（6）可扩展性。传感器网络节点数量众多，规模不等，QoS 保障技术应该具有自适应能力。由此可见，由于传感器网络自身和应用的特性，对 QoS 机制提出了更多的挑战，传统网络 QoS 机制不能直接移用。目前少量关于传感器网络 QoS 机制的研究工作也都存在许多缺点，不能很好解决上述挑战。例如，现有 QoS 机制都是限制在 WSN 参考结构中的某个特定功能层或某个特殊应用的，只考虑一种或两种度量；缺少对 QoS 保证和能源高效之间平衡关系定性/定量的理论分析；缺少高效协调管理网络性能和 QoS 监控的交叉层 QoS 优化机制。传感器网络 QoS 机制的研究才刚刚起步，现有研究成果存在很多不足，因此，WSN 中 QoS 保障技术的研究是一个前沿的具有挑战性的研究课题。

10.4 感知 QoS 保证

10.4.1 感知 QoS 概述

无线传感器网络感知 QoS，即无线传感器网络中传感器节点对监测区域的感应，监控的效果。通俗地说就是如何部署传感器网络节点，在保证一定的服务质量条件下，使网络的覆盖范围达到最大。不同的应用对无线传感器网络覆盖控制算法的要求也不同，但是至少，无线传感器网络覆盖控制算法解决的一个问题就是使得监测区域内的每一个传感器节点至少在一个节点的覆盖范围内，同时可减少网络节点的能量消耗，延长网络生命周期。

无线传感器网络的覆盖控制关注的是传感器节点如何对人们所关注的物理事件进行监测以及节点如何部署、工作节点如何进行选择，其目的是在计算、通信和能量供应极其受限的情况下，通过节点部署或工作节点调度，实现对监测区域或目标对象物理信息的精确感知与信息传递，以满足网络的监控需求，同时提高 WSN 的相关性能，如延长网络工作寿命、保证网络连通性等。覆盖控制问题对网络的监控服务质量具有重要的支持作用，覆盖问题可以看成传感器网络服务质量的一种度量。覆盖控制的手段多种多样，在一些环境优化、人为可达、网络规模较小的 WSN 应用中，可以通过节点合理部署实现对监控对象的完全覆盖；而在环境恶劣、节点数量大、传感器随机分布的应用场合，需通过工作节点的调度实现网络监控区域的完全感知。

无线传感器网络的所有应用都围绕着环境数据的采集与传输而进行，而数据感知与采集则是 WSN 的首步工作，无效数据或者冗余数据在网内的传输不仅仅会浪费节点有限的能源，同时也会占用一定的网络带宽，使本就比较窄小的网络带宽更显拥挤；另一方面，感知的不完全也会造成区域应被检测到的信息丢失，WSN 的可信度和可靠性降低。可见 WSN 的感知覆盖保持服务本身就存在极大的矛盾，感知的不完全和过度冗余都会降低网络的服务质量。通过合理的覆盖控制手段，可以使得网络中的节点既无冗余，又能保证监控区域都能被监控到。

无线传感器网络的可能应用多种多样，根据监控目标的几何性质可将覆盖控制问题分为点（目标）覆盖、区域覆盖及线覆盖三类[19]，如图 10.3 所示，□为区域中存在的监控目标，○为睡眠节点，●为工作节点。

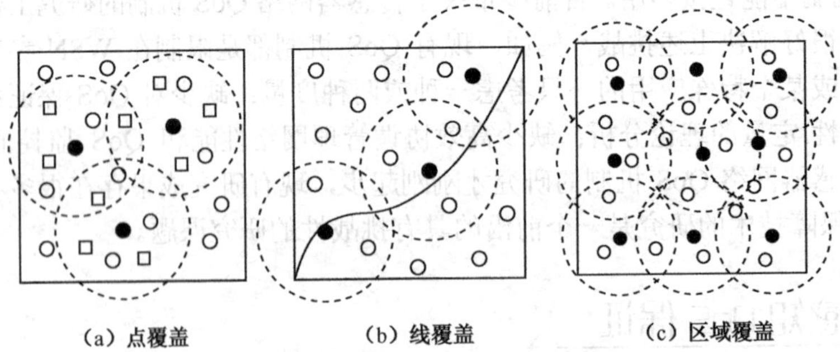

(a) 点覆盖　　(b) 线覆盖　　(c) 区域覆盖

图 10.3　覆盖控制类型

10.4.2　感知模型

无线传感器网络的特殊应用使得 WSN 在覆盖控制方面具有很多独特的意义和内涵。本节给出覆盖控制的基本问题——节点感知模型。

1. 感知原型

WSN 的工作环境对节点的传感、通信都有不可忽视的影响，尤其是 WSN 多应用于恶劣环境，节点的传感及通信范围难以保证为某一固定半径的圆，传感与通信具有方向性，且随着距离的增大，监控准确度和概率都相应减小，如图 10.4（a）所示，称为“感知原型”。感知原型没有统一的数学表述形式，在 WSN 覆盖控制研究中采用较少[20]。

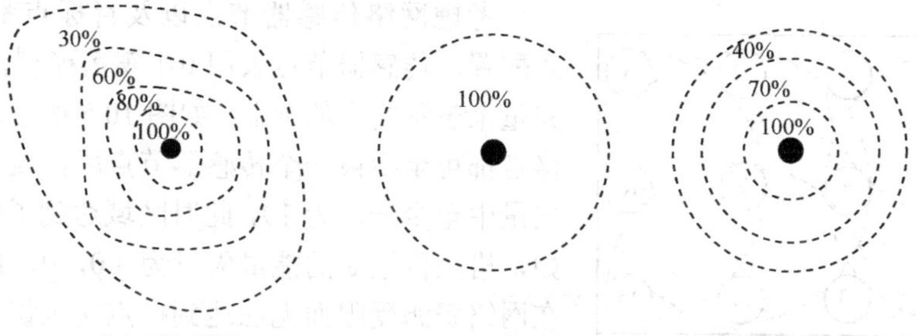

（a）感知原型　　（b）0-1感知模型　　（c）概率感知模型

图 10.4　感知模型

2. 0-1 感知模型

现有的大多数覆盖控制算法研究都将节点的感知、通信模型简化，在忽略方向性影响的同时，认为节点的感知随距离呈阶跃变化，即将节点的覆盖范围简化成圆盘（以该节点自身为圆心，感知范围为半径），在该圆盘内所发生的事件或者出现的目标都能被传感器感知，如图 10.4（b）所示，通过研究区域内圆盘覆盖来获取 WSN 覆盖控制策略，具有感知的阶跃性，称为 0-1 感知模型，亦可称圆盘感知模型。0-1 感知模型是一种离散模型，同时也是一种典型的理论模型，仅适用于理论推导与纯数学证明，与实际模型相去甚远，无法体现网络 QoS 状况，难以实现以数据为中心的 WSN 网络 QoS 指标要求。

3. 概率感知模型

传感器的感知模型对分析覆盖问题至关重要。在文献[21]中所采用的感知模型在去除方向性的同时，保留了距离对感知精度的影响，随着传感器与监控目标间距离的增大，传感器对目标的感知概率也逐渐减小直至无法感知，如图 10.4（c）所示，称为概率感知模型。概率感知模型是一种连续模型，当单个传感器无法满足监控的概率需求时，可以通过多节点监控信息的融合进行协同感知，从而能够提取出单个传感器无法监控到的目标信息，最大程度地还原现实网络环境中的物理信息感知状态，更加符合网络感知 QoS 的较高要求。

10.4.3 典型的无线传感器网络覆盖控制算法与协议

基于前一部分对 WSN 覆盖控制问题各种协议和算法进行的分类和总结，本节将详细介绍一些典型的覆盖控制协议算法研究成果，并深入分析各种协议算法的优缺点。

1. 基于网格的覆盖定位传感器配置算法

基于网格的覆盖定位传感器配置算法[22]是基于网格的目标覆盖类型（确定性覆盖）中的一种，同时也属于目标定位覆盖的内容。Lin 等人在文献[22]中将此优化覆盖定位问题转化为最小化距离错误问题，并加以改进，提出了一种在有限代价条件下最小化最大错误距离的组合优化配置方法。

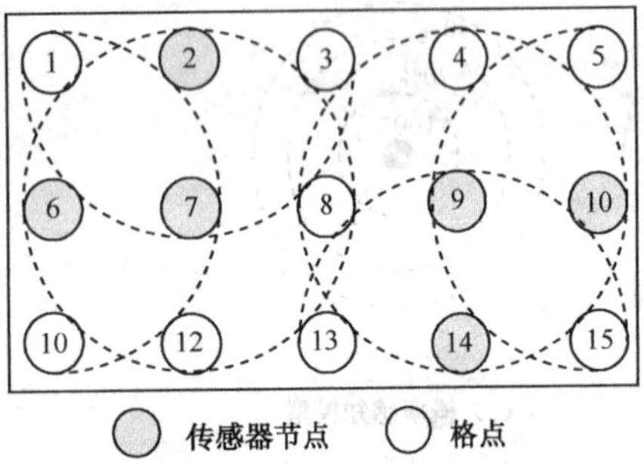

图 10.5　区域完全覆盖示意图

考虑网络传感器节点以及目标点都采用网格形式配置，传感器节点采用 0-1 覆盖模型，并使用能量矢量来表示格点的覆盖。如图 10.5 所示，网络中的各格点都可至少被一个传感器节点所覆盖（即该点能量矢量中至少一位为 1），此时区域达到了完全覆盖。例如，格点位置 8 的能量矢量为（0，0，1，1，0，0）。在网络资源受限而无法达到格点完全识别时，就需要考虑如何提高定位精度的问题。而错误距离是衡量位置精度的一个最直接的标准，错误距离越小，则覆盖识别结果越优化。

我们设计了一种模拟退火算法来最小化距离错误。初始时刻假设每个格点都配置有传感器，若配置代价上限制没有达到就循环执行以下过程：首先试图删除一个传感器节点，之后进行配置代价评价，如果评价不通过就将该节点移动到另外一个随机选择的位置，之后再进行配置代价评价；在循环得到优化值后同时保存新的节点配置情况；最后，改进算法停止执行的准则，在达到模拟退火算法的冷却温度 t_f 时，优化覆盖识别的网络配置方案也同时实现。

优点有

- 算法结果表明，与采用随机配置达到完全覆盖的方案相比，该算法更为有效，具有鲁棒性并易于扩展；
- 适用于不规则的传感器网络区域。

缺点有

- 网格化的网络建模方式会掩盖网络的实际拓扑特征；
- 网络中均为同质节点，不适用于网络中存在节点配置代价和覆盖能力有差异的情况。

2. 轮换活跃/睡眠节点的 Node Self-Scheduling 覆盖协议

采用轮换活跃/睡眠节点的 Node Self-Scheduling[23]覆盖控制协议可以有效延长网络生存时间，该协议同时属于确定性区域/点覆盖和节能覆盖类型。

协议采用节点轮换周期工作机制，每个周期由一个 self-scheduling 阶段和一个 working 阶段组成。在 self-scheduling 阶段，各节点首先向传感半径内邻居节点广播通告消息，其中包括节点 ID 和位置（若传感半径不同则包括发送节点传感半径），节点检查自身传感任务是否可由邻居节点完成，可替代的节点返回一条状态通告消息，之后进入睡眠状态，需要继续工作的节点执行传感任务。在判断节点是否可以睡眠时，如果相邻节点同时检查到自身的传感任务可由对方完成并同时进入睡眠状态，就会出现如图 10.6 所示的盲点。

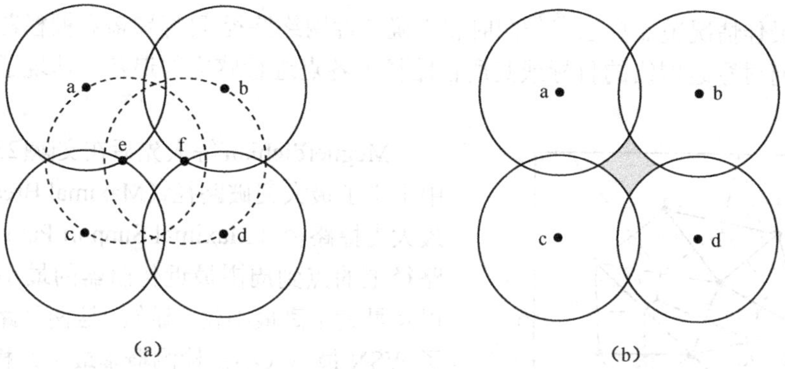

图 10.6 网络中出现的盲点

在图 10.6（a）中，节点 e 和 f 的整个传感区域都可以被相邻的邻居节点代替覆盖。节点 e 和 f 满足进入睡眠状态条件之后，将关闭自身节点的传感单元进入睡眠状态，但这时就出现了不能被 WSN 检测的区域即网络中出现盲点，如图 10.6（b）所示。为了避免这种情况的发生，在文献[23]中，节点在 self-scheduling 阶段检查之前执行一个退避机制即每个节点在一个随机产生的 T_d 时间之后再开始检查工作。此外，退避时间还可以根据周围节点密度而计算，这样就可以有效地控制网络活跃节点的密度。为了进一步避免盲点的出现，每个节点在进入睡眠状态之前还将等待 T_w 时间来监听邻居节点的状态更新。该协议是作为 LEACH 分簇协议[24]的一个扩展来实现的，有关仿真结果证明，WSN 的平均网络生存时间较 LEACH 分簇协议延长了 1.7 倍。

优点有

- 不会出现覆盖盲点，因而可以保持网络的充分覆盖；
- 该算法可以有效控制网络节点的冗余，同时保持一定的传感可靠性；
- 节点轮换机制周期工作有效地延长了网络生存时间；
- 仿真实验表明，节点轮换机制对位置错误、包丢失以及节点失效具有鲁棒性，依然可以保持网络的充分覆盖。

缺点有

- 需要预先确定节点位置，并要求整个网络同时具有时间同步支持，给网络带来了附加实现代价；
- 该机制无法使 WSN 区域上的边界节点睡眠，这就影响了整个网络的生存时间延长效果；
- 节点轮换机制只能适用于传感器节点覆盖区域为圆周（或圆球），不适用于不规则节点感应模型；
- 需要综合优化考虑活跃节点数量和网络覆盖效果。

3．最坏与最佳情况覆盖

最坏与最佳情况覆盖算法[25-26]同时属于确定性网络路径/目标覆盖和栅栏覆盖类型，该算法考虑如何对穿越网络的目标或其所在路径上各点进行感应与追踪，体现了一种网络的覆盖性质。

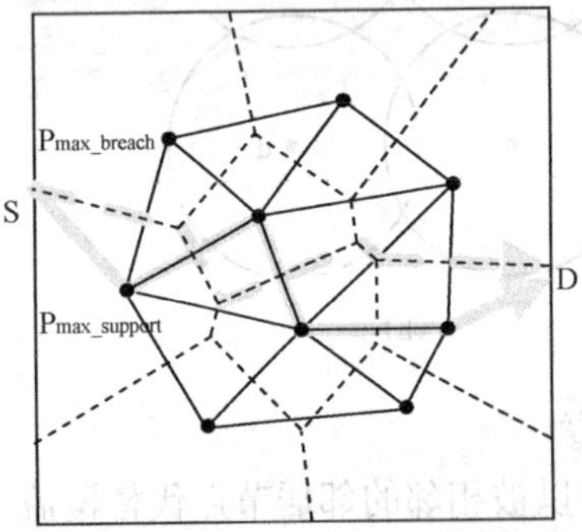

图 10.7　Voronoi 图和 Delaunay 三角形示意图

Meguerdichian 等人先后在文献[25]和文献[26]中定义了最大突破路径（Maximal Breach Path）和最大支撑路径（Maximal Support Path），分别使得路径上的点到周围最近传感器的最小距离最大化以及最大距离最小化。显然，这两种路径分别代表了 WSN 最坏（不被检测概率最小）和最佳（被发现的概率最大）的覆盖情况。图 10.7 中分别采用计算几何中的 Voronoi 图与 Delaunay 三角形来完成最大突破路径和最大支撑路径的构造和查找，其中，Voronoi 图是由所有 Delaunay 三角形边上的垂直平分线形成的，而 Delaunay 三角形的各顶点为网络的传感器节点，并且子三角形外接圆中不含其他节点。

由于 Voronoi 图中的线段具有到最近的传感器节点距离最大的性质，因此最大突破路径一定是由 Voronoi 图中的线段组成的，最大突破路径查找过程如下所述。

（1）基于各节点的位置产生网络 Voronoi 图。

（2）给每一条边赋予一个权重来代表到最近传感器节点的距离。

（3）在最小和最大的权重之间执行二进制查找算法，每一步操作之前给出一个参考权重标准，然后进行宽度优先查找（Breadth-First-Search），检查是否存在一条从 S 到 D 的路径，满足路径上线段的权重都比参考权重标准要大。如果路径存在，则增加参考权重标准来缩小路径可选择的线段数目，否则就降低参考权重标准。

（4）最后得到一条从 S 到 D 的路径，也就是最大突破路径，图 10.7 中 $P_{\text{max\_breach}}$ 所示。

类似地，由于 Delaunay 三角形是由所有到最近传感器节点距离最短的线段组成的，因此最大支撑路径必然由 Delaunay 三角形的线段构成。给每一条边赋予一个权重来代表路径上所有到周围最近传感器节点的最大距离，查找算法同上。图 10.7 中用 $P_{\text{max\_support}}$ 表示算法执行后得到的一条最大支撑路径。

优点有

- 在最佳与最差两种度量条件下，分别得到了临界的网络路径规划结果，可以指导网络节点的配置来改进整体网络的覆盖；

- 作为一种特殊的 WSN 覆盖控制算法，适用于网络路径规划、目标观测等许多应用场所。

缺点有

- 算法是集中式的计算方式，需要预先知道各节点的位置信息；
- 算法没有考虑实际中障碍、环境和噪声等可能造成的影响；
- 网络中均为同质节点，不适用于网络中存在节点覆盖能力有差异时算法的执行情况。

4．暴露穿越

暴露穿越[27]覆盖同时属于随机节点覆盖和栅栏覆盖的类型。如前所述，目标暴露（Target Exposure）覆盖模型同时考虑时间因素和节点对于目标的感应强度因素，更为符合实际环境中，运动目标由于穿越网络时间增加而感应强度累加值增大的情况，节点 s 的传感模型定义为

$$S(s,p)=\frac{\lambda}{[d(s,p)]^K}$$

式中，p 为目标点，正常数λ和 K 均为网络经验参数。最小暴露路径代表了 WSN 最坏的覆盖情况，而一个运动目标沿着路径 $p(t)$在时间间隔[t_1，t_2]内经过 WSN 监视区域的暴露路径在文献[10]中被定义为

$$E(p(t),t_1,t_2)=\int_{t_2}^{t_1} I(F,p(t))\left|\frac{\mathrm{d}p(t)}{\mathrm{d}t}\right|\mathrm{d}t$$

式中，$I(F,p(t))$代表了在传感区域 F 中沿着路径 $p(t)$运动时被相应传感器（有最近距离传感器和全部传感器两种）感应的效果。我们提出了一种数值计算的近似方法来找到连续的最小暴露路径，首先将传感器网络区域进行网格划分，并假设暴露路径只能由网格的边与对角线组成；之后为每条线段赋予一定的暴露路径权重；最后执行 Djikstra 算法得到近似的最小暴露路径。

优点有

- 暴露覆盖模型更为符合目标由于穿越 WSN 区域的时间增加而被检测概率增大的实际情况；
- 分布式的算法执行方式，不需要预先知道整个网络的节点配置情况；
- 根据需要可以选择不同的感应强度模型和网格划分，从而得到精度不同的暴露路径。

缺点有

- 暴露精度与算法运行时间是一对矛盾，需要平衡考虑；
- 算法没有考虑实际中障碍、环境以及传感器节点本身运动等可能造成的影响。

5．圆周覆盖

Huang 在文献[28]中将随机节点覆盖类型的圆周覆盖归纳为决策问题，即目标区域中配置一组传感器节点，看看该区域能否满足 k 覆盖，即目标区域中每个点都至少被 k 个节点覆

盖。我们考虑每个传感节点覆盖区域的圆周重叠情况，进而根据邻居节点信息来确定是否一个给定传感器的圆周被完全覆盖，如图 10.8 所示[29-30]。

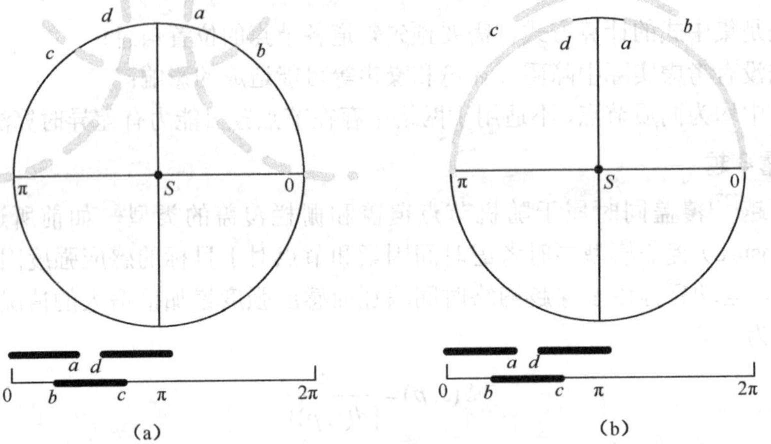

图 10.8　传感器节点 S 圆周的覆盖情况

该算法可以用分布式方式实现。传感器 S 首先确定圆周被邻居节点覆盖的情况，如图 10.8（a）所示，3 段圆周[0，a]、[b，c]、[d，π]分别被 S 的 3 个邻居节点所覆盖；再将结果按照升序顺序记录在[0，2π]区间，如图 10.8（b）所示，这样就可以得到节点 S 的圆周覆盖情况，即[0，b]段为 1，[b，a]段为 2，[a，d]段为 1，[d，c]段为 2，[c，π]段为 1。文献[24]证明，传感器节点圆周被充分覆盖等价于整个区域被充分覆盖。每个传感器节点收集本地信息来进行本节点圆周覆盖判断，并且该算法还可以进一步扩展到不规则的传感区域中使用。

在文献[24]中的二维圆周覆盖问题基础上，Huang 进一步在文献[26]中使用将三维圆球覆盖影射为二维圆周覆盖的类似方法，在不增加计算复杂性的前提下使用分布式方式解决了三维圆球体覆盖的问题。

优点有

- 算法考虑了传感器具有不同覆盖传感能力以及不规则传感范围的情况，具有较好的适用性；
- 分布式的算法执行方式，减小了整个网络的通信与计算负载；
- 算法可以适用于二维以及三维的网络环境。

缺点有

- 该算法只考察了区域内各点的覆盖情况，并未考虑各点如何被网络传感器节点所覆盖；
- 缺少相应优化网络节点配置及改善网络覆盖进一步的协议和算法。

6．连通传感器覆盖（Connected Sensor Cover）

Gupta 在文献[31]中设计的算法通过选择连通的传感器节点路径来得到最大化的网络覆盖效果，该算法同时属于连通性覆盖中的连通路径覆盖以及确定性区域/点覆盖类型。当指令中心向 WSN 发送一个感应区域查询消息时，连通传感器覆盖的目标是选择最小的连通传感器节点集合并充分覆盖 WSN 区域。文献[31]分别设计了集中与分布式两种贪婪算法，假设已选择的传感器节点集为 M，剩余与 M 有相交传感区域的传感器节点称为候选节点。集中式算法初始节点随机选择构成 M 之后，在所有从初始节点集合出发到候选节点的路径中选择一条可以覆盖更多未覆盖子区域的路径，将该路径经过的节点加入 M，算法继续执行直到网络查询区域可以完全被更新后的 M 所覆盖。图 10.9 表示了该贪婪算法执行的方式。在图 10.9（a）中，贪婪算法会选择路径 P_2 得到图 10.9（b），这是由于在所有备选路径中选择 C_3 和 C_4 组成的路径 P_2 可以覆盖更多未覆盖子区域。

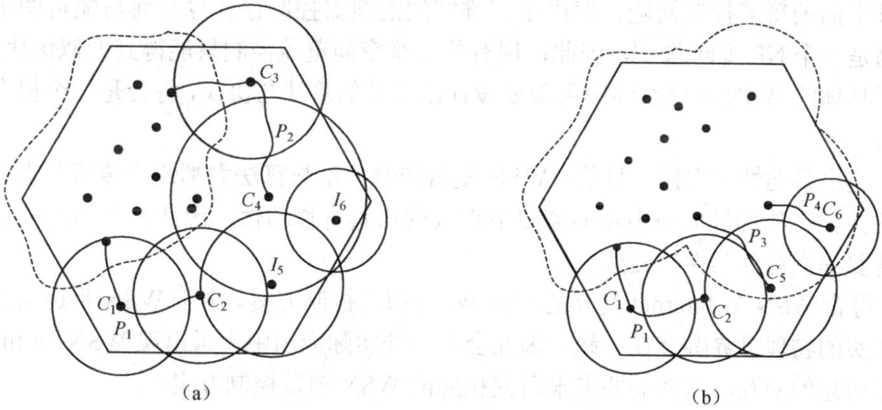

图 10.9 连通传感器覆盖的贪婪算法

连通传感器覆盖的分布式贪婪算法执行过程是：首先从 M 中最新加入的候选节点开始执行，在一定范围内广播候选路径查找消息（CPS）；收到 CPS 消息的节点判断自身是否为候选节点，如果是，则单播方式返回发起者一个候选路径响应消息（CPR）；发起者选择可以最大化增加覆盖区域的候选路径；更新各参数，算法继续执行，直到网络查询区域可完全被更新后的 M 所覆盖为止。

优点有

- 本算法的节点传感区域模型可以是任意凸形区域，更加符合实际环境；
- 可以灵活地选择使用集中式或分布式方式实现；
- 在保证网络覆盖任务的同时，考虑了网络的连通性，算法周期执行降低了网络通信代价，并可以延长网络的生存时间。

缺点有

- 虽然同时考虑了连通性与网络的覆盖性，但不能保证查询返回结果的精度；

- 没有考虑实际无线信道中出现的通信干扰和消息丢失，是一种单纯考虑消息传递的理想情况。

10.4.4 亟待解决的问题

虽然 WSN 覆盖控制研究已经取得了一定的成果，但是仍有很多问题需要解决，集中体现在以下几点。

（1）感知模型种类的完善。从本文综述的各种 WSN 覆盖成果不难看出，目前使用的传感器节点感知模型包括圆形区域感知与负指数距离感知两种感知模型，不能满足实际 WSN 环境的感知模型多样化需要。此外，目前节点感知模型大多没有考虑实际无线信道中出现的通信干扰，是一种理想模型，因此还需要进一步考虑更加完善的感知模型种类。

（2）三维空间的覆盖控制。从 10.3 节的讨论不难看出，尽管目前许多方案都很好地解决了二维平面的覆盖控制问题，但由于三维空间的覆盖控制在计算几何与随机图论等数学理论上仍是一个 NP 难问题[17]，因此，现有的三维空间覆盖控制只能得到近似优化的结果。如何针对具体的 WSN 三维空间应用需要设计出有效的算法与协议，将会是一个很有意义的研究课题。

（3）提供移动性的支持。目前，WSN 覆盖控制理论与算法大都假定传感节点或者网络是静态的，但在战场等应用中可能需要节点或网络具有移动性，因此，新的覆盖控制理论与算法需要提供对移动性的支持。

（4）符合 WSN 与 Internet 交互的相应 WSN 覆盖控制方案。由于 WSN 将逻辑上的信息世界与真实的物理世界融合在一起，因此会在一些实际应用中大量出现 WSN 与 Internet 之间数据与信息的交互，这就需要未来研究相应的 WSN 覆盖控制方案。

（5）开发和设计更多结合 WSN 覆盖控制的应用。覆盖控制问题涉及 WSN 通信、感应、计算和存储等许多方面，将会在战场侦查、阵地防御和情报获取等军事环境以及林场/牧场监视、灾难救护、环境监测和医疗观察等很多民用项目中有广泛应用。因此，利用 WSN 覆盖控制理论与各种算法，开发和设计更多结合 WSN 覆盖控制的应用，将会给人类生活带来进一步的改善。

10.5 传输 QoS 保证

无线传感器网络是由大量传感器节点以自组织和多跳的方式构成的无线网络，它具有资源非常受限、无线通信链路质量不稳定和网络拓扑动态性等诸多显著特点，与现有的互联网和其他无线网络具有很大差别。目前，无线传感器网络广泛应用于目标跟踪、环境监测、智能家居等领域，这些领域的一个重要的共同特点就是网络负责监测并报告异常事件的发生，因此在这类应用中，网络传输的数据包所包含的信息的重要性将有很大的不同。

例如，在火灾监控中，当网络中的传感器节点监测到周围温度超出常温时，该信息相比于正常情况信息更加重要，需要以更可靠、更及时的方式将温度信息传送到基站，以便采取相应的措施。研究人员逐渐认识到无线传感器网络对 QoS 需求的迫切性与重要性，在无线传感器网络应用中不同的数据包重要性差距很大，因此对不同优先级的数据包提供不同的服务支持。在无线传感器网络中评价传输服务质量的关键指标如下。

（1）传输成功率。高优先级的数据包传输到基站节点的概率也较高，数据包传送至基站节点的概率通常是由源到终点所经路由的无线链路错误率所决定的。在传统网络中提供数据可靠性传输保证的主要方法是通过 ACK 应答；对无线传感器网络来说，端到端的 ACK 应答方式有一些局限性，因为数据包在从源到基站的传送过程中，传送成功的概率随路由跳数的增加而显著降低；另外，ACK 应答机制还要求在节点上缓存数据包知道该数据包的应答报文返回节点。显然，由于传感器节点内存容量较小，这种 ACK 方法不完全适用于传感器网络。

（2）时延。高优先级的数据包抵达基站节点的时延要少于低优先级的数据包，也就是说，低优先级的数据包将选择相对较长的路径来为高优先级数据包让路。在传感器网络中，时延是由链路错误导致的重传、排队延迟以及传播延迟所决定的。

10.5.1　可靠数据传输

传感数据包能否实现端到端的可靠传输是网络能否成功实施并应用的一个重要条件。在网络中，造成数据包丢失的原因主要有三个方面。

（1）无线传感器网络所使用的无线信道与有线链路相比有更大的不稳定性以及更高的误码率，很容易受到周围环境噪声的影响造成数据包的丢失。另外在无线传感器网络中，传感器节点的分布密度非常高，不同节点在发送数据时极易发生信道竞争冲突以及碰撞造成数据包丢失。

（2）当无线传感器网络中发生拥塞时，拥塞节点缓存溢出造成数据包丢失。

（3）接收节点因为数据包到达过快来不及处理造成数据包丢失。

在文献[32]中介绍了无线传感器网络的重要问题，其中第三种不作为重要问题，这里下面我们将详细介绍链路差错引起的数据包丢失和拥塞控制保证的数据包丢失。

在无线传感器网络中，无线链路间串扰和噪声干扰等的存在导致数据包不能够准确可靠地传输到目的节点，因此研究人员一直专注于寻找一种方法，能够使得数据包能够稳定准确地传输到目的节点。目前来说，无线传感器网络为了保证稳定传输提出了几种可靠性机制。

（1）反馈确认机制。发送节点通过接收节点发送的 ACK 确认报文来确定数据包是否发送成功。在无线传感器网络中采用两种标准方法：一种是逐跳重传，另外一种是端到端的重传。端到端的重传虽然能够一定程度上提高网络的可靠性，但是延迟相对较大，因此一般采用逐跳重传保证机制。另外 ACK 确认机制需要节点缓存数据包来保证重传，对无线传感器网络的存储器要求也相对提高，资源更加紧缺。

（2）冗余数据保证机制。网络中同一地区的数据可能被多个节点同时获得，或者节点传播数据时采用广播传输的方式，致使同一事件能够被多个节点捕获，造成数据大量冗余，这样就保证了该数据包能够可靠稳定地传输到目的节点。这种方法相对于反馈确认机制来说减少了数据包的延迟，但加重了网络负载，能量开销和网络处理能力负担也相应加重。

（3）多路径传输机制。多路径传输机制目前在无线传感器网络中应用的非常广泛，这种机制充分考虑了无线传感器网络广播通信的原理，发送节点的所有邻居节点都可以侦听到该节点的传输。尽管发送节点通常仅选择一个节点作为下一跳节点，但是由于无线传感器网络极易发生拥塞，因此节点可以根据一定算法选择下一跳节点，用来缓解局部拥塞状况。多路径传输机制和冗余数据保证机制有点不同，冗余数据保证机制是几个相同的事件或者数据包同时在网络中传输，但是多路径传输机制在选择的路径上一般只有一个数据包传输，对于优先级比较高的节点或者数据包可以优先传输。

（4）FEC 前向纠错码机制。通过引入前向纠错码，可以恢复损坏的数据包。FEC 前向纠错码的有效性取决于编码的冗余度，如果链路状况不好，可以对高优先级的数据包使用更强的 FEC 编码。由于无线传感器网络节点的计算能力以及内存有限，无线局域网中的编码算法并不适用，因此设计复杂度更低的算法是下一步需要解决的问题。

10.5.2 拥塞控制

时间驱动的无线传感器网络常常应用于环境监测、目标监测、地震、火灾等自然灾害监测中，这些应用的一个共同点是当网络监测到异常事件发生时，如温度异常升高等，需要向基站报告所监测区域的情况。无线传感器网络大部分时间都处于零负载或轻负载，只有在异常事件发生时，网络中才会突发性地产生大量的数据流量。这些数据非常重要，需要在不影响系统性能的前提下可靠地传送到基站，但是这种突发性的大数据量传输很容易导致网络不同程度的拥塞。

文献[33]对无线传感器网络的拥塞问题进行了简单的分析。在一个规模为 30 个节点的无线传感器网络中，有 6 个随机选择的活动源节点和 3 个固定基站节点。活动源节点在不同时间以固定速率向基站发送数据。从图 10.10 中我们可以看到，当源节点发送数据量增加到超过网络链路容量阈值时，网络拥塞的发生将变得越来越频繁，数据包的丢失率也将迅速增加。网络拥塞不仅将造成数据传输的不可靠，而且还会带来巨大的能量开销。Tialk 等人也通过仿真对无线传感器网络的拥塞进行了深入的研究[34]，并得出了一些非常有用结论：网络吞吐量随源速率的增加而减小；节点数量越大，实际吞吐量减少得越大。在无线传感器拥塞控制机制中存在一个收敛源速率，该速率能够满足应用的性能以及准确度的需求。

在无线传感器网络中，观测区域内的节点感知到数据之后将数据发送给 Sink 节点，采用的是多对一传输模式，这样势必就会造成越靠近 Sink 节点的地方数据流量越大，而节点的处理能力和存储能力均是非常有限的，这样会造成部分数据包丢失引发重传，造成进一步的拥塞，从而加重网络的负担，有时甚至会使整个网络处于瘫痪，我们必须进行有效的拥塞控制来提高网络性能。拥塞控制包括拥塞的发现和拥塞的避免两个方面，拥塞的发现一般是通过两种方法来检测的（详见 5.1 节）。

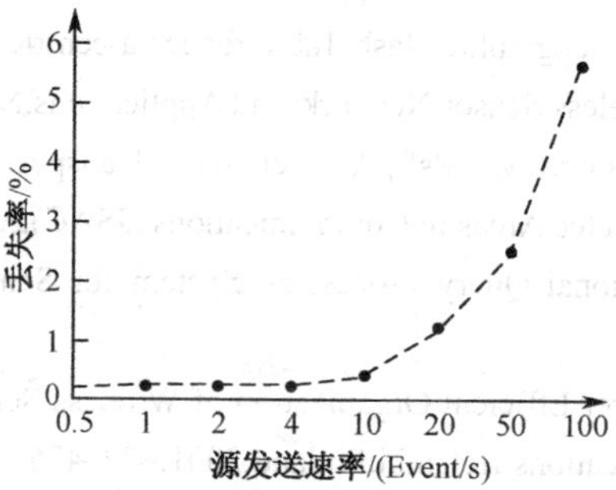

图 10.10 数据包丢失率变化图

10.6 本章小结

本章主要介绍了无线传感器网络的服务质量，分析了无线传感器网络服务质量的研究现状与特点，并提出了无线传感器网络服务质量所存在的关键问题，结合无线传感器网络的应用，本章将无线传感器网络服务质量分为两种：感知 QoS 保证和传输 QoS 保证，应在不同的应用中采用不同的 QoS 保证。

参考文献

[1] http://www.yesky.com/NetCom/218435577043746816/20041018/1877147-2.shtml.

[2] R.Iyer,L.Kleinrock.Qos Control for Sensor Networks.In ICC.2003

[3] S.Kogekar,S.Neema.Maroti:Constraint-guided Dynamic Reconfiguration inSen-sorNetworks. In Proceedings of the Third International Symposium on Information Processing in Sensor Networks(IPSN04).2004:379–387.

[4] M.Perillo,W.Heinzelman.Providing Application Qos Through Intelligent Sensor Management. In Proceedings of the 1st IEEE International Workshop on Sensor Network Protocols and Applications (SNPA'03).May, 2003:93–101.

[5] J.Zhu,S.Papavassiliou.A Resource Adaptive Information Gathering Approach in Sensor Networks.In Proceedings of IEEE/Sarnoff Symposium on Advances in Wired and Wireless Communication.April,2004: 105–108.

[6] Y.Sankarasubramaniam,O.Akan,I.F.Akyildiz.Esrt:Event-to-sink Reliable Transport in Wireless Sensor Networks.In Proceedings of ACM MobiHoc.2003:177–188
[7] 60 E.Felemban,C.-G.Lee,E.Ekici,et al..Probabilistic Qos Guarantee in Reliability and Timeliness Domains in Wireless Sensor Networks.In Proceedings of IEEE Infocom.2005:2646–2657
[8] 61 B.Deb,S.Bhatnagar,B.Nath.Information Assurance in Sensor Networks.In Proceedings of the ACM Conference on Wireless Sensor Networks and Applications.2003:160–168
[9] 62 S.Ratnasamy,B.Karp.Ght:A Geographic Hash Table for Data-centric Storage.In Proceedings of 1st ACM International Workshop on Wireless Sensor Networksand Applications.New York,2002:94–103
[10] C.Wan,A.T.Campbell,L.Krishnamurthy. Psfq:A Reliable Transport Protocol for Wireless Sensor Networks.IEEE Journal on Selected Areas in Communications (JSAC).April,2005,23(4):16–35
[11] S.Madden.Tinydb:An Acquisitional Query Processing System for Sensor Networks.ACM Trans.Database Systems.2005,30:122–173.
[12] S.Slijepcevic,M.Potkonjak.Power Efficient Organization of Wireless Sensor Networks.In Proceedings of the IEEE Conference on Communications.Helsinki,Finland,2001:472–476
[13] M.Cardei,D.MarCallum,X.Cheng.Wireless Sensor Networks with Energy Efficient Organization.Journal of Interconnection Networks.2002,3(3):213–229
[14] D.Tian,N.Georganas.A Coverage Preserved Node Scheduling Scheme for Large Wireless Sensor Network.In Proceedings of 1st International Workshop on Wireless Sensor Networks and Applications(WSNA'02). Atlanta, USA, Sept, 2002.
[15] F.Ye,G.Zhong,S.Lu.Peas:A Robust Energy Conserving Protocol for Long Lived Sensor Networks. In Proceedings of the 23rd International Conference on Distributed Computing Systems(ICDCS).Providence, USA,2003:28-37
[16] H.Zhang, J.C.Hou. Maintaining Sensing Coverage and Connectivity in Large Sensor Networks.Ad Hoc and Wireless Networks.2005,1(1):89-12.
[17] M.Adamou,S.Khanna,I.Lee,et al..Fair Real-time Traffic Scheduling Over a Wireless Lan.In Proceedings of the 22nd IEEE Real-Time Systems Symposium (RTSS01). London, UK, Dec, 2001:279.
[18] M.Sharifi,M.A.Taleghan,A.Taherkordi.A Middleware Layer Mechanism for Qos Support in Wireless Sensor Networks.In Proceedings of the International Conference on Networking(ICN).Mauritius,April, 2006:108-108.
[19] 李石坚．面向目标跟踪的自组织传感网研究．浙江大学博士学位论文，2006.6．
[20] 曹峰，刘丽萍，王智．无线传感器网络监测服务质量及其覆盖控制理论．中国计算机学会通信——无线传感器网络专题，2006,2(5):53-61.
[21] Bang Wang, Kee Chaing Chua, Vikram Srinivasan, Wei Wang. Sensor Density for Complete Information Coverage in Wireless Sensor Networks, European Workshop on Wireless Sensor Networks(EWSN),also in LNCS 38,68,69-82,2006.
[22] Lin FYS, Chiu PL. A near-optimal sensor placement algorithm to achieve complete coverage/discrimination in sensor networks. IEEE Communications Letters, 2005,9(1):43-45.
[23] Tian D, Georganas ND. A node scheduling scheme for energy conservation in large wireless sensor networks. Wireless Communications and Mobile Computing, 2003,3(2):271-290.

[24] Heinzelman W, Chandrakasan A, Balakrishnan H. Energy-Efficient communication protocol for wireless sensor networks. In: Nunamaker J, Sprague R, eds. Proc. of the 33rd Hawaii Int'l Conf. System Sciences. Washington: IEEE Press, 2000. 300-304.

[25] Tian D, Georganas ND. A node scheduling scheme for energy conservation in large wireless sensor networks. Wireless Communications and Mobile Computing, 2003,3(2):271-290.

[26] Meguerdichian S, Koushanfar F, Potkonjak M, Srivastava MB. Coverage problems in wireless Ad hoc sensor network. In: Sengupta B, ed. Proc. of the IEEE INFOCOM. Anchorage: IEEE Press, 2001:1380-1387.

[27] Meguerdichian S, Koushanfar F, Qu G, Potkonjak M. Exposure in wireless Ad hoc sensor networks. In: Rose C, ed. Proc. of the ACM Int'l Conf. on Mobile Computing and Networking (MobiCom). New York: ACM Press, 2001. 139-150.

[28] Huang CF, Tseng YC. The coverage problem in a wireless sensor network. In: Sivalingam KM, Raghavendra CS, eds. Proc. of the ACM Int'l Workshop on Wireless Sensor Networks and Applications (WSNA). New York: ACM Press, 2003. 105-121.

[29] Huang CF, Tseng YC, Lo LC. The coverage problem in three-dimensional wireless sensor networks. In: Shah R, ed. Proc. of the GLOBECOM. Dallas: IEEE Press, 2004. 3182-3186.

[30] Huang CF, Tseng YC. A survey of solutions to the coverage problems in wireless sensor networks. Journal of Internet Technology, 2005,6(1):18.

[31] Gupta H, Das SR, Gu Q. Connected sensor cover: Self-Organization of sensor networks for efficient query execution. In: Gerla M, ed. Proc. of the ACM Int'l Symp. on Mobile Ad Hoc Networking and Computing (MobiHOC). New York: ACM Press,2003. 189-200.

[32] Holger Karl.Quality of services in wireless sensor network:Mechanism for a New Concept.ESF Exploratory Workshop on Wireless Sensor networks,2004.

[33] Chich-Yih Wan,Shane B.Eisenman and Andrew T.Campbell,CODA:congestion Detection and Avoidance in Sensor Networks, in Proc of First ACM Conference on Embedded Networked Sensor Systems,266-279,Los Angeles,November 5-7,2003.

[34] S.Tilak,N.B.Abu-Ghazaleh,W.Hwinzelman.Infrastructure tradeoffs for sensor networks.in Proc of First ACM International Workshop on Wireless Sensor Networks and Applications.

第11章

网络管理

网络管理是指对网络的运行状态进行监测和控制，使其能够有效、可靠、安全、经济地提供服务。网络管理包含两个任务，一是对网络的运行状态进行监测，二是对网络的运行状态进行控制。通过监测可以了解当前状态是否正常，判断是否存在瓶颈问题和潜在的危机，通过控制可以对网络状态进行合理调节，提高性能，保证服务。监测是控制的前提，控制是监测的结果。无线传感器网络有别于传统的通信网络，其网络管理的需要考虑更复杂的因素。目前无线传感器网络的管理尚未形成统一的标准，这和无线传感器网络的与应用相关的特点有很大关系，尽管如此，节能始终是无线传感器网络应用与协议设计的首要考虑因素，网络管理协议设计的重要出发点之一就是节能并延长网络使用寿命。

11.1　网络管理概述

11.1.1　网络管理的概念

网络管理技术是伴随着计算机、网络及通信技术的产生和发展一步一步地产生和发展的。一个能够高效、良好运行的网络需要每时每刻对它进行监控和管理。一个好的网络管理技术会随着网络技术的发展而不断发展，随着网络技术的发展可能对网络管理技术提出更多的需求。最初产生的网络管理技术仅仅是针对网络的实时运行情况进行的网络监控（Surveillance and Control）[1]，目的是为了在网络出现运行不良好的情况时（如过载、故障时），能对网络进行控制来使网络能够继续运行在最佳或接近最佳状态。通常说的网络监控不仅包括了对网络的监测，而且还包括了对网络的控制。对网络监测的目的是为了从当前运行的网络中获取运行状态数据，对网络的控制操作的结果是修改网络运行状态或运行参数。网络管理技术发展到今天，它已不再单单是当初的网络监控功能了，它包含了对网络中的通信活动和网络的规划、实现、运营与维护等全部过程。

简单来说，网络管理是对网络中的资源（包括网络中的硬件资源和软件资源，在网络管理系统中它们作为被管对象）进行合理的分配和控制，或者当网络运行出现异常时能及时响应和排除异常等各种活动的总称，以满足业务提供方和网络用户的需要，使得网络有效资源可以得到最有效的利用，使得整个网络的运行更加高效，能够连续、稳定和可靠地提供网络服务。或者说，网络管理就是控制一个结构非常复杂的网络并使其发挥最高效率和生产力的过程。根据网络管理系统的功能，网络管理的过程通常包括管理信息的收集、处理和分析，然后由管理者做出相应的决策，其中的决策可能还包括管理系统对所有数据的分析后提供可能的解决方案，网络管理系统还可能需要向管理者产生对管理的网络有用的报告。现代网络管理的内容通常可以用 OAM&P（运行、控制、维护和提供）来概括。

运行（Operation）：网络的运行管理主要是针对向用户提供的服务而进行的，是面向网络整体进行管理，如用户使用的流量管理、对用户使用的计费等。

控制（Administration）：网络的控制管理主要是针对向用户提供有效的服务和为了满足

提供服务的质量要求而进行的管理活动，如对整个网络的路由管理和网络流量的管理。

维护（Maintance）：网络的维护主要是为了保障网络及其设备的正常、可靠、连续运行而进行的一系列管理活动，这些活动包括故障的检测、定位和恢复，对设备单元的测试等，网络的维护又分为预防性维护和修正性维护。

提供（Provision）：网络的提供功能主要是针对电信资源的服务装备而进行的一系列的网络管理活动，如管理软件安装、管理参数配置等活动，为实现某些服务而提供某些资源和给用户提供某些服务等都是属于这个范畴。

11.1.2 网络管理的体系结构

任何一个系统都有它的结构，当然网络管理（网管）系统也不例外，也有它自己的结构。网络管理体系结构是定义网管系统的基本结构及系统成员间相互关系的一套规则的集合。不管网管体系结构如何，可认为现代计算机网络的网络管理采用的是管理者（Manager）-代理（Agent）结构[2]。管理者负责网络中的管理信息的处理，是管理命令的发出者。代理以一个守护进程的方式运行在被管理的设备上，来帮助网络的管理系统完成各种网络管理任务。被管理设备中的代理进程实时地监测被管理设备的运行状态，并响应网络管理者发送来的网络管理请求，而且还要向网络的管理者发送中断或通知消息。网络管理系统的基本结构如图 11.1 所示。

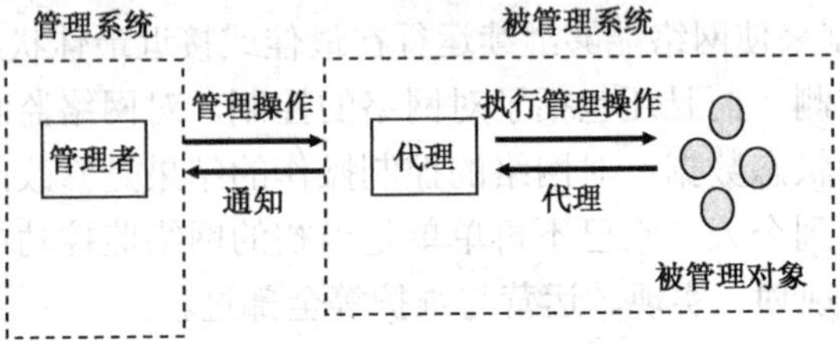

图 11.1 网络管理基本结构

一个实际的网络中可能存在各种类型的不同厂商的设备，为了管理这些复杂的异构网络必须使用逻辑模型来表示这些网络组件。一个网络管理系统从逻辑上包括管理对象、管理进程、管理信息库和管理协议组成。

根据管理信息的收集方式以及通信策略的不同，网络管理的控制结构可以分为集中式、层次式和分布式三种。

1. 集中式网络管理

集中式网络管理是指网络的管理依赖于少量的中心控制管理站点，这些管理站点负责收集网络中所有节点的信息，并控制整个网络。集中式网络管理结构如图 11.2 所示，其优点是网络管理系统处于高度集中、易于做出决断的最佳位置。

由于所有的数据均发送到中央的管理设备中，因此易于管理和维护，其缺点是管理节点担负所有管理任务，一旦管理节设备现故障，将导致整个网络的瘫痪。

2. 层次式网络管理

层次式网络管理是指在网络中设置有若干个中间控制管理站点实现管理任务，每个中间管理站点都有其管理范围，负责其管理范围内的信息收集并送交上级管理站点，同级管理站点之间不进行通信。层次式网络管理结构如图 11.3 所示，该结构分散了网络/资源的负荷，使得各个网络管理更接近被管单元，减低了总网络管理者收集、传送的业务量，因而比集中式网络管理系统更加可靠。相应地，这种方式也比集中式网络管理结构更为复杂。

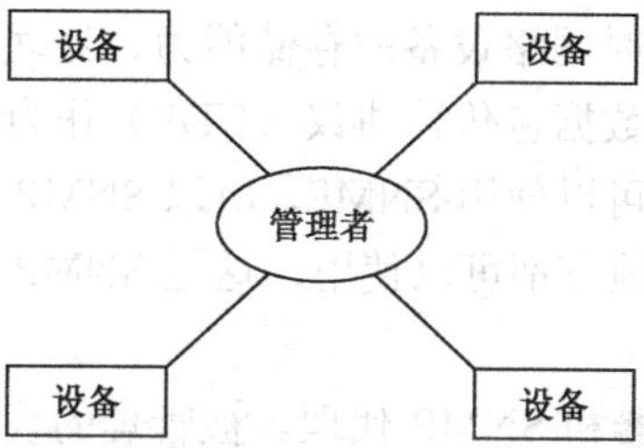

图 11.2　集中式管理结构

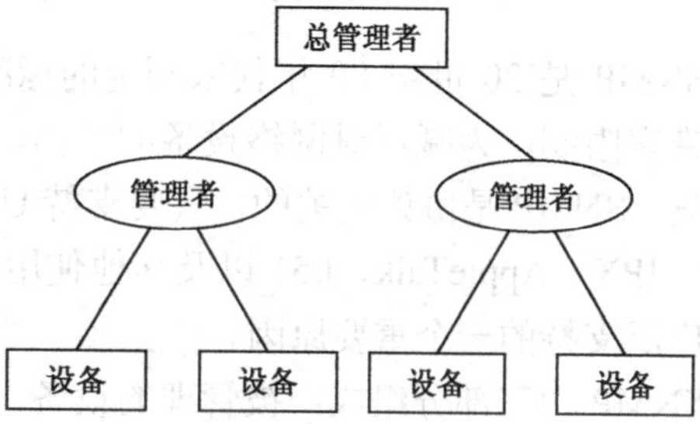

图 11.3　层次式管理结构

3. 分布式网络管理

分布式网络管理是指网络具有多个控制管理站点，每个管理站点都管理各自的子网，管理站点之间进行信息交互，以完成网络管理任务。分布式网络管理结构如图 11.4 所示，该结构完全分离了网络/资源的负荷，网络管理系统的规模大小可按照需要任意调整，并且采用这种模式的管理结构具有更高的可靠性，但其缺点是需要分布式处理和存储，对系统中资源需要使用同步技术，这些特点使分布式网络管理结构比层次式结构更复杂。

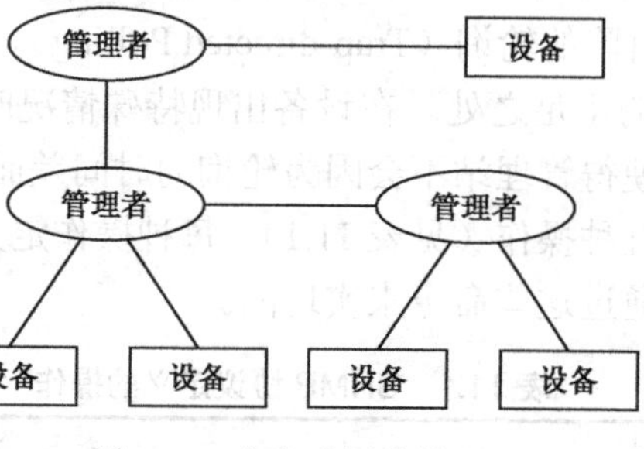

图 11.4　分布式网络管理

在实际应用中，这三种管理控制结构可结合使用。当网络节点数较少时，可以采用集中式管理结构；当网络规模较大及节点资源有限时，为了在较少资源开销的情况下建立有效、稳定的网络管理架构，使网络有较高的可靠性和自适应性，应该更多地考虑层次式和分布式结构。

11.2 网络管理研究现状与发展

目前，网络管理的标准有两个主要的协议：基于 TCP/IP 的简单网络管理协议 SNMP[3] 和 ISO 提出的基于 OSI 七层模型的公共管理信息协议 CMIP。SNMP 由于其结构简单、易于使用得到业界厂商的广泛支持，已经成为事实上的工业标准。

11.2.1 SNMP 网络管理架构

SNMP 是 20 世纪 80 年代末制定的标准，受限于当时网络设备的存储能力、处理能力以及带宽限制，为减低对网络设备的负担，SNMP 采用数据包传输协议（UDP）作为其下层协议。SNMP 是协议无关的，只要支持 UDP 的地方都可以使用 SNMP，所以 SNMP 可以在 IP、IPX、AppleTalk、051 以及其他使用 UDP 协议的地方都可以使用，这是 SNMP 能够得到广泛支持的一个重要原因。

SNMP 由三部分组成：被管理的设备、SNMP 管理器和 SNMP 代理。被管理的设备是网络中的一个节点，有时也称为网络单元（Network Elements），被管理的设备可以是路由器、网管服务器、交换机、网桥、集线器等。每一个支持 SNMP 的网络设备中都运行着一个 SNMP 代理，它负责随时收集和存储管理信息，并将这些信息记录到一个管理信息库（MIB）中，网络管理软件再通过 SNMP 通信协议查询或修改代理所记录的信息。MIB 是一个具有分层特性的信息的集合，它可以被网络管理系统控制，MIB 定义了各种数据对象，网络管理员可以通过直接控制这些数据对象去控制、配置或监控网络设备。SNMP 可通过 SNMP 代理来控制 MIB 数据对象。

无论 MIB 数据对象有多少个，SNMP 代理都需要维持它们的一致性，这也是代理的任务之一。SNMP 使用面向自陷的轮询（Trap-directed Polling）方法进行网络设备管理，这种方法克服了只用轮询方法的不足之处。在设备出现特殊情况时，代理可以向管理站发出警报。面向自陷的轮询方法使得管理站不会因为轮询的时间差而丢失某些信息。

SNMP 定义了以下的五种操作（见表 11.1），每种操作定义了若干个命令，管理站与代理节点的通信实际上都是通过这些命令来实现的。

表 11.1 SNMP 协议定义的操作

操作名称	含义
SET-REQUEST	设置代理进程的一个或多个参数值
GET-REQUEST	从代理进程处提取一个或多个参数值
GET-NEXT-REQUEST	从代理进程处提取紧跟当前参数值的下一个参数值
TRAP	代理进程主动发出的报文，通知管理进程某些事情发生
GET-RESPONSE	返回的一个或多个参数值

SNMP 协议轮询的方式在一个大型网络中可能会导致网络通信拥塞情况的发生，并且 SNMP 协议把采集数据的负担完全压在了管理端之上。在一个大型网络中，SNMP 协议的确很浪费带宽，而且在一个大型网络中，面对近千台设备上万个 OID 采集点的数据采集量，管理端的负担太重，管理站甚至不能在设定的时间间隔内完成一次完整的轮询。

SNMP 代理（Agent）无法提供某个数据的历史记录。SNMP Agent 只能提供被监控设备的当前状态，某些时候，SNMP Agent 也能提供设备在 15 分钟或者更短时间内的某些统计数据，但是一个设备的性能和状态的历史记录对网络优化和性能调优有很大的帮助，整个网络的设备的历史记录还可以帮助决策者进行更有效、更合理的决策。

SNMP 协议不能以一种统一通用的数据描述格式保存所有被管理设备的标识、状态和配置等信息，这是 SNMP 协议最致命的缺点。

SNMP 为网络管理提供了完善的功能，在传统的网络管理中得到了广泛的应用，但它不适合用在 WSN 中。在一个由大量节点组成的传感器网络中，频繁的轮询操作会导致网络拥塞。SNMP 中的 TRAP 操作也不可靠，即 TRAP 消息不能确保被管理站接收，因此管理站可能会遗留某些设备发出的报警消息。这在无线传感器网络应用中是不允许的。例如，在一个温度监控系统中，当设备发现温度超过阈值而发出报警消息时，系统应该确保这个消息能被管理站收到，否则重发此消息。由于传感器节点资源受限的特点，它不能简单地把 SNMP 照搬过来应用在无线传感器网络中。

11.2.2　网络管理新技术

SNMP 管理架构是目前主流的网络管理架构，但是，在这种网络管理架构中，“管理智能”相对集中，这容易造成管理站负担过重。此外，由于大量的网络管理信息在网络上传递，增加了网络的负荷，同时也限制了网络管理的实时性。随着网络技术的发展，一些新的网络管理技术便应运而生。

1．基于 Web 的网络管理技术[4]

随着 WWW 技术的蓬勃发展，许多网络设备也开始支持基于 Web 的网络管理技术，管理者可以在任何地方通过浏览器获得网络信息。相对于 SNMP，WWW 使用的 HTTP 以及 HTTPS 是标准的协议，在大部分的网络环境中可以穿透防火墙。HTTPS 也提供加密以及基本的认证功能，增加了网络传输的安全性。

基于 Web 的网络管理模式的实现有两种方式：一种方式是代理，即在一个内部工作站上运行 Web 服务器，这个工作站轮流与端点设备通信，浏览器用户与代理通信，同时代理与端点设备之间通信，在这种方式下，网络管理软件成为操作系统上的一个应用，它介于浏览器和网络设备之间；在管理过程中，网络管理软件负责将收集到的网络信息传送到浏览器（Web 服务器代理），并将传统管理协议（如 SNMP）转换成 Web 协议（如 HTTP）；第二种实现方式是嵌入式，它将 Web 功能嵌入到网络设备中，每个设备有自己的地址，管理员可通过浏览器直接访问并管理该设备，在这种方式下，网络管理软件与网络设备集成在一起，网络管理软件无须完成协议转换，所有的管理信息都是通过 HTTP 协议传送的。

2．基于策略的网络管理[5]

所谓策略，是指某种用于控制系统行为的规则，每条规则由一组条件和相应动作组成。策略的角色就是定义当特定条件被满足时如何实现相应动作，策略机制使得在不改动系统内部结构的情况下，仅通过制定新的策略就能够动态地调整系统行为。基于策略的网络管理，是指网络自动根据预先制定的策略，实施信息存取、传输以及网络设备的监控与配置，提供优化网络所必需的各项服务。基于策略的网络管理将网络视为一个状态机，而策略则是控制与调整网络状态的依据。图 11.5 描述了基于策略的网络管理的结构。

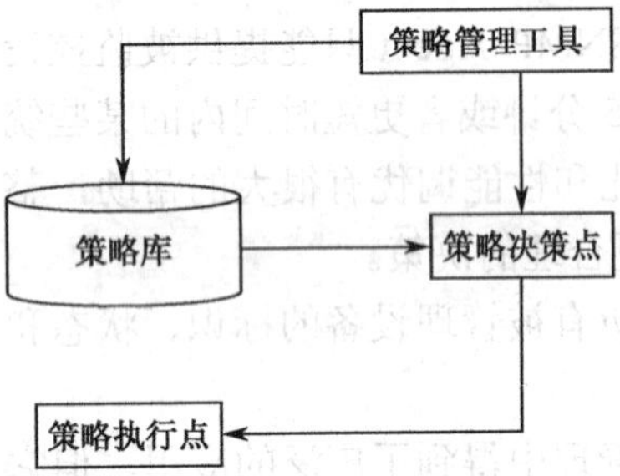

图 11.5　策略管理结构

3．基于智能 Agent 技术的网络管理[6]

在传统的网络管理架构中，Agent 的管理操作完全由远程的 Manager 控制，管理操作命令和操作结果的传递造成了网络业务量的升高，同时网络管理的实时性也受到了限制。智能 Agent 是一种自治的并能适应环境的主动软件智能体，它具有学习和适应能力，不仅可以通过通信语言和其他代理进行信息交换，还能够自行选择运行地点和时机，根据具体情况中断自身的执行，移动到另一设备上恢复运行。移动的目的是使程序的执行尽可能靠近数据源，降低网络通信开销，平衡负载，提高完成任务的时效。

传统网络管理架构中由 Manager 和 Agent 两个角色构成，网络管理实体所具有的能力仅仅是智能 Agent 技术的一小部分应用，而智能 Agent 的特性更好、更高、更强，因此，使用智能 Agent 来代替目前网络管理架构中的 Manager 和 Agent 实体，是实现网络管理智能化的一个很好的方案。基于智能 Agent 的网络管理，通过 Agent 的定义语法、通信语法和规则语法定义不同类别的 Agent，规定各类 Agent 的通信范围、通信内容，从而构成网络的不同智能成员，实现网络管理。

4．基于 XML 的网络管理[7]

XML 技术的出现影响了基于 Web 的网络管理方式，其高度自定义的标签，使得文件自己本身就可以表达完整的网络管理信息含义，也可以在传输的一份文件里面包含多个管理指令，有效改善 SNMP 在大量存取网管信息时对网络造成的负担。

基于 XML 的网络管理与 SNMP 相比具有许多优点，如 XML 文件易于被处理、产生且支持复杂的文件结构，因此可以用来处理复杂的管理信息。XML DTD（Document Type Definitions）和 XML Schemas 可以用来验证 XML 文件格式的正确性。使用 XML 与 W3C 提出的 XML 其他相关技术，如 XSLT，可以将 XML 文件转换成 HTML 或者其他的 XML

格式，XPath/XQuery 可以依照条件取得 XML 里面的对象，大幅提高开发人员开发应用程序的速度。

但是大部分的网络设备仍然不支持 XML 协议，因此也出现了整合 SNMP 与 XML 的基于 XML 网络管理程序等研究，例如，使用 XML 技术来查询 MIB 模块里的管理对象，通过 XNMP Agent 让传统只支持 SNMP 的网络设备也可以在基于 XML 网络管理程序下运行，甚至将 SNMP 的 MIB 通过 SNMP-to-XML 网关转换为 XML 格式，以便于基于 XML 网络管理应用程序的整合。

5. 基于 Web Services 的网络管理

基于 XML 的网络管理虽然可以增进 SNMP 在大量存取网管信息时的效率，并且适用于为事务管理提供完整性。但是在大规模的网络环境下，非分布式的网络管理架构容易因为单个节点的故障影响重要的网络管理功能，而且非分布式的网络管理架构缺乏扩充性以及弹性。基于 XML 而发展的 Web 服务网络管理程序，可以大量地使用 XML 作为消息传递的格式，除了具备基于 XML 网络管理程序的优点以外更进一步提供了公开的接口来增强与各种平台之间的交互性，形成了分布式的网络管理架构。例如，WSNET 就是通过 Web 服务提供多层式的网络管理架构的，通过 SOAP/XML 整合各层的网管系统，支持传统的网络设备以及基于 XML 网络管理程序，将网络管理系统区分为组件级以及网络级，构建易于扩展的网络环境。

11.3　网络管理关键问题

由于无线传感器网络的节点数目庞大且资源受限，监测区域的环境可能非常恶劣，如果没有管理策略来进行规划、部署和维护，就很难实现对监测区域进行有效监控，因为传感器网络一旦部署，人工进行维护的困难巨大甚至是不可能的（如战场侦测和评估）。另外，无线传感器网络的主要目标在于尽量降低系统能耗，延长网络的生命周期，其节点通常运行在人无法接近的恶劣或者危险的远程环境中，更换电池是非常困难的（甚至是不可能的），那么能量消耗就成了通信连接性能好坏、网络运行周期长短的主要决定因素，设计耗能少、生命周期长的管理方法成为无线传感器网络的网络管理核心问题。因此，无线传感器网络的网络管理要能够实现如下要求：针对传感器网络的特点，制定有效的管理策略；实时监控网络运行的各种状态参数；并能实现自我判断、维护和决策，以充分利用网络资源，保证向应用提供的服务质量可以满足其业务需求。

无线传感器网络与其他传统的计算机网络相比，有着不同的网络结构和需求。对无线传感器网络进行有效的管理相对于传统计算机网络的管理来说面临很多新的挑战。

（1）无线传感器网络是与应用相关的任务性网络，所有的传感器节点协同工作来实现特定应用的任务，网络的设计和部署也是为特定的应用量身打造的；而传统网络在设计之初就考虑用来适应多样性的不同应用。这样要求无线传感器网络的管理模型必须能适应不同的应用，并且在不同的应用间进行移植时修改的代价最小，即具有一定的通用性。

（2）无线传感器网络大多按照无人看管的原则部署。而在传统网络中，网络的部署则是事先规划好的，每个网络元素（如路由器、交换机等）的位置、对网络元素和资源的维护也由专门的工程师来完成。而无线传感器网络一旦部署，基本上依靠自我维护，这对无线传感器网络的管理提出了更高的智能要求。

（3）无线传感器网络资源受限。传感器节点携带非常有限的能量，其存储能力和运算能力也十分有限；同时，无线通信易受干扰，网络拓扑也因链路不稳定、节点资源耗尽、物理损坏等而经常变化。这些特点要求无线传感器网络管理必须充分考虑资源的高效利用和具有高容错特性。

上述特点给无线传感器网络的自我管理提出了新的更高的要求，它要根据网络的变化动态地调整当前运行参数的配置来优化性能；监视自身各组成部分的状态，调整工作流程来实现系统预设的目标；具备自我故障发现和恢复重建的功能，即使系统的一部分出现故障，也不影响整个网络运行的连续性。

无线传感器网络的管理旨在提供一个一体化的管理机制，有效地监视和控制远程的环境或被管实体，以较少的能耗对网络的资源配置、性能、故障、安全和通信进行统一的管理和维护。为了实现这个目的，对无线传感器网络进行管理时，要遵循以下原则。

1．高效的通信机制

任何网络管理系统都包括一定量的额外控制流量，用来调控网络中的各种运行特性。无线传感器网络采用的是无线通信方式，节点之间的通信链路不稳定、带宽有限，因此，减少信息传输过程中的负担，平衡各节点之间的负载，防止管理流量拥塞网络链路的发生，并确保能量消耗不会随着管理流量的增加而增加，就要求选择的用于各种管理任务的通信和监控机制更符合无线传感器网络的需求。

2．轻量型的结构

无线传感器网络的资源有限，节点的存储或处理能力较弱，电池寿命有限且能源更换困难，这些特性使得在设计网络管理体系结构时，避免有过多的存储和处理要求来加大资源受限的网络节点的负担，要尽量考虑使用裁减后的轻量型结构。而高效的通信机制和最低的计算要求也能极大地减轻对网络有限的电池能量的需求。

3．智能自组织的机制

自组织能力是无线传感器网络中能成功配置任何应用的关键因素之一。无线传感器网络的拓扑可能由于节点的移动或节点能量的耗尽而经常发生变化，这就需要一个随网络状态的变化能自动进行调整的自适应网络管理框架，故自动网络控制也需要支持动态策略。例如，当系统收到警告一个或多个网络节点将会失效时，应随着资源的耗尽而调整资源分配、路由等一系列的方法，使之更适应网络当前的情况。因而，网络管理系统应当能够及时准确地掌握这些变化，以分配合适的角色（如策略服务器和客户端）给不同类型的节点；另外，无线传感器网络经常会配置于各种恶劣环境中，这也提出了对最小人为干预的管理框架的需要。

4．安全、稳定的环境

无线传感器网络环境的多样性和恶劣性，要求无线传感器网络管理体系结构必须确保节点之间的管理信息和数据进行安全的交换，因此管理体系结构应设置一定的安全保证机制。例如，要求对用户/主机进行验证和授权，支持加密功能，同时能检测节点的失效并及时反馈，提供容错性。

11.4 典型网络管理系统

11.4.1 集中式网络管理系统

1．BOSS

无线传感器网络的快速发展使得无线传感器网络的需求进一步加大，首先要解决的问题就是提出一个通用的管理架构来管理无线传感器网络设备节点。在这种情况下，BOSS（Bridge Of the SensorS）网络管理系统[9]被提出来了，BOSS 系统是一种基于 UPnP 协议的无线传感器网络管理系统，架构网如图 11.6 所示，是一个分布式开放型的网络体系结构，设备能够自组网络，并结合 TCP/IP 和 Web 技术实现家庭、办公室等场所不同设备间的无缝联网。UPnP 定义了控制点和设备以及两者之间的协议。控制点是指设备的控制者，它通常作为客户端，如 PDA、笔记本等；设备是被控制者，通常作为服务器端，设备中包含着它所提供的特定服务。但是 UPnP 不能够应用在资源严重受限的无线传感器网络设备上面，因此提出了一种新的协议，通过在 UPnP 控制点和无线传感器网络之间搭建桥梁架构来充分利用无线传感器网络资源，最终使无线传感器网络能够介入 UPnP 网络。同时，BOSS 架构可以让用户通过多个 UPnP 控制点来管理整个无线传感器网络，操作也简单了很多。

BOSS 功能架构如图 11.7 所示，主要由 UPnP 控制点，BOSS 和无线传感器网络设备组成。控制点通过 BOSS 提供的服务对无线传感器网络进行控制和管理，BOSS 也是一个 UPnP 设备，并且有充足的协议来运行 UPnP 协议。控制点和 BOSS 之间使用 UPnP 协议进行通信，而无线传感器网络和 BOSS 之间使用 UPnP 协议进行通信，无线传感器网络和 BOSS 之间使用似有协议进行通信。一方面控制点通过 BOSS 从无线传感器网络中收集基本的网络管理信息，如节点设备描述、节点数量和网络拓扑等，对这些信息进行分析处理之后，控制点再通过 BOSS 进行诸如同步、定位和能量管理等基本管理服务。另一方面，控制点也可以通过 UPnP 的时间通知机制对感兴趣的无线传感器网络事件进行预订，BOSS 则可以在时间发生时向控制点发出报告。因此，BOSS 也是一种先应式管理系统。

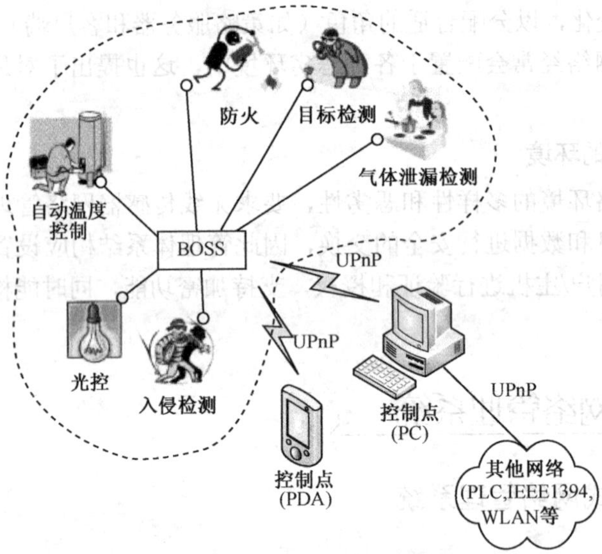

图 11.6　BOSS 网络管理系统

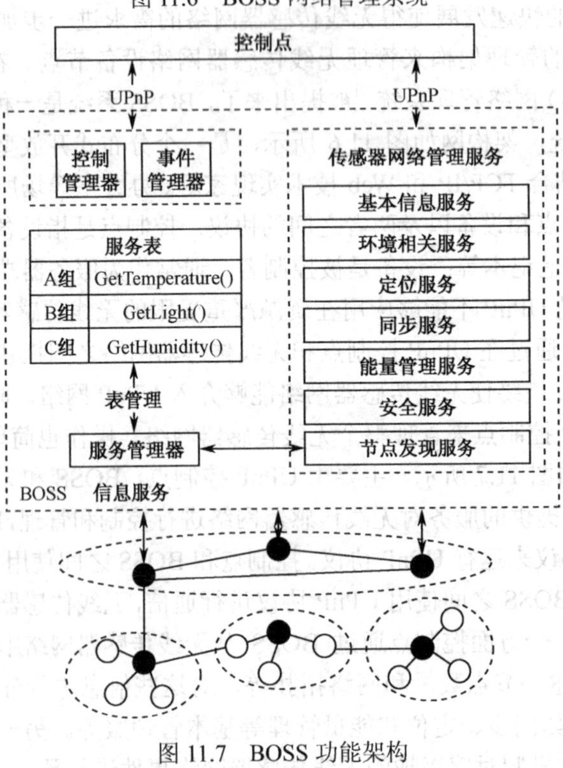

图 11.7　BOSS 功能架构

2．TinyDB

TinyDB[10]是一种基于查询的无线传感器网络数据管理系统，TinyDB 从无线传感器网络的各个节点收集相关数据，调度各个节点对查询进行分布式处理，将查询结果通过基站返回给用户。其主要特征包括：

（1）提供元数据管理，通过元数据目录描述无线传感器网络的属性，如传感器读数类型、内容的软/硬件参数等；

（2）提供类似于 SQL 的说明性查询语言，用户可以使用该语言描述查询请求，不需要指明获取数据的具体方法；

（3）提供有效的网络拓扑管理，通过跟踪节点的变化来管理底层无线网络、维护路由表，并保证网络中的每一个节点高效、可靠地将数据传输给用户；

（4）支持在相同节点集上同时进行多项查询，每项查询都可以有不同的采样率和目标属性；

（5）可扩展性强，用户只要将 TinyDB 代码安装到新的节点上，节点就可以自动加入到 TinyDB 系统，和 SNMS 一样，TinyDB 依赖于管理人员的查询和管理动作，也是一种被动式管理系统。

11.4.2　层次式网络管理系统

1．RRP

与商业中的供应链管理类似，无线传感器网络也采取类似的网络管理策略。针对要进行连续数据采集的应用场景，文献[11]提出了一种名为 RRP 的管理架构。供应链是由供应商、制造商、仓库、配送中心和零售商等构成的物流网络，供应链管理就是指在满足一定的客户水平的条件下，为了使整个供应链系统成本达到最小而把供应商、制造商、仓库、配送中心和零售商等有效地组织在一起进行产品制造、转运、分校及销售的管理方法，其产品供应链如图 11.8 所示。按照供应链策略，RRP 将无线传感器网络分为几个功能区，针对功能区各自的特点采用不同的路由模式，各个功能区之间相互协作以达到最佳的网络性能，并尽量降低能量消耗。RRP 中游三个功能区：生产区、运输区以及仓储和服务区，各个区之间的节点的角色和任务各不相同。

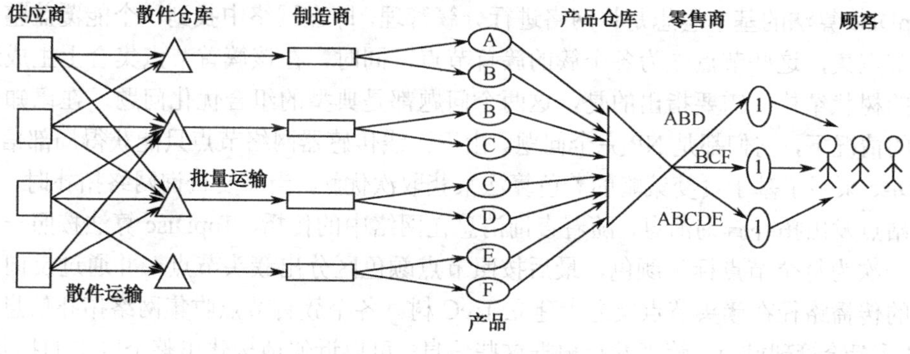

图 11.8　RRP 产品供应链

生产区有两种节点：产生原始传感器数据的源节点和负责对数据进行融合过滤的聚合节点，聚合节点同时也负责把数据传递到运输区。运输区的节点则相互协作将生产区生成的数据运输到仓储和服务区。运输区采用一种将集合路由与泛洪相结合的方法降低网络拓扑维护和路由发现的代价。

不同于运输区的区域泛洪，仓储和服务区的节点使用改进的 SPIN 协议，该协议可以减少 Sink 节点附近节点的负载。SPIN 协议允许邻近的节点相互通信，并且使用元数据进行通信协商以减少冗余数据的传输。RRP 执行 ADV-REQ-DATA 三次握手协议来实现仓储区节点和 Sink 节点的多跳信息交换，数据传输模式采用单播。通过这种方法，冗余数据包大大减少，从而降低能耗。

RRP 可以让用户根据应用需求预先设定仓储区和泛洪区域大小，在保证传输可靠性的情况下达到期望的能耗水平、端到端的延迟和路由代价，这是其主要的优点。但是，RRP 的区域泛洪算法需要节点备有 GPS 模块以精确定位，而且还需要用户在部署网络时合理划分功能区，精心考虑各区域节点的位置，这在某些情况下是很难做到的。

2．SNMP

Deb 等人提出了名为 SNMP（Sensor Network Management Protocol）[11]的无线传感器网络管理架构。Deb 指出，建立 SNMP 架构分为两个主要步骤，一是定义描述网络当前状态的网络模型和一系列的网络管理功能；二是设计提取网络状态和维护网络性能的一系列算法和工具。

SNMP 中的网络模型包括网络拓扑、网络能量图和网络使用模式。网络拓扑表达的是网络节点之间的连通性和可达性。能量图则反映了网络各个不同部分的能量水平，综合考虑的网络的拓扑和能量图，就可以确定网络中的薄弱区域。网络使用模式则用以刻画网络的种种活动，如节点的占空比和网络带宽利用率等，这些网络模型都可以为 SNMP 的网络功能所用。

Deb 等人特别深入研究了网络拓扑信息的图区问题，提出了两个算法：TopDisc[13]和 STREAM[14]。

TopDisc 算法的基本思想是将网络进行分簇管理，即在网络中找到一个能覆盖整个网络的最小节点集，这些节点作为各个簇的簇首节点，同时，在该簇首节点集合上生成通信代价最小的树状结构。需要指出的是，这两个问题都是典型的组合优化问题，在已知全局拓扑信息的情况下，它们都是 NP 完全问题。由于无线传感器网络节点只能获得局部信息，因此 TopDisc 采用了基于贪婪策略的着色算法来获取次优解。当需要查询网络拓扑时，由网络的管理站点发出拓扑查询消息，随着查询消息在网络中的传播，TopDisc 算法按照一定的着色策略一次为每个节点标记颜色，最后按照节点颜色区分出簇头节点，并通过反向寻找查询消息的传播路径在簇头节点集之上建立 TreC 树。各个簇首节点收集网络拓扑信息，沿着 TreC 树反馈给管理站点，管理站点根据这些信息，可以近似地构建出整个网络的拓扑结构。

TopDisc 算法有效地减少了拓扑发现的能量消耗，此外，管理站点还可以通过 TreC 树收集网络的其他状态信息，发布相关的管理命令。

当网络规模进一步扩大时，TopDisc 算法带来的能耗和延时就不能不考虑了。显然，拓扑信息的精确性和所需代价是呈正比的，因此，可以在精确性和代价之间做某种权衡。基于这种思想，Deb 等人在 TopDisc 的基础上提出了一种参数化的拓扑发现算法——STREAM。STREAM 算法的参数就是查询结果的详细程度，也就是说，在制定的详细程度下，STREAM 以相应的代价给出查询结果，这样用户就可以按照需求及网络状况以合适的代价获取网络的相关信息。

11.4.3　分布式网络管理系统

1. 基于移动 Agent 的数据管理

无线传感器网络的数据管理主要包括数据存储、查询、分析和挖掘，其基本目标是把用户对数据的逻辑查询和网络内部具体的数据处理方式分离开，从而用户只需要提交自己感兴趣的数据查询请求，无须关心底层数据采集和分析的细节[15]。文献[16]指出，无线传感器网络中的数据可以分为两类：一类是传感器本身的特征数据，如传感器的位置、类型、剩余能量等，这类数据的结构性强，但是相对变化较慢或者不变，因此也可以称为静态数据；另一类数据是传感器所感知的数据，该类数据随着传感器类型的不同，数据的复杂程度也不同，它们可以是简单的感知点温度数据，也可以是感知区域的图像数据。集中式数据管理方式并不适用于无线传感器网络，其主要原因是无线传感器网络的数据种类差异大，且随时随地都可能产生无线连续的数据流。因此让大量的传感器节点持续地向基站传送原始数据在进行处理，即“该数据移动到计算”的方式，不仅消耗了大量节点的传输能量，增加了无线传输的碰撞延迟，而且将使基站成为数据处理的瓶颈。

在这种背景下，文献[17]提出了一种基于移动 Agent 技术的无线传感器网络管理模型，该模型采用数据本地存储的方式，让每个传感器节点把自身的特征数据和感知数据存储在自身节点上，使数据传输的开销降低到最小；再使用移动数据查询代理在合理的节点上采集数据，便可以有效地满足查询的需要。基于智能 Agent 技术，该文设计了一种移动数据查询代理（Mobile DATA Query Agent，MDQA）来处理用户的数据查询请求，该查询代理的结构如图 11.9 所示。

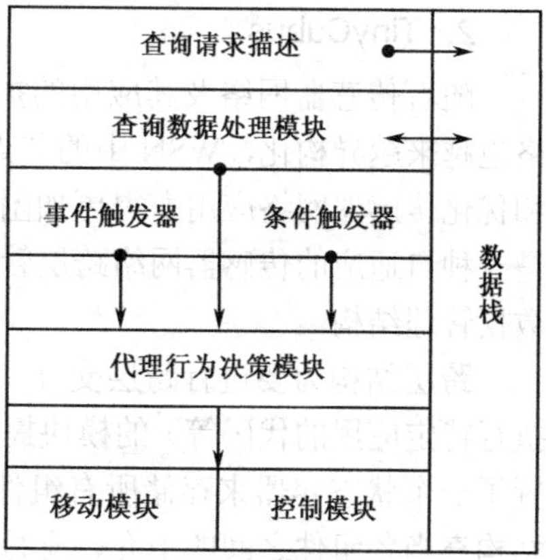

图 11.9　MDQA 结构

查询请求描述包括查询数据类型的定义、查询的区域信息、查询始末时间和数据返回周期或条件。MDQA 移动到某传感器节点后，如果决定采集本地数据，就把数据放入数据栈中。数据处理模块将根据数据栈中的数据进行必要的数据分析和处理。代理行为决策模块将根据数据处理结果、事件触发或条件触发来决定下一步的行为，移动模块和控制模块提供了行为的执行方式。

综合上述，分布式网络系统的基本架构如图 11.10 所示，在该架构中，基站和传感器节点都加载 MDQA 的运行环境。数据管理中心模块主流在基站上，它通过解析用户提交的逻辑请求，生成相应的 MDQA 并将其发送到传感器网络中。MDQA 在网络中使用前述的方法采集和处理存储在传感器节点的数据，并根据查询请求和当前状态决定迁移的路线。一旦采集的数据满足请求条件，MDQA 就返回到基站，最后由中心模块将数据提供给用户并记录到数据库。数据管理中心模块提供了良好的用户交互接口，并根据不同的服务请求类型生成适合该服务的 DMQA。该数据管理模型还针对不同的应用提供三种不同的数据查询服务：事件驱动型、查询驱动型和连续查询型。

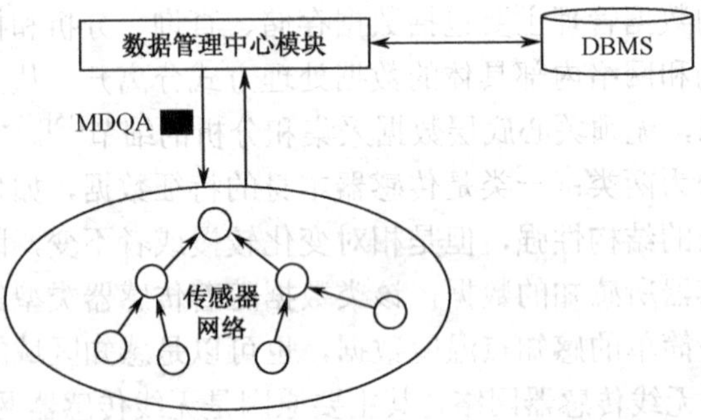

图 11.10　基于移动 Agent 的数据管理模型体系结构

2．TinyCubus

随着传感器网络及其应用的扩展，传感器网络系统变得越来越复杂，同时，传感器网络也越来越异构化，WSN 中的节点程序会根据应用场景不断更新。这些因素使开发、部署和优化传感器网络应用变得更加困难。基于此，Pedro 和 Daniel 等人提出了 TinyCubus，它是一种自适应的传感器网络跨层管理框架，TinyCubus 包含三个部分：跨层结构、配置引擎、数据管理结构。

跨层结构为要进行跨层交互（如优化时需要其他模块的信息，通过对高层组件的回调执行特定应用的代码等）的模块提供了一个通用的参数化接口。TinyCubus 的跨层结构中设置了一个状态容器来存储所有组件的跨层数据，这样组件之间就不用直接进行交互。跨层结构充当各组件之间的中介，支持组件之间的数据共享。

配置引擎基于传感器节点的角色进行代码分发，并支持动态安装程序代码，其目的是支持系统和应用组件的配置，包括拓扑管理器和代码分发程序。拓扑管理器基于每个节点的功能为其分配相应的角色（角色是根据节点特性，如硬件能力、网络邻居、位置等赋予它的相应职责），以便进行网络的自配置。基于角色的代码分发算法只会对那些特定角色的节点或者需要代码更新的节点进行代码更新。

数据管理结构提供了一组标准数据管理组件（如数据的复制、缓存、预取、囤积、聚合等）和系统组件（如时间同步和广播策路等），并根据当前系统中的信息选择最恰当的一些组件用于管理。数据管理结构用一个立方体定义，包含三个维度：

- 优化参数，如能量、通信延迟和带宽；
- 应用需求，如可靠性；
- 系统参数，如节点移动性和网络密度。

TinyCubus 具备传感器应用的常见功能，具有自适应、重配置、灵活性、扩展性等特性，提供通用组件的参数化机制以满足特定应用的需求，包含基于角色的有效的程序代码更新策略，能够适应应用场景变化并支持优化。但是，TinyCubus 也面临一些难题，如对各种不同的跨层优化支持、状态容器中数据的访问模式、节点角色分配的有效性、代码更新的有效策略、传感器节点上组件的动态安装等问题。在配置引擎利用节点的角色信息进行代码更新时，只适合于特定的传感器网络（如节点不可移动等）。

11.5　本章小结

本章主要针对无线传感器网络管理做了一个大概的介绍，首先介绍了无线传感器网络管理的一些基本概念和体系结构，结合无线传感器网络的特点，本章将无线传感器网络管理分为三类：集中式、层次式和分布式管理系统。在每一个系统中都举了几个例子来进行详细的说明，介绍了每一种管理系统运作的方式，甚至还稍提及了优劣性。在无线传感器网络中，针对不同的应用，我们可以采取不同的网络管理方式。现如今无线传感器网络资源的限制阻碍了传统无线传感器网络管理系统的应用，但是随着科技的进步，这些困难将会被一一克服，结合一些具体的技术，如定位、时间同步等，未来的无线传感器网络将会变得越来越高效、智能。

参考文献

[1] 唐宏强．网络管理技术．科技信息，2007(13):17-18．

[2] 张国鸣，唐树才，薛刚逊．网络管理实用技术．北京：清华大学出版社，2002:20-35．

[3] Breitgand,D.,D.Raz,and Y. Shavitt, SNMP GetPrev: an efficient way to browse large MIB tables. Selected Areas in Communications, IEEE Journal on,2002.20(4):p.656-667.

[4] 贺旻捷，孙亚民．基于 Web 方式网络管理的研究与实现[J]．计算机应用研究， 2002(03): p. 136-138.

[5] 张鹏亮，杨建刚．基于多 Agent 的策略驱动网络管理体系结构[J]．计算机应用，2005(08): 1753-1755,1759.

[6] Autran, G. and L. Xining. Large Scale Deployment a Mobile Agent Approach to Network Management. in Networking, 2008. ICN 2008. Seventh International Conference on. 2008.

[7] 钟瑜伟，郭志刚．XML 技术在基于 Web 的网络管理中的应用[J]．数据通信,2000(04):29-31.

[8] Chadha R,Hong Cheng,Yun-Heng Cheng,Chiang j,Ghetie A,Levin G,Tanna H.Policy-based Mobile Ad Hoc Network Management Policies for Distributed Systems and Networks,2004.POLICY 2004.Proceedings.Fifth IEEE International Workshop on 7-9 June 2004,PP.35-44.

[9] H Song,D Kim,K Lee, J Sung.UpnP-Based Sensor Network Management Architecture.In:Proc of the Second International Conference on Mobile Computing and Ubiquitous Networking,2005.

[10] Sam Madden,Joe Hellerstein,Wei Hong.TinyDB:In-Network Query Processing in TinyOS.http//telegraph.cs.berkeley.edu/tinydb/,September,2003.

[11] W Liu,Y Zhang, W Lou,et al.. Managing Wireless Sensor Networks with Supply Chain Strategy.In:Proc of the first International Conference on Quality of Service in Hetergeneous Wired/Wireless Networks. Washington:IEEE Computer Society,2004,59-66.

[12] B.Deb,S.Bhatnagar.B.Nath.Wireless Sensor Networks Management, http : // www. research. retgers. edu/~bdeb/sensor networks.html,2005.

[13] B.Deb.S.Bhatangar,B.Nath,A topology discovery algorith for sensor networks with applications to network management. Department of Computer.Science. Rutgers University,Tech Rep:DCS-TR-441,2001.

[14] B.Deb,S.Bhatangar, B.Nath. STREAM: Sensor Topology Retrieval at Multiple Resolutions.Journal of Telecommunications,2004,26(2-4):285-320.

[15] 李建中，李金宝，石胜飞，等. 传感器网络及其数据管理的概念、问题和进展。软件学报，2003,14(10): 1717-1727.

[16] 熊焰，金鑫. 一种基于 Mobile Agent 的无线传感器网络数据管理模型. 信息与控制，2006,35(2):184-188.

[17] Marron P,Minder D,Lachenmann A, Rothermel K. TinyCubus: An adaptive cross-layer framework for sensor networks.Journal of Information Technology,2005,47(2):87-97.

第 12 章

无线传感器网络的仿真技术

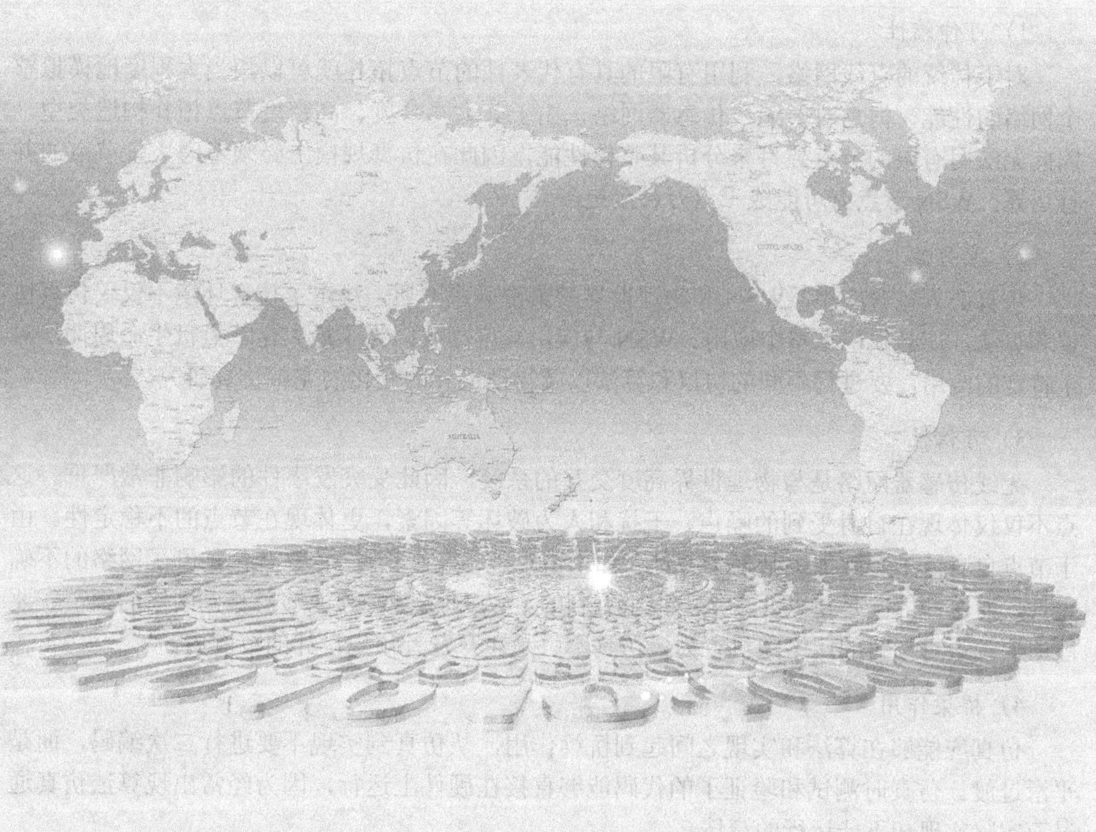

12.1 网络仿真概述

无线传感器网络（Wireless Sensor Network，WSN）是由部署在监测区域内大量的微型传感器节点组成，通过随机自组织无线通信方式形成的网络系统。WSN 在军事国防、环境监测、智能家居、生物医疗、危险区域远程控制等诸多领域有着广泛的科研价值和应用前景。然而，传感器节点有限的处理能力、存储能力、通信能力以及能量问题，决定了无线传感器网络在真实环境大规模部署前，必须对其性能、运行稳定性等因素进行测试，通过整合网络资源以使网络最优化。此外，WSN 新的协议算法在应用实施前也需要进行验证和分析，通过构建 WSN 仿真模拟环境，能够根据需要设计网络模型，模拟大规模节点网络，在一个可控的环境中研究 WSN 的各个运行环节，达到用相对较少的时间和费用获得网络在不同条件下的性能，因此无线传感器网络仿真模拟技术受到越来越广泛的重视。

WSN 的仿真方法必须具备以下五项关键特性。

1）可伸缩性

对于传统的有线网络，利用有限的具有代表性的节点拓扑就可以相当大程度地模拟整个网络的性能，但是对于无线传感器网络，由于其大冗余度、高密度节点拓扑构造类型，因此无法用有限的节点数目来分析其整体性能，因此在仿真规模上必须考虑大量节点的并行运算，WSN 节点有可能成千上万甚至更多。

2）完整性

仿真必须包含应用。WSN 和物理世界的紧密联系本质，决定了仿真环境不仅仅仿真协议和算法，还必须仿真整个应用。WSN 与应用高度相关，为了最大化节点机生命周期，对于特定的应用，要进行不同的协议和算法以及物理世界的变化的完整仿真研究。

3）可信性

无线传感器网络是与物理世界高度交互的系统，因此受突发事件的影响非常严重。这点不仅仅体现在自身受到的噪声、干扰和人为破坏等因素，更体现在节点的不稳定性。由于节点自身能力有限加上其易失效性（如由节点能量耗尽引起），这些都加剧了网络的不确定性，而这些情况是在以往系统中很少见到的。WSN 仿真必须能够监测到网络的细节，要能够揭示不可预料的网络随机行为，仿真不只是在开发者预先设计的范围内。

4）桥梁作用

仿真应能够在算法和实现之间起到桥梁作用，从仿真到实现不要进行二次编码，而是平滑过渡。仿真时测试和验证了的代码能够直接在硬件上运行，因为经常出现算法仿真通过而实际实现却不能运行的事情。

5）具有能量模型

传统的有线网络和无线网络主要仿真分析的是网络的吞吐量、端对端延迟和丢包率等 QoS 指标，而这些在大部分无线传感器网络的应用中都不是最主要的分析目标。相反地，在以往网络模型中不重要的节点寿命分析、节点能耗分析反而成为非常重要的分析目标，仿真应具有节点机的准确能量模型。

目前，应用于无线传感器网络的仿真模拟工具主要有 NS2、OPNET、TOSSIM 等，本章重点介绍当前使用较广泛的三种仿真模拟工具，主要就其性能、特点、适用范围和术足进行分析，并对无线传感器网络仿真模拟技术要解决的主要问题进行归纳。

12.2　无线传感器网络仿真研究现状与发展

基于无线传感器网络的自身特点，无线传感器网络仿真模拟技术主要解决完整性、能耗模拟、大规模节点网络、可扩展性、高效性、异构性等问题。

（1）完整性：无线传感器网络高度的应用相关性，使网络没有严格的层次划分，要求模拟器必须对节点的执行进行完整模拟。

（2）能耗模拟：要求模拟器能对能量供应源、消耗源进行建模，支持能量仿真，对能耗有效性进行评价。

（3）大规模节点网络：要求模拟器能同时模拟尽可能多的节点执行情况，适应大规模网络部署的需要。

（4）可扩展性：模拟器能够根据不同的需要、应用环境进行功能扩展。

（5）高效性：即仿真效率，要求模拟器用较短的时间、较少的内存占用量实现尽可能大规模的网络模拟。

（6）异构性：传感器节点应该根据目标任务的不同来运行不同的应用，因此要求模拟器应具备模拟异构网络的功能。

现在主流的仿真平台分为两种：一种是通用性的仿真平台，另外一种是基于 TinyOS 的仿真平台。TinyOS 是一种无线传感器网络的操作系统，其复杂度和学习难度比通用型的要大得多。通用型的仿真平台主要有 OPNET、NS2 和 OMNET，其中 NS2 是一个开源软件，所有代码都是公开的，OMNET 仿真工具容易入门，但对无线传感器网络传输层来说，OMNET 的仿真效果不如其他仿真软件好。在软件功能和操作易用性方面各个仿真软件各有优缺点，但是目前还没有一个仿真模拟工具能完全满足无线传感器网络的仿真模拟要求，无线传感器网络的仿真模拟技术仍处于研究阶段，通过对现有的几种仿真模拟工具的分析比较，不同的仿真工具针对的领域和具体应用也不同，所以在选择仿真工具时，必须选取与具体的应用相适合的仿真模拟工具，辅以相应的功能模块扩展，完成对网络的仿真模拟。

12.3 常用的仿真软件

12.3.1 OPNET

1. OPNET 简介

OPNET[1-3]是 MIL3 公司开发的网络仿真软件产品。OPNET 是一种优秀的图形化、支持面向对象建模的大型网络仿真软件，它具有强大的仿真功能，几乎可以模拟任何网络设备、支持各种网络技术，能够模拟固有通信模型、无线分组网模型和卫星通信网模型；同时，OPNET 在对网络规划设计和现有网络分析中也表现较为突出。此外，OPNET 还提供交互式的运行调试工具和功能强大、便捷、直观的图形化结果分析器以及能够实时观测模型动态变化的动态观测器。

MIL3 公司首先推出的产品室 Modeler，并在随后将其扩充和完善为 OPNET 产品系列，包括 ITGuru、SPGuru、OPNET Development Kit 和 WDMGuru。Modeler 其余的产品都是以 Modeler 为核心技术，针对不同的用户做出一些修改后演化和发展而来的。Modeler 主要面向研发，其宗旨是加速网络研发；ITGuru 主要用于大中型企业的智能化网络规划、设计和管理；SPGuru 在 ITGuru 的基础上，嵌入了更多的 OPNET 附加功能模块，包括流分析模块、网络医生模块、多供应商导入模块和 MPLS、IPv6、IPMC 协议仿真模块，是为电信运营商定做的智能化网络规划、管理平台；WDMGuru 是面向光纤网络的运营商和设备制造商而开发的，为这些用户管理 WDM 光纤网络、测试产品提供了一个虚拟的光网络环境；ODK（OPNET Development Kit）和 NetBizODK 是一个底层的开发平台，ODK 是开发阶段的环境；NetBizODK 是运行时的环境，可以用于设计用户自定制的解决方案，并且 ODK 提供大量用于网络规划和优化的函数。

从功能上看，ODK 的功能最强大，包括 MoDeler 建模功能、网络设计和界面开发函数；ITGuru 可以说是 Modeler 的功能子集，是不具备编程功能的 Modeler；SPGuru 除了具备 ITGuru 功能外，在协议支持和设计分析的灵活便捷方面比 ITGuru 更强。

2. 三层建模机制

OPNET 是一个基于数据驱动的、面向对象的仿真平台，采用的是中断驱动节点进行的方式，底层采用的语言为 C++语言，可以与 VC、MATLAB 等软件相互调用，最终以图形化显示，或者可以输出到第三方软件中显示。

OPNET Modeler 采用三层建模机制，分别是进程域建模、节点域建模和网络域建模，建模顺序由下到上。下面就简要介绍一下 OPNET 的建模机制。

1）网络建模

网络建模是指通过链路将设备互联形成网络级的网络，它需要对网络有正确的拓扑描述。网络域包括了在其他建模域中定义的所有对象，因此网络模型描述了整个仿真系统。网络模型包括三个基本对象：子网、节点和链路。

（1）子网。子网由节点组成，它将网络中的一组节点和链路抽象出来，组成一个功能逻辑实体。它由支持相应处理能力的硬件和软件组成，用于生成、传输、接收和处理数据。子网也可以被层层嵌套，来模拟复杂的分层网络，子网可以是固定子网、移动子网或卫星子网，但其基本类型也是最常用的类型是固定子网。固定子网用来模拟静态网络，它们之间的通信通过链路实现，只有固定子网才支持点到点和总线链路。

（2）节点。通信节点包含于子网之中，可以表示各种网络设备。笼统地讲，节点是通信网络中的一个设施或资源，数据在节点中产生、传输、接收和进行处理。节点有三种类型，分别是：固定节点，如路由器、交换机、工作站、服务器等；移动节点，如移动台，车载通信系统等；卫星节点，如卫星。对于节点的多样性，OPNET 提供足够的能力来定制任何形式不同等级的网络通信节点。节点的实际功能和行为由节点编辑器中定义的节点模型确定，OPNET 还支持节点内部结构的重用。

（3）链路。链路是节点之间使用包的形式进行信息通信的信道，链路由一条或多条通信信道组成，每个信道可看成一个管道。一条链路分别定义了一个发信机信道连接和一个收信机信道连接。OPNET 支持的链路包括点到点链路，主要用于固定节点间的包流传输。

总线链路是一个共享媒体，主要通过广播方式在多个节点之间传送数据；无线链路是在仿真中动态建立的，可以在任何无线的收发信机之间建立无线链路。卫星和移动节点必须通过无线链路来进行通信，而固定节点也可以通过无线链路建立通信连接。

网络建模主要是通过 OPNET 的项目编辑器来实现的，项目编辑器的操作主要包括对网络模型的创建、编辑和修改，并提供基本的仿真和分析功能。

2）节点建模

互联进程级对象可形成节点级的设备，每一个节点模型其实就是一个网络对象（链路除外），它由一个或多个模块（Module）组成，每一个模块能够生成、发送或从别的模块接收数据包以完成它在节点内的功能。在节点级，模块都是黑匣子，内部结构对用户不可见，但用户可以通过配置其属性的方式来控制模块的行为。节点模型中的每一个模块代表了节点操作中的一个特定功能，节点模型的主要对象包括各种模块和连接线。

（1）模块。模块代表了对通信节点中用于数据生成、销毁和处理的部分。从功能的角度看，模块代表了节点硬件或软件不同功能域的实现。模块将抽象的协议直观化，仿真其实就是基于一系列模块的一组实验，它反映模块和模块之间的相互作用关系。在 OPNET 中，根据在节点中功能的不同，模块可以分为四种类型：处理机、队列、收信机和发信机。

（2）连接线。因为节点内的数据流是通过多种类型的连接线在模块间进行交换的，所以连接线代表节点内不同模块间的通信路径和关联。有两种形式的连接线：数据包流和统计线。

3）进程建模

进程建模是建模机制的最底层，进程模型使用有效状态机（FSM）来描述进程的逻辑行为——协议；通过状态转移图（STD）的状态和转移两个方面来描述模块的行为。进程模型的相关操作使用 ProtoC 语言描述，它是 OPNET 为协议和算法的开发而设计的，是一个类似于内核程序（Kernel Procedures）的高级命令库，同时具有 C/C++语言的基本功能。这些描述性代码能够绑定到相应的状态和转移上，并通过 OPNET 提供的文本编辑器对代码进行编辑。

（1）状态。状态是描述进程的一个具体状态，用图标表示。进程模型中的每一个状态都有相应的动作与其相对应，这些动作由执行代码完成，每个状态的执行代码分为入口执行代码和出口执行代码两部分。状态对象又可分为强制状态和非强制状态，当进程由当前状态转移到强制状态后，将依次执行强制状态的入口执行代码和出口执行代码，然后立即转移到其他状态；若当前状态转移到非强制状态后，先执行完入口执行代码，然后挂起进程并将控制权交给仿真核心，直到相应的中断到来，才唤醒进程从非强制状态的出口执行代码处继续执行。

（2）转移。转移是进程从源状态转移到目的状态的一条可能路径，用线条表示。每一个状态对象都可以成为状态转移的源或目的，并且可以连接若干状态转移对象。每个状态转移都有一个转移条件，并可能附加一个执行的代码，用来描述状态转移时执行的动作，此代码又称为状态转移执行代码。进程建模通过 OPNET 的进程编辑器来实现，利用 OPNET 进程编辑器创建的图形和代码相结合的进程模型，能够对真实世界中的许多进程事件进行逻辑描述。

但 OPNET 也存在缺点，当仿真网络规模和流量很大时，仿真效率会降低；同时它所提供的模型库有限，因此某些特殊网络设备的建模必须依靠节点和过程层次的编程方能实现；在涉及底层编程的网元建模时，具有较高的技术难度，需要对协议和标准及其实现的细节有深入的了解、并掌握网络仿真软件复杂的建模机理，因此，一般需要经过专门培训的专业技术人员才能完成。此外，建立在 OPNET 上的仿真平台当前无法脱离 OPNET 环境，这也是 OPNET 的一个局限性。

12.3.2 NS2

1. NS2 介绍

NS2（Network Simulator，version 2）[4-5]是面向对象、离散事件驱动的网络环境模拟器，它支持众多的协议，并提供了丰富的测试脚本，主要用于解决网络研究方面的问题，它本身有一个虚拟时钟，所有的仿真都由离散事件驱动。目前，NS2 可以用于仿真各种不同的 IP 网，已经实现的一些仿真包括网络传输协议、业务源流量产生器、路由队列管理机制以及路由算法等。NS2 也为进行局域网的仿真实现了多播以及一些 MAC 子层协议。

NS2 由 OTCL（具有面向对象特性的 TCL 脚本程序设计语言）和 C++两种编程语言实现。C++语言是非常适合于具体协议的模拟和实现所需要的程序设计语言，能够高效率地处理字节、报头等信息，能够应用合适的算法在大量的数据集合上进行操作。另外，具有面向对象特性的 OTCL 脚本语言可以满足网络研究工作中需要在短时间内快速地开发和模拟出所需要的网络环境，并且方便修改以及发现、修复程序中的 Bug。

NS2 中节点的结构与实际环境中的网络节点非常相似，它使用的两种语言中，C++语言有利于快速的运行速度，OTCL 语言有利于快速建立试验环境。NS2 中的实体结构也非常清晰，有利于构建新的网络协议和网络实体。总而言之，NS2 提供了一个很好的试验平台。

2．使用 NS2 进行网络仿真的方法和一般过程

进行网络仿真前，首先要分析仿真涉及哪个层次，NS2 仿真分两个层次：一个是基于 OTCL 编程的层次，利用 NS2 已有的网络元素实现仿真，无须修改 NS2 本身，只需编写 OTCL 脚本；另一个是基于 C++和 OTCL 编程的层次，如果 NS2 中没有所需的网络元素，则需要对 NS2 进行扩展，添加所需网络元素，即添加新的 C++和 OTCL 类，编写新的 OTCL 脚本。

假设用户已经完成了对 NS2 的扩展，或者 NS2 所包含的构件已经满足了要求，则进行一次仿真的步骤大致如下。

（1）开始编写 OTCL 脚本。首先配置模拟网络拓扑结构，此时可以确定链路的基本特性，如延迟、带宽和丢失策略等。

（2）建立协议代理，包括端设备的协议绑定和通信业务量模型的建立。

（3）配置业务量模型的参数，从而确定网络上的业务量分布。

（4）设置 Trace 文件。NS2 通过 Trace 文件来保存整个模拟过程。在仿真结束后，用户可以对 Trace 文件进行分析研究。

（5）编写其他的辅助过程，设定模拟结束时间，至此 OTCL 脚本编写完成。

（6）用 NS2 解释执行刚才编写的 OTCL 脚本。

（7）对 Trace 文件进行分析，得出有用的数据。

（8）调整配置拓扑结构和业务量模型，重新进行上述模拟过程。

NS2 采用两级体系结构，为了提高代码的执行效率，NS2 将数据操作与控制部分的实现相分离，事件调度器和大部分基本的网络组件对象后台使用 C++语言实现和编译，称为编译层，主要功能是实现对数据包的处理；NS2 的前端是一个 OTCL 解释器，称为解释层，主要功能是对模拟环境的配置、建立。从用户角度来看，NS2 是一个具有仿真事件驱动、网络构件对象库和网络配置模块库的 OTCL 脚本解释器。NS2 中编译类对象通过 OTCL 连接建立了与之对应的解释类对象，这样用户间能够方便地对 C++对象的函数进行修改与配置，充分体现了仿真器的一致性和灵活性。

12.3.3 TOSSIM

美国加州大学伯克利分校研发的 TOSSIM[6]是基于 WSN 节点机嵌入式操作系统的仿真方法的实现代表。TinyOS[6]是伯克利分校研发的 WSN 嵌入式操作系统，源码公开，主要应用在其研发的 MICA 系列 WSN 节点机。

1．TinyOS

WSN 嵌入式操作系统 TinyOS 以及编程语言 nesC 由伯克利分校开发并维护，TinyOS 面向组件（Component-Oriented），基于事情驱动（Event-Driven）。TinyOS 由 nesC 语言编写，nesC 专为 WSN 节点机设计。nesC 语法和 C 语言类似，支持并行模式，具有连接其他组件的机制。一个 TinyOS 程序可以用组件图表示，每个组件具有私有变量，组件有三个计算抽象：命令（Command）、事件（Event）和任务（Task）。命令和事件实现组件间的通信，任务体现了组件间的并行性。命令是组件的某种服务请求，如初始化传感器读操作；事件是服务请求完成的信号，事件可以是异步的，如硬件中断或消息的到来。命令和事件不能被阻塞，命令立即返回，经过一定时间，标志服务请求完成的信号到来。命令和事情立即执行，而命令和事件的处理程序可以发布任务，任务的执行由 TinyOS 调度，这样的机制实现命令和事件立即返回，同时把计算任务发布出去。

TinyOS 丰富的事件处理模式意味着事件和命令调用路径可能跨越几个组件，当存在多个异步执行时，理解所有可能的控制流极其困难。当每个组件独立编写测试时是正确的，但如果忽视了相互的交互，组网时可能出现故障。在这种情况下，WSN 仿真就显得相当重要。

2．TOSSIM 的系统结构

正如字面所示，TOSSIM 是 TinyOS 的仿真器（Simulator）。在 TOSSIM 环境下，TinyOS 应用被直接编译进事情驱动的仿真器，仿真器运行在普通计算机上，TOSSIM 提供了节点机外部接口硬件的软件模拟，如传感器、射频收发器等。由于 TinyOS 的基于组件特性，该仿真器能够捕获成千上万个 TinyOS 节点的网络行为和相互作用，实现在普通计算机上的大规模节点仿真。WSN 光强度采集应用的带有能量模型的 TOSSIM 仿真系统结构图如图 12.1 所示，包括四个部分：光强度采集应用、节点机操作系统 TinyOS、TOSSIM 仿真接口及各节点能量状态的可视化。图中阴影部分是模拟硬件组件（如射频、传感器、LED 等），它们调用能量状态组件发送单节点能量状态消息，这些消息和能量模型结合生成节点消耗能量数据和可视化图形。AM（Active Message）组件是 TinyOS 的主动消息组件，能量模型可根据节点机实际测量处理而得到。

3．TOSSIM 的仿真方法

TOSSIM 直接把 TinyOS 组件图编译至 TOSSIM 离散事件仿真环境，仿真环境运行的程序和网络硬件程序基本相同，不同部分仅限于一些底层相关部分，例如图 12.1 中的阴影部分。TOSSIM 把硬件中断翻译成离散事件仿真环境，离散事件仿真环境队列提交中断信号，驱动 TinyOS 应用程序的运行。TinyOS 程序的其他代码不变。

TOSSIM 对 WSN 的抽象简单且高效，它将网络抽象成一张有向图，顶点代表节点，每一条边具有一定的误比特率，每一个节点具有感知无线信道的内部状态变量。通过控制误比特率，这种抽象能够仿真理想状态和真实环境的 WSN。

把 TinyOS 程序从目标平台硬件移植到仿真软件环境，仅需要替换一小部分低级组件。内在的事件驱动执行模式充分地适应了事件驱动仿真模式，整个程序编译过程能够重定向到仿真器的存储模型。由于单个仿真器的资源很少，在仿真环境的地址空间内能够一次仿真多个节点。TinyOS 组件的静态存储模型简化了仿真环境的状态管理，设定仿真环境抽象的级别能够准确地捕获 TinyOS 应用的行为和交互。

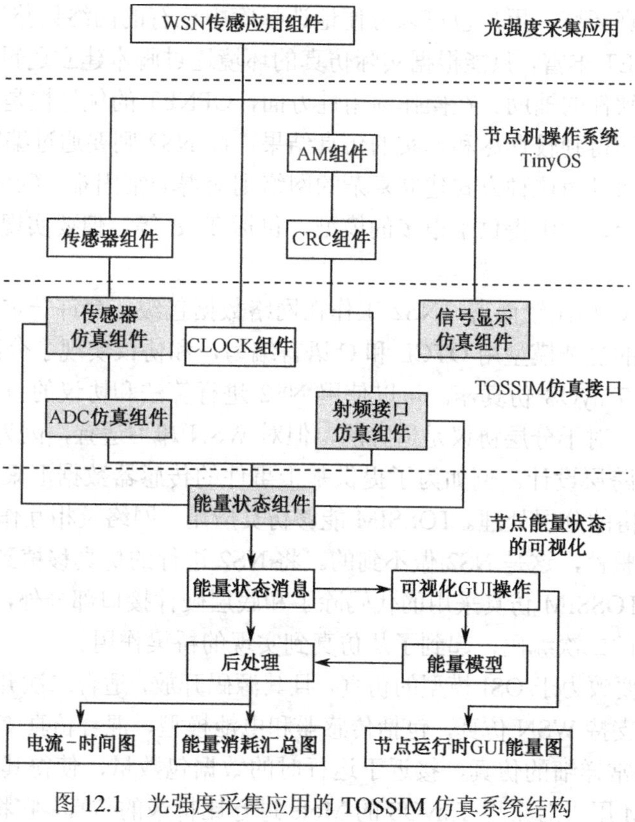

图 12.1　光强度采集应用的 TOSSIM 仿真系统结构

TOSSIM 提供的接口允许 PC 应用通过 TCP/IP 驱动并监视仿真，用 TinyOS 的抽象概念来说，TOSSIM 和 PC 应用之间的仿真协议是一种命令/事件接口。TOSSIM 向 PC 应用发出事件信号，提供仿真数据。例如，开发者在 TinyOS 代码中增加的调试信息、射频数据包、

UART 数据包及传感器读数，PC 应用调用命令使 TOSSIM 执行仿真或者修改其内部变量，命令包括修改无线链路的误比特率及传感器读数等。开发者可以在 TOSSIM 中增加自己需要的功能。TinyViz 是 TOSSIM 的可视化工具，具有 TOSSIM 的通信服务的能力，TinyViz 是基于 Java 的 TOSSIM 图像用户接口，允许仿真的可视、可控及可分析。

12.4 仿真软件比较

目前存在的 WSN 仿真方法可分为两类：基于 WSN 节点嵌入式操作系统的仿真方法，如 TOSSIM 和 PowerTOSSIM 等；基于通用网络仿真环境的仿真方法，如对 NS2 和 OPNET 进行扩展的仿真方法。在软件功能方面，OPNET 可以对分组的到达时间分布、分组长度分布、网络节点类型和链路类型等进行详细的设置，通过不同厂家提供的网络设备和应用场景来设计自己的仿真环境，用户也可以方便地选择库中已有的网络拓扑结构；NS2 在这方面的选择不如 OPNET 丰富，只能根据实际仿真的环境通过脚本建立逻辑的网络结构，而查看结果则需要其他软件的辅助。在操作易用性方面，OPNET 的优越性是毋庸置疑的，它可以使用比较少的操作得到较详尽和真实的仿真结果；而 NS2 则要通过编写脚本和 C++代码来实现网络仿真，而且用这种方式建立复杂的网络则变得非常困难。OPNET 是成熟的商业化通信网络仿真平台，库中提供了很多的模型，包括 TCP 等，但要实现 WSN 仿真，还需要添加能量模型。

NS2 与 TOSSIM 相比较而言，NS2 工作在网络数据包级，允许一定范围内的异构网络仿真，决定误包率的复杂模型用 OTCL 和 C 语言编写，和协议实现了分离；而 TOSSIM 则提供了网络模型的 TinyOS 仿真器。可以使用 NS2 进行算法和协议的仿真研究，但是 NS2 不对应用行为建模，对于分层协议是适宜的，但对 WSN 却不适宜，因为 WSN 协议和应用交互，经常要进行跨层设计。例如为了提供基于事件的传感器数据汇聚，进行协议层的集成处理，而不是严格的分层处理。TOSSIM 能够仿真应用、网络及相互作用，因而具有一定程度的可信度和完整性，这是 NS2 做不到的。将 NS2 进行的仿真移植到 WSN 节点机，必须进行二次编码；TOSSIM 仿真采用的代码除了和底层硬件接口部分外，其他代码不变，避免了从仿真到实现的二次编码，起到了从仿真到实现的桥梁作用。

因此，NS2 主要致力于 OSI 模型的仿真，且其源码开放，适合二次开发，也可以对 NS2 进行扩展，使其能支持 WSN 仿真，包括传感器和电池模型、混合仿真支持等，但由于 NS2 对数据包级进行非常详细的仿真，接近于运行时的数据包数量，使得其无法进行大规模网络的仿真。TOSSIM 用于对采用 TinyOS 的 Mote 进行比特级的仿真，它将 TinyOS 环境下的用 nesC 编写的代码直接编译为可在 PC 环境下运行的可执行文件，提供了不用将程序下载到真实 Mote 节点上就可以对程序进行测试的一个平台，其缺点是没有提供能量模型，无法对能耗有效性进行仿真。

PowerTOSSIM 是对 TOSSIM 的扩展，采用实测的 MICA2 节点能耗模型对节点的各种操作所消耗的能量进行跟踪，从而实现 WSN 能耗性能仿真，其缺点是所有节点的程序代码必须相同，且无法实现网络级的抽象算法仿真。GloMosim 则是一个可扩展的用于无线和有线网络的仿真系统，它采用 PARSEC 进行设计开发，提供了对并行离散时间仿真的支持，但目前仅支持 WSN 中的物理信道特征和数据链路协议的时延等特性的仿真。

12.5　本章小结

本章对无线传感器网络仿真技术进行了简要的介绍，其中包括无线传感器网络仿真的基本概念、应用现状等，最后对无线传感器网络中使用得最多的集中仿真平台进行了讲解，并分析比较了几种不同仿真平台的优缺点，为无线传感器网络仿真研究奠定了基础。

参考文献

[1] OPNET[OL]:http://www.opnet.com.

[2] 郑相全．无线自组网技术使用教程[M]．北京：清华大学出版社，2004．

[3] 王文博，张金文．OPNETModeler 与网络仿真[M]．北京：人民邮电出版社．2003,10:68-138．

[4] The Network Simulator-ns-2[EB/OL]. http://www.isi.edu/nanam/ns/.

[5] 徐雷鸣，庞博，赵耀．NS 与网络模拟．北京：人民邮电出版社，2003．

[6] NS-2[Z]. http://www.isi.edu/nsnam/dist/.

[7] Levis P;Lee N TOSSIM:a simulator for TinyOS networks 2005.

[8] Gay D;Levis P;Culler D nesC1.1 Language reference manual 2005.

[9] Victor Shnayder, Mark Hempstend, Bor-rong Chen,Geoff Werner Allen and Matt Welsh. Simulating the power consumption of large-scale sensor network applications[C].Sensys' 04,November 3-5,2004,Baltimore, Maryland,USA.

[10] Law A M, Kelton W D．仿真建模与分析[M]．北京：清华大学出版社，2000．

[11] Ratnasamy S,　Shenker S, Stoica I. Routing Algorithms for DHTs: Some Open Questions[C]. Proceedings of the 1st International Workshop on Peer-to-peer Systems. Berlin: Springer-Verlag, 2002: 45-52.

[12] Yang Beverly, Garcia-Molina H. Designing a Super-peer Network[R]. Stanford University, 2002-02.

[13] Akyildiz I F, Su W, Sankarasubramaniam Y, et al.. Wireless Sensor Networks: A Survey[J]. Computer Networks, 2002, 38(4): 393-422.

[14] LV Q, Cao P, Cohen E, et al.. Search and Replication in Unstructured Peer-to-peer Networks[C]. Proceedings of the 16th ACM International Conference on Supercomputing, New York, USA, 2002: 84-95.

第 13 章

无线传感器网络的硬件开发

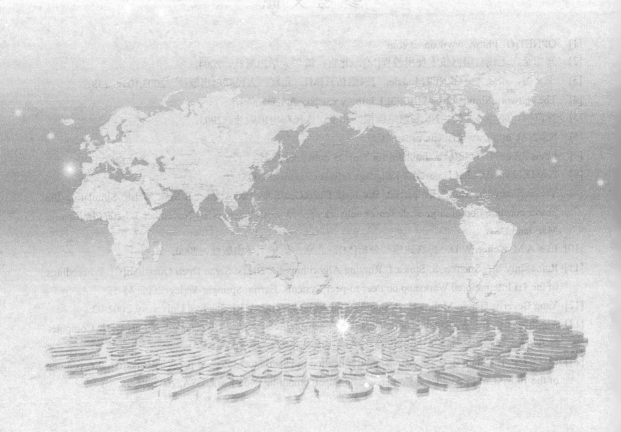

13.1 无线传感器网络硬件开发概述

无线传感器网络节点是一个微型的嵌入式系统，一般由传感器模块、处理器模块、无线通信模块和能量供应模块组成，如图 13.1 所示，图中的箭头代表数据的流向。传感器模块负责监测区域内信息的采集和数据转换；处理器模块负责控制整个传感器节点的操作，存储和处理本身采集的数据以及其他节点发来的数据；无线通信模块负责与其他节点进行无线通信，交换控制信息和收发采集数据；能量供应模块为传感器节点提供运行所需的能量，通常采用微型电池[1]。

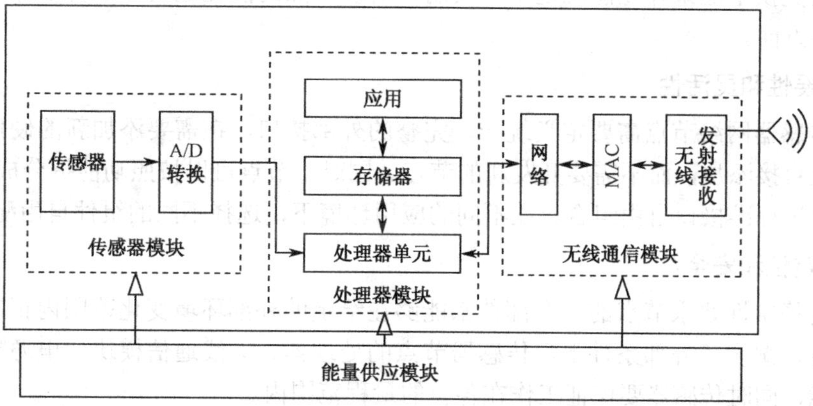

图 13.1 传感器节点体系结构

节点工作流程如下所述。

（1）根据不同的应用，将传感器采样得到的模拟数据通过 A/D 模块转换为数字信号，并将数字信号作为原始数据输入到 CPU 中进行进一步的处理。

（2）数据在处理器模块中得到初步的处理，如在普通的节点进行数据浓缩（压缩），在汇聚节点进行数据的部分融合、转发等，当然也可以依据用户的需求进行数据查询和其他管理。

（3）数据处理完毕后，数据被送入无线通信模块。在无线传感器节点散播之初，通过发送/接收单元的硬件设备和能保证可靠的点到点及点到多点通信的、具有较高电源效率的媒体访问控制（MAC）协议，将形成一个无线传感器网络节点的自组织网并根据路由算法，建立和维护路由表。在数据达到无线通信模块后，根据预先建立起来的路由表，将数据传入下一个节点，最终送到和 CERNET2 相连的网关节点处，再通过 CERNET2 传送至最终用户处。

传感器节点是组成无线传感器网络的基本单位，是构成无线传感器网络的基础平台。节点不仅完成采集数据、融合并传送数据的功能，节电中的能量供应模块还负责节点的驱动，是决定网络生存期的关键因素。

传感器网络具有很强的应用相关性，在不同的应用要求下需要配套不同的网络模型、件系统和硬件平台。所以在传感器节点硬件平台的设计中需要从以下几个方面考虑[2]。

1．微型化

无线传感器节点应该在体积上足够小，保证对目标系统本身的特性不会造成影响，或者所造成的影响可忽略不计。在某些场合甚至需要目标系统能够小到不容易被人所察觉的程度，以便完成一些特殊任务。

2．低功耗

由于设备的体积有限，通常携带的电池能量有限。有的部署区域环境复杂，人员不能到达，通过更换电池来补充能源是不现实的，所以节点的能耗是硬件平台设计中应该考虑的一个重要方面。

3．扩展性和灵活性

无线传感器网络节点需要定义统一、完整的外部接口，在需要添加新的硬件时可以在现有节点上直接添加，而不需要开发新的节点。同时，节点可以按照功能拆分成多个组件，组件之间通过标准接口自由组合。在不同的应用环境下，选择不同的组件自由配置系统。

4．稳定性和安全性

硬件的稳定性要求节点的各个部件都能够在给定的外部环境变化范围内正常工作。在给定的温度、湿度等外部条件下，传感器节点的处理器、无线通信模块、电源模块要保证正常的功能，同时传感器要保证工作在各自的量程范围内。

5．低成本

低成本是传感器节点的基本要求。只有低成本，才能大量地布置在目标区域中，表现出传感器网络的各种优点。

13.2 无线传感器网络硬件开发研究现状与发展

节点的能量已成为无线传感器网络发挥效能的一个瓶颈。当前的研究主要集中在节点硬件设计和路由算法上节省能量以延长网络传感器的生命周期。以下为几种电源管理系统的方法。

其一是采用一种电源管理芯片从而来降低功耗，但现有电源管理芯片较少考虑无线传感器网络的特点。例如，能源供应十分有限、低成本、小体积等，功能上或者冗余或者不足，具有针对性的电源管理研究成果较少，使一些降低功耗的策略实施困难。

其二是一种基于太阳能、风能等无限能源的能量供给系统。例如，基于太阳能的能量供给系统利用太阳能电池板、锂电池和智能充电芯片构成电源，利用二极管降压给节点数据传输模块提供其工作电压，利用升压芯片为传感器提供不同工作情况下的电压，实现了在有阳光的环境中为无线节点永久性供电以使无线传感器网络无限使用的目的，如 CN3063 是可以用太阳能电池供电的单节锂电池充电管理芯片。该芯片内部包括功率晶体管，应用时不需要外部的电流检测电阻和阻流二极管，内部的 8 位模拟/数字转换电路能够根据输入电压源的电流输出能力自动调整充电电流，可最大限度地利用输入电压源的电流输出能力。充电电流通过一个外部电阻可使当输入电压掉电时 CN3063 自动进入低功耗的睡眠模式，此时电池的电流消耗非常小。其他功能包括输入电压过低锁存、自动再充电、电池温度监控，以及充电状态和充电结束状态结束指示等。当然，本模块还需设计其他辅助电源输入端，以便在没有阳光或风能但有电压要求的情况下满足节点电压需求。这样的设计实现了在有阳光的环境中为无线节点永久性供电和延长无线传感器网络使用寿命的目的。热调制电路可以在器件的能耗比较大或者环境温度比较高的时候将芯片温度控制在安全范围内。内部固定的恒压充电电压为 4.2 V，也可以通过一个外部电阻进行调节，充电电流可通过一个外部电阻设置。当输入电压掉电时，CN3063 自动进入低功耗的睡眠模式，此时电池的电流消耗小于 3 μA。

其三是一种基于 DPM 的高效设计。电源管理设计的重点是在实现现有功能的基础上使用技术减少能耗，从而提高效率。节约能源的根本途径是降低能耗和减少工作时间，能耗主要是阻抗耗散 I^2R 和 CMOS 设备的动态耗散 P_d，它们正比于 V^2f，因此降低电压 V 和频率 f 是降低消耗的一个有效途径，但这个方法受限于节点的性能要求。为了节约能源，在应用程序级的设计时使用低功耗的设备是必要的。在低电压低频率的基础上，硬件和软件应该相结合从而实现 DPM，但是良好的效果取决于有效的设计方法。DPM 的基本思路是把空闲的模块调到低功耗模式，例如在没有需要时把空闲的模块调到睡眠模式或者关机，需要时再将它开启，因此在实施 DPM 之前要求每个模块有不同的功耗模式。根据节点的一般要求和电压调节器与电池的属性，基于 DPM 的原则提出了下面节电的节点电源设计的策略。在根据模块和负载设置电源前应考虑以下情况。

（1）如果小负载情况下能够由处理器的 I/O 端口驱动则使用 I/O 端口提供电源，而轻负载要求一个准确而稳定的供电电压，所以必须提供一个电压基准。

（2）如果该模块可以自动调节电压，或证实了它监测到的电池电压在其工作电压范围内，该模块就可以直接由电池供电。

（3）如果模块必须采用多电源供电的模式，则电源模块应该按照 DPM 的原则要求选择电力供应的模式。

（4）根据容量、生命周期、尺寸、成本和环境要求来选择电池的类型和规格。在满足节点电源要求的情况下，节点电源的设计应该以低功耗、低成本、高效率以及节能为原则。

其软件设计流程如下所述。为了执行低功耗电源管理系统程序，需要对电源电路进行控制和调整。当系统完成初始化后，即进入低功耗工作模式状态。一旦有允许的中断请求，CPU 将被唤醒进入活动模式执行中断服务程序。执行完毕系统返回到中断前的状态继续进入低功耗模式。在主程序中系统对模拟开关进行控制与调度，停止 MCU 外围部件的无效工作，同时调整电源管理模块使系统电源降低到 2 V，维持 MCU 的低功耗工作状态。在中断程序中实现电源能量监测数据采集、发送及接收和转发。当监测到电量不足时对同一地址节点的转发请求应降低响应频率。

目前，传感器节点及其开发原型都是美国国家支持项目的附属产品，国内出现的传感器节点大多也是模仿国外的节点开发的。下面将主要介绍国外在传感器网络研究项目中开发出来的部分传感器节点原型[2]。

1．Smart dust 节点

Smart dust 是美国 DARPA/MTOMEMS 支持的研究项目，该节点采用 MEMS 技术，整个传感器节点的尺寸可以控制在～3 mm，使用太阳能作为其工作能量的来源，具有长期工作的潜力，采用光通信方式的能耗小，该节点可以附着在其他物体上，甚至可以在空中浮动。但由于光传输的无方性、无视距阻碍的特点给节点的部署带来的很大挑战。

2．Mica 系列节点

Mica 系列节点是加州大学伯克利分校研制的用于传感器网络研究的演示平台试验节点。由于该平台的软/硬件设计都是公开的，所以成为研究传感器网络最主要的试验平台。

Mica 系列节点包括 WeC、Renee、Mica2、Mica2dot 和 spec 等，其中 Mica2 和 Mica2dot 已经由 Crossbow 公司包装生产，并且又为该系列节点添加了 Mica3 和 Micaz 两个新成员。

该系列节点的处理器模块都使用了 Atmel 公司的产品，Mica 系列节点中 WeC、Renee、Mica 使用的无线通信模块为 RFM 公司的 TRl000 芯片，后续版本中使用了 Chipcon 公司的 CCl000 芯片。

该系列的节点在硬件的设计上通常由两个模块组成，一个模块是运算和通信平台，另一个是模块是传感器平台。两者之间通过 51 针的自定义接口进行连接。

3．Telos 节点

Telos 节点是美国国防部 DARPA 支持的 NEST 项目的一部分，在 Mica2 节点的设计结构上做了改变，如通信模块采用了 Chipcon 支持 IEEE 802.15.4 协议的 CC2420 芯片；处理器 RPA 采用了 TI 公司超低功耗微处理器 MSP430；使用 USB、COM 接口，可以直接通过 USB 接口供电、编程和控制，进一步简化了外部接口，该节点已被 MoteV 公司产品化。

13.3 传感器节点的设计

13.3.1 核心处理模块设计

分布式信息采集和数据处理是无线传感器网络的重要特征之一。每个传感器节点都具有一定的智能性，能够对数据进行预处理，并能够根据感知到的不同情况做出不同处理。这种智能性主要依赖于处理模块实现，同时，本书其他章节所述的各层通信协议、各种调度管理、数据融合等都要依赖于数据处理模块来实现。可见，数据处理模块是传感器节点的核心模块。对于核心处理模块的设计，由四个方面来体现。

1．节能设计

在无线传感器网络中，节点的能效是必须首要考虑的条件。对于传感器节点来说，核心处理器的能耗是主要的能耗部件，能耗只稍次于通信模块。节点能效的高低能够直接决定节点的寿命，从而决定网络的生命周期，因此在无线传感器网络中应该尽量使用节能的芯片。

核心处理模块节能设计的首要步骤就是处理器的选择，在选择处理器时切忌一味追求性能，而忽略其可能带来的能耗和稳定性。在具体的应用中，微处理器能够满足系统的需要即可，不必要选择过高的性能，处理频率过高意味着能耗也就越大，一个复杂的微处理器集成度高、功能强，但片内晶体管多、总的漏电流大，即使进入睡眠或空闲状态，漏电流也不可忽视；而低速的微处理器不仅功耗低、成本也低。另外，应优先选择具有睡眠模式的微处理器，因为睡眠模式下微处理器的时钟耗可大大减小。

选择合适的时钟方案也很重要。时钟的选择对于系统能耗相当敏感，系统总线频率应当尽量降低。处理器芯片内部的总电流消耗可分为两部分，即运行电流和漏电流。理想的CMOS 开关电路，在保持输出状态不变时是不消耗功率的；但在微处理器运行时，开关电路不断地由 1 变为 0、由 0 变为 1，消耗的功率由微处理器运行所引起，称为运行电流。CMOS开关电路在两只晶体管互相变换导通、截止状态时，由于两只管子的开关延迟时间不可能完全一致，在某一瞬间会有两只管子同时导通的情况，此时电源到地之间会有一个瞬间较大的电流，这是微处理器运行电流的主要来源。由此可见，运行电流几乎与微处理器的时钟频率呈正比，尽量降低系统的时钟运行频率能够有效地降低系统能耗。

现代微处理器普遍采用锁相环技术，使其时钟频率可由程序控制，锁相环允许用户在片外使用频率较低的晶振，可以减小板级噪声；而且，时钟频率由程序控制，系统时钟可在一个很宽的范围内调整，总线频率往往能升得很高。但是，使用锁相环也会带来额外的能耗。但就时钟方案来讲，使用外部晶振且使用锁相环是功耗最低的一种方案选择。

2．低成本

无线传感器网络通过分布式撒播节点，实现大规模的应用，其中一个必要的条件就是节点的价格要相对低廉，而在无线传感器节点中，微处理器模块所占成本是最大的，一般都能超过 50%，在某些特殊应用中甚至能达到 80%～90%。片上系统需要的元器件最少，设计也最最简单，成本最低，但这只适用于一些独立的简单系统应用，对于一些比较复杂的网络系统而言，MCU 内核速度和内部存储量不能随着网络规模、市场需求的增大而相应变化，产品的设计成本太高。

3．安全

目前很多微处理器和存储器芯片中都提供有一定的保护机制，这在某些强调安全性的应用场合尤其必要。

目前处理器模块中使用较多的是 Atmel 公司的 AVR 系列单片机，它采用 RISC 结构，吸取了 PIC 及 8051 单片机的优点，具有丰富的内部资源和外部接口。

4．集成度

微处理器内部集成了几乎所有关键部件；在指令执行方面，微控制单元采用哈佛结构，因此指令大多为单周期；在能源管理方面，AVR 单片机提供了多种电源管理方式，尽量节省节点能量；在可扩展方面，提供了多个 I/O 口并且和通用单片机兼容；此外，AVR 系列单片机提供的 USART（通用同步/异步收发器）控制器、SPI（串行外围接口）控制器等可与无线收发模块相结合，能够实现大吞吐量、高速率的数据收发。

TI 公司的 MSP430 超低功耗系列处理器，不仅功能完善、集成度高，而且根据存储容量的大小提供多种引脚兼容的系列处理器，使开发者可以根据应用对象灵活选择。

13.3.2 能量模块设计

在无线传感器网络中，能量模块是非常重要的一个模块，直接关系到节点的使用寿命和网络的生命周期。微处理器和收发模块的设计都要充分考虑到这个模块的性能。对于无线传感器网络来说，采用大容量的电源能够大大降低处理器和通信模块的设计难度，网络节点的软/硬件实现也更加容易，但是大容量的电源往往体积比较大，价格也不便宜，不适宜大规模分布，因此我们必须在容量与成本之间选择一个平衡值，即选择一个合适的电源，能够满足网络系统的要求。

由于无线传感器网络随机分布的特征，传感器节点一般采用电池供电，原电池成本比较低廉、体积较小、能量密度高，因此被普遍应用在无线传感器网络中。相比较而言，在同等情况下，蓄电池的体积和重量都要高于原电池，存放时间和生存寿命也比原电池要短，但是蓄电池的内阻比原电池要小得多，电流峰值比原电池大，适用于一些特殊应用场合。

在某些环保地区，传感器网络可以直接从外界获取能量，如通过光电效应、机械振动等方式获取能量。如果设计合理的话，采用能量收集技术的节点尺寸可以做得很小，因为它们不需要随身携带电池。最常见的能量收集技术包括太阳能、风能、热能、电磁能、机械能的收集等。比如，利用袖珍型的压电发生器能收集机械能，利用光敏器件能收集太阳能，利用微型热电发电机能收集热能等。另外，Bond 等人还研究了采用微生物电池作为电源的方法，这种方法安全、环保，而且可以无限期地利用。

13.4 本章小结

本章主要对无线传感器网络的硬件开发做了一个简要的介绍，重点阐述了无线传感器网络节点的设计，包括其核心处理模块、能量模块、无线收发模块、外围模块等，最后举了一个硬件节点的例子来详细说明这几个模块的配置，为无线传感器网络的设计打下了一个硬件基础。

参 考 文 献

[1] SOHRABIK.POTTIE G.Performanceof a novel self-organization protocol for wireless Ad hoc sensor networks. IEEE 50th Vehicular Technology Conference[C]. Amsterdam, 1999:1222-1226.

[2] 孙利民，李建中，陈渝，等．无线传感器网络[M]．北京：清华大学出版社，2005:7-13,275-277.

[3] 沙超，董挺挺，王汝传，等．无线传感器网络硬件平台的研究与设计．电子工程师，2006,32（5）.

[4] Santashil PalChaudhuri,Raymond Wagner,David Johnson,Richard Baraniuk,"An daptive Sensor Network Architecture for Multi—scale Communication",2005 Cotporate Affiliates Meeting.

[5] 国务院．国家中长期科学与技术发展规划纲要．

[6] Terry Vall der Werff,"10 Emerging Technologies That Will Change the World,"[EB/OL]http://www.globalfuture.com/nlit-trends2001.htm.

[7] Linnyer Beatrys Ruiz,JoseMarcos Nogueim and Antonio A.E Loureiro,'MANNA:A Management Architecture for Wireless Sensor Networks,"IEEE communication magazine,Feb.2003:116-125.

[8] atiana Bokareva,Nirupama Bulusu,SayJha:"SASHA:Toward a Self-HealingHybrid Sensor Network Architecture"Embedded Networked Sensors,2005.EmNetS-II.The Second IEEE Workshop on Publication Date:30-3 1 May 2005.

[9] 徐勇军，安竹林，蒋文丰，等．无线传感器实验教程．北京：北京理工大学出版社，2007.

[10] 杨赓．ZigBee 无线传感器网络的研究与实现[EB/OL]．万方数据 http://www.wanfangdata.com.cn/.

[11] 王秀梅，刘乃安．2.4GHz 射频芯片 CC2420 实现 ZigBee 无线通信．国外电子元器件，2005(3).

[12] 陆尔东,邓利平.多线程技术在 VC 串口通信程序中的应用研究.

[13] 周波．nRF903 无线通信模块在无线数据采集系统中的应用．工业控制计算机．2005,18(7):2-3.

[14] 袁勇．无线传感器网络节能传输技术研究[D]．武汉：华中科技大学，2005.

[15] 李晓维，徐勇军，任丰原．无线传感器网络技术．北京：北京理工大学出版社，2007:15-56.

第 14 章

无线传感器网络的操作系统

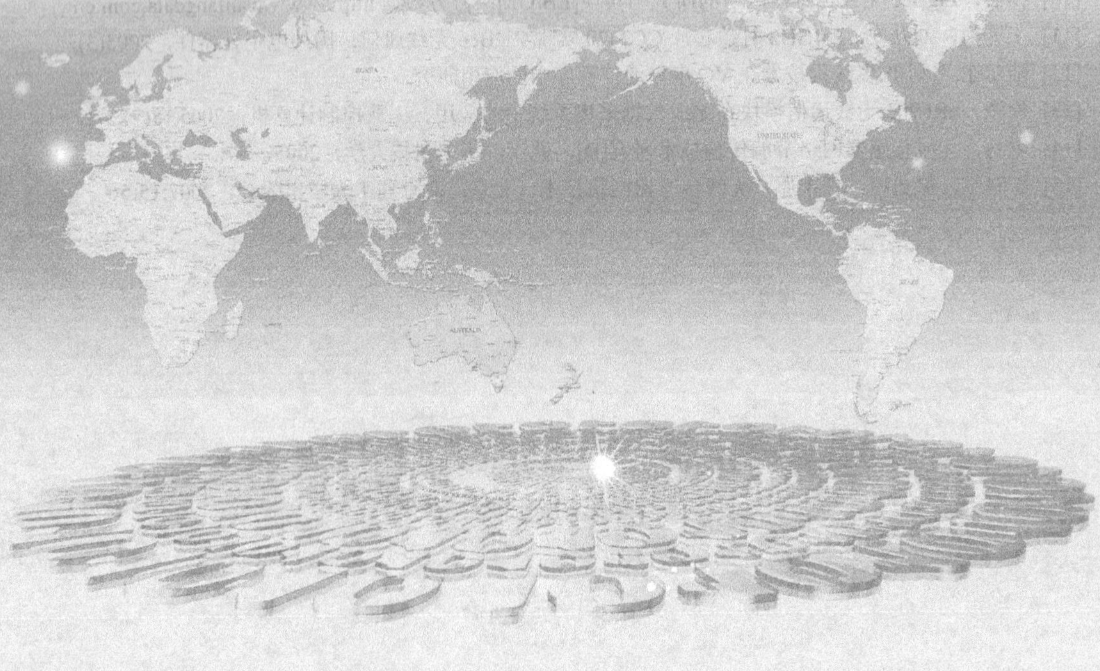

14.1 无线传感器网络操作系统概述

操作系统的传统任务是控制和保护对资源的访问（包括对输出的支持），管理不同用户的配置，支持几个进程的并行运行和通信。但是，这些仅仅是嵌入式系统任务的一部分，因为这种系统比通用系统更加严格和协调。此外，嵌入式系统往往不完全拥有支持一个成熟操作系统所必需的资源。

WSN 的操作系统或运行环境必须支持相应的特定节点，特别是在高效运行时需要支持能量消耗监控。例如，各个器件以可控关闭的形式运行或动态电压调整（DVS）技术。另外，外围器件（传感器、无线调制/解调器或定时器）应当简便且有效地运行，尤其是必须能够处理异步（在任意时间点）获取的信息。

WSN 对操作系统提出了特殊要求。主要表现在：

- 节点的计算资源有限，需要尽可能地减小系统开销；
- 节点由电池供电，且要求较长的工作周期，因此需要系统的能耗管理策略与方案，包括操作系统的支持；
- 节点的各模块之间需要一定的调度协调机制，同时支持并发控制；
- 观测任务需要操作系统支持实时性；
- 自适应，包括改变系统行为，以适应环境和资源（如能源）变化的节点自适应能力；
- 可信赖，包括可靠性、容错性、安全和私密性、易用性等；
- 可升级，指对系统软件进行透明或不透明的升级，以适应环境和功能需求的变化，以及根据用户需求调整系统配置的重构能力。

传统的嵌入式操作系统，如 μC/OS 或嵌入式 Linux 等，较难满足以上要求，原因在于：

（1）虽然它们提供了线程（或进程）级的并发，但需要在内存中维护进程的上下文，并且进程间的切换也需要一定的开销，虽然在微机或者 PDA 等设备上这些开销算不上大，但对 WSN 节点却是难以接受的。

（2）传统的嵌入式操作系统对 I/O 进行操作时，除中断方式外，还提供了阻塞线程或轮询的方式，但它们都要大量的 CPU 或内存开销，也与 WSN 节点资源有限的制约相冲突。

（3）出于安全性考虑，多数操作系统在内核和用户空间的之间有明显划分，它们之间的交互是通过系统调用和中断处理来完成的。综合考虑开销和 WSN 应用模式的特点，这种机制显得臃肿，至少目前必要性不大。

无线传感器网络操作系统实现对物理资源的抽象，并管理有限的内存、处理器等资源。当前，具有代表性的无线传感器网络操作系统有 TinyOS、SOS、MANTIS OS、Contiki、EYES OS 等。本文主要对 TinyOS[1]、SOS[2]、MANTIS OS[3]等系统及其研究状况进行介绍。

14.2 TinyOS 操作系统

TinyOS 是加州大学伯克利分校开发的开放源代码操作系统，专为嵌入式无线传感器网络设计，操作系统基于构件（Component-Based）的架构使得快速的更新成为可能，而这又减小了受传感网络存储器限制的代码长度。目前，它已经被成功地应用到多种硬件平台上，具有很高的应用价值和研究意义。

14.2.1 概述

TinyOS 最初是用汇编语言和 C 语言编写的，但是由于 C 语言无法有效、方便地支持面向无线传感器网络的应用和操作系统的开发，Berkeley 大学的研究人员对 C 语言进行了扩展，提出了支持组件化编程的 nesC 语言，把组件化/模块化思想和基于事件驱动的执行模型结合起来。通过 nesC 语言编写 TinyOS 和基于 TinyOS 的应用程序可以提高应用开发的方便性和应用执行的可靠性[4]。nesC 是对 C 语言的扩展，它基于体现 TinyOS 的结构化概念和执行模型而设计，它的基本概念如下所述。

1．结构和内容的分离

程序由组件构成，它们装配在一起构成完整的程序。组件定义两类域，一类用于对它们的描述（包含它们的接口请求名称），另一类用于对它们的补充。组件内部存在作业形式的协作，控制线程可以通过它的接口进入一个组件，这些线程产生于一个作业或硬件中断。

2．提供接口的设置说明组件功能

接口可以由组件提供或使用，被提供的接口表现它为使用者提供的功能，被使用的接口表现使用者完成它的作业所需要的功能。

3．接口有双向性

接口的双向性用以叙述一组接口供给者（指令）提供的函数和一组被接口的使用者（事件）实现的函数，允许一个单一的接口能够表现组件之间的复杂的交互作用。但这是危险的，因为 TinyOS 中所有的长指令都是非中断的，它们的完成由一个时间标志。通过叙述接口，一个组件不能调用发送指令，除非它提供 sendDone 事件的实现。通常指令向下调用，而事件则向上调用，特定的原始事件与硬件中断是关联的。

4．组件通过接口彼此静态地相连

这增加运行效率，支持鲁棒设计，而且允许程序静态分析。

5．nesC 基于由编译器生成完整程序代码的需求设计

这种设计考虑到较好的代码重用和分析。nesC 的协作模型基于一旦开始直至完成作业，并且中断源之间可以彼此打断作业。nesC 编译器可以标记由中断源引起的潜在的数据竞争。

14.2.2 TinyOS 的系统架构

TinyOS 应用程序是建立在树状结构的硬件抽象平台（HAA）上的，硬件抽象平台由三层组件实现，每层组件都有明确的功能并为上层组件提供接口。这种树状结构使 TinyOS 源代码具有良好的可用性和移植性。硬件抽象结构如图 14.1 所示。

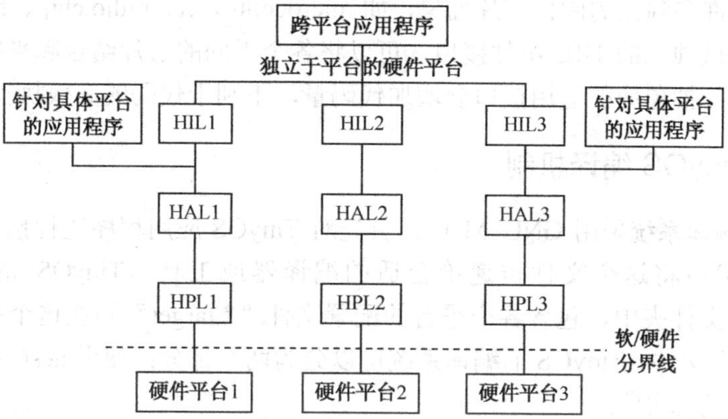

图 14.1 TinyOS 硬件抽象结构

硬件表示层（Hardware Presentation Layer，HPL）通过寄存器或 I/O 寻址直接访问硬件资源，同样地，硬件也可以触发中断申请服务。通过内部通信机制，HPL 隐藏了复杂的硬件细节，为系统提供更具可读性的接口。例如，网络节点 MCU（Microcontroller）通常用两个 USART 进行串口通信，它们具有相同的功能，但必须通过不同的寄存器访问，产生不同的中断向量。HPL 组件可以通过一个相容的接口隐藏这些不同，HPL 组件的状态由具体硬件状态决定，每个 HPL 组件都应该包括下列功能。

- 为有效地进行能量管理，需有初始化、开启和停止硬件的命令；
- 有对于控制硬件操作寄存器的读取（get）和设置（set）命令；
- 可用标志位区分各命令；
- 有开启和关断中断的命令；
- 有硬件中断的服务程序，HPL 组件的中断服务程序只进行临界操作。

硬件适应层（Hardware Adaptation Layer，HAL）是硬件抽象结构的核心，它使用 HPL 组件提供的原始接口将硬件资源的复杂性进一步隐藏。与 HPL 不同，HAL 组件具有状态性，可以进行仲裁和资源控制。出于传感器网络高效性的考虑，HAL 针对具体的设备类别和平台进行抽象，给出了硬件具有的特定功能。HAL 组件通常以 Alarm、ADC channel、EEPROM 命名，上层组件可以通过丰富的、定制化的接口访问 HAL，同时也使编译时的接口检测更加高效。

硬件接口层（Hardware Interface Layer，HIL）将 HAL 提供的针对具体平台的抽象转化为独立于平台的接口。这些接口隐藏了硬件平台的不同，提供典型的硬件服务，使应用开发更加简化。

TinyOS 的三层硬件抽象结构有很大的灵活性。具体的应用程序可以将 HAL 和 HIL 组件结合使用，提高代码执行效率，称为硬件抽象结构的垂直分解。为了提高硬件资源抽象在不同平台上的重用率，还可以将硬件抽象结构[5]水平分解。例如，在 TinyOS 中的 chip 文件夹下，定义了许多独立的硬件芯片抽象，如 microcontroller、radio.chip、flash.chip 等。每个芯片抽象都提供独立的 HIL 组件接口，可以将各个不同的芯片结合起来组成具体平台。但各个平台与芯片抽象间的通用接口会增加代码量，不利于代码的高效执行。

14.2.3 TinyOS 编译机制

TinyOS 的编译系统采用 GNU Make，首先对 TinyOS 应用程序进行预编译，形成一个“*.C”文件，然后将这个文件传递给合适的编译器或工具。TinyOS 的编译系统放于“support/make”文件夹中，包含各个平台的配置文件“*.target”和在这个平台上建立应用程序的“*.rules”文件。TinyOS 的编译系统可以分为两个部分：使用 nesC 编译的公用部分和针对具体平台的部分[6]。

nesC 预编译器由 ncc 和 nesc 两个工具组成，均由 PERL 语言编写，具有强大的文法分析能力。在解释执行时，nesC 预编译器将应用程序源代码生成 C 文件。该文件可以被针对具体硬件平台的编译器接受。编译过程如图 14.2 所示。

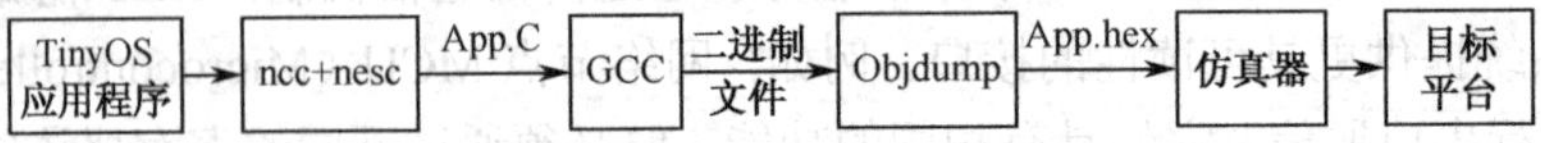

图 14.2 TinyOS 编译过程

TinyOS 核心代码经 nesC 预编译后形成的 C 文件可以被 GCC 理解编译。GCC 适用的平台包括 telos 系列、mica 系列和 intelmote2 系列。但是一些平台如 Freescale HCS08、Intel MCS5l 则不适用于 GCC 编译。

在具体进行编译操作时，编译文件根据“TOSMAKE_PATH”变量中所列的路径搜索“*.target”文件，该文件通常设置一些与平台相关变量并提供编译平台的名称，且通过调用“TOSMake include platform”指向具体的“*.rules”文件，该文件由平台所配备的微处理器 MCU 决定，因此通常几个平台共用一个“*.rules”文件。如果以命令行的形式给定一个虚拟的平台，编译系统会自动寻找“*.extra”文件。

14.2.4 TinyOS 启动机制

TinyOS 在启动阶段有一系列的调用约定。TinyOS 的早期版本使用 StdControl 接口来处理系统初始化，启动所需的软件。在不同平台上的实验表明，使用 StdControl 有很多不足，因为它只能提供同步接口，也就是说 StdControl 将启动阶段的组件初始化，能量管理和组件控制捆绑在一起。TinyOS2.0 以后的版本解决了这一问题，它将 StdControl 接口分为三个不同的接口：一个负责初始化组件，一个负责启动和停止组件，一个负责通知 TinyOS 启动已经完成。

TinyOS2.X 启动程序用到三个接口：

- Init 接口，用来初始化硬件及组件；
- Scheduler 接口，用来初始化和运行任务；
- Boot 接口，用束告知系统已经启动成功。

Init 接口和 Boot 接口如下：

```
interface Init{
command error-t init ();}
interface Boot{
event void booted ();}
```

模块 RealMainP 具体实现了标准的 TinyOS2.X 的启动程序，配件 MainC 将 RealMainP 的接口连接至一些标准抽象组件，并向外提供特定应用接口。模块 RealMainP 和配件 MainC 如下所示：

```
module RealMainP{
provides interface Booted;
uses{
interface Scheduler;
interface Init as PlatformInit;
interface Init as Softwarelnit; }}
implementation{..... }
configuration MainC{
provides interface Boot;
uses interface Init as Softwarelnit; }
implementation{
components PlatformC, RealMainP, TinySchedulerC;
RealMainP. Scheduler→TinySchedulerC;
RealMainP. PlatformInit→PlatfomaC;
SoftwareInit=RealMainP. SoflwareInit;
Boot=RealMainP; }
```

模块 RealMainP 启动程序时首先通过原子操作初始化系统，操作如下：

```
atomic{
platform_bootstrap();
call Scheduler. init();
call Platformlnit. Init();
while (call Scheduler. runNextTask());
```

```
call Softwarelnit. Init();
while (call Scheduler. runNextTask()); }
```

首先调用 platform_bootstrap()最低功能函数使系统处于可执行状态，如配置存储器系统和设置处理器模式。通常，platform_bootstrap()是空函数，在顶层包含文件“tos.h”中已做定义，如果需要改变，可以在“platform.h”中用#define 定义。

配件 MainC 将 Scheduler 接口连至 TinySchedulerC，将 PlatformInit 接口连接至 PlatformC，可以写成如下形式 RealMainP.Scheuler→TinySchedulerC，RealMainP.PlatformInit→PlatformC。TinySchedulerC 是 TinyOS 的标准调度器，由于在启动过程中可能会运行任务，因此先初始化调度器，然后调用 Platformlnit.Init()初始化具体的硬件平台。每个平台可以指定所需的初始化顺序，也就是说代码是针对每个具体平台的，没有通用性。PlatformC 提供唯一的初始化接口，通过硬件初始化配置硬件资源，为系统服务提供先决条件。因此，TinyOS 向新建平台的移植必须包含 PlatfomaC。通常，硬件初始化完成三项工作：I/O 引脚配置、时钟校准、LED 配置。那些不需要依赖于具体硬件的组件初始化通过连接至 MainC.SoftwareInit 实现。

当编写一个大型复杂的应用程序时，需要初始化服务的组件数量可能会非常庞大，查找未初始化组件的调试过程也会非常困难。为了弥补这些漏洞和简化应用程序开发，需要初始化的组件在内部采用自动连接“auto.wire”操作，而不是将它们留给程序开发者完成。在程序启动时，RealMainP 组件调用 SoftwareInit.init，实际上调用了大量组件的初始化进程。

初始化操作完成后开中断，并通过 Boot.booted 报告系统启动已经完成。在事件 Boot.booted 中可以完成启动停止等操作。一旦启动完成，TinyOS 开始运行任务调度器，执行调度队列中的任务。当队列中无任务时，MCU 转入睡眠状态，只允许一些外围设备活动；当有中断到来时，MCU 退出睡眠状态，处理中断或任务；当队列再度为空时，MCU 转入睡眠。

14.2.5 TinyOS 任务调度机制

TinyOS 的调度策略是基于硬件事件句柄（Hardware Handles）和任务（Task）的两级调度方式，其中事件句柄是由硬件中断触发的，任务则是基于 FIFO 的轻量级线程队列。任务具有较低的优先级，任务之间不能相互抢占；而硬件中断触发的事件具有较高的优先级，可以打断正在执行的任务以保证硬件中断的快速响应。

1. TinyOS 任务与调度器

TinyOS 以接口的形式实现任务，使得任务的可用类型进一步扩展。同时，TinyOS 以组件的形式实现任务调度器，使得任务调度机制的定制化更加容易。TinyOS 中的任务实际上是一种延迟过程调用[6]，它允许程序推迟执行相关的计算和操作。TinyOS 中的任务都是执行到底且互不抢占的，即相对于其他任务来说，正在执行的任务是同步的且具有原子操作特点。TinyOS 通过两种机制支持任务，即 task 声明和 post 表达式，如 task void computeTask()、result_t rval=postcomputeTask()，task 声明必须为无参数的函数声明。TinyOS 规定当且仅当任务已经推入队列但没有被执行时，post 表达式才返回 FAIL。TinyOS 通过为每一个任务分配一个字节表示其状态来实现上述策略。TinyOS 允许多次推入同一个任务，如果一个组件需要多次推入同一任务，在任务逻辑的最后可以根据需要将自己推入队列。这一规定解决了很多问题，如由于任务队列已满而造成的不能执行相关事件通知、初始化时任务队列已满、不合理的任务分配等。

为增加任务的种类，TinyOS 还引入了任务接口。任务接口允许使用者扩展任务的语法和语义。通常，任务接口可以是 async command post，也可以是 event run。同时任务接口允许任务带有整型参数，下面是一个简单的例子。

```
interface TaskParameter{
asyne error_t command postTask (uint16_t param);
event void runTask (uintl6_t param); }
```

使用上述任务接口的组件可以推进一个带 uintl6_t 类型参数的任务。当任务调度器执行该任务时，会通知带有传递参数的 runTask 事件。调度器将传递参数保存在 RAM 中。可以有两种形式设置任务参数。第一种形式如下例：

```
call Taskparameter. postTask (34);
……
event void TaskParameter. runTask (uint16_t param) {……)
```

在这种形式下，如果组件多次推入任务，使用的参数是不变的，即 34。

另一种形式如下例：

```
uintl6_t param;
param=34;
post paramterTask();
…….
task void parameterTask(){……//使用 param}
```

在这种形式下，任务使用的参数是 param 中最新的变量值。

TinyOS 的任务调度器由 TinySchedulerC.nc 文件表示，调度器的真正实现是由模件 SchedulerBasicP.nc 中一系列的 C 函数完成的，为协调不同类型的任务提供策略，要修改 TinyOS 调度策略需替换或修改此文件。每种调度器都必须支持 nesC 任务和任务接口，调度器提供参数化的接口 Taskbasic[uint8_t tasklD]，连接至调度器接口的任务使用 unique()函数得到一个唯一的标识符，由关键字“TinySchedulerC.TaskBasic”表示。一个标准的 TinyOS 调度器如下例：

```
module SchedulerBasicP{
provides interface Scheduler;
provides interface TaskBasic[uint8_t taskID];
```

```
uses interface McuSleep; }
```

McuSleep 接口用来进行微处理器的能量管理。调度器必须提供一个参数化的 TaskBasic 接口，如果组件调用 TaskBasic.postTask()返回 SUCCESS，则调度器须执行此任务。整个应用程序第一次调用 TaskBasic.postTask()操作时必须返回 SUCCESS。TaskBasic 接口如下例：

```
interface TaskBasic{
async command error_t postTask();
void event runTask(); }
```

当一个组件用关键字 task 声明一个任务时，实际上是使用了 TaskBasic 接口的一个实例，即 runTask()事件。当一个组件使用关键字 post 时，实际上调用了 postTask()命令。当使用 post 和 task 关键字时，nesC 编译器会自动进行链接。

TinyOS 任务调度器还必须提供调度器接口 Scheduler，包括初始化和运行任务的命令。TinyOS 使用此接口来执行任务。调度器接口如下例所示。

```
interface Scheduler{
command void init();
command bool runNextTask (bool sleep);
command void taskLoop(); }
```

init()命令初始化任务队列和调度器数据结构；runNextTask()命令执行任务，返回值表明是否运行任务，数据类型为 bool 的参数 sleep 表明当没有任务需要执行时调度器的操作，如果参数 sleep 的值为 FALSE，命令函数将返回 FALSE 值；如果参数 sleep 的值为 TRUE，命令函数在任务执行完成后才会返回 TRUE 值，并且 CPU 在下一个任务来到之前会转入睡眠状态。无返回值的命令函数 taskLoop()使调度器进入无限执行任务队列的循环，当微处理器空闲时进入低功耗状态。TinyOS 的任务队列由一个固定大小的函数指针循环缓冲区实现。一个任务推入队列后，任务函数的指针将指向缓冲区的下一个空闲单元，如果没有空闲单元，post 将返回 FAIL。

14.2.6 TinyOS 的并发性

任务的存在提供了一种管理系统优先权的机制。由于任务之间互不抢占，任务中执行的代码较为简单，因此在任务执行期间抢占和修改数据，并不会对系统造成危险[7-9]。在 TinyOS 中，中断可以打断正在执行的任务代码，并优先执行。

nesC 语言规定，在任务之外可以优先执行的函数由关键字“async”声明，凡是没有声明“async”的都默认为同步“sync”命令和事件。由“async”声明的函数只能调用由“async”声明的命令和事件，在接口定义中可以声明命令和事件的异步“async”属性。所有的中断句柄都为异步，因此在它们的调用关系中不能包含同步函数。中断句柄唯一能够执行的同步函数是推入任务队列。任务推入是异步操作，而任务执行是同步操作。例如，通用异步接收/发送装置接收到一个字节，发出中断，在中断句柄中，程序从数据寄存区中读出字节并将其放入缓冲区。当数据包的最后一个字节到达后，程序需要声明数据包已经完成接收。而 Receive 接口中的 receive 事件是同步的，因此在中断句柄的最后，应推入一个任务，以声明数据包已经完成接收。

由于中断的抢占执行可能会造成数据竞争，特别是状态变量的变化，所以只有当代码的时序非常重要或被重要的时序使用时，才能声明“async”。注意应尽量使用同步代码，避免引起程序漏洞。例如，假设下列一段发送命令为异步函数。

```
command result_t SendMsg. send{
if (!state) {
state=TRUE;
//send a packet
return SUCCESS; }
else{
return FALL; }
```

在执行完“if (!state)”后，一个发送中断打断原执行任务进行发送操作，这时就会形成数据竞争，两个发送操作只能完成一项。为了避免这一问题，TinyOS 引入了原子操作声明“atomic”，保证变量的读写不被打断。但被声明了“async”的原子操作代码块之间可以相互抢占。例如：

```
async command bool incrementA(){
atomic{
a++;
b=a+1;)}
async command bool incrementC(){
atomic{
c++;
d=c+1;}}
```

理论上，incrementC()可以抢占 incrementA()。

nesC 提供了进一步的检查机制，保证原子操作内部变量被保护。例如，变量 b 和 c 在别的程序中已经应用且没有声明原子操作，变量就有可能会发生自我抢占，此时系统会报错。因此，被异步函数访问的变量通常都需要声明原子操作。可见，TinyOS 系统通过松散地设置一些原子操作块可以避免发生数据竞争。

原子操作块最基本的作用是组件的状态转换。通常组件的状态转换分为两个部分进行，第一部分转换状态变量的值，第二部分采取某些具体的操作，如上述的 command result_t SendMsg.send。为避免发生数据竞争，可做如下修改：

```
Uint 8t oldstate;
atomic{
oldstate=state;
state=TURE; }
```

```
if (!oldstate){……}
```

14.2.7 TinyOS 的能量管理机制

微控制器通常有多个能量状态，可以根据功率的不同、是否有唤醒延迟、周围设备是否支持等进行区别。例如 MSP430 有一个活跃状态（发送指令）和五个低功耗模式，从 LPM0（仅禁用 CPU 和主系统时钟）到 LPM4（禁用 CPU 以及所有时钟和振荡器）。正确地选择微控制器的低功耗模式可以显著地增加系统寿命，微控制器应当经常尽可能地处于最合适的低功耗状态，以满足应用程序的需求。准确地确定微控制器的状态需要了解大量的子系统和周围设备的状态。另外，微控制器还经常进行状态的转换，例如，当微控制器处理中断时，从低功耗状态转换至活跃状态；当 TinyOS 调度器任务队列为空时，微控制器转入低功耗状态。

TinyOS 使用三种机制决定微控制器转入哪种低功耗模式：页面重写标志位（脏位）、针对芯片的低功耗状态计算函数、电源状态重写函数。页面重写标志位告知 TinyOS 何时需要重新计算低功耗模式，针对芯片的低功耗状态计算函数完成计算功能，电源状态重写函数允许高层组件引入其他的要求。这三种操作都是在 TinyOS 的核心任务调度器队列中完成的。

组件 McuSleepC 针对具体的芯片或平台提供 McuSleep 接口，如下所示。

```
configuration McuSleepC{
provides interface McuSleep;
provides interface PowerState;
uses interface PowerOverride; }
```

各接口定义如下：

```
interface McuSleep{
async command void sleep (); }
interface McuPowerState{
async command void update (); }
interface McuPowerOverride{
async command mcu_powert lowestState(); }
```

当硬件配置改变时，相应的硬件表示层组件改变，也可能使微控制器的低功耗模式改变。此时须调用 McuPowerState.update()命令，即页面重写标志位，重新计算低功耗模式。McuSleepC 组件在进入下一次低功耗模式前，将重新计算后的低功耗模式传给 McuSleep.sleep()。McuSleepC 组件应尽最减少计算次数，如果计算过于频繁会引起硬件资源消耗过大，造成系统不稳定。

McuSleepC 组件计算出最佳低功耗模式后，调用 PowerOverride.lowestState()命令，返回 mcu power 类型的最低功耗状态值。组件在下一次计算时将 McuSleepC 结合此次返回值。由于 PowerOverride 函数将覆盖所有微控制器电源保护机制，因此应谨慎使用。

PowerOverride.lowestState()命令在核心调度器任务队列中进行原子操作，因此函数的实现应尽可能地高效简单。

微处理器功耗状态须在标准芯片头文件中进行列举，该头文件中定义了 mcu 数据类型和一个组合函数，该组合函数可以将多个功耗状态值结合，mcu_power_t 只返回一个有用的值。例如，一个微控制器有三种低功耗状态（LPM0，LPMl，LPM2）和两个时钟（HR0，HR1）。在 LPM0 状态下，HR0 和 HR1 同时启用；在 LPMl 状态下，禁用 HR0，启用 HR1；在 LPM2 状态下，HR0 和 HR1 同时禁用。

硬件接口层（HIL）组件为 TinyOS 的子系统和外围设备提供一些简单重要的能量管理接口，基于延迟时间的长短，设置三种接口：StdControl、SplitControl 和 AsyncStdControl。当一个组件调用接口中的 stop 命令时，将使相应的子系统组件进入禁用或低功耗状态。此时对于微处理器的能量管理机制，子系统的状态转变将引起寄存器的改变，微控制器能量管理也将发生变化。

由于各个设备在开启机时间、能量配置和操作延迟上的不同，因此对于所有的设备进行统一的能量管理机制是不可能的。与微控制器不同，外围设备仅包括两种状态：开启和停止。TinyOS 中提供两种模式管理外围设备的能量状态：显式能量管理和隐式能量管理。显式能量管理机制用于专用设备的能量控制，这种控制方式没有延迟（硬件延迟除外），显式能量管理通过硬件接口层提供的三个能量管理接口 StdControl、SplitControl 和 AsyncStdControl 实现。如何合理地选择接口取决于状态转换引起的延迟和接口的同步/异步属性。

当设备上电和掉电的时间在几毫秒级时，可以认为没有时间延迟，使用 StdControl 接口进行能量管理。StdControl 接口如下所示。

```
interface StdControl{
command error_t start ();
command error_t stop (); }
```

当组件调用 StdControl.start()命令时，设备上电，返回 SUCCESS 值，允许组件使用设备提供的其他接口命令。当组件调用 StdControl.stop()命令时，设备掉电，返回 SUCCESS 值，此时访问设备硬件将返回 FAIL 或 EOFF。

经验表明，当设备的上电和掉电时间大于 100 ms 时，由它引起的时间延迟不能忽略，此时使用 SplitControl 接口更加合适。SplitControl 接口如下所示。

```
interface SplitControl{
command error_t start();
event void startDone(error_t error);
command error_t stop();
event void stopDone(error_t error;)}
```

组件调用 SplitControl.start()使设备上电，调用 SplitControl.stop()使设备掉电，返回值可

能为 SUCCESS、FAIL、EBUSY 和 EALREADY，SUCCESS 表明设备已开始转换状态，在转换结束后触发相应的事件；EBUSY 表明设备正处于开启或停止状态；EALREADY 表明设备已经在此状态；FAIL 表明设备的能量状态不能被转换。如果设备已处于上电状态，成功调用 SplitControl.stop()命令后，触发 SplitControl.stopDone(FAIL)事件，此时设备仍处于上电状态，对于设备的操作请求仍有效。如果设备已处于掉电状态，成功调用 SplitControl.start()命令后，触发 SplitControl.startDone(FAIL)事件，此时设备仍处于掉电状态，对于设备的操作请求将返回 EOFF 或 FAIL。如果在设备上电过程中调用 SplitControl.start()或在设备掉电过程中调用 SplitControl.stop()都会返回 SUCCESS，触发相应的事件函数。设备状态及函数调用返回值的关系如表 14.1 所示。

表 14.1　设备状态及函数调用返回值关系表

命令/状态	设备已上电	设备已掉电	设备正在开启	设备正在掉电
SplitControl.start()	EALREADY	SUCCESS/FAIL	SUCCESS	EBUSY
SplitControl.stop()	SUCCESS/FAIL	EALREADY	EBUSY	SUCCESS

上述接口都是同步的，当组件需要在异步的程序（如中断）中开启或停止设备时，需要使用 AsyncStdControl 接口，如下所示。

```
interface AsyncStdControl{
async command error_t start();
async command error_t stop();}
```

原理与 StdControl 接口相同，不再累述。

隐式能量管理允许通过设备本身的驱动控制进行能量管理，由物理设备硬件或一些物理设备的底层抽象组件提供能量管理策略。隐式能量管理模式通常用于共享设备。例如，当一个组件向 ADC 发出使用申请时，ADC 启用；如果 ADC 没有收到任何使用申请，则关闭，因此共享设备不需要能量管理接口。共享设备通常被几个组件共同使用，因此对于它的能量管理要考虑组件之间的相互影响。TinyOS 通过将通用能量管理组件 Power Manager 设定为共享资源的默认拥有者来实现隐式能量管理策略，并使用接口 ResourceDefaultOwner 实现共享资源客户端之间的联系。

ResourceDefaultOwner 接口如下所示。

```
interface ResourceDefaultOwner{
async event void granted();
async command error_t release();
async command bool isOwner();
async event void requested();
async event void immediateRequested();}
```

当事件 ResourceDefaultOwner.granted()触发时，Power Manager 组件作为默认拥有者获得共享资源，使用类似 StdControl 接口使资源处于低功耗状态。当有组件请求使用共享资源时，Power Manager 组件将收到 ResourceDefaultOwner.requested()/immediateRequested()事件。这时，Power Manager 组件将转换共享资源的状态，使用 ResourceDefaultOwner.release()命令释放共享资源所有权。

14.2.8　通信机制

主动消息（AM）是一种异步通信机制，其基本思想是：消息头部的控制信息是用户层的指令序列的地址，这些指令序列会从网络中取出消息数据，并将消息合并到此后的计算当中去。消息在其头部包含一个用户层的处理程序地址，当消息到达时，就会执行这个程序，消息体就作为一个参数。主动消息模式是一个面向消息通信的高效通信模式，以前一般应用于并行和分布式计算系统中。在主动消息通信方式中，每一个消息都维护一个应用层的控制柄（Handler）。当目标节点收到这个消息后，就会将消息中的数据作为参数，并传递给应用层的处理器进行处理。应用层的处理器一般完成消息数据的解包操作、计算处理或发送相应消息等工作。在这种情况下，网络就像是一条包含微小消息栈的流水线，消除了一般通信协议中经常碰到的缓冲区处理方面的困难。为了避免网络拥塞，还需要消息处理器能够实现异步执行机制。主动消息的基本思想适合传感器网络的需求，主动消息的轻量体系结构在设计上同时考虑了通信架构的可扩展性和有效性。

主动消息不但可以让应用程序开发者避免被动等待消息数据的到来，而且可以在通信和计算之间形成重叠，极大地提高 CPU 的使用效率，并降低传感器节点的能耗[10]。TinyOS 中的通信遵循 AM 通信模型，消息中包含有消息类型及消息处理函数，在消息到达目的地址后，该消息处理函数被调用。在 TinyOS 中，组件是构造程序的基本单元，通信功能的实现也是通过由低到高的组件之间的通信实现的。大致看来，在 TinyOS 的通信经历的组件流程如图 14.3 所示。

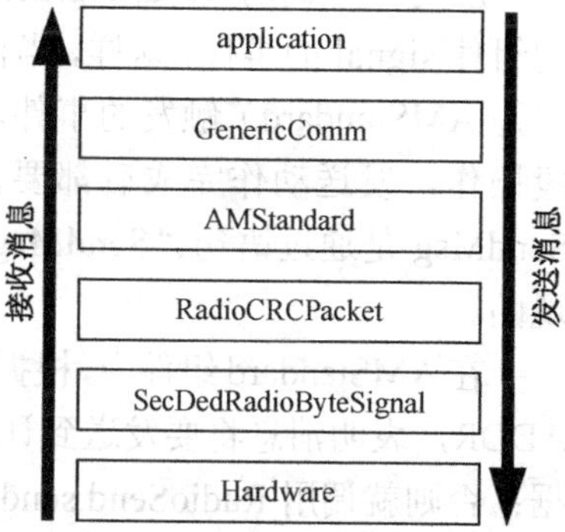

图 14.3　通信组建流程图

应用程序直接使用的组件是 GenericComm，数据将依次经过 AMStandard、RadioCRCPacket 和 SecDedRadioByteSignal 等组件的处理与编码之后通过硬件发送出去。接收的过程恰好与之相反。

应用程序组件要发送数据需要引用系统组件 GenericComm，GenericComm 组件是 TinyOS 的最基本的网络通信栈，它是一个配置（Configuration）文件，可以在 tos/system/GenericComm.nc 中找到它的绑定实现。该组件提供的接口中有两个最重要的接口，即 SendMsg[uint8_t id]和 ReceiveMsg[uint8_t id]，分别供用户调用来发送和接收消息，并且使用了很多底层的接口来实现通信。从这个文件中，我们可以看到真正实现这些接口的组件由 AMStandard 来完成 Active Message 的发送和接收、UARTNoCRCPacket 来实现了通过串口进行通信，RadioCRCPackct 来实现了通过无线进行通信等。接口 ScndMsg 和 ReceiveMsg 都是参数化接口，参数 id 就是前面说的 Handler id。接口 SendMsg 中包含 commands send 和 eventssenddone。通过语句

```
SendMsg=AMStandard, SendMsg;ReceiveMsg= AMStandard. ReceiveMsg;
```

来说明它们的实现是由组件 AMStandard 中相应接口来完成的。TinyOS 的通信机制主要包括消息发送和消息接收。

1. 消息发送

整个消息的发送涉及组件、接口和事件三方面，当上层组件有消息发送时通过接口调用下层组件来实现，下层组件完成发送后也通过接口向上层组件回送消息。组件部分主要包括 GenericComm、AMStandard、CRCPacket、SecDedRadioByteSignal 等组件。

在 GenericComm 组件中，用户要发送消息，需要调用 GenericComm 提供的接口 SendMsg，SendMsg 包含以下内容。

```
command result_t send (uint16_t address, uint8_t length, TOS_MsgPtr msg);
event result_t sendDone (TOS_Mseytr msg, result_t SUCCESS);
```

应用程序调用 SendMsg.Send 来发送消息，同时需要事件 event sendDone 来接收下面的组件 signal 的事件，这样，当消息发送出去后，应用程序就会接到来自下面一层组件（也就是 AMStandard）触发的事件。注意，在 TinyOS 中，基本上涉及发送消息的接口都是分段操作，发送动作完成后都要伴随着一个事件的产生。在组件 GenericComm 中，接口 SendMsg 是通过语句“SendMsg=AMStandard.SendMsg;”被绑定到 AMStandard 组件上实现的。

在 AMStandard 组件中，根据消息的目的地址做不同的处理。如果消息地址是 TOS UART ADDR，表明消息将要发送到计算机的串口，这个时候将要调用 UARTSend.send 来发送数据；否则就调用 RadioSend.send 来发送数据，在组件 AMStandard 中，RadioSend 就是接口 BareSendMsg。

组件 CRCPacket 完成数据包的 CRC 校验和完整性检查。接口 BareSendMsg 中的 Send 命令的实现就是该组件中的 Send 命令。该组件会再次调用 ByteComm.txByte 来完成进一步的处理和发送任务。同时，该组件也实现 ByteComm 接口中的几个事件。

组件 SecDedRadioByteSignal 实现了接口 ByteComm，即实现了 ByteComm.txByte。该组件会调用接口 Radio，由它负责传输位数据。当传输完毕后会向网络栈的上一层组件 CRCPacket 发出信号：

```
signal ByteComm.txDone();
signal ByteComm.txByteReady(SUCCESS);
```

接口部分主要包括 BareSendMsg、ByteComm、Radio 等接口。

BareSendMsg 是发送原始数据包的接口，包含 Commands Send 和 eventsSendDone，这

样，当实现该接口的组件完成 Send 操作之后，就会用 SignalBareSendMsg.sendDone 来通知上一层的组件 Send 已完成。实现该接口的组件有 CRCPacket、NoCRCPacket 和 MicaHighSpeedRadioM。根据不同的应用可以将接口绑定到这三个组件中的任意一个。在无线通信中，组件 RadioCRCPacket 绑定了 CRCPacket，组件 RadioNoCRCPacket 绑定了 NoCRCPacket，串口通信组件 UARTNoCRCPacket 则绑定了 NoCRCPacket。在 GenericComm 组件中则是绑定了 RadioCRCPacket。

ByteComm 是一个字节级的接口，它会发信号通知收到一个字节等待发送，并且提供了一个分段的字节发送接口。该接口的定义如下。

```
interface ByteComm{
command result_t txByte (uint8_t data);
event result_t rxByteReady (uint8_t data, bool error, uintl 6_t strength);
event result_t txByteReady (bool success);
event result t txDone();
}
```

txByteReady 说明组件可以接收另外一个字节到它的队列中等待发送。

txDone 说明整个队列已经全部发送完。实现该接口的组件是 SecDedRadioByteSignal 组件。

Radio 是一个节点无线通信的位级接口。Radio 有两个状态，即传输态和接收态，并且可以被设置。采样和终端频率可以设置成以下之一：0（double sampling）、1（one and a half sampling）和 2（single sampling）。该接口直接对硬件抽象，一些高层组件可以理解的状况在这也可能执行错误，比如在接收状态下不能调用 txBit，一个高层接口必须提供这种状况的检查。Radio 接口的定义如下。

```
interface Radio{
command result_t txBit (uint8_t dam);
command result_t txMode();
command result_t rxMode();
command result_t setBitRate (char levee);
event result_t txBitDone();
event rcsultt rxBit (uint8_t bit);
}
```

真正实现该接口的组件是RFM，并且它向使用Radio接口的组件发送事件消息，如signal Radio.txBitDone()和 signal Radio.rxBit()。RFM 提供了 Radio 接口，但是真正实现 txBit 命令的是组件 HPLRFM。这个组件是硬件表示层，它控制硬件操作进行数据发送。

下面介绍事件部分。在前面多次提到，数据发送的动作总要伴随着一个完成事件的触发。下面我们来看一下在整个数据包发送过程中要触发的事件序列，这一序列正好和发送数据的方向相反。

组件 HPLRFM 会触发事件 RFM.bitEvent，实现该事件的组件是 RFM，这个事件会再次触发事件 Radio.txBitDone，通知它一位数据已经传输出去。

Radio.txBitDone 事件的处理是由组件 SecDedRadioByteSignal 来完成的，该组件调用了接口 Radio，这个事件的处理函数会发送数据的下一位给 Radio；同时，如果队列中只有一个字节，处理函数会触发事件 BytcComm.txByteReady 来发送数据并通知可以接收新的字节数据；如果没有字节缓冲，它会将转入空闲状态并触发事件 ByteComm.txDone 和事件 ByteComm.txByteReady。当上层组件，也即 CRCPacket 接收到事件后表明它可以接收新的字节，检查是否有数据并发送。此外，它也要向上层组件 AMStandard 通知事件 BareSendMsg.sendDone，这个事件会继续向上产生事件，也就是告诉应用程序数据包已经发送完毕。这个时候用户应用程序调用的 SendMsg 中的 SendDone 事件就会被触发，这个事件的处理则由用户来决定。至此，整个数据包的发送就完成了。

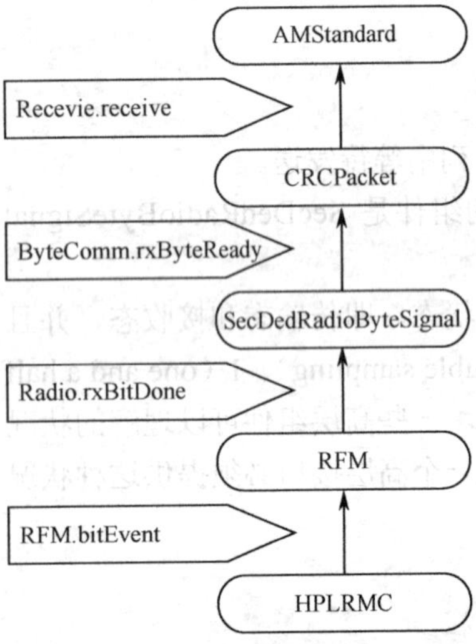

图 14.4　组件之间的事件传递图

2. 消息接收

消息的接收主要是以事件逐层向上传递来进行的。当硬件接到一个消息时它会发生中断，在中断的处理程序中触发事件 RFM.bitEvent，在该事件的处理函数中又触发了事件 Radio.rxBit，这个事件的处理函数接收 Radio 的采样数据并试图找到开始标志，一旦找到了消息的开始标志，它就会 Post 一个任务将接收到的编码数据进行解码。数据解码之后该事件发信号给 ByteComm.rxByteReady 事件，表示可以接收下一字节数据。BytcComm.rxByteReady 事件处理字阶级组件传递的解码数据，主要是通过 Post 一个任务进行 CRC 检查。这个任务会发信号给 Receive.receive 事件，Receive.receive 只是简单地将其接到的消息返回。整个过程涉及到的组件之间的关系如图 14.4 所示。

14.3 MANTIS OS 操作系统

MANTIS OS 是一个多模型系统[11]，提供多频率通信，适合多任务传感器节点，具备动态重新编程等特点[12]。与现在流行的 TinyOS 操作系统（支持 nesC 语言）相比，MANTIS OS 支持 C 语言，无须学习新的编程语言。另外，MANTIS OS 基于线程管理模型开发，提供线程控制 API（应用编程接口）[12]，而 TinyOS 是基于事件驱动的，因此，对于多任务应用程序开发，前者更加灵活。目前，对 MANTIS OS 的研究理论很多，但都是针对 MANTIS OS 系统特性进行的研究，在具体应用上仍然没有产生一个详细的应用开发模型。

14.3.1　MANTIS OS 的系统架构

MANTIS OS 的体系结构分为核心层、系统 API 层，以及网络栈和命令行服务器 3 部分。其中核心层包括进程调度和管理、通信层、设备驱动层，系统 API 层与核心层进行交互，向上层提供应用程序接口。其系统体系结构如图 14.5 所示。MANTIS OS 为上层应用程序的设计提供了丰富的 API，例如线程创建、设备管理、网络传输等。利用这些 API，便可组成功能强大的应用程序。

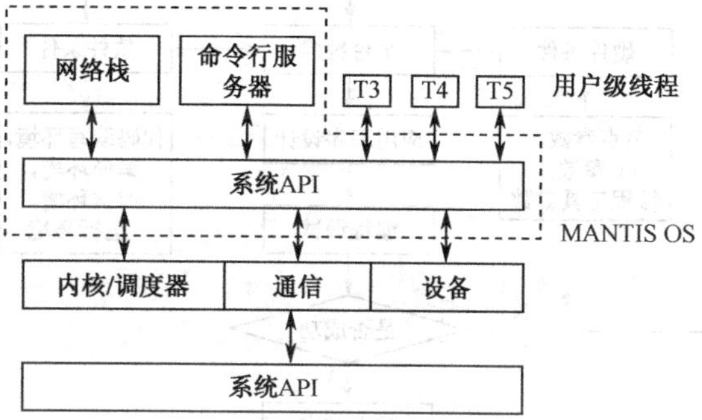

图 14.5　MANTIS OS 体系结构

在 MANTIS OS 上，应用程序的运行会产生 1 个或多个用户级线程，它和网络栈以及命令行服务器处在同一层中，每个线程具备不同功能，而这些功能是通过调用系统 API 与底层设备硬件进行交互控制来实现的。

在 MANTIS OS 上开发应用程序，具备的硬件包括传感器节点（如 MICA2、MICA2DOT 等）、PC、传感器板、编程板、串口连接线和电源插座等设备。PC 作为前端设备，同时需要安装下列软件：操作系统、MANTIS OS 工具包、MANTIS OS 系统源代码，另外，可用记事本或者文本编辑器作为源代码编写工具。

分析 MANTIS OS 体系结构及其特点，建立需求分析，通过系统 API 屏蔽底层硬件细节，将应用程序建立在 MANTIS OS 平台的最上层，在 PC 上进行调试和编译，最后进行测试，逐步完成应用程序的开发。这是应用程序开发的流程。

14.3.2　应用程序设计

1．需求分析

在需求分析阶段，对系统的需求进行详细分析，并给出明确的定义，编制系统分析说明书和初步的 MANTIS OS 用户手册，作为今后 MANTIS OS 系统应用程序开发的依据。并根据需求分析说明书，编制 MANTIS OS 应用程序开发模型，进一步制定详细的开发计划，为逐步实现应用程序做好准备。例如，在 MANTIS OS 上开发一个防火监控系统，应考虑节点能量损耗问题、报警设置以及安全问题等。

2. 开发模型

依据无线传感器网络操作系统的特征以及嵌入式系统开发的思想，在 MANT IS OS 开发应用程序的实质是利用操作系统的特性，定制节点的功能，并将其扩大到实际应用中。依据软件工程思想，可方便无线传感器网络中应用程序的开发，提高应用程序开发的速度、质量以及实用性。图 14.6 是开发模型示例图。

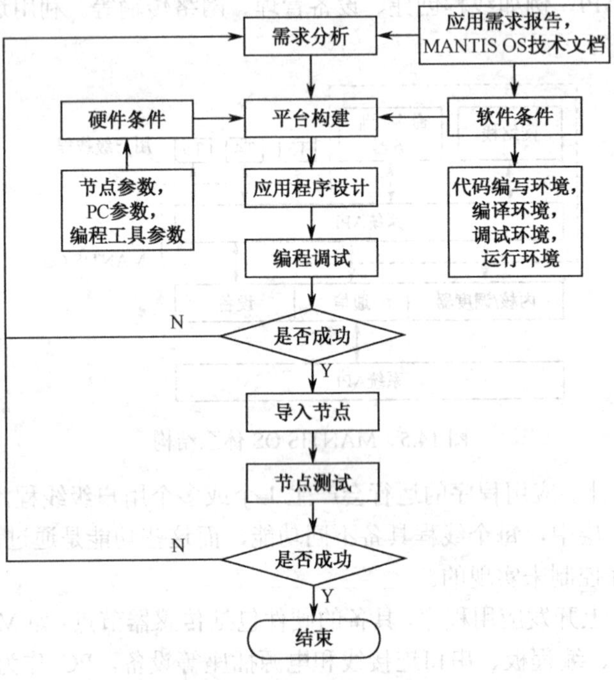

图 14.6　应用程序开发模型

3. 平台构建

应用程序的开发建立在 MANTIS OS 平台上，因此建立一个稳定的开发平台是必须的。

传感器节点上集成了处理器以及 Flash 存储器，传感器板相当于节点的运行环境，PC 的目的是对接收到的网络节点数据进行分析，串口连接线是方便 PC 对节点接收数据的读取，而编程板的作用是将应用程序导入到节点中。

装置的硬件结构原理如图 14.7 所示，主要由传感器节点、传感器板、PC、串口连接线、编程板等组成。

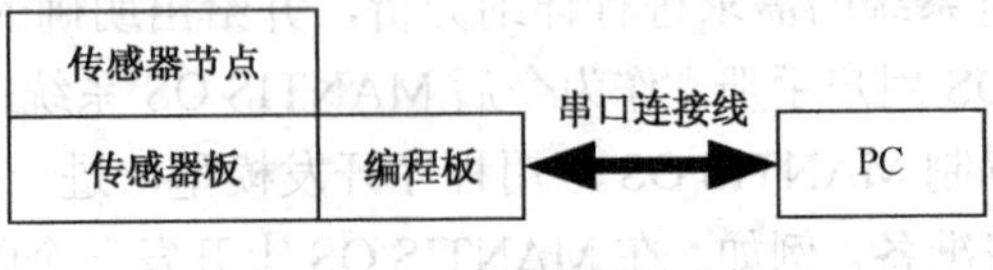

图 14.7　硬件结构图

然后是软件环境的建立，在 Windows 环境中，首先安装 Cygwin 环境（一个 UNIX 模拟器），下载 MANTIS OS 工具包并配置相应系统环境变量。

4．应用程序开发

根据 MANTIS OS 操作系统的特点，利用节点处理数据的功能，可以在节点对采集数据进行分析，然后控制节点相应设备。利用传感器的网络特性，可以将采集的数据进行传送。结合以上两大功能特性以及 MANTIS OS 上的应用程序开发模型，在此实现一个火灾报警应用系统。

MANTIS OS 是基于线程驱动的，它提供一系列线程操作 API，如创建、挂起、睡眠以及启动。而应用程序是从 start()开始运行，并创建线程实现具体功能，相当于 C 语言中的 main()函数。在这里，应用程序主要包括基站节点应用程序和普通节点应用程序。为防止节点一直处于运行状态，使处理器得到睡眠状态，节约能耗，采用线程睡眠唤醒机制，即每隔一段时间启动相应线程。

1）普通节点应用程序设计

普通节点应用程序的功能是采集数据，分析数据是否达到报警级别，并通过网络将数据发送给基站节点，同时具备接收数据以及转发数据的功能。为实现这些具体功能，创建的线程有接收线程、数据采集线程、数据分析处理线程以及发送线程。

（1）在数据采集线程中，启动传感器节点相应设备感知周围环境数据以及系统数据，然后将相关数据写到缓冲区中供其他线程读取。

（2）数据分析处理线程的功能是对所采集数据进行分析，判断是否达到节点上规定的上下限，并及时打开节点上的报警装置。

（3）数据发送线程的功能是对节点所采集数据通过网络进行发送，数据传输协议可以利用泛洪协议或者其他协议。

（4）接收线程的功能是对接收到的网络数据包进行分析，并选择转发数据包。

以上具体实现均建立在 MANTIS OS 所提供的 API 上。例如，设备环境数据读取 API 为 dev_read()，线程睡眠 API 为 thread_sleep()，数据发送 API 为 net_send()，线程创建 API 为 thread_new()等。

最后，为了节省存储空间以及能量，可以将数据采集线程、数据分析处理线程以及数据发送线程合并为一个线程。

2）基站节点应用程序设计

基站的功能是接收其他节点采集的数据，并处理数据，通过串口线将数据反映到 PC 终端显示，那么，基站节点上运行的线程包括数据接收线程、串口设备数据读取线程以及串口发送线程。

（1）数据接收线程的功能是从网络上接收其他节点通过 RF 传递给自己的数据，对这些数据进行分析并处理。

（2）串口设备数据读取线程的功能是从编程板串行口读取 PC 发送给基站的数据，基站分析数据类型，根据类型选择不同的处理方式，例如，将报警级别数据发送给网络所有节点等。

（3）串口发送线程的功能是将接收到的数据经处理后发送到编程板串行口，等待 PC 应用程序读取。

这里可以将数据接收线程与串口发送线程合并为一个线程，即先接收数据，然后将数据发送到串口。通过设计分析，应用程序设计流程如图 14.8 所示。

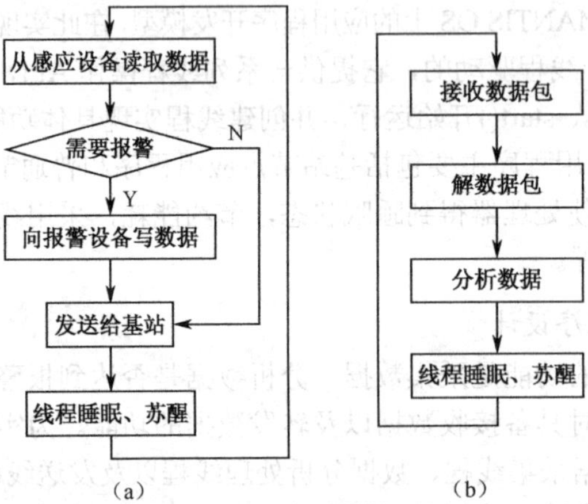

图 14.8　应用程序设计流程

3）编码

编码分为 C 语言程序源代码和 makefile 文件代码两部分。C 语言程序源代码编写的工具有多种，例如 Textpad 或记事本，编写完后将其复制到 MANTIS OS 目录中名为 src 中的 apps 文件夹下，然后才是 makefile 的书写过程。

makefile 文件是为了编译器能够快速定位源文件、指定链编路径以及目标文件的生成格式。最后，将应用程序所在文件夹下 makefile 的具体路径添加到系统的配置文件中。为了自动产生应用程序相应的 makefile 文件，必须重新编译系统。

4）编译调试

在 MANTIS OS 中，应用程序是与内核一起进行编译的，必须对平台进行定制才能将源代码编译成目标文件。步骤为启动 Cygwin 环境，进入到 MANTIS OS 主目录下，找到一个 autogen.sh 的脚本文件，并执行 autogen.sh 命令，待成功执行完，进入 build 目录，根据现有的硬件节点类型，选择各种节点硬件目录，如选择 mica2，进入相应目录，找到 configure 文件，执行 configure 命令。在该命令的执行过程中，首先会检查系统是否安装好编译器，然后生成系统各个部分的 makefile 文件。进入应用程序所在目录，执行 make 命令就可以生成所需要的最终程序。

因为编译时采用的是动态链编，执行 make 命令的过程中，会先检查应用程序所依赖的一些中间代码文件，接着检查应用程序语法问题。因此，在 Cygwin 的环境中，可以对源程序进行调试。

14.4 SOS 操作系统

无线传感网络操作系统可以完成动态链接等一般嵌入式操作系统可以完成的工作，并且没有性能的丢失。SOS 由一个公共的内核和动态应用模块组成，这些动态应用模块可以在运行时被加载或者卸载。动态模块可以通过系统的一个 jump table 与内核交互，并且可以提供注册函数，被其他动态模块使用。SOS 跟 TinyOS 一样没有内存保护的机制，但是系统会保护内核的公共错误。比如，函数功能切入点被一些标记有错误的字符串，这样当把这些代码向一个提供原来服务的节点上烧制时，系统就能发现拼写错误，并避免了系统崩溃，这样就有效地克服了错误的产生。

surge 模块是一个多反射的数据获取程序，在实现平台上，surge 模块分别运行在 SOS、TinyOS 上，以观察 CPU 的使用情况。SOS 相对 TinyOS 而言，CPU 使用的情况算是中等情况，并且 SOS 提供了更好的能量节省方法。不过运行一段时间以后发现两个系统的总的能量消耗是一样的。

SOS 在设计的时候，除了考虑了传统的嵌入式系统本身有的技术，内核还提供了动态链接模块、优先级序列表，以及动态内存管理的子系统。内核提供的这些服务可以帮助用户在一般配置后的修改，大部分传感器网络层的应用和网络协议都发生在以内核为中心的模块之间。一个路由协议和一个传感器模块就可以组成一个最小的最简单的传感器网络的应用结构。

表 14.2 表明了 SOS Core Kernel，TinyOS with Deluge 和 Bombilla Virtual Machine 三个的内存的占用情况，SOS 支持简单的模块间的分发并且可以在系统运行时删除或者添加模块。TinyOS 可以分发系统镜像并且可以通过 Deluge 来重新更新节点的程序。Bombilla Virtual Machine 可以通过 Trickle 协议来运行或者传递新的程序。可以看出，相对 TinyOS 而言，TinyOS 要运行 Deluge 才可以，而 SOS 可以通过公共内核使模块间相互交互。相对 Bombilla Virtual Machine 而言，内存占用得较少。另外值得一提的是，SOS 里 RAM 的使用分成两个部分，一部分是 SOS 的内核 Core，另外一部分是动态内存池占用的。下面讨论一下 SOS 的架构里的关键的设计。

表 14.2 SOS Core Kernel、TinyOS with Deluge 和 Bombilla Virtual Machine 内存占用情况

平　台	ROM	RAM
SOS Core Kernel	20 646 B	1 163 B（带有动态内存池时为 1 636 B）
TinyOS with Deluge	21 132 B	597 B
Bombilla Virtual Machine	39 746 B	3 196 B

1. 模块

在 SOS 里，模块是可以实现某些功能或者任务的二进制可执行文件，相当于 TinyOS

里的组件。模块可能会同时负责很多部分的功能，包括底层驱动、路由协议、应用程序等。SOS 的内核程序一般情况下是不需要变化的，除非底层硬件发生了改变或者源代码的管理必须改变。在 SOS 里，一个实际的应用程序一般由一个模块或者多个的相互交互的模块组成，模块之间位置独立，主要是通过消息机制或者函数接口来相互联系的。SOS 的发展面临的最大困难就是维护模块性以及模块的安全性。

1）模块结构

SOS 实现了一个定义完整并且优化的带有入口和出口的模块，这样一类模块组成一个模块的结构，SOS 通过这样的一个结构来维护模块性。模块之间有两种入口机制来相互流通：一种是通过内核的调度表，另一种是通过被模块注册的对方使用的函数。

模块的消息处理是通过模块的一个特定的函数来处理的，这个消息处理函数有两个参数，一个是正被分发的消息本身，一个是模块的状态，这两个参数都是一个结构体。所有模块的消息处理函数都必须依照 SOS 的内核定义，有实现两个方法：init 和 final。init 消息处理函数的作用是初始化模块的初始状态、初始化定时器、初始化一些注册函数以及一些订阅的函数。final 消息处理函数的作用是程序退出时释放资源，包括内存、定时器、被注册过的函数指针。模块的消息处理函数还需要处理一些特定的消息，如定时器的触发、传感器读数据，以及从别的模块或者别的传感器传来的包含数据的消息。SOS 里的消息是异步的，这点类似 TinyOS，SOS 的内核调度表会从优先级队列里依次取出消息并将此消息发送给其对应的目的模块的消息处理函数。模块内部的直接函数是被用来做一些需要同步处理的操作的。这些内部函数需要注册和订阅才能使用，模块的状态信息保存在内存的 block 里，模块的地址是可再定位地址，程序的状态由 SOS 内核管理，内部函数的位置是通过一个注册过程确定的，而消息处理函数则处于可以执行的二进制的一段连续的块里。

2）模块交互

模块之间的交互是通过消息机制，调用被模块注册的函数，调用 ker_*system（API）访问内核实现的。当 SOS 运行在 AVR 上时各种交互方法调用的时钟周期见表 14.3。消息本身灵活变化，并且传递比较缓慢，所以 SOS 提供了一些直接的调用方法，可以被模块注册使用，这些调用方法可以通过调度表为模块提供反应时间短的联系。

表 14.3 当 SOS 运行在 AVR 上时各种方法调用的时钟周期

交互方式	时钟周期
Post Message Referencing Internal Data	271
Post Message Referencing External Data	252
Dispatch Message from Scheduler	310
Call to Function Registered by a Module	21
Call Using System Jump Table	12
Direct Function Call	4

函数的注册和订阅是一种 SOS 提供的机制，是内核跟模块之间相互交互的纽带。一个模块注册了内核的函数以后，当它加载镜像文件时就会通知内核它处于镜像文件的位置。注册是通过系统调用 ker register fn 实现的，SOS 注册函数机制所需要的时钟周期见表 14.4。函数控制块（Function Control Block，FCB）用来存储关于注册函数的一些关键字信息，通过成对的函数 ID 和模块 ID 来进行索引。

表 14.4　SOS 注册函数机制所需要的时钟周期

函数注册机制	时 钟 周 期
注册函数	267
撤销函数	230
得到函数句柄	124
调用模块中登记的函数	21

函数控制块（FCB）有一个有效标志位、订阅者的计数器和原型的信息。原型信息既包括了基本的类型信息，还记录了是否一个参数包含了动态内存，是不是可能更换所有者。例如，原型信息是“{'c'，'x'，'v'，'1'}”，这就表示函数会返回一个字符“'c'”，但是需要一个参数“'1'”，并且这个参数的指针指向了动态内存分配的“'x'”。当一个注册函数被卸载或者删除时，原型信息会被 SOS 的内核使用到。

ker_get_handle 这个系统调用是用来注册一个函数的，它通过模块 Id 和函数 Id 在 FCB 寻找函数的位置，如果查找成功的话，内核会返回一个指向这个被注册了的函数的函数指针。订阅者就可以通过引用这个函数指针来访问该函数。当这个函数有变化时，内核只需要让函数在 FCB 里的函数指针指向一个新的地址，而不需要去更新或者改变订阅者的模块的代码。

模块可以通过一个 jump 表访问内核的函数。有了这个 jump 表，模块就可以和内核保持相互独立了，而不需要依赖于内核。当内核需要升级时，在 jump 的结构不变化的前提下，只需要改变内核的代码，而不需要重新编译模块的代码。

2．模块的插入和删除

通过上述的描述可以看到，向一个传感器节点上加载模块是可行的，并且模块的结构是统一，被加载的是模块编译后生成的镜像文件。

模块的插入是通过分发协议（Distribution Protocol）侦听新的模块在网络中发送的广播来初始化的。当分发协议发现网络中有新的模块发送了广播，它会先检查这个新的模块相对原来的节点上的模块镜像是否有升级，然后检查节点是否有足够的内存空间来储存新的模块。如果这两个条件都成立，就开始下载这个模块的镜像文件，并检查模块的包头里的元数据。元数据包含了模块的唯一的身份信息、模块所需要的内存空间，以及用以区别跟别的版本模块的版本信息。如果发现 SOS 的内核不能为模块分配足够的内存，会立刻取消模块的插入。

代码链接器（Linker Script）可以在镜像文件的确定的位置为模块放置处理函数，当模块进行插入时可以进行简单的链接，通过元数据的唯一的身份标志，就可产生内核的数据结构。模块的标识以及模块的状态通过一个指向动态内存的指针保存。最后，内核通过调度表调用模块的处理函数并初始化消息机制，整个过程就顺利完成了。

模块的删除是通过模块发送一个 final 的消息触发内核开始进行的，这个消息通知内核释放模块持有的资源。在 final 消息之后，内核还要运行垃圾回收机制，将属于这个模块的定时器资源、传感器资源和内存资源都释放。

3．动态内存

出于可靠性以及资源管理的原因，无线传感网络嵌入式系统一般不支持动态内存。但是不幸的是，静态内存会导致存在大量的垃圾内存碎片，可能对公共任务产生复杂的语义。SOS 里的动态内存就解决了这些问题，而且消除了模块加载过程里本来需要对静态内存的依赖。

SOS 有很多动态内存的注解，使得可以以简单方便的调试。动态内存分配了占有三个基本块大小的内存空间。大多数内存分配块，如消息头，都是占用了最小的内存空间。但是一些应用需要移动很大的连续的内存空间，如模块的插入。一个未使用内存块的链表，为每个内存块大小的存储大小都提供了一个时间常量，可减少对动态内存的过度使用。

队列以及数据结构在 SOS 运行时会动态地增加或者减少。通过动态内存的使用和释放，形成了一个系统。这个系统可以有效地对临时的、未使用的内存再使用，并且在特定的情况下可以调节内存分配问题。动态内存自身还设置了分配的限度，这个是很重要的，如果没有限度的话，当运行在实际节点上时，动态内存将会被全部申请掉。

SOS 通过应用的发展和系统的配置维护了模块性，具有高级的支持一般操作系统语义的内核接口，SOS 体系结构的设计也反映了这些想法和特点。内核的消息传递机制和动态内存分配机制使得模块的镜像文件之间可以相互独立地进行交互。为了提供系统性能和提供编程的接口，SOS 系统的模块之间是通过函数调用来进行交互的。SOS 的动态性的实质是限制静态安全分析，为了达到这个目的，SOS 提供了在运行时检查函数调用的机制以维持系统的整体性。除此之外，SOS 系统内核还提供了垃圾回收机制。因此，对开发者来说，选择 SOS 操作系统还是选择别的操作系统，最重要的一点是要考虑到系统的动态性或者静态性的利弊。

SOS 是一个“年轻的”工程，还处在一个积极发展的状态，还存在许多的挑战，其中一个大的挑战就是发展有效的技术来保护错误的模块操作以保持系统的一致性。虽然子函数系统可以进行 bug 追踪并且有统一的函数入口，但是由于缺少内存的保护措施，还是有可能导致系统出现瘫痪。将模块与内核相分离的方法还在进行深入的研究。SOS 系统里的操作是基于相互协作的概念进行的，所以如果某个操作失误可能导致 CPU 被全部占用。但是总体来说，SOS 从新的技术里获得进步，并且一直在优化中，提高系统的性能以及模块系统的使用。

14.5　操作系统比较分析

三种常用的 WSN 操作系统的比较分析如表 14.5 所示。

TinyOS：采用事件驱动模式编程，同时能对处理器和外设进行能量的控制，任务调度方式采用先进先出方式，静态管理内存，实时性比较低。

MANTIS OS：采用线程驱动的模式进行编程，同时能对处理器和外设进行能量的控制，任务调度方式采用优先级方式，静态管理内存，实时性比较高。

SOS：采用事件驱动的模式进行编程，只能对处理器能量进行控制，任务调度方式采用优先级方式，静态管理内存，实时性比较高。

表 14.5　三种 WSN 操作系统对比

系统特征	TinyOS	MANTIS OS	SOS
编程机制	事件驱动	线程驱动	事件驱动
低功耗	处理器能量管理、外设能量管理	处理器能量管理、外设能量管理	处理器能量管理
任务调度	FIFO	优先级	优先级
内存管理	静态	静态	静态
系统执行模型	组件	线程	模块
实时性	低	高	较高

14.6　本章小结

本章首先对无线传感器网络操作系统做了一个大概的介绍，接下来介绍了在无线传感器网络中应用的比较多的三种主流操作系统，其中 TinyOS 是最常用的一种操作系统，本书从系统架构、变异机制、能量等各方面对各个操作系统进行了系统的讲解，并比较了几种不同操作系统的优劣，为将来无线传感器网络操作系统的发展提供了很好的参考。

参考文献

[1] Philip Levis et al.. The Emergence of Networking Abstractions and Techniques in TinyOS. In Proceedings of the First Symposuim on Networked Systems Design and Implementation, 2004.

[2] Chih-Chieh Han,Ram Kumar Rengaswamy, Roy Shea, Eddie Kohler, Mani Srivastava. SOS:A dynamic operating system for sensor networks. Proceedings of the Third International Conference on Mobile Systems,Applications, And Services(Mobisys), 2005.

[3] S.Bhatti,J.Carlson, H.Dai, J.Deng, J.Rose, A.Sheth, B.Shucker, C.Gruenwald, A.Torgerson, R.Han.MANTIS

OS; An Embedded Multithreaded Operating System for wireless Micro Sensor Platforms.ACM/Kluwer Mobile Networks & Applications(MONET),Special Issue on Wireless Sensor Networks, vol,10,no 4, August 2005.

[4] 李善仓，张克旺．无线传感器网络技术与应用．北京：电子工业出版社，2007．

[5] 肖本强，张鑫，林之光，等．基于 CC2430 的 TinyOS 实现．计算机技术与应用进展，2007:581-582.

[6] Erik Cota-Robles,James P.Held.A Comparison of Windows Driver Model Performance on Windows NT and Windows 98.In:Proceedings of the Third Symposium on Operating System Design and Implementation (OSDL).

[7] 方敏，王亚平，王长山，等．计算机操作系统．西安：西安电子科技大学出版社，2004:68-69.

[8] 张尧学，史美林．计算机操作系统教程．北京：清华大学出版社，2000.

[9] 陆松年，薛质，潘理，等．操作系统教程．北京：电子工业出版社，2006．

[10] Zhong L, Shah R, Guo C. An ultra-low power and distributed access protocol for broadband wireless sensor networks. IEEE Broadband wireless summit, Las Vegas,USA,2001.

[11] ABRACH H,BHATTI S,CARLSON J, et al.. MANTIS:system support for multimodal networks of irrsitu sensors[C]//Proceedings of 2nd ACM International workshop on Wireless Sensor Networks and Applications (WSN A 2003),Sep 19,2003,San Diego, CA, USA,New York, NY USA:ACM Press,2003:50-59.

[12] BHATTI S, CARLSON J,DAIH, et al.. Mantis OS:An embedded multithreaded operation system for wireless micro sensor platforms[J].Mobile Networks and Applications, 2005.10(5):563-579.

[13] 李晓维，徐勇军，任丰原．无线传感器网络技术．北京：北京理工大学出版社，2007:15-56.

[14] 孙利民，李建中，陈渝等．无线传感器网络．北京：清华大学出版社，2005:7-13,275-277．

[15] Tanenbaum A.S．计算机网络（第 4 版）．潘爱明译．北京：清华大学出版社，2004．

第 15 章

无线传感器网络的软件开发

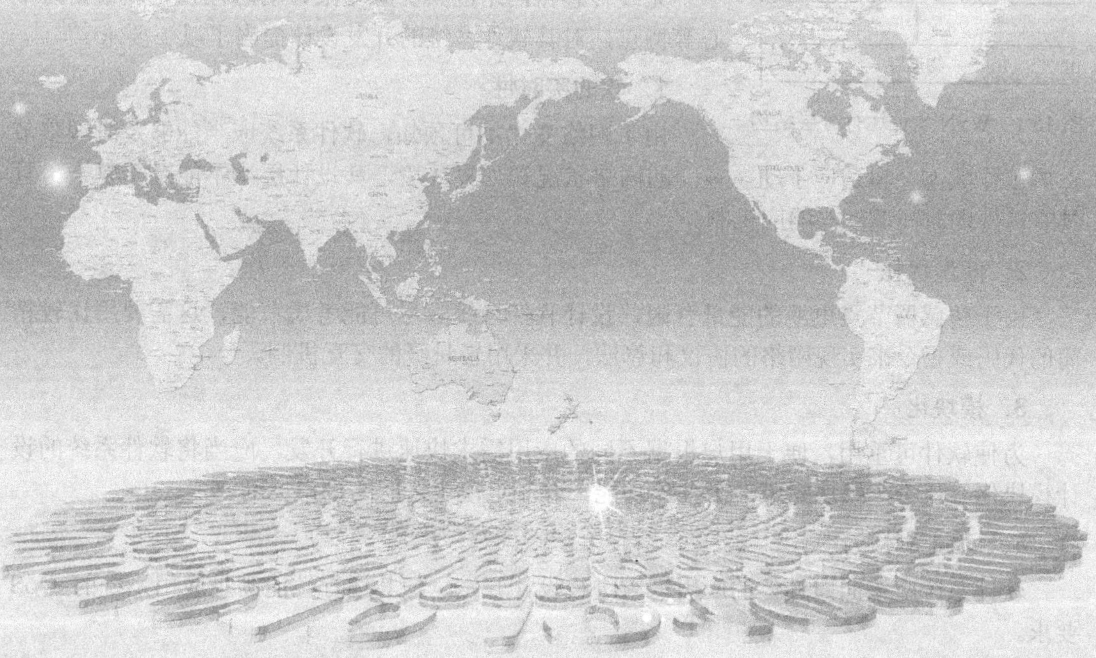

15.1 无线传感器网络软件开发概述

15.1.1 软件开发特点和设计要求

无线传感器网络的软件系统用于控制底层硬件的工作行为，为各种算法、协议的设计提供一个可控的操作环境[1-3]，同时便于用户有效地管理网络，实现网络的自组织、协作、安全和能量优化等功能，从而降低无线传感器网络的使用复杂度。无线传感器网络软件运行的分层结构如图 15.1 所示。

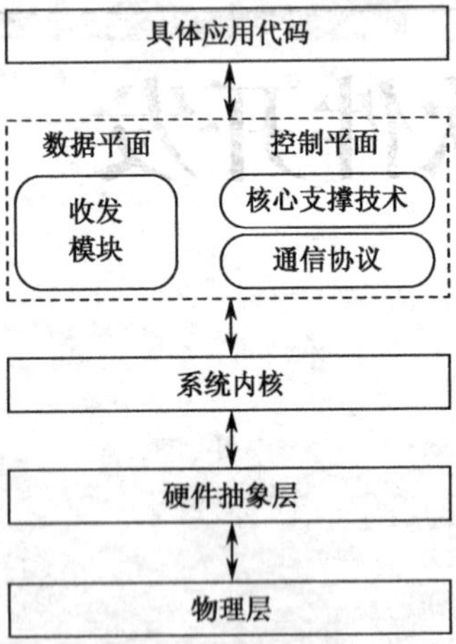

图 15.1 WSN 软件运行分层结构

其中，硬件抽象层在物理层之上，它用来隔离具体硬件，为系统提供统一的硬件接口，如初始化指令、终端控制、数据收发等。系统内核负责进程调度，为数据平面和控制平面提供接口。数据平面协调数据收发、校验数据，并确定数据是否需要转发。控制平面实现网络的核心支撑技术和通信协议，具体应用代码要根据数据平面和控制平面提供的接口以及一些全局变量来编写。

无线传感器网络因其资源受限、动态性强、以数据为中心等特点，对其软件系统的开发设计提出了以下要求[4-6]。

1．软的实时性

由于网络变化不可预知，软件系统应当能够及时调整节点的工作状态，自适应于动态多变的网络状况和外界环境，其设计层次不能过于复杂，且具有良好的时间驱动与响应机制。

2．能量优化

由于传感器节点电池的能量有限，设计软件系统应尽可能考虑节能，这需要用比较精简的代码或指令来实现网络的协议和算法，并采用轻量级的交互机制。

3．模块化

为使软件可重用，便于用户根据不同的应用需求快速进行开发，应当将软件系统的设计模块化，让每个模块完成一个抽象功能，并制定模块之间的接口标准。

4．面向具体应用

软件系统应该面向具体的应用需求进行设计开发，使其运行性能满足应用系统的 QoS 要求。

5．可管理

为维护和管理网络，软件系统应采用分布式的管理办法，通过软件更新和重配置机制来提高系统运行的效率。

15.1.2　软件开发的内容

无线传感器网络软件开发的本质是从如何从工程的思想出发，在软件体系结构设计的基础上开发应用软件。通常，需要使用基于框架的组件来支持无线传感器网络的软件开发。框架中运用自适应的中间件系统，通过动态地交换和运行组件，支撑起高层的应用服务架构，从而加速和简化应用的开发。无线传感器网络软件设计的主要内容就是开发这些基于框架的组件，以支持下面三个层次的应用[7-8]。

1. 传感器应用

提供传感器节点必要的本地基本功能，包括数据采集、本地存储、硬件访问、直接存取操作系统等。

2. 节点应用

包含针对专门应用的任务和用于建立与维护网络的中间件功能，其设计分为三个部分：操作系统、传感驱动、中间件管理，节点应用层次的框架组件如图 15.2 所示。

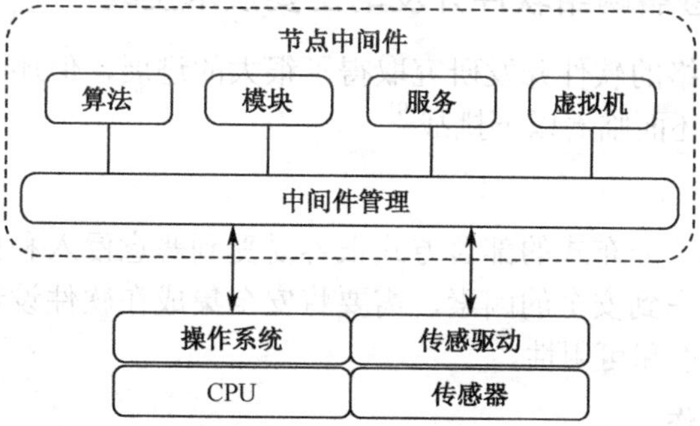

图 15.2　节点应用层次的框架组件结构

操作系统：操作系统由裁剪过的只针对于特定应用的软件组成，专门处理与节点硬件设备相关的任务，包括启动载入程序、硬件的初始化、时序安排、内存管理和过程管理等。

传感驱动：初始化传感器节点，驱动节点上的传感单元执行数据采集和测量工作，它封装了传感器应用，为中间件提供了良好的 API 接口。

中间件管理：该管理机制是一个上层软件，用来组织分布式节点间的协同工作。

模块：封装网络应用所需的通信协议和核心支撑技术。

算法：用来描述模块的具体实现算法。

服务：包含用来与其他节点协作完成任务的本地协同功能。

虚拟机：能够执行与平台无关的程序。

3. 网络应用

描述整个网络应用的任务和所需要的服务，为用户提供操作界面来管理网络病评估运行效果。网络应用层次的框架组件结构如图 15.3 所示。

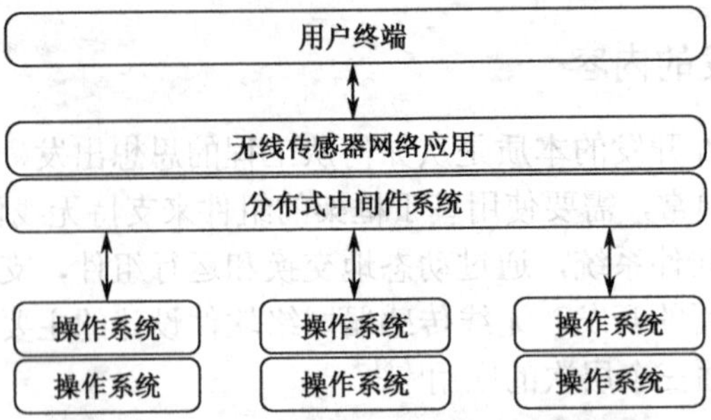

图 15.3　网络应用层次的框架组件结构

网络中的节点通过中间件的服务连接起来，协作地执行任务。从逻辑上看，中间件在网络层，但物理上仍存在于节点内，它在网络内协调服务间的互操作，灵活便捷地支撑起无线传感器网络的应用开发。为此，需要依据上述三个层次的应用，通过程序设计来开发框架中的各类组件，这也就构成了无线传感器网络软件设计的主要内容。

15.1.3　无线传感器网络软件开发的主要技术挑战

尽管无线传感器网络的软件开发研究取得了很大的进展，但还是有一些问题尚未得到完全解决，总的来说，还面临着以下挑战[9]。

1. 安全问题

无线传感器网络因其分布式的部署方式很容易受到恶意侵入和拒绝服务之类的攻击，因此在软件开发中要考虑到安全的因素，需要将安全集成在软件设计的初级阶段，以实现机密性、完整性、及时性和可用性。

2. 可控的 QoS 操作

应用任务在网络中的执行需要一定的 QoS 保证，用户通常需要调整或设置这些 QoS 要求。如何将 QoS 要求通过软件的方式抽象出来，为用户提供可控的 QoS 操作接口，是无线传感器网络软件开发所面临的又一技术挑战。

3. 中间件系统

中间件封装了协议处理、内存管理、数据流管理等复杂的底层操作，用来协调网络内部服务，配置和管理整个网络。设计具有可扩展、通用性强和自适应特点的中间件系统也是无线传感器网络软件开发所面临的技术挑战之一。

15.2　主要开发环境

TinyOS 是当前无线传感器网络开发所使用的主流操作系统，在 TinyOS 上编写程序使用的主要是 nesC 语言[11]。nesC 其最大的特点是将组件化/模块化思想和基于事件驱动的执行模型相结合。现在，TinyOS 操作系统和基于 TinyOS 的应用程序都是用 nesC 语言编写的，大大提高了应用开发的方便性和应用执行的可靠性。本文以 WSN 为背景，通过一个基于 TinyOS 的灯闪烁实例——Blink，详细介绍 nesC 语言的结构以及用该语言如何实现组件化/模块化的应用程序，为深入研究 TinyOS 的应用开发提供一种实现方法。

15.2.1　nesC 语言结构

nesC 是 C 语言的扩展，精通 C 语言的程序员可比较快地掌握这种语言。与 C 语言的存储格式不同，用 nesC 语言编写的文件以“. nc”为后缀，每个 nc 文件实现一个组件功能（组件化/模块化）。在 nesC 程序中，主要定义两种功能不同的组件——模块（Module）和配件（Configuration）。

模块主要用于描述组件的接口函数功能以及具体的实现过程，每个模块的具体执行都由 4 个相关部分组成：命令函数、事件函数、数据帧和一组执行线程。其中，命令函数是可直接执行，也可调用底层模块的命令，但必须有返回值，来表示命令是否完成。返回值有 3 种可能：成功（见 BlinkM.nc 代码部分）、失败、分步执行。事件函数是由硬件事件触发执行的，底层模块的事件函数和硬件中断直接关联，包括外部事件、时钟事件、计数器事件。一个事件函数将事件信息放置在自己的数据帧中，然后通过产生线程、触发上层模块的事件函数、调用底层模块的命令函数等方式进行相应处理，因此节点的硬件事件会触发两条可能的执行方向——模块间向上的事件函数调用和模块间向下的命令函数调用。

配件主要描述组件不同接口的关系，完成各个组件接口之间的相互连接和调用。相关执行部分主要包含提供给其他组件的接口与配件要使用的接口的组件接口列表和如何将各个组件接口连接在一起的执行连接列表。

模块和配件的定义格式如下。

模　块	配　件

Module X{
　Provides{interface A;
　……
　}
　Implementation{
　　command{……
　　}
　　……
　　event{……
　　}
}
	Configuration X{
	　provides interface Y;
	　……
	}
	implementation{
	　compents A，B;
	　A，Y→B.Y;
	　……
	}

在模块中，关键字 implementation 必须包含实现模块提供和使用接口声明的全部命令与事件。在配件中，关键字 implementation 定义执行部分，连接用“->”、“=”、“<-”等符号

表示，“->”表示位于左边的组件接口要调用位于右边的组件接口。

不管是模块还是配件，每个组件都包含定义和实现两部分。被提供者和被使用者都是通过调用接口来实现各个接口的通信和函数的功能的，不同的模块也可以实现相同的接口。接口可以是命令和事件，也可以是单独定义的一组命令。在应用程序中存在多个配置文件，并且配件之间存在一个层次关系，最上面的为顶层配件文件（每个应用程序必须有一个顶层配件），定义了 Main 组件接口与其他组件接口的连接方式以及各个接口间的调用关系。具体框架可参见文献[6]中的关于 nesC 的一般结构。

15.2.2 nesC 应用程序的分析

每一个 nesC 应用程序都是由一个或多个组件通过接口链接起来，并通过 ncc/gcc 编译生成的一个完整可执行程序。下面以 TinyOS 软件中的 Blink 应用程序为例，具体介绍 nesC 应用程序结构。

Blink 程序是一个简单的 nesC 应用程序。它的主要功能是每隔 1 s 的间隔亮一次，关闭系统时红灯亮。其程序主要包括 3 个子文件 Blink.nc、BlinkM.nc 和 SingleTimer.nc。

1. Blink.nc 文件

Blink.nc 文件为整个程序的顶层配件文件，关键字为 configuration，通过“->”连接各个对应的接口。文件关键代码如下。

```
configuration Blink {
}
implementation{
    Components main, BlinkM, SingleTimer, LedsC;
        //表示该配件使用的所有组件
        Main.StdControl→SingleTimer.StdControl;
        //Main.StdControl 调用了 SingleTimer.StdControl
        //和 BlinkM.StdControl
        Main.StdControl→BlinkM.StdControl;
        BlinkM.Timer→SingleTimer.Timer;
        //指定 BlingkM 组件要调用的 Timer 和 Ledsc 接口
        BlinkM.Leds→LedsC;
    }
configuration Blink{
}
```

从上述代码中可看出，该配件使用了 Main 组件，定义了 Main 接口和其他组件的调用关系，是整个程序的主文件，每个 nesC 应用程序都必须包含一个顶层配置文件。

2. BlinkM.nc 文件

BlinkM.nc 为模块文件，关键字为 module、command，通过其调用 StdControl 接口中的

3 个命令“init”、“start”、“stop”连接接口实现 Blink 程序的具体功能。内容如下。

```
module BlinkM
{ //说明 BlinkM 为模块组件
   provides
   {
      interface StdControl;
      //提供外部接口，实现 StdControl 中的命令
   }
   {
    implementation
    {
       command result_t StdControl.init()
       {//command 执行 StdControl 接口的 3 个函数
          call Leds.init();          //result_t 为返回值类型
          return SUCCESS;
       }  //初始化组件,返回成功
       command result_t StdControl.start()
       {//时钟每隔 1 s 重复计时,“1000”单位为 ms
       }
       command result_t StdControl.Stop()
       {        //停止计时
         return call Timer.stop();
       }
       event result_t Timer.fired()
       {//时间处理函数,按上面 Timerstart 规定的间隔时间
        //红灯闪烁 1 次
         call Leds.redToggle();
         return SUCCESS;
       }
    }
```

3．SingleTimer.nc 文件

SingleTimer.nc 为一个配件文件，主要通过 TimerC 和 StdControl 组件接口实现与其他组件之间的调用关系,配件文件还定义了一个唯一时间参数化的接口 Timer。下面为部分伪代码。

```
configuration {
        Providers interface Timer;
        ……
        }
        implementation {
```

```
        ……
            Timer = TimerC.Timer[unique ("Timer") ];
    }
```

注：程序中粗体字表示 nesC 语法中所用到的关键字。

将 nesC 编写的配件文件、模块文件通过接口联系起来就形成了图 15.4 所示的 Blink 组件接口的逻辑关系。从图 15.4 中可清晰地看出在 Blink 程序中，组件之间的调用关系，各配件文件（如 SingleTimer 和 LedsC）以层次的形式连接，体现了 nesC 组件化/模块化的思想。

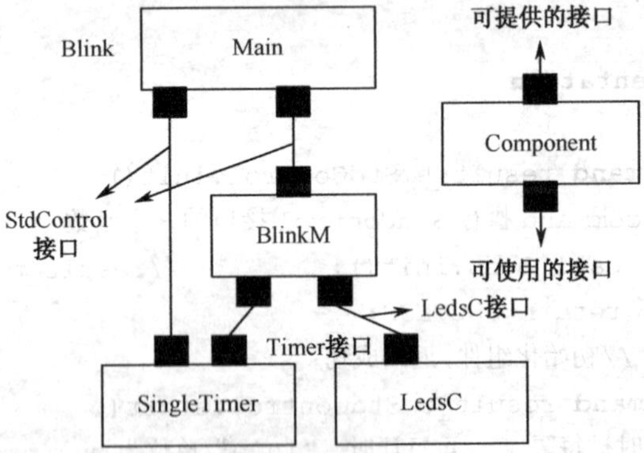

图 15.4 Blink 组件接口的逻辑关系

15.2.3 nesC 程序的仿真

关于 nesC 应用程序的执行，在 TinyOS 上提供了一个可视化图形仿真器 Tinyviz，用以观测 TinyOS 应用程序具体功能的执行过程。以 TinyOS 系统自带的 app 应用文件 Blink 程序执行过程为例，其他基于 TinyOS 开发的应用程序软件调试、仿真均可用以下执行方法。

1. 运行环境

在 PC 上安装 TinyOS 的运行平台，具体安装过程和安装 Windows 系统一样。

为了避免与 PC 自身系统的冲突，可将安装包 tinyos-1.1.0.exe（软件版本以实际仿真的版本为主，现升级到 TinyOS-2.1）安装到指定路径（本仿真软件环境是安装在 D 盘下）。这个安装包已经包含了 Java、Cygwin、TinyOS 相关软件和编译器，同时提供像 mica、micaz 等硬件驱动，并针对不同硬件编译生成可执行文件以供下载。

2. 执行步骤

①打开生成的 cygwin 图标（Linux 建立在 Windows 下的软件平台），在光标下进入仿真环境路径（安装在 D 盘下）。

```
cygdrive/d/tinyos/cygwin/opt/…/tinyos/sim—          寻找软件仿真路径
```

②输入 make，之后将生成一个执行脚本文件 Tinyviz.jar。

③进入应用程序路径，在相同的路径下进入 blink 目录下。

④输入“make pc-”，在 PC 上对 Blink 程序进行编译、仿真，若有相关硬件，则输入硬件名称，如 make micaz，在 blink 文件下会生成一个 pc 文件夹，里面包含了在 PC 上 blink 主程序 main.exe。

⑤打开 blink/pc 路径，输入“tinyviz-run main.exe10”（10 为传感器节点的仿真个数）。

利用可视化 Tinyviz 将调用接口使 Blink 程序执行的仿真结果通过图形显示出来，仿真结果如图 15.5 所示。最上面一层显示了整个程序仿真时间，长度和仿真终止按键。图 15.5 中每个节点的位置可以任意布置，仿真间隔时间也能自行设定。Blink 程序的主要功能是每经过 1 s 的时间间隔，每个仿真节点上红灯会闪烁 1 次。该图很清晰地将 NesC 编写的应用程序功能仿真出来，对具体代码的硬件化执行提供了实现方法。

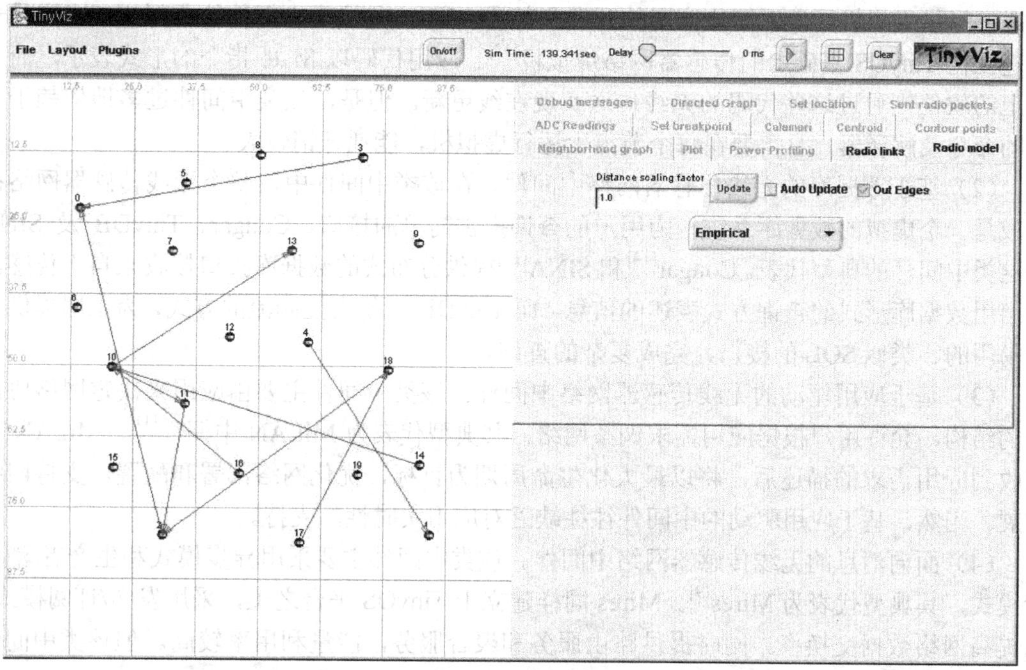

图 15.5　基于 Tinyviz 的 Blink 的程序仿真结果

15.3　无线传感器网络中间件设计

中间件是介于操作系统（包括底层通信协议）和各种分布式应用程序之间的一个软件层，其主要作用是建立分布式软件模块之间互操作的机制，屏蔽底层分布式环境的复杂性和异构性，为处于上层的应用软件提供运行与开发环境。

无线传感器网络的中间件软件设计必须遵循以下的原则[11]。

（1）由于节点能量、计算、存储能力及通信带宽有限，因此无线传感器网络中间件必须是轻量级的，且能够在性能和资源消耗间取得平衡。

（2）传感网环境较为复杂，因此中间件软件还应提供较好的容错机制、自适应机制和自维护机制。

（3）中间件软件的下层支撑是各种不同类型的硬件节点和操作系统（如 TinyOS、MANTIS OS、SOS 等），因此，其本身必须能够屏蔽网络底层的异构性。

（4）中间件软件的上层是各种应用，因此，它还需要为各类上层应用提供统一的、可扩展的接口，以便于应用的开发。

围绕无线传感器网络在信息交互、任务分解、节点协同、数据处理和异构抽象等方面的设计目标[12]，目前提出了众多不同的无线传感器网络中间件设计方法。主要可分为以下几类。

（1）基于虚拟机的无线传感器网络中间件。该类中间件一般由虚拟机、解释器和代理组成，提供虚拟机环境以简化应用的开发和部署。Mate 是这类中间件的典型代表，它是一种建立在 TinyOS 基础上的传感器网络虚拟机[13]。应用代码以 Mate 指令的形式表示，而节点上的软件则通过这些代码的无线传送实现在线更新。但是，该类中间件过多地依赖于上层的命令及解释器，且需要在每个节点上运行虚拟机，能耗开销较大。

（2）基于数据库的无线传感器网络中间件。在该类中间件中，整个无线传感器网络被看成是一个虚拟的数据库系统，为用户的查询提供简单的接口，Cougar、TinyDB 及 SINA 是这类中间件的典型代表。Cougar[14]和 SINA[15]提供分布式的数据库接口接收来自于传感器网络用数据库形式的查询方式表述的信息，而 TinyDB 则使用控制流的方式，为上层提供一个易用的、类似 SQL 的接口，完成复杂的查询。

（3）基于应用驱动的无线传感器网络中间件。该类中间件主要由应用来决定网络协议栈的结构，允许用户根据应用需求调整网络，其典型代表为 MiLAN 中间件[11]。MiLAN 在接收到应用需求的描述后，将以最大化生命周期为目标，优化网络部署和配置，支持网络扩展。当然，基于应用驱动的中间件往往缺乏对应用实时性的支持。

（4）面向消息的无线传感器网络中间件。该类中间件主要采用异步模式和生产者/消费者模式，其典型代表为 Mires[9]。Mires 同样建立于 TinyOS 平台之上，采用发布/订阅模式，以提高网络数据交换率。同时提供路由服务和聚合服务，能量利用率较高。但该类中间件在无线传感器网络安全服务及 QoS 方面还有待加强。

（5）基于移动代理的无线传感器网络中间件。基于移动代理的无线传感器网络中间件提供抽象的计算任务给上层应用，尽可能使应用模块化，以便可以更容易地进行代码传输。Agilla 是其典型代表，它允许用户在节点中嵌入移动 Agent 并通过 Agent 的智能迁移来协同完成特定任务。Dis-Ware[11]也是一种基于移动代理的无线传感器网络中间件，支持多种异构操作系统及多种异构硬件节点。

根据以上分析，将现有的无线传感器网络中间件进行如下对比，如表 15.1 所示。

典型的无线传感器网络中间件软件体系结构如图 15.6 所示，它主要分为四个层次，即网络适配层、基础软件层、应用开发层和应用业务适配层。其中，网络适配层与基础软件层组成无线传感器网络节点嵌入式软件的体系结构，应用开发层和基础软件层组成无线传感器网络应用支撑结构，支持应用业务的开发与实现。

表 15.1　集中典型的无线传感器网络中间比较

中　间　件	能　　耗	QoS 支持	可 扩 展 性	可　靠　性	适　应　性
TinyDB	较低	不支持	不支持	一般	较好
Cougar	一般	不支持	不支持	一般	一般
Mate	较高	不支持	支持	较好	一般
MILAN	一般	支持	支持	较好	较好
Agilla	较低	不支持	支持	一般	较好
Dis-Ware	较低	部分支持	支持	较好	一般

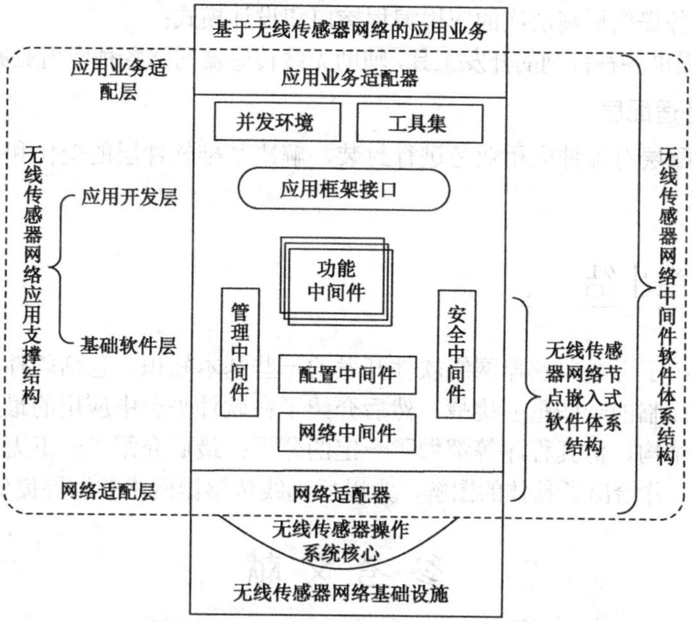

图 15.6　典型的无线传感器网络中间件软件体系结构

1．网络适配层

在该层中，网络适配器实现对网络底层（无线传感器网络基础设施、操作系统）的封装。

2．基础软件层

基础软件层包含各种无线传感器网络中间件组件，具备灵活性、模块性和可移植性。包括

- 网络中间件组件：完成无线传感器网络接入、网络生成、网络自愈合、网络连通性服务等；
- 配置中间件组件：完成无线传感器网络的各种配置工作，如路由配置，拓扑结构调整等；

- 功能中间件组件：完成无线传感器网络各种应用业务的共性功能，提供功能框架接口；
- 管理中间件组件：完成网络应用业务实现各种管理功能，如资源管理、能量管理、生命期管理；
- 安全中间件组件：完成应用业务实现各种安全功能，如安全管理、安全监控、安全审计。

3．应用开发层

- 应用框架接口：提供无线传感器网络的各种功能描述和定义，具体的实现由基础软件层提供；
- 开发环境：是无线传感器网络应用的图形化开发平台，建立在应用框架接口基础上，为应用业务提供更高层次的应用编程接口和设计模式；
- 工具集：提供各种特制的开发工具，辅助无线传感器网络各种应用业务的开发与实现。

4．应用业务适配层

应用业务适配层对各种应用业务进行封装，解决基础软件层的变化和接口的不一致性问题。

15.4 本章小结

本章首先介绍了无线传感器网络软件开发的一些基本知识，包括软件开发的特点、设计要求和现在所面临的一些重要挑战；然后介绍了在软件平台中应用的最广泛的语言——nesC，对其语言结构、仿真程序等都做了一定的分析；最后介绍了一下无线传感器网络中间件的软件模型，并给出了具体的图解，为以后无线传感器网络的发展提供了很好的参考。

参考文献

[1] Akyildiz I F, Su W, Sankarasubramainiam Y, et al.. A Survey on Sensor Networks[J].IEEE Communications magazine, 2002,40(8):102-114.

[2] Blumenthal J, Handy M, Golatowski F, et al.. Wireless Sensor Networks-New Challenges in software Engineering[C]. In proceeding of Emerging Technologies and Factory Automation,2003,1:551-556.

[3] Kim H-C, Choi H-J, Ko I-Y, An Architectural Model to Support Adaptive SoftWare Systems for Sensor Networks[C]. In Proceeding of the 11th Asia-Pacific Software Engineering Conference, 2004:670-677.

[4] Mohamed N, Hamza H S. Toward Stable Software Architecture for Wireless Sensor Networks[C]. In proceeding of the 29th Annual International Computer Software and Applications Conference(COMPSAC), 2005,2(1):27-28.

[5] Dutta P K, Culler D E. System software Techniques for Low-Power Operation in Wireless Sensor Networks[C]. In proceeding of IEEE/ACM Intenational Conference on Computer –Aided Design, 2005: 925-932.

[6] Jones E D, Roberts R S, Hsia T C S. Distributed SoftWare Management in Sensor Networks Using Profiling Techniques[C]. In Proceeding of IEEE international Conference on Robotic and Automation(ICRA 03), 2003, 3:3321-3326.

[7] Culler D, Hill J, Buonadonna P, et al.. A Network-Centric Approach to Embedded software for tiny Devices[R].EmSOFT, 2001:114-130.

[8] Frank G, Jan B,Matthias H, et al.. Service-Oriedted Software Architecture for Sensor Networks[C]. In Proceeding of IMC2003, June 2003.

[9] 毛莺池，龚海刚，刘明，等．ELIQoS：一种高效节能、与位置无关的传感器网络服务质量协议．计算机研究与发展，2006,43(6):1019-1026.

[10] Gay D, Levis P, Culler D. Software Design Pattern for TinyOS[C]. In Proceeding of ACM SIGPLAN/SIGBED Conference onLanguages, Compilers and Tools for Embedded Systems, Chicago(LCTES05) June 2005:40-49.

[11] HENZELM AN W B. MURPHY A L, CARVALHO H S. et al Mildlew are to support sensor network application[J]. IEEE Network,2004,18(1):6-14.

[12] 李仁发，魏叶华，付彬，等．无线传感器网络中间件研究进展[J]．计算机研究与进展，2008,45(3):384-391.

[13] LEW IS P. CULLER D. Mate. A Tiny Virtual Machine for Sensor Networks[C]//Proceedings of the 10th international conference on architectural support for prognmming lauguages and operating systems New York ACM Press 2002 85-95.

[14] BONNET P. GEHRKE I SESHADRIP. Querying the physical world[J].IEEE Personal Communication 2000.7.10-15.

[15] JAIKAEO C, SRISATHAPORNPHAT C, SHEN C C Querying and Tasking in sensor Networks[C] //Proc of SPIE. Bellingham:SPIE 2000,4037:184-194.

第 16 章

无线传感器网络应用

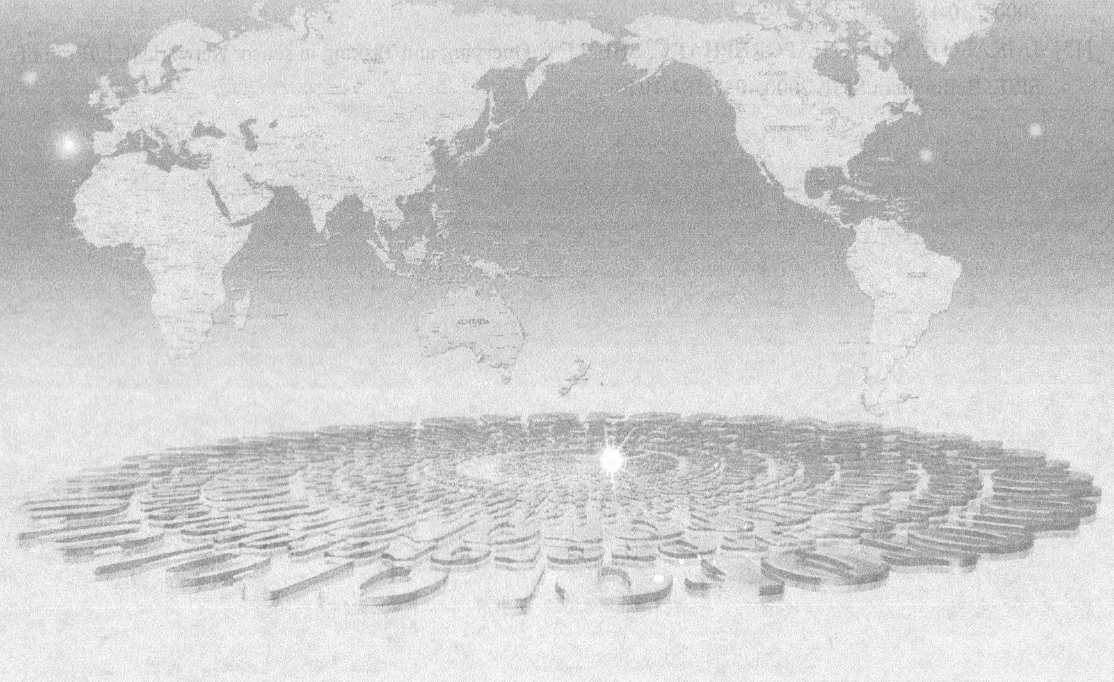

16.1 概述

早在 20 世纪 70 年代，第一代传感器网络就诞生了[1]。第一代传感器网络特别简单，只能获取简单信号，数据传输采用的是点对点模式，传感器节点与传感控制器相连就构成了这样一个传感器网络。第二代传感器网络在第一代传感器网络上功能稍有增强，它能够读取多种信号，硬件上采用的是串/并接口来连接传感控制器，是一种能够综合多种信息的传感器网络。传感器网络更新的速度越来越快，在 20 世纪 90 年代后期，第三代传感器网络问世，它更加智能化，综合处理能力更强，能够智能地获取各种信息，网络采用局域网形式，通过一根总线实现传感器控制器的连接，是一种智能化的传感器网络。到现在为止，第四代传感器网络还在开发之中，虽然在实验室无线传感器网络已经能够运行，但限于节点成本、电池生命周期等原因，大规模使用的产品出现得还很少，这一代网络结构采用的是无线通信模式，大规模地撒播具有简单数据处理和融合能力的传感器节点，无线自组织地实现网络间节点的相互通信，这就构成第四代传感器网络，也就是我们所说的无线传感器网络。

无线传感器网络由在应用场景内随机分布的嵌入式传感器节点通过自组织方式构成的无线网络，具有鲜明的特点[2]。

1．大规模网络

无线传感器可以部署到很大的地理区域，节点数目巨大，节点密度高，如水质监测、森林防火监测等应用。

2．自组织网络

无线传感器网络可以依据组网机制和网络协议自动对网络进行配置和管理，传感器节点有自组织能力，能够自动形成可以转发数据的多跳无线通信系统。

3．动态性网络

无线传感器网络中的节点可能会随时加入或离开，所以网络要能够感知节点的加入和移动。在网络结构发生变化时，无线传感器网络系统能够适应这些变化，具有动态的系统可重组性。

4．可靠的网络

无线传感器节点资源有限，其计算能力和存储能力不强，生命周期取决于电池，而且针对不同的应用，传感器节点的硬件平台、软件系统和网络协议也可能不同，对无线传感器节点进行维护、回收和替换的可能性很小，因此，无线传感器网络要具有信息传输的高度可靠性和对节点失效的高度容错性。

5. 以数据为中心

无线传感器网络中的节点没有唯一的IP地址，其网络标识取决于采用的网络协议，所以无线传感器网络不是类似于Internet的以地址为中心的网络。当无线传感器网络查询事件时，传感器节点获取的指定事件的信息不是报告给某一个特定编号的网络节点，而是直接报告给网络的，再由网络报告给用户，所以无线传感器网络是一个以数据为中心的网络。

如今，传感器被越来越多地布置到实际的网络环境中，用于实现某些应用。无线传感器网络已经成为了科学研究领域最前沿的课题之一，引起了工业界和学术界众多研究者的关注。通过总结相关方面的工作，综述在不同领域中无线传感器网络的实际应用，并对具体应用的一些重要特性进行分析，在此基础上提出若干值得继续研究的方面。

16.2 无线传感器网络的应用场景

无线传感器网络作为新一代有效获取信息的无线网络得到了广泛的应用，并以其低功耗、低成本、分布式和自组织的特点带来了信息感知的一场变革。虽然无线传感器网络的大规模商业应用由于技术等方面的制约还有待时日，但最近几年，随着节点生产成本的下降以及微处理器体积越来越小，已有为数不少的无线传感器网络开始投入使用。目前，无线传感器网络的应用主要集中在以下领域[3]。

1. 环境监测和保护

加州大学伯克利分校利用传感器网络监控大鸭岛（Great Duck Island）的生态环境[4]，在岛上部署30个传感器节点，传感器节点采用Berkeley大学的Mica Mote[5]节点，包括监测环境所需的温度、光强、湿度、大气压力等多种传感器。系统采用分簇的网络结构，传感器节点采集的环境参数传输到簇头节点（网关），然后通过传输网络、基站、Internet传输数据到数据库中，用户或管理员可以通过Internet远程访问监测区域。

加州大学在南加利福尼亚San Jacinto山建立了可扩展的无线传感器网络系统[6]，主要监测局部环境条件下小气候和植物甚至动物的生态模式。监测区域（25公顷）分为100多个小区域，每个小区域包含各种类型的传感器节点，监测区域的网关负责传输数据到基站，系统由多个网关，经由传输网络到Internet。

加州大学伯克利分校利用部署于一颗高70 m的红杉树上的无线传感器系统来监测其生存环境[7]，节点间距为2 m，监测周围空气温度、湿度、太阳光强（光合作用）等变化。

文献[8]利用无线传感器网络系统监测牧场中牛的活动，目的是防止两头牛相互争斗，系统中节点是动态的，因此要求系统采用无线通信模式和高数据速率。

在印度西部多山区域监测泥石流部署的无线传感器网络系统，目的是在灾难发生前预测泥石流的发生，采用大规模、低成本的节点构成网络，每隔预定的时间发送一次山体状况的最新数据。

Intel 公司利用 Crossbow 公司的 Mote 系列节点在美国俄勒冈州的一个葡萄园中部署了监测其环境微小变化的无线传感器网络。

2．军事领域

在军事应用领域，利用无线传感器网络能够实现监测敌军区域内的兵力和装备、实时监视战场状况、定位目标物、监测核攻击或者生物化学攻击等。美国军方研究的用于军事侦查的 NSOF（Networked Sensors for the Objective Force）系统是美国军方目前研究的未来战斗系统的一部分，能够收集侦查区域的情报信息并将此信息及时地传送给战术互联网。系统由大约 100 个静态传感器和用于接入战术互联网的指挥控制节点 C2（Command and Control）构成。

美国科学应用国际公司采用无线传感器网络构建了一个电子防御系统[9]，为美国军方提供军事防御和情报信息。系统采用多个微型磁力计传感器节点来探测监测区域中是否有人携带枪支、是否有车辆行驶，同时，系统利用声音传感器节点监测车辆或者人群的移动方向。

3．文物保护

众所周知，古代留下的文物是人类文明的重要见证，是祖先遗留下来的宝贵精神和物质财富，文物分布情况复杂，文物保护任务非常艰巨。当前，由于技术、资金和管理等方面的原因，导致很多文物被损坏或丢失，如何科学而有效地对文物进行保护和管理是文物管理部门面临的巨大挑战。无线传感器网络的工作机制十分适用于文物储藏室环境监测、防盗与古建筑结构健康监测。对于文物储藏室的环境监测，将传感器节点合理地部署在展室或储藏室内，可以测得文物存放环境的温度、湿度、光照和震动等数据，如果不合要求则及时向监控中心报警，以便通知相关人员及时处理。利用加速度传感器测量震动，如果发现震动异常，就会立即报警，监控中心收到报警信息后，立即派人到现场查看是否有穿墙、挖地洞等偷盗文物的行为发生或古建筑结构有异常变化。因此，将无线传感器网络用于文物保护，既能提高文物的保护水平又能节省人力资源，降低劳动强度。

4．医疗护理

加利福尼亚大学提出了基于无线传感器网络的人体健康监测屏 CustMed[10]，采用可佩戴的传感器节点，传感器类型包括压力、皮肤反应、伸缩、压电薄膜传感器、温度传感器等。节点采用加州大学伯克利分校研制、Crossbow 公司生产的 dot-mote 节点，通过放在口袋里的 PC 可以方便直观地查看人体当前的情况。

纽约 Stony Brook 大学针对当前社会老龄化的问题提出了监测老年人生理状况的无线传感器网络系统（Health Tracker 2000），除了监测用户的生理信息外，还可以在生命发生危险的情况下及时通报其身体情况和位置信息。传感器节点采用 Crossbow 公司的 MICA2 和 MICA2DOT 系列节点，主要采用温度、脉搏、呼吸、血氧水平等类型传感器。

5. 空间探索

探索外部星球一直是人类梦寐以求的理想，人类已经做了很多有益的尝试。借助于航天器撒播的无线传感器节点实现对星球表面大范围、长时期、近距离的监测和探索，是一种经济可行的方案。NASA 的 JPL 实验室研制的 Sensor Webs 就是为将来的火星探测、选定着陆场地等需求进行技术准备的。现在该项目已在佛罗里达宇航中心的环境监测项目中进行测试和完善。

6. 建筑领域

无线传感器网络用于监测建筑物的健康状况，不仅成本低廉，而且能解决传统监测布线复杂、线路老化、易受损坏等问题。斯坦福大学提出了基于无线传感器网络的建筑物监测系统[11]，采用基于分簇结构的两层网络系统。传感器节点由 EVK915 模块和 ADXL210 加速度传感器构成，簇首节点由 Proxim RangelLAN2 无线调制器和 EVK915 连接而成。

南加州大学研制了一种监测建筑物的无线传感器网络系统 NETSHM[12]，该系统除了监测建筑物的健康状况外，并且能够定位出建筑物受损伤的位置。系统部署于 LosAngeles 的 The Four Seasons 大楼内，系统采用分簇结构和 Mica-Z 系列节点。

7. 智能交通及其他

上海市重点科技研发计划中的智能交通监测系统，采用声音、图像、视频、温度、湿度等传感器，节点部署于十字路口周围，部署于车辆上的节点还包括 GPS 全球定位设备。重点强调了系统的安全性问题，包括能耗、网络动态安全、网络规模、数据管理融合、数据传输模式等。

1995 年，美国交通部提出了到 2025 年全面投入使用的“国家智能交通系统项目规划”。该计划利用大规模无线传感器网络，配合 GPS 定位系统等资源，除了使所有车辆都能保持在高效低耗的最佳运行状态、自动保持车距外，还能推荐最佳行使路线，对潜在的故障可以发出警告。

中国科学院沈阳自动化所提出了基于无线传感器网络的高速公路交通监控系统，节点采用图像传感器，在能见度低、路面结冰等情况下，能够实现对高速路段的有效监控。

除了上述提到的应用领域外，无线传感器网络还可以应用于工业生产、智能家居、仓库物流管理、海洋探索等领域。

16.3 无线传感器网络应用技术

无线传感器网络中节点的部署直接影响了网络的构建成本、覆盖质量、连通性拓扑结构和路由算法等性能是在具体应用时首先需要解决的问题。传统的部署方式针对的是静止节点和静态环境。其中适用于工厂、医院、家庭等可控环境的受控部署根据需求要预先计算节点的位置，然后放置节点，这虽然可使网络的覆盖性能最优，但是由于需要人工干预，因此部署效率低。而适用于山地、战场等恶劣环境的随机部署是通过飞机等运输工具将节点随机抛洒到目标区域来实现的，虽然部署效率高，但节点分布的均匀性具有不确定性，不能保证网络性能。

在移动传感器和移动机器人在无线传感器网络的应用中，学者们开展了大量利用节点移动性优化覆盖性能的动态部署研究，这些工作不仅涵盖了静态场景下的节点动态部署问题，还包括了动态场景下的节点动态部署，如海洋环境下的漂浮节点部署，较好地解决了受控部署和随机部署的不足，提高了传感器网络的应用价值。

节点自主部署是通过可移动传感器和机器人传感器的自主移动来实现网络部署的，根据场景的不同可以分为静态环境下的自主部署和动态场景下的自主部署两大类，前者只需考虑节点的移动性，后者则需考虑环境和节点的双重动态性。

16.3.1　静态部署

静态部署是根据最优的策略来决定节点位置的，节点放置通常在网络启动之前，并且节点的位置在整个网络生存期间不变。依据部署方法、优化对像和节点的角色，对目前存在的静态部署方法进行归类，如图 16.1 所示

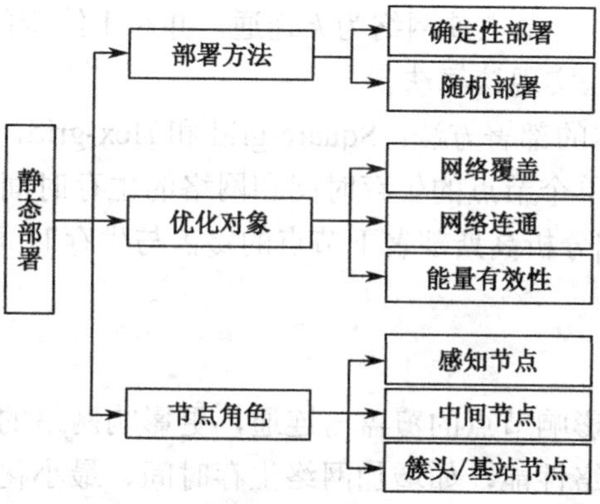

图 16.1　节点静态部署分类

1．部署方法

无线传感器网络的部署方法与应用密切相关，根据应用环境的不同，无线传感器网络的部署方法可以分为确定性部署和随机部署两类[13]。

确定性部署通常应用于网络的状态相对固定或应用环境、节点位置信息、节点的密度等已知情况下，确定性部署通过对问题进行数学抽象成为静态优化问题或线性规划问题，如在文献[14]中，得出节点部署达到覆盖所需要的最少节点个数和给出节点相应的位置；在文献[15]中，利用六边形网格来部署节点，达到最大的连通覆盖。确定性部署方法简单，但在实际的应用中，尤其是大规模、无人监守的恶劣环境中，随机部署显得更具有优势。

当监测区域环境恶劣或存在危险时，随机部署是唯一的选择。此时，通过飞机、炮弹等载体把节点随机抛撒在监测区域内，节点到达地面以后自组成网。这种随机性主要体现在两个方面：一是节点落在监测区域内的位置具有随机性；二是受环境的影响，落在区域内的节点状态具有一定的随机性，某些节点可能会在坠落过程中损坏而失效。因而，在随机部署策略下，为取得较好的覆盖性能，必须投入大量的冗余节点以达到所需要的节点密度。随机部署方式是一种较为经济实用的方法，但不能保证整个监测区域完全覆盖，一般适用于对覆盖要求不太严格的应用环境中。文献[16]分析了渐近性分析方法在实际部署中带来的问题。

在确定性部署与随机部署的选择上，文献[16]指出，在进行节点部署时，分析需要用多少个节点来达到一定的覆盖度，维护 k 覆盖所需要的节点个数依赖于监测区域的面积和部署策略，作者分析了达到 k 覆盖在泊松到达部署、均匀部署和网格部署三种部署策略下所需要的节点密度，得出格部署在大多数情况下比随机部署需要更少的节点。

2．优化对象

根据优化对象对部署进行分类，可以分为基于覆盖、基于网络连通和能量有效性部署三类。最大化监测区域的覆盖受到越来越多研究者的重视。文献[18]提出故障容错的 k 连通部署方案，分析用最少的额外节点使网络为 k 连通，并对于给定的 k，可以求得部署的节点个数，用贪婪和分布式方法实现该算法。

文献[19]通过 2 种基本的部署方法：Square-grid 和 Hex-grid，提出一种自下向上的方法评价网络的生存时间，把单个节点的生存时间和网络的生存时间作为随机变量来模拟，推导概率密度函数。文献[20]分析高斯部署下节点的覆盖与生存时间之间的关系，但没有考虑部署中存在的边界问题。

3．节点角色

节点的部署位置不仅影响节点的覆盖与连通，更影响网络的生存时间。一些学者利用不同类型的节点来优化网络性能，如增加网络生存时间、最小化数据包延迟等。节点在网络中可以充当感知节点、中间节点、基站节点或簇头节点。当节点充当不同的角色时，网络的性能参数依赖于节点在网络中的角色。文献[21]通过在室内部署中间节点达到网络的连通性与延长网络生存时间的目的。

16.3.2 动态部署

传感器网络中节点的动态部署研究可以分为两类。第一类是通过节点的自主移动到达目标位置实现部署，这种节点包括可移动传感器和机器人传感器，其中可移动传感器是具有翻动、弹跳等小距离移动功能的传感器，机器人传感器是机器人与嵌入式无线传感器的结合体，能在地形复杂或者地理信息未知的情况下参与到网络构建和运作中。第二类动态部署方法是借助机器人在区域内的移动来放置节点，构建无线传感器网络并在网络的工作过程中实时调整节点位置以实现对网络的维护。

节点动态部署可以追溯到机器人的部署，国内外已有研究机构进行了相关研究，基于动态部署的方式可以分为以下三种，如图 16.2 所示。

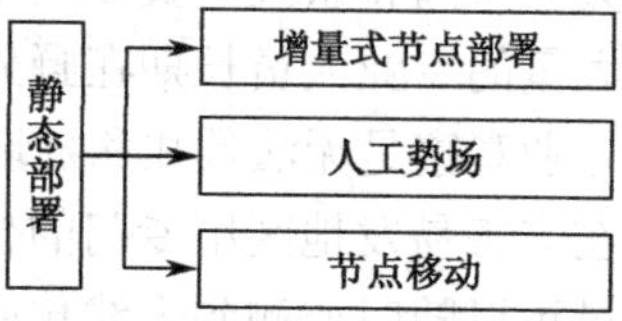

图 16.2 动态部署分类

1．增量式节点部署算法

文献[22]提出一种增量式节点部署方法，通过逐个部署节点，利用已经部署的节点计算出下一个节点应该部署的位置，达到网络的覆盖面积最大。该算法需要每个节点都有测距和定位模块，适用于监测区域环境未知的情况。其优点是利用最少的节点覆盖监测区域；其缺点是部署时间长，部署每一个节点可能需要移动多个节点。

2．基于人工势场（或虚拟力）的算法

该类算法把人工势场（或虚拟力）用于移动节点的自展开问题，把网络中的每个节点作为一个虚拟的正电荷，每个节点受到边界障碍和其他节点的排斥，这种排斥力使整个网络中的所有节点向感知网中的其他地域扩散，并避免越出边界，最终达到平衡状态，即达到感知区域的最大覆盖状态。

Zou Y 等人提出 VFA 算法[23]基本思想是假设部署区域中存在三种力：一是障碍物对节点的斥力，二是对覆盖率要求高的区域产生的引力，三是节点之间产生的引力或斥力。算法计算产生在每个节点上的合力来控制节点之间的距离与节点移动，其缺点是没有为可能出现的节点碰撞提供解决方案；其优点是算法简单易用，并能达到节点快速扩散到整个感知区域的目的，同时每个节点所移动的路径比较短。

3．利用节点间的移动

文献[24]通过利用部分节点的有限移动，完成覆盖空洞，达到网络 k 覆盖的目的。

16.4 无线传感器网络应用实例分析

有些自然界万物的变化是人们很难去及时感知和了解的，但人类要不断地进步就要不断地探求生存的环境，了解世界万物的变化规律，以更好地和谐相处，无线传感器网络的出现为人类提供了便利。

无线传感器网络的定义为：大量无处不在的，密集布设的具有通信与计算能力的传感器节点，可在无人值守的监控区域自组成网络，协作地感知、采集和处理网络覆盖的地理区域中感知对象。从定义来看，我们不难发现无线传感器网络应用在环境中的优势，如对于突发、易发森林火灾地形复杂的区域，布设上无线传感器网络，可解决守林人耗费大量体力也难以及时发现火灾的问题，而且监察人员足不出户就可通过无线传感器网络远程监测森林内部温度变化，及时采取降温洒水措施，避免更大的生命财产损失。

2008 年的汶川大地震、2010 年的青海玉树地震、舟曲的泥石流等伤亡惨重，让多少人

失去家园和亲人。我国国土面积大，自然地理环境复杂，是地震和泥石流多发的国家，靠大量的专业人员长期在野外监测是不现实的。然而地震、泥石流发生前的变化往往不通过专业观察是无法预知和发现的，但无线传感器网络技术的运用可以将损失降到最低。例如，在灾害易发地区用专门的传感器监测地块的移动变化和山上泥土的移动情况，远程监测人员可以随时监测到无线传感器网络传回的数据信息，及时发现异常变化，及早采取应对方案，避免较大的人员财产损失。

无线传感器网络技术在农田环境监测上的优势更是无可比拟的，在田间地头布设无线传感器网络，农民在家就可以观测到农作物的长势变化、温度控制、肥料盐分、通风情况、浇水施肥等信息，准确率非常高，从而使在农田的管理上更科学、更及时，农田生产效率更高。在人们的生活环境中，重金属污染单凭人类自身的感知系统无法预知，即使知道发生了污染也为时已晚了，所以无线传感器网络在重金属污染监测方面的应用前景广阔。

总结以上叙述，无线传感器网络技术在环境上的应用优势体现在：布设成本低；无须人工维护，无须大量人员值守，生态环境不易遭到破坏，不对人们的生活造成影响，反馈信息准确、及时、可靠。无线传感器网络在环境监测应用方面的优势无可比拟，其应用和推广将为社会带来不可估量的效益和深远影响。

16.4.1 用于矿井环境监测的无线传感器网络

在矿井环境监测中通常需要对矿井风速、矿尘、一氧化碳、温度、湿度、氧气、硫化氢和二氧化碳等参数进行检测。现有的监控检测系统需要在矿井内设通信线路，传递监测信息。生产过程中矿井结构在不停变化，加之有些坑道空间狭小，对通信线路的延伸和维护提出了很高的要求。一旦通信链路发生故障，整个监测系统就可能瘫痪。为解决上述问题，本节提出使用无线传感器网络来进行矿井环境的监测监控。使用无线传感器网络进行环境监控有三个显著的优势。

（1）传感器节点体积小且整个网络只需要部署一次，因此部署传感器网络对监控环境的人为影响很小。

（2）传感器网络节点数量大，分布密度高，每个节点可以检测到局部环境详细信息并汇总到基站，因此传感器网络具有采集数据全面，精度高的特点。

（3）无线传感器节点本身具有一定的计算能力和存储能力，可以根据物理环境的变化进行较为复杂的监控。传感器节点还具有无线通信的能力，可以在节点间进行协同监控[25]。节点的计算能力和无线通信能力使得传感器网络能够重新编程和部署，对环境变化、传感器网络自身变化以及网络控制指令做出及时反应，即使矿井结构遭到破坏，仍能自动恢复组网，传递信息，为矿难救助等提供重要信息。无线传感器网络自身的这些特点特别适用于矿井环境监测。

1. 无线传感器网络的框架结构

传感器网络系统通常包括传感器节点、汇聚节点和管理节点。大量的传感器节点随机部署在监测区域内部或附近，能够通过自组织方式组成网络。各个传感器节点监测的数据沿着其他传感器节点进行逐跳传输，经过多跳后路由到汇聚节点。用户通过管理节点对传感器网络进行配置和管理，发布监测任务以及收集监测信息。

各个节点协作完成监测任务。应用于矿井环境监测的无线传感器网络，其系统结构、拓扑结构、节点结构、软/硬件工作环境、网络协议和定位机制都必须满足矿井环境监测要求。在矿井环境监测过程中，随机分布的传感器节点定期地将监测到的数据（如瓦斯浓度、一氧化碳浓度、风速、井内温度和湿度等）发送到井外的汇聚节点。汇聚节点通过光纤、互联网或卫星将数据传输到管理节点，即人工控制台和自动控制台。人工控制台对数据进行分析处理，实时、准确地监测井下环境指标，及时发布预警消息。

1）网络系统结构

一种适用于矿井环境监测的传感器网络系统结构如图 16.3 所示，这是一个层次型网络结构，最底层为部署在矿井工作面上的传感器节点，向上依次为传输网络和基站。根据矿井规模，基站信息还可以通过 Internet 连接到矿井环境监测中心。为了获得准确的数据，传感器节点的部署密度通常比较大，并且部署在若干个不相邻的监测区域内（如若干个矿井工作面），从而形成多个传感器网络。传输网络是负责协同各个传感器网络网关节点、综合网关节点信息的局部网络。基站负责搜集传输网络送来的所有数据，发送到 Internet，并将传感数据的日志保存到本地数据库中。对于大规模矿井环境集中监测系统，传感器节点搜集到的数据通过 Internet 传送到中心数据库存储。中心数据库提供远程数据服务，科研人员可以通过接入 Internet 的终端使用远程数据服务，对数据进行进一步的分析处理。

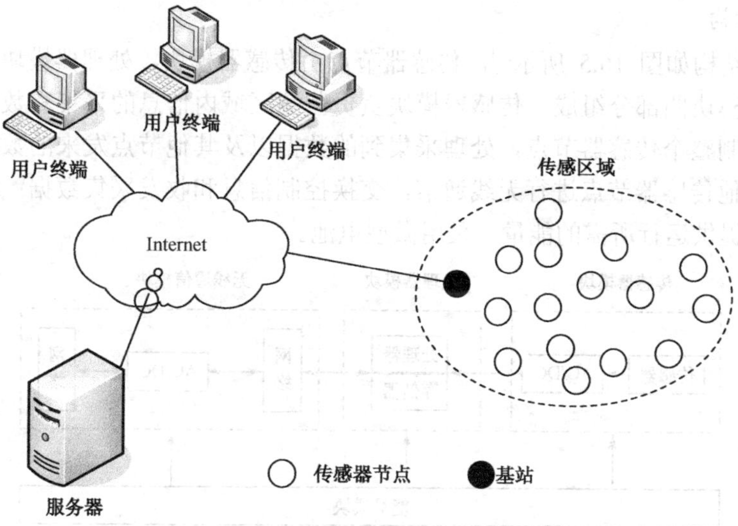

图 16.3　网络系统结构

2）拓扑结构

矿井环境监测最基本的要求是及时、有效地传递信息，发布预警消息，保证井下安全。为此，无线传感器网络采用网状拓扑结构。完全的网状拓扑控制要消耗传感器节点较多能量，为了在满足网络连通的前提下，尽可能地节约能量，在矿井的每个工作面部署的大量节点中选取少数节点作为骨干网节点，打开其通信模块，关闭非骨干节点的通信模块，由骨干节点建立一个网状全连通网络来负责数据的路由转发，这样既保证了原有覆盖范围内的数据通信，也在很大范围内节约了能量。网络拓扑结构如图 16.4 所示。

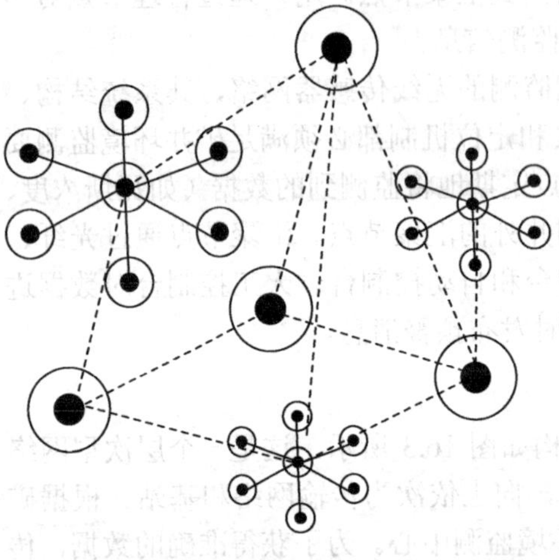

图 16.4　网络拓扑结构

骨干节点需要调节非骨干节点的工作，负责数据的融合和转发，能量消耗相对较大。通常由网络自身周期性地监测各传感器的能量状态，并自动更换骨干节点来均衡网络中各节点能量消耗。选取所有节点中能量大于某一设定值的少数几个节点作为骨干节点，其余节点选取离自己距离最近的骨干节点作为自己的控制节点。如果矿井工作面距离较远，或工作面数目多，可以在每个工作面专门部署一个能量较强的节点作为该工作面骨干节点的骨干节点，完成工作面之间的信息传输。

2. 节点的软/硬件结构

1）硬件结构

节点硬件结构如图 16.5 所示[1]，传感器节点由传感器模块、处理器模块、无线通信模块和能量供应模块四部分组成。传感器模块负责监测区域内信息的采集和数据转换；处理器模块负责控制整个传感器节点，处理采集到的数据以及其他节点发来的数据；无线通信模块负责与其他传感器节点进行无线通信，交换控制信息和收发采集数据；能量供应模块为传感器节点提供运行所需的能量，采用微型电池。

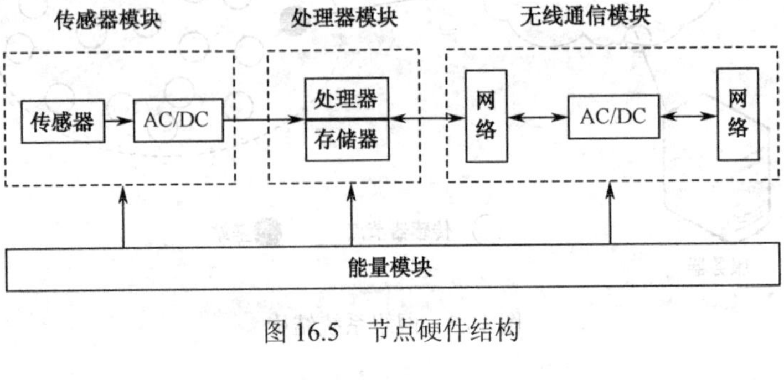

图 16.5　节点硬件结构

通过扩展板的方式加载一个专用的传感器板，板上载有瓦斯浓度、湿度、风速、一氧化碳和二氧化碳等多种传感器，可在多种传感器间进行选择和切换，满足不同的监测任务。

主控制器是 Atmel 公司的一个 8 位低功耗微控制器 ATMEGAl28L，相对于其他通用的 8 位微控制器来说，它具有更加丰富的资源和极低的能耗。它具有片内 128 KB 的程序存储器（Flash），4 KB 的数据存储器（SRAM，可外扩到 64 KB）和 4 KB 的 EEPROM。此外，它还有 8 个 10 位 ADC 通道、2 个 8 位和 2 个 16 位硬件定时、计数器、UART、SPI、I^2C 总线接口。JTAG 口为开发和调试提供了方便的接口，除了正常操作模式外，它还具有 6 种不同等级的低能耗操作模式，适用于无线传感器网络对节能的需求。无线收发器 CCl000 是为低电压无线通信的应用场合设计的单片 UHF（Uhm High Frequency）收发器，通过外围接口线路相连，完成节点硬件部分的构造和功能。

2）软件结构

TinyOS 是面向传感器网络的操作系统，它采用高效的基于事件的执行方式，使用组件模型以实现高效率的模块化、构造组件型应用软件。上层组件对下层组件发命令，下层组件向上层组件发信号通知事件的发生，最底层的组件直接跟硬件打交道。支持多跳通信的传感器应用程序的组件结构如图 16.6 所示。针对硬件电路和应用需要，增加了外围硬件的驱动，主要是对传感器的控制与数据的采样。

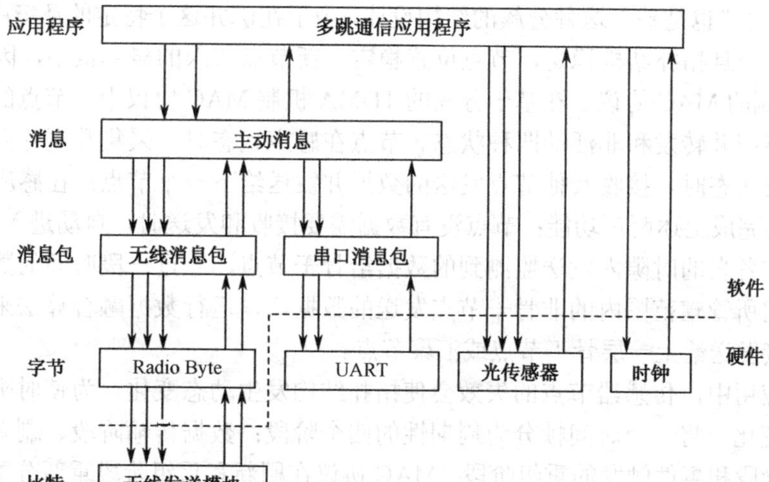

图 16.6　应用程序的组件结构

3. 网络协议

1）多径路由机制和 SPEED 路由协议

在矿井环境监测中，需要定期实时、准确地传输探测数据，而传感器节点由于有限的能量和工作环境恶劣存在失效问题，路由协议要保证即使部分节点失效，整个系统也能正常工作。可靠的路由协议主要从以下两个方面考虑：一是利用节点的冗余性提供多条路径以保证通信的可靠性；二是建立对传输可靠性的估计机制，从而保证每跳传输的可靠性。多路径的路由机制是保证通信可靠性的一种有效机制，其基本思想是：首先建立从数据源节点到汇聚节点的主路径，然后建立多条备用路径；数据通过主路径进行传输，同时利用备用路径低速传输数据来维护路径的有效性；当主路径失效时，从备用路径中选择次优路径作为新的主路径。

为达到实时性的要求，可采用 SPEED[26]路由协议，该协议可以在一定程度上实现端到端的传输速率保证、网络拥塞控制以及负载平衡。SPEED 协议首先交换节点的传输延迟，以得到网络负载情况；然后节点利用局部地理信息和传输速率信息做出路由选择，同时通过邻居反馈机制保证网络传输速率在一个全局定义的传输速率阈值之上。

根据实际情况，在多路径的路由机制和 SPEED 路由协议之间做出权衡。在日常的定期监测数据反馈中，注重数据的准确性和可靠性，采用多路径路由机制即可满足要求。当突发情况产生，需要实时精确了解井下情况时，则需要采用 SPEED 路由协议。根据实际情况可通过路由协议自主切换模块在不同的路由协议之间自由切换。

2）基于分簇的 TDMA 机制 MAC 协议

由于该传感器网络采用骨干节点、非骨干节点的拓扑结构，即分簇的拓扑结构，其底层的 MAC 层协议也是基于这种分簇的结构设计。由于在矿井这个特定的环境中，节点不会轻易移位，即一旦拓扑结构稳定，节点位置稳定，新节点加入的概率很小，因此可采用基于 TDMA 机制的 MAC 协议。在基于分簇的 TDMA 机制 MAC 协议中，节点的状态分为感应、转发、感应并转发和非活动四种状态。节点在感应状态时，采集数据并向其相邻节点发送；在转发状态时，接收其他节点发送的数据并发送给下一个节点；在感应并转发状态的节点，需要完成上述两项功能；节点没有数据需要接收和发送时，自动进入非活动状态。非骨干节点在各自的时隙内发送监测到的数据给骨干节点，经过一段时间的数据传输，骨干节点收齐它所管辖范围内的非骨干节点发送的数据后，运行数据融合算法来处理数据，并将结果直接发送给上一层骨干节点或汇聚节点。

在实际应用中，传感器节点的失效会使拓扑结构发生动态变化。为使时隙分配能够适应这种动态变化，将一个时间帧分为周期性的四个阶段：数据传输阶段、刷新阶段、刷新引起的重组阶段和事件触发的重组阶段。MAC 协议在刷新和重组阶段重新分配时隙以适应簇内节点拓扑结构的变化以及节点状态的变化。

4．定位机制

当井下发生瓦斯泄漏事件时，必须尽快找到瓦斯泄漏点进行抢修。此时探测到瓦斯浓度最高的节点必然是距离瓦斯泄漏点最近的节点，该节点要发送位置信息给管理节点。

为了得到节点的详细位置信息，在每个工作面安装 3 个或 3 个以上的信标节点。信标节点周期性地发射无线射频信号和超声波信号，无线射频信号中含有信标节点的位置信息，而超声波只是单纯的纯脉冲信号。由于射频信号的传输速率远大于超声波的传输速率，节点在接收到射频信号时，同时打开超声波信号接收机，根据两种信号到达时间的间隔和各自的传播速度，计算出节点到信标节点的距离。每个节点在计算出到达 3 个或 3 个以上信标节点的距离后，可利用三边法计算节点的坐标[11]，最后进行修正，得到精确的节点坐标。

无线传感器网络功耗低，可以自行组网，具有良好的可靠性和可维护性。它的出现为矿井环境监测提供了一种部署简单、可靠性高的全新手段。

16.4.2 山体滑坡案例

在工业测量领域，往往需要长时间、大范围、多通道的数据测量系统，尤其是在野外环境监测领域，由于野外的特殊情况，如电源、长距离布线等因素的存在，使得该监测系统难以有效部署。而无线传感器网络由于其低功耗、自组织路由、无须布线等特性，特别适合工业领域的野外测量。

1. 工程介绍

本节将介绍一个部署在中国南部沿海某城市的无线传感器网络案例，供读者参考，该系统经过少量修改后可以适用于许多工业测量的场合。该城市存在大量山地地貌，城市居民人口众多，要求土地必须保持较高的利用率，因此大量建筑和道路都位于山区附近。由于地处中国南方，地理位置决定了该地区降雨量常年偏高，尤其在每年的梅雨季节，会出现大量的降水。不稳定的山地地貌在受到雨水侵蚀后，容易产生山体滑坡现象，对居民的生命财产安全造成巨大的威胁。

过去数十年内，该城市的某些极其危险地域发生了多次山地滑坡现象，因此政府部门试图部署一种灵活稳定的系统对山体滑坡进行监测和预警。该市的政府部门尝试部署过多套有线方式的监测网络，但是由于监测区域往往为人迹罕至的山间，缺乏道路、野外布线、电源供给等都受到限制，使得有线系统部署起来非常困难。此外，有线方式往往采用就近部署 Datalogger 的方式记录采集数据，需要专人定时前往监测点下载数据，系统得不到实时数据，灵活性较差。

MEMSIC 作为最早进入无线传感器网络领域的公司，提供全套无线解决方案。在与地理监测专家进行多次交流，并进行数次实地考察后，MEMSIC 公司提出了基于无线传感器网络的山体滑坡监测方案。

2. 理论原理

山体滑坡的监测主要依靠两种传感器的作用，液位传感器以及倾角传感器。在山体容易发生危险的区域，将会沿着山势走向竖直设置多个孔洞，如图 16.7 所示。

每个孔洞都会在最下端部署一个液位传感器，在不同深度部署数个倾角传感器。由于该地区的山体滑坡现象主要是由雨水侵蚀引起的，因此地下水位深度是标识山体滑坡危险度的第一指标。该数据由部署在孔洞最下端的液位深度传感器采集并由无线网络发送。

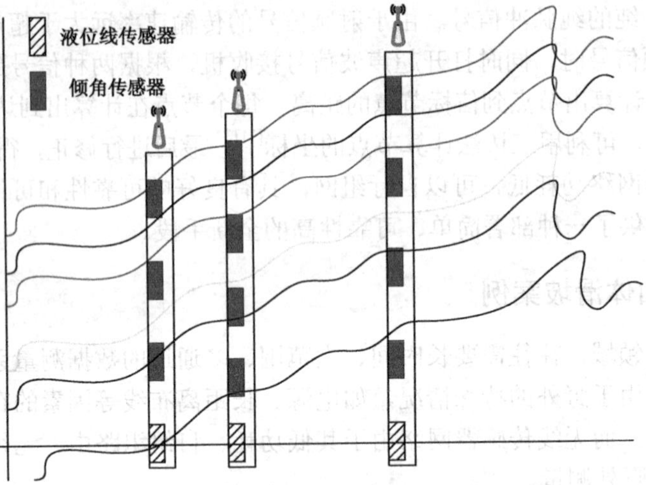

图 16.7　传感器设置图

通过倾角传感器我们可以监测山体的运动状况，山体往往由多层土壤或岩石组成，不同层次间由于物理构成和侵蚀程度不同，其运动速度不同。发生这种现象时我们部署在不同深度的倾角传感器将会返回不同的倾角数据，如图 16.8 所示。在无线网络获取到各个倾角传感器的数据后，通过数据融合处理，专业人员就可以依据此判断出山体滑坡的趋势和强度，并判断其威胁性大小。

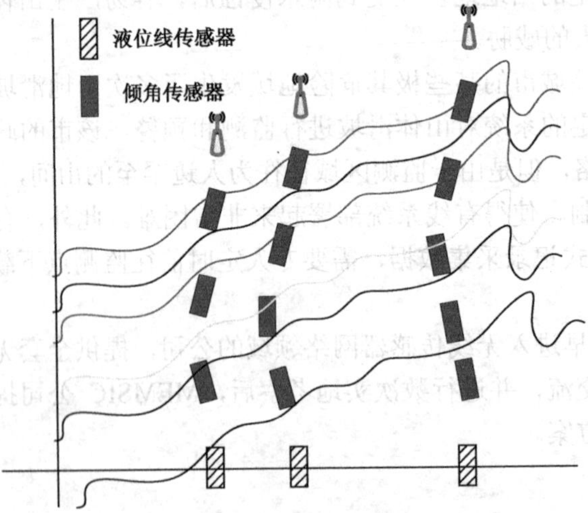

图 16.8　监测中的传感器分布图

3．部署实现

传感器在监测过程中提供精确和可靠的数据，但是关键问题是系统需要有一种灵活的手段把数据传送回中心数据控制站。而满足这一点的就是由 MEMSIC 公司所提供的无线传感器网络技术。

MEMSIC 用于此项目的产品包括新型 Mote 节点 IRIS、MDA300 数据采集板、Stargate 基站和 MoteWorksTM 软件环境，包括 Xmesh 协议栈（与 IEEE 802.15.4 兼容）、Xserver 中间件、MoteWeb 可视化管理平台。

传感器节点探测出的数据通过 Xmesh 无线多跳自组的网络传输给基站，或通过中继 Mote 传输给基站。Mote 是无线传感器网络的基本节点，由处理器和 RF 芯片组成，它的体积较小，所以称之为“尘埃（Mote）”。基站则是用来沟通无线传感器网络与已有的 IP 网络的网关设备的。

基站将这些数据传输到中心服务器，通过 Xserver 中间件解析后，用户可以通过 IT 系统应用软件进行监控；同时数据接口完全兼容于客户的原有信息管理系统，用户能够灵活地将新的传感器数据加入原有的信息管理系统，从而通过 IP 网络实时监控物理世界信息。

在实际部署时，MEMSIC 采用了分层网络的架构。每个目前监测区域内的无线传感器节点组成一个子网，子网内的节点依靠 Xmesh 无线多跳自组织协议，通过多跳的方式把数据传递给 Stargate 基站。基站在进行数据预处理后，通过 GPRS 网络远距离地把数据发送回中心服务器。

每个目标监测区域由 10～20 个节点构成（依具体情况有所调整），整个项目由数个监测区域构成，由于 MEMSIC 的 Xserver 中间件服务器的强大功能，系统构成可以灵活地调整子网数目和网内节点数目。每个节点之间的距离为 20～100 m，数据采集间隔也可以由中心服务器灵活地控制，在旱季可以调整为每 24 小时采集并传递一次数据，从而节省能量且避免大量的旱季冗余数据。而在雨季危险期，其采集间隔可以密集至每 2 分钟一次，从而保证实时监测预警功能。系统支持双向数据传输，所有数据汇集到基站，连接至上层 IT 系统进行数据整合，方便管理的查询。实际部署如图 16.9 所示。

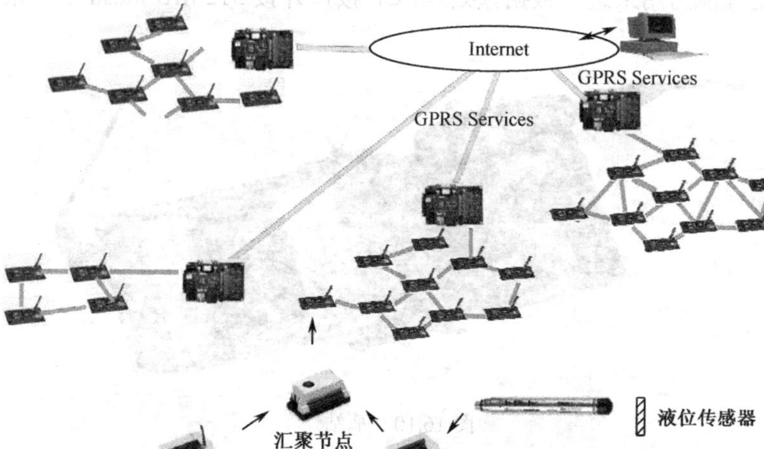

图 16.9 实际部署图

1）传感器节点

每个传感器节点包含液位传感器与倾角传感器元件，IRIS 无线传感器网络节点、MDA300 数据获取板和电池组。

MDA300 提供 8 个 ADC 通道、8 个数字通道，以及 I2C 接口用于外接各类传感器。在本项目中倾角传感器的为电压输出 0～5 V，通过 MDA300 预留的电阻分压网络很容易接至 MDA300，提供 0～2.5 V ADC 接口。液位传感器的电流输出为 4～20 mA，通过外接电池组模拟理想电压源，再使用电阻分压网络 124 Ω 电阻即可将 4～20mA 转换为 ADC 可以采集的 0～2.5V 电压信号。MDA300 被配置为 1 个液位传感器通道和 6 个倾角传感器通道。

2）中继 Mote

中继 Mote 的硬件结构和 Mote 完全一样，只是没有连接传感器。与普通 Mote 不同，中继 Mote 不是由电池供电的，而是通过有线形式供电的，始终保持在工作状态来保证全网的通信效率。中继 Mote 将来自节点的数据通过 Mesh 网络传输到基站。当一个 Mote 出现故障，与之相关的其他 Mote 会自动重新选择路由。在这个 Mote 的故障排除后，会重新加入到 Mesh 网络中继续工作。

3）基站

基站是由一个 Stargate 网关和一个 Mote 组成。Stargate 网关包含 Intel PXA255 主处理器、Intel SA1111 协处理器、64 MB RAM、32 MB Flash，以及 51 针接口、PCMCIA 接口、CF 接口，其外形如图 16.10 所示。

在该项目中，Stargate 通过 51 针接口连接一个 IRIS 节点，依靠 Xmesh 自组协议获取子网数据；通过 PCMCIA 外接 GPRS 卡，依靠 GPRS 网络获取远距离通信能力。

其本身的处理能力用来进行数据预处理，CF 接口外接 512 MB Flash 卡用来保存本地至少 7 天的数据。

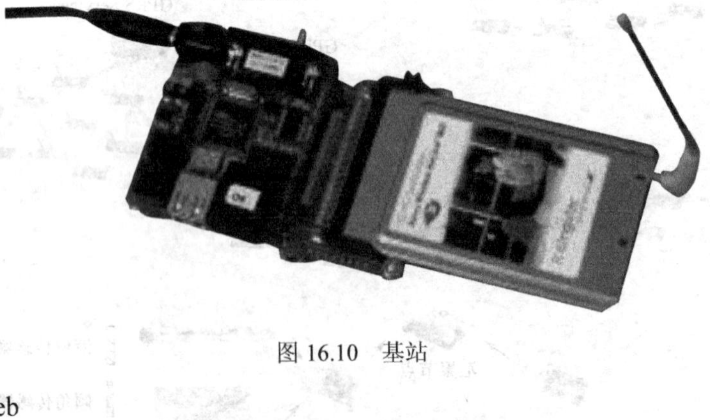

图 16.10　基站

4）MoteWeb

MoteWeb 是 Windows 平台下支持无线传感器网络系统的 B/S 架构可视监控软件，可通过 Web 浏览器直接访问 WSN 数据，具有友好的交互界面。无线网络中所有节点的数据通过 Xserver 中间件解析后存储在 PostreSQL 数据库中。MoteWeb 能够将这些数据从数据库中读取并显示出来，也能够实时地显示基站接收到的数据。通过 MoteWeb 管理者可以通过直接数据、图表或节点拓扑结构的形式快速整理、搜寻或查阅每个节点的数据信息。MoteWeb 还可以根据管理者的设置以手机短信和电子邮件的方式提供报警信息。

4. 问题与解决方案

1）通信距离

在将无线传感器网络应用到该项目的过程中，MEMSIC 公司遇到的最大问题是如何保证 Mote 节点在重植被覆盖下仍能正常组网通信。MEMSIC 在进行该项目之前数次排人员进行实地考察，并进行了详细的讨论和分析，最终 2.4 GHz 被认为最为合适该环境的使用。

由表 16.1 可以看出，重植被与暴雨都会对无线信号产生衰减。433 MHz 由于其波长较长，因此绕射性能较好，在雨中具有较好的表现。2.4 GHz 由于波长较短，穿透性较好，在重植被环境下具有较好的表现。根据表 16.1 可知，植被造成的衰减为暴雨的数千倍，且系统工作在降雨环境下的时间应该在 50%以下。因此 2.4 GHz 应该更适合该环境的使用。

表 16.1 场景与衰减

可能场景	衰减	可能场景	衰减
暴雨	0.05 dB/km（0.08 dB/mile）	倾盆大雨	0.1 dB/km
大雾	0.02 dB/km（0.03 dB/mile）	稀疏的树木	0.3～0.5 dB/m
植被	2 dB/m	橡树、石灰岩、悬铃树	3～4 dB/m
针叶树	8～10 dB/m	森林	300 dB/km

此外，考虑频谱环境，目前使用 2.4 GHz 的商用设备，如 WiFi、BlueTooth 多为短距离通信方式，因此 2.4 GHz 频段较为干净、干扰较少，而 400 MHz 与 900 MHz 的干扰则相对较多。尽管 2.4 GHz 具有相对较好的表现，植被和降雨仍然会对无线信号产生较大的衰减。MEMSIC 在 2007 年最新推出了 IRIS 节点，由于采用了全新的 AT1281＋RF230 芯片组，以及模块化设计生产，使得 IRIS 节点在通信距离指标上得到大幅提高，同时其功耗反而得到一定降低。

由图 16.11 可见，在北京后海地区进行的湖面环境测试时，该节点达到了 1 km 的通信距离。在换装大功率天线（5 dBi 增益）后，IRIS 节点在北京二环路上下班高峰时期的车辆密集情况下也达到了 500 m 的通信距离，而其功耗相对原有的 MicaZ 节点降低了 1/3 左右。

2）能源消耗

每个节点通过电池供电，在 MEMSIC 公司的被称为 ELP 电源管理机制下，电池电量能维持节点连续工作 4 年以上。ELP 即为 Extend Low Power 模式，是 MEMSIC 公司原有 Low Power 模式的改进版，能够提供更加优异的电量表现。

电池的电压随时被监控，一旦电压过低，节点会将电压数据发至基站。这个数据发送成功后，节点会处于深度睡眠模式，管理者在获致了某个节点电压过低的警告后，就可以有目的地进行系统的维护工作。当这个节点被重新换上新电池后将自动正常工作。

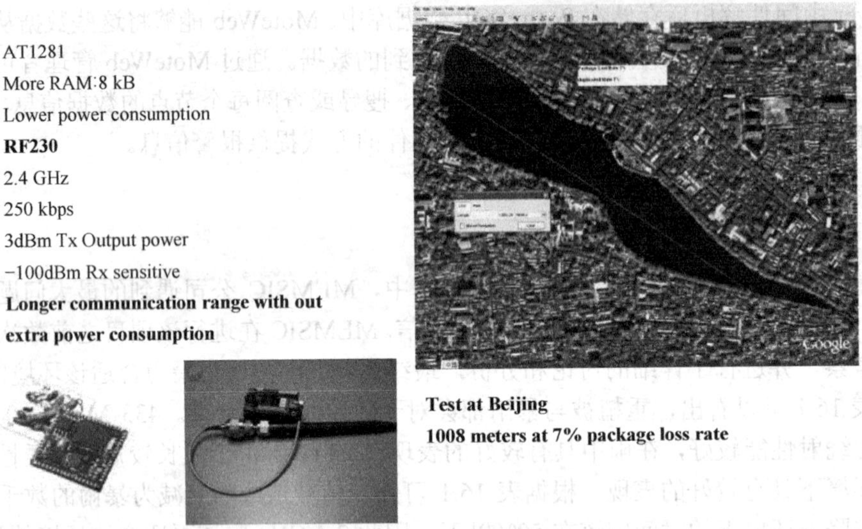

图 16.11　通信距离与功耗图

3）IT 系统设计

中间件概念的提出使得无线传感器网络后台 IT 系统的设计变得极其容易，中间件软件结构如图 16.12 所示。Xserver 提供了包括数据库接口、XML 接口等通用数据接口，将无线传感器网络的物理信息量转换成各种服务器可以接收的格式。用户可以很容易地将无线传感器网络的数据加入到原有的信息管理系统中去。

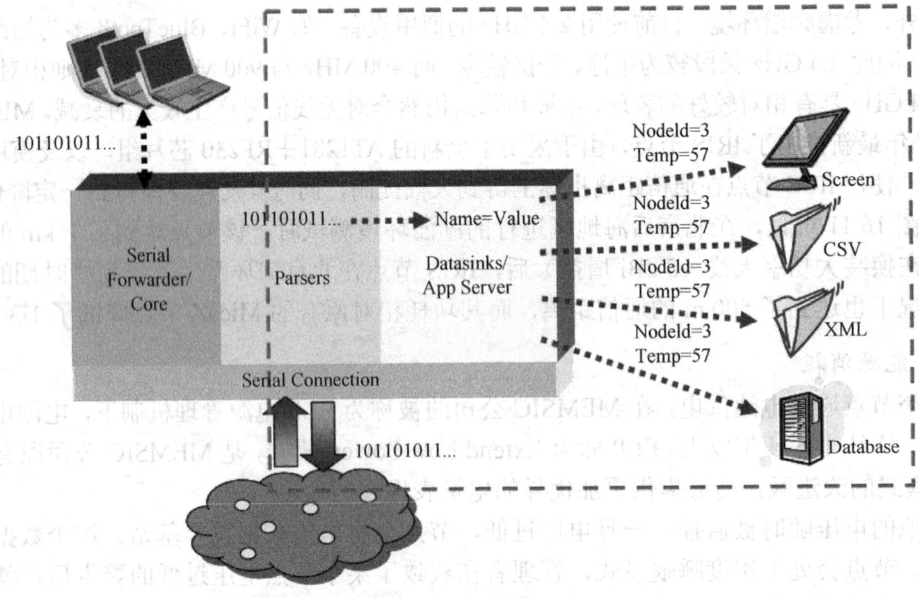

图 16.12　中间件软件结构

5．项目总结

美国 MEMSIC 公司的无线传感器网络技术大大提高了山体滑坡监测工作的效率，无线传感器网络技术不仅使每个节点便于安装部署，免去了有线接入的繁琐过程，降低了成本，并且基于 Xmesh 的网络能够长期稳定、可靠地连续的工作，保证数据的存储并及时更新。整个系统的工作模式也可以通过网络随时改变，以灵活适应不同的环境状态。

项目的结果如图 16.13 所示。

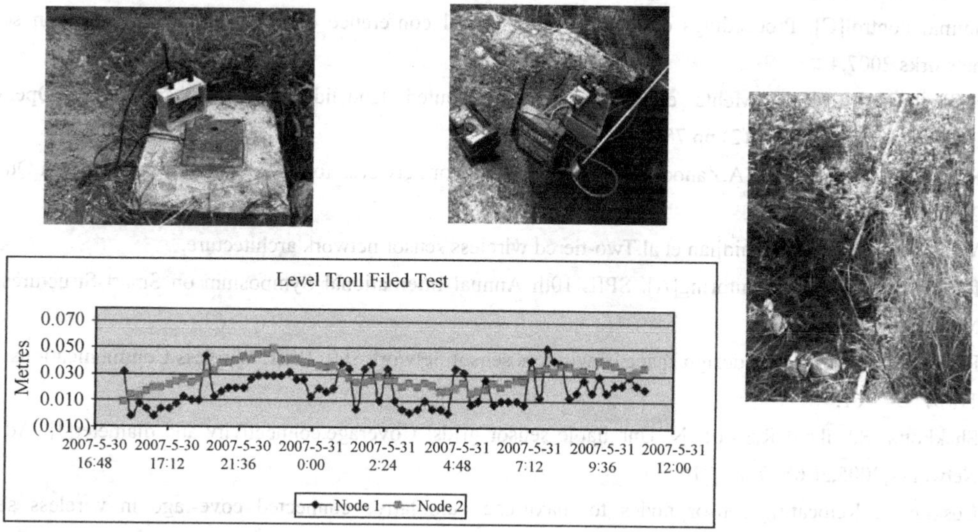

图 16.13 结果图

16.5 本章小结

本章从无线传感器应用的特点入手，分析了传感器网络的不同应用场景，并详细描述了无线传感器网络主要的应用技术：静态部署和动态部署，详细讲述了它们之间的联系和区别，最后举两个无线传感器网络应用的实例，综合前面章节所讲述的知识，从实际的角度讲述了无线传感器网络的应用。

参考文献

[1] 孙亭，杨永田，李立宏．无线传感器网络技术发展现状[J]．电子技术应用，2006,5(6):1-5．

[2] 刘晓宁．ZigBee 无线传感器网络在监控系统中的研究与应用．山东大学硕士学位论文，2007．

[3] http://www.chengfengtech.com/Chengfeng%20Paper%20Application.pdf,2010-05.

[4] A.Mainwaring,J.Polastre,R.Szewczyk et al,Wireless sensor networks for habitat monitoring[A]. In the 2002 ACM International Workshop on Wireless Sensor Networks and Applications[C],2002.

[5] J.Hill,D.Culler,A wireless embedded sensor architecture for system-level optimization[R]. UC Berkeley Technical Report,2002.

[6] R.Szewczyk,E.Osterweil,J.Polastre et al,Habitat monitoring with sensor networks [R].Communications of the ACM,2004,47(6),pp.34-40.

[7] G.Tolle,J.Polastre,R.Szewczyk et al,A macroscope in the redwoods[C]. Proceedings of the 3rd international conference on embedded networked sensor systems,2005.

[8] T.Wark,C.Crossman et al,The design and evaluation of a mobile sensor/actuator network for autonomous animal control[C]. Proceedings of the 6th international conference on Information processing in sensor networks,2007.4.

[9] A.Sheth,CA.Thekkath,P.Mehta et al,Senslide:a distributed landslide prediction system[R]. Operating Systems Review,2007,41(2),pp.75-87.

[10] R.Jafari , A.Encarnacao , A.Zahoory et al , Wireless sensor networks for health monitoring[R]. Mobi Quitous, 2005,pp.479-481.

[11] VA. Kottapalli,AS. Kiremidjian et al,Two-tiered wireless sensor network architecture.

[12] for structural health monitoring[A]. SPIE 10th Annual International Symposium on Smart Structures and Materials,2003.

[13] Romer K,Mattern F. The design space of wireless sensor network-s[J]. IEEE Wireless Communications,2004, 11(6) : 54 - 61.

[14] Shakkottai S,Srikant R,Shroff N. Unreliable sensor grids: Coverage,connectivity and diameter[J]. Ad Hoc Networks,2005,3(6) : 702 - 716.

[15] Coskun V. Relocating sensor nodes to maximize cumulative connected cove-rage in wireless sensor networks[J]. Sensors,2008,8: 2792 - 2816.

[16] Balister P,Bollobas B,Sarkar A,et al.. Reliable density estimates for coverage and connectivity in thin strips of finite length[C] // The 13th Annual ACM International Conference on Mobile Computing and Networking,Montreal,Quebec,Canada,ACM,2007:75 - 86.

[17] Zhang H,Hou J C. Is deterministic deployment worse than random deployment for wireless sensor networks[C] // The 25th IEEE International Conference on Computer Communications,Barcelona,Spain, 2006: 1 - 13.

[18] Bredin J L,Demaine E D,Hajiaghayi M,et al.. Deploying sensor networks with guaranteed capacity and fault tolerance[C] // The 6th ACM International Symposium on Mobile Ad Hoc Networking and Computing, Urbana-Champaign,IL,USA,ACM,2005: 309 -319.

[19] Jain E,Qilian L. Sensor placement and lifetime of wireless sensor networks: Theory and performance analysis[C] // The IEEE Global Telecommunications Conference,2005: 5.

[20] Wang D,Xie B,Agrawal D. Coverage and lifetime optimization of wireless sensor networks with Gaussian distribution[J]. IEEE Transactions on Mobile Computing,2008,7(12) : 1444 - 1458.

[21] Tarng J,Chuang B,Liu P. A relay node deployment method for disconnected wireless sensor networks: Applied in indoor environments[J]. Journal of Network and Computer Applications,2009,32(3) : 652 - 659.

[22] Hu Y,Kang Z,Shen X. An incremental sensor deployment strategy for wireless sensor networks[C] // 1st International Conference on Information Science and Engineering (ICISE) ,2009: 4721 -4724.

[23] Zou Y,Krishnendu C. Sensor deployment and target localization based on virtual forces[C] // The Twenty-Second IEEE Annual Joint Conference on Computer and Communications,2003:1293 - 1303.

[24] Yang X,Hui C,Wu Kui,et al.. Modeling detection metrics in ran-domized scheduling algorithm in wireless sensor networks[C]//The IEEE Wireless Communications and Networking Conference,Kowloon,2007: 3741-3745.

[25] 孙利民. 无线传感器网络. 北京：清华大学出版社，2005.

[26] Kumar R, Wolenetz M,Agarwalla B et al..Dfuse: A framework for distributed data fusion,In:Proc 1st ACM conf on embedded networked sensor systems, Los Angeles, CA,2003.